纺织服装类“十四五”部委级规划教材

经典男西服定制技术

（新形态教材）

叶海滨　著

◀
一刮一扫
免费看教学视频

東華大學出版社·上海

图书在版编目（CIP）数据

经典男西服定制技术 / 叶海滨著. — 上海：东华大学出版社，2024.1

ISBN 978-7-5669-2299-1

Ⅰ.①经… Ⅱ.①叶… Ⅲ.①男服—西服—生产工艺 Ⅳ.①TS941.718

中国国家版本馆CIP数据核字（2023）第242123号

策划编辑：徐建红
　　　　　张　妍
责任编辑：杜亚玲
书籍设计：东华时尚
封面图片提供：杭州老合兴洋服

经典男西服定制技术

JINGDIAN NANXIFU DINGZHI JISHU

出　　版：东华大学出版社（上海市延安西路1882号，邮政编码：200051）
本 社 网 址：dhupress.dhu.edu.cn
天猫旗舰店：dhdx.tmall.com
销 售 中 心：021-62193056 62373056 62379558
印　　刷：上海盛通时代印刷有限公司
开　　本：889mm × 1194mm 1/16
印　　张：14.5
字　　数：510千字
版　　次：2024年1月第1版
印　　次：2024年1月第1次印刷
书　　号：ISBN 978-7-5669-2299-1
定　　价：87.00元

序　一

在我指导毕业的100多位硕士研究生中，叶海滨是其中十分独特的一位。我们经历了从同事、师生到同行的过程：在校外的企业成为同事，在东华大学成为师生，在高等教育行业成为同行，真可谓“亦师亦友”。因此，他邀请我为他的著作写序时，我欣然应允。

书如其人，用在这本书中再贴切不过了。叶海滨平时话语不多，言辞不躁，闷头实干，以活示人。他的本科和硕士专业都是服装设计，加上丰富的企业实践经验和高校专业教学积累，使得他画得一手好插图，打得一手好样，做得一手好工艺，堪称服装专业领域的全能型人才。

一件衣服应该是艺工结合的产物，是审美、结构、材质和技术等因素的完美结合。但由于历史的原因，目前国内高校的学科划分和模块教育方式培养的服装从业者中，设计师缺少对结构和服装舒适性的研究，从事服装结构设计的人又缺少审美素养。由此造成服装技术水平未能得到持续快速的提升，无法满足当前中国从服装制造大国走向服装创造强国的产业升级目标。因此，作者希望从审美、结构和运动机能三者出发，以经典男西服为例，阐述三者对男西服款式、结构的影响。书中将时代审美、运动机能与人体结构看成一个整体，作为结构设计的依据；同时，第一次在男装领域引入“最小外包围”的概念，首次对男装的胸省和肩胛骨省作了定性和定量的分析，对西服样版的每根线条均作出了原理解释，并建立了从“最小外包围（量）零松量原型”到应用“时代审美、人体结构、运动机能”三大原则的完整制版路径，这些均为本书的学术亮点。书中有大篇幅的工艺操作示范，强调所有工艺选择均是为了体现设计初衷。比如，为了体现飘逸，应该选择柔软、薄挺的辅料和与其匹配的工艺手段；为了强调力度，不但要加强外廓形的刚毅线条，也要在面辅料和工艺上选择与之相应的材料和方式。

本书是一本融合了工具、技术、理念、理论知识的专业著作，为读者提供了一种思维方式，即风格是第一要素，只有综合运用设计、材质和工艺才能体现风格。以我看来，作者深厚的专业功底成就了这一有益的尝试，学习此书对于指导教学、提升从业水准均大有裨益。

东华大学教授、博导

刘晓刚

YMH01340504

刮开涂层，微信扫码后
按提示操作

序　二

中国服装产业在世界上正从服装大国向服装强国发展，基于出口业态的企业生产线正向数字化、智能化方向前进，中高档服装的内销业态正向个性化、定制化方向发展。所谓个性化、定制化包含两层意思：其一是服装规格的个性化，是消费者体型的精准化反映；其二是满足消费者对流行时尚的特定需求。有鉴于此，服装产业界将需要一大批既懂得先进制造手段，又精于传统时装技术，并且能紧跟时代审美的“大国工匠”。

培养大国工匠的理想途径一是通过系统的专业理论训练，二是有长期丰富的实践经验，这两者可交替进行，但缺一不可。作为高校服装专业教育的任务恰恰就是传授系统、科学、准确实用的服装专业（款式设计、版型设计、工艺设计）知识，为此不少学有专长且富有造诣的高校专业教师撰写出版了相关教材、专著，夯实了服装专业的理论基础，拓展了服装专业理论研究方向，《经典男西服定制技术》就是其中的最新成员，而且是其中的佼佼者。

《经典男西服定制技术》是作者对近二十年的专业研究的凝练和工作经验的总结。作者毕业于北京服装学院服装设计专业，是专业科班出身。难能可贵的是其毕业后一直扎根于中国服装产业第一线，在企业从事设计、制版、工艺制作等一系列专业工作，力图将学校教授的理论与生产实践相糅合，去伪存真、由表及里、凝练提升……他的成长实践本身就是培养大国工匠的必经之路，因此我们笃信这本书既是作者本人的处女之作，亦是他的鼎力之作、实践之作、成熟之作！

另值得一提的是这本书把高级定制化的男装版型与工艺方法相结合，因为高级男装必定是“三分裁七分做”，造型上的技术问题不光需要通过制版解决，还必须通过塑型工艺去完成。在写作上作者也力求将技术与艺术相结合，绘图精准、文笔流畅，可见作者的用心。

东华大学教授、博导

张文斌

目　录

第一章

西服美学与西服定制

在服装发展史上，西服经历了漫长的手工定制时期，在19世纪第二次工业革命的影响下，服装定制逐渐发展为集中设计、大规模生产和大规模销售的成衣产业。手工业时代的各项技术被各类专用机械所代替，以提高生产效率。如今，随着人们环境保护意识的觉醒、审美意识的多样化以及生活方式的自由选择等，慢生活、慢时尚又重回人们的视野。手工定制所包含的个人合体性、个体审美趣味和人性关怀是成衣所无法比拟的。在计算机技术和3D扫描技术发展的前提下，西服定制的工厂规模定制和个体手工定制均得到极大发展。

第一节　西服起源与时代风格

现代主流服装起源于工业革命之后的欧洲，这一点可以说不会引起太多的争议。那么现代服装的这种合体、分片、部件式的结构，是如何产生的？为何西方的服装制版与东方的平面裁剪有如此的不同？从原始的一片式贯头衣发展到现代服装复杂的分片结构，就是西方服装技术发展的历程。

一、欧洲男装技术发展简史

1. 立体思维的体现——“立面T字型”的丘尼克

巴黎圣母院珍藏着一件13世纪法国国王路易九世穿过的丘尼克（图1-1）。它的下摆应用了前后插片，与古希腊、古罗马时期的希顿和达尔马迪卡“平面T字形”结构的平面思维相去甚远。丘尼克是真正的“立面T字型”结构，而它在北欧出现的时间可以上溯至公元前。

欧洲历史的文明源头是古希腊、古罗马，是由南欧人创造的。尽管拜占庭帝国于1453年才灭亡，整个欧洲的文化也笼罩在基督文明之下，但现代文明却是由北欧人创造的。北欧人虽然继承了其语言、建筑、雕塑等文明成果，但现代服装却是北欧人在自己的技术上发展而来。古希腊、古罗马的希顿以及拜占庭帝国带有浓厚宗教与装饰风格的达尔马迪卡等服饰，都仅给北欧的服装提供了些许参考而已。由于地理、气候以及生活、生产方式的不同，北欧日耳曼人的服装从最初的贯头衣丘尼克开始朝着分身式方向发展。尽管丘尼克也和东方的服装一样前后片连裁，但它仍是一种立体的状态，是一种“立面T字型”结构。

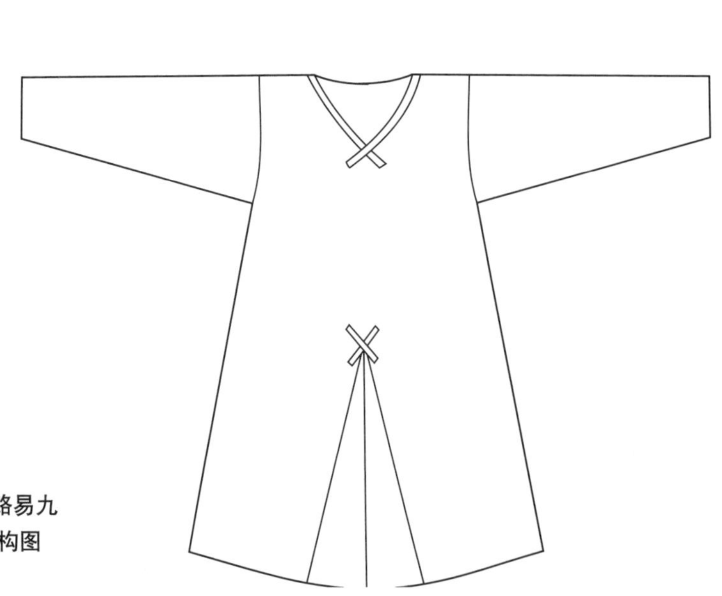

图1-1　法国国王路易九世穿过的丘尼克结构图

丘尼克是一种最为原始简单的贯头衣。北欧的丘尼克虽然最后发展为内衣（衬衫、衬裙），但在其发展的过程中，具备所有的立体思考和立体构造原理。

例如，出土于德国北部托尔斯贝格地区的丘尼克，大约可以追溯至公元3—4世纪。托尔斯贝格丘尼克为四片式结构，袖子是独立的，衣身的前后片也是独立的，由羊毛织物裁剪而成。该丘尼克为船底领，合体肩，胸宽60cm，具一定的肩斜，收袖口，下摆开衩，领子、袖子、下摆同料包边。

又如出土于挪威、公元9—10世纪的比尔卡丘尼克为锥形袖子，侧面和腋下插片。再如出土于丹麦日德兰半岛维堡地区的一件11世纪男式丘尼克——维堡丘尼克，亚麻材质，前后片连裁，锥形拐袖，腋下使用插片，方形领，领口系带，前后胸背有拼接装饰，并且分为上下两层。袖口设置了省道，呈前拐的状态。

另外，出土于瑞典沼泽地的一件14世纪博克森人丘尼克，其腋下、前后中以及侧面均有插片，说明当时的人们对人体运动机能的思考。博克森人丘尼克可被看作“立面T字型”丘尼克的基本形态。这一类“立面T字型”结构象征着裁剪的真正开端：衣身和袖子相对合体，插片使人体的运动不受限制，尤其是前后中的插片，进一步增强了运动的舒适性能。插片的使用一是增加服装的容量，二是分散织物的承受力。腋下插片不但增加手臂的立体容量，也使织物的承受力被分散到多条接缝上，而不是集中在一条接缝上。下摆插片的原理也是如此。

丘尼克的发展已充分考虑到分身式结构和人体的运动功能，为未来的合体外套打下了坚实基础。

2. 服装合体技术的发展

13—14世纪，男装技术比女装技术更为发达。欧洲的贵族既是国家的统治者、管理者，也是部队的统帅，更是冲锋在前的骑士。经过多次战争发现传统锁子甲难以抵挡长弓和短弩，因而开始向分体式铁盔甲转变（图1-2），这增进了人们对人体结构和运动功能的认识，进而促进了对服装结构和服装运动机能的探索。

图1-2　中世纪的分体式铁盔甲

（1）波尔波因特

在14世纪，欧洲男性普遍的穿法是波尔波因特（图1-3）配紧身裤再外加披风。波尔波因特直接来源于充当内衣的贯头衫，即丘尼克的一种。波尔波因特起初作为穿在甲胄里层的服装而出现，后来由于其优良的活动机能而得到广泛使用，与齐膝大袍和斗篷的搭配一直延续至17世纪。当然，在袖型和领型上有所变化。

因为穿在甲胄里面，为了保护皮肤，波尔波因特为绗缝形式，在两层面布之间夹上羊毛或麻充当夹层，再用倒回针进行绗缝，所以能看到清晰的装饰针迹。波尔波因特裁剪十分合体，超乎想象。尤其是袖子，不但具备前曲的手臂状态，而且还与大身进行互借。

图1-3　14世纪波尔波因特的平面结构图及裁剪图

从裁剪图上可以看出，裁片均从立体裁剪而来，虽然还未出现省道，但在立裁过程中，已经合并了各处省道的量。袖子因与大身的互借而使用扇形插片以满足造型量。波尔波因特可以说是以后所有合体衣服的鼻祖。

分断腰线和肘线可以使衣片合体，这是一个伟大的发现，是女装的合体上衣和省道出现的前奏。

（2）借鉴甲胄造型的波尔波因特——茄肯

15世纪，在波尔波因特的基础上借鉴穿在外层的甲胄造型而设计出另一种合体常服——茄肯（图1-4）。茄肯既是常服也是军服。其实，欧洲在工业革命之前，贵族的所有服装都是可以日常穿着的军服，远未达到不同场合穿着不同品类服装的要求。

欧洲的服装发展到茄肯已经没有明插片了，插片的应用是在纸样的设计上，而非衣服实物。茄肯的分身、分片结构是未来所有男装品类的裁剪基础，预示着当时欧洲服装的发展方向。（茄肯的袖子用带子与大身系缚相连，可拆卸。）

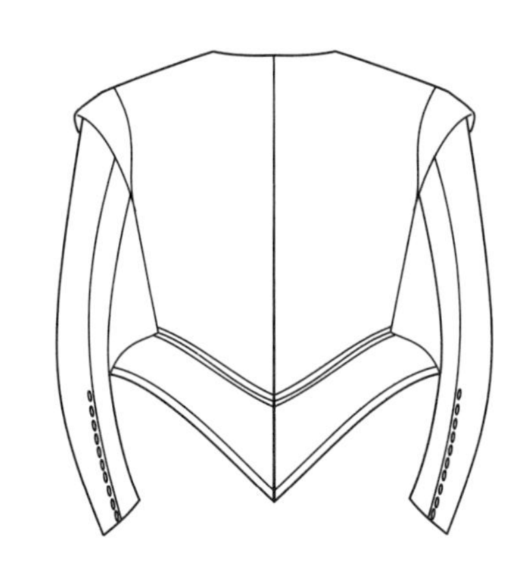
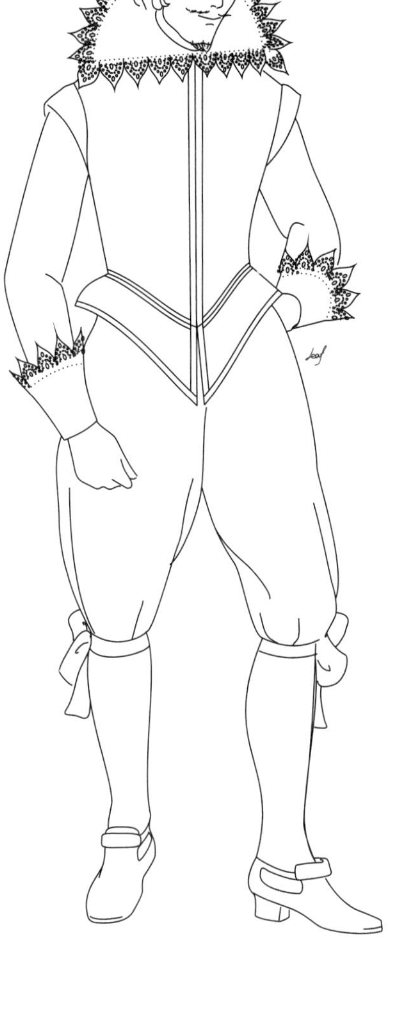

图1-4　茄肯的穿着效果及平面款式图

（3）物理塑型的究斯特科尔

进入17世纪，依据波尔波因特和茄肯结合外搭的斗篷和大袍而设计开发出新的款式——卡索克，作为外衣。卡索克是一种外观如大袍般宽大及膝，结构如茄肯的服装，对襟、排扣，衣身、袖子独立成片。

到17世纪60年代，卡索克发展为一种更加合身的外套，叫究斯特科尔（图1-5）。究斯特科尔和中衣贝斯特（与外衣造型相同的长上衣，18世纪末变成无袖马夹）及裤子克尤罗特相配，形成了18世纪中叶前男装的基本造型——三件套。这样的三件套也是现代西服套装（三件套）的基本形式。

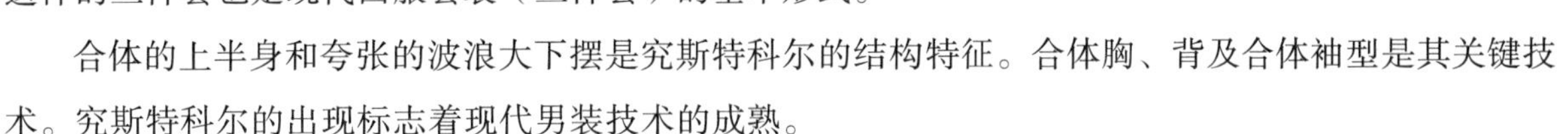

合体的上半身和夸张的波浪大下摆是究斯特科尔的结构特征。合体胸、背及合体袖型是其关键技术。究斯特科尔的出现标志着现代男装技术的成熟。

使用填充物以改变服装造型是欧洲服装的传统技术。在究斯特科尔之前人们就在波尔波因特和茄肯的肩部和胸部加入填充物，以增强男性魅力。在女性的紧身衣当中则加入支撑物，以夸张丰胸收腰的女性特征。究斯特科尔在女性紧身衣使用省道的基础上，结合填充支撑物开发出物理塑型手段——归拔技术和定型技术。

所谓归拔，即利用织物经纬交织空间和纤维的伸缩性能（其中包含羊毛纤维的缩绒性），利用热胀冷缩原理，将裁片止口拔开或归拢，并将拔开量或归拢量推至裁片中部的技术手段。

究斯特科尔的归拔技术主要体现在胸部的塑型上，首先在前片样版上作撇胸，即把胸省量转移至前中止口，然后通过归拢手段将前中止口归成直线，并将归拢量推至胸部即塑造出胸部的隆起。

究斯特科尔的归拔技术还表现在对腰部的拔烫。前后侧腰的收腰量经过拔烫，余量被推至裁片的中间区域，从而使收腰量均匀分布在腰节。这就是把收腰省量转化为肉眼不可见的归拔处理，达到与女装中收取腰省的相同效果。

究斯特科尔的另一个重要技术手段是在衣服的夹层中辅以定型衬，以固定归拔工艺所塑造的立体

图1-5 究斯特科尔的穿着效果及裁剪图

造型，并使之持久化。具体的做法是将预缩过的麻衬进行收省和多层叠置，并用八字针固定，塑造出对应人体的造型。然后将已塑型的麻衬和已作归拔塑型的面布纳缝在一起。之后，根据麻衬造型再次对面布进行塑型，使里外成为一体，以达到衣身与麻衬相同的结构造型。麻衬成为衣身的骨架，不但在制作中起到塑型作用，而且在完成后起到永久支撑和定型的作用。

究斯特科尔不但在前片使用麻衬塑型和定型，在前后的波浪大下摆也加入纳缝了八字针的麻衬，以支撑波浪起伏，达到挺括的效果。

究斯特科尔的出现代表着男女装所用服装技术的区别，也暗示着男女审美趣味的不同。

（4）洛可可时代的阿比

18世纪洛可可时期，究斯特科尔发展为阿比（图1-6）。阿比基本与究斯特科尔同款，仅在下摆和袖克夫上有所收敛，不夸张，但在用色和刺绣装饰上更加华丽、复杂。在洛可可后期，阿比的前襟下摆裁剪越来越靠向后片，呈燕尾服后衣片的趋势，并出现了立领和翻领。

在英国，由于1666年伦敦大火以及瘟疫大流行而导致财政紧缩，查理二世要求大臣们改变华丽的装

图1-6 阿比的裁剪结构图、平面款式图及其效果图

扮，英国的阿比相对于欧洲大陆更为简洁。随着18世纪的英国在世界上地位的上升，英国的阿比反而成为未来男装的发展方向。

18世纪中叶以后，英国进入第一次工业革命，国力进一步提升，在抢夺殖民地和世界市场上获得优势，从而与法国巴黎分庭抗礼，开始树立起在男装方面的权威，引领男装潮流。

（5）夫若克

夫若克（图1-7）改变了阿比外张的下摆，并且门襟从腰节开始斜着裁向后下方，呈燕尾服趋势。

夫若克的领型有立领、翻领和立翻领。拿破仑·波拿巴很喜欢双排扣的立翻领，所以立翻领也称拿破仑领。在拿破仑领的基础上发展出现代的西服驳领。带开衩的燕尾和西服驳领结合，就是现代的燕尾服。

夫若克不仅是18世纪下半叶和19世纪上半叶的军服，也是有身份地位的人的常服。

随着夫若克门襟从腰节开始斜着裁向后下方，贝斯特也缩短至腰节部位，而克尤罗特开始加长，成为长裤。

图1-7　夫若克的平面款式图及其三件套穿着效果图

18世纪末至19世纪上半叶，法国政局动荡，迫使一些优秀的法国裁缝师迁往伦敦，这进一步加强了伦敦萨维尔街男装的领导地位。

夫若克的裁剪特点是撇胸和肩线的后借，让肩部分割线后移靠近肩胛骨区域，这样，更易处理肩胛骨造型量，袖子增加了袖山头的褶皱，更利于手臂的活动。

在夫若克的发展过程中，19世纪初英国的花花公子乔治·布莱恩·布鲁梅尔强调简洁的裁剪、精致的工艺和优雅的品味，一改男装女性化的倾向，奠定了现代男装审美的基调和走向。

（6）拉翁基夹克和常服

1848年前后，在夫若克的基础上出现了拉翁基夹克（图1-8）。随即，拉翁基夹克逐渐普及并衍生出常服，夫若克则升格为礼服即燕尾服，并逐步发展出一整套礼仪的穿着规则。

拉翁基夹克是套装的直接来源。

19世纪50年代开始，朴素的常服（图1-9）——黑色套装更适用于迅速发展的工业社会，适合人们日常的远行和快节奏的生活方式。男装的基本组合仍是上衣、马夹和长裤三件套。19世纪中期，常服的裁剪仍遵守古典传统，胸省大部分处理在前中止口，依靠归拢和衬布的纳缝来支持前胸造型，但已出现

图 1-8　拉翁基夹克的三件套穿着效果图

图 1-9　常服的三件套穿着效果图

了腰节胸省。后肩胛骨省量处理在后移的肩缝当中并有吃势。大小袖宽度均等，不作归拔处理。此时的插肩袖是一种新技术。

拉翁基夹克出现后，西服大致定型。其后的年代，西服只是在面料、裁剪及搭配方式上进行变化，至于宽窄外型、大小翻领、串口高低、腰线高低等细节则随着时代潮流的变化而变化。

至19世纪下半叶，男装相较于女装率先完成了现代化进程，除了夜间的正式礼服和白天的晨礼服（即夫若克的两种款式）之外，日常人们穿的是常服和休闲服——拉翁基夹克，这也是欧洲有史以来男装摆脱军服，走向生活、礼仪以及民主的象征。

19世纪60年代，诺弗克开始流行，即今天的猎装，也是当时应用于高尔夫等运动的运动套装。1869年流行英国皇家威尔士风格的水手夹克，即瑞弗尔（图1-10），后来的双排扣布雷泽西服即由此而来。至19世纪下半叶，西服的品类（西服套装、布雷泽西服、夹克西服）均已完成演变，成为今天的程式化结构，随着时代变迁，变的是审美和风格。

图1-10　诺弗克和瑞弗尔平面款式图

二、西服风格变迁简史

西服的美除了材质之美和工艺技术的精致之外，还有带着时代烙印的风格之美，不同的时代，有不同的审美风格和趣味。

西服风格的变迁与其他艺术门类一样，离不开其所处的时代、思想潮流和生活方式的变化。从究斯特科尔开始至当前，西服大致可以分为三大类风格：一是法国大革命之前的浪漫风格，包括巴洛克和洛可可时期，其特征为华丽、精巧和雅致。二是20世纪以来的现代风格，其特征为朴素、简洁。三是处于两者之间的19世纪，是浪漫风格到现代风格的过渡时期，可以称之为古典风格，其特点为简朴中见奢华，虽然远离了浪漫时代的色彩和纹样，但在廓形、线条、搭配方面更讲究比例、质地和品味。

1. 华丽、精巧和雅致的浪漫风格

17世纪80年代巴洛克后期，究斯特科尔这种西服的出现带动了其他配饰的潮流。假发、帽子、领巾、手套、长袜、短裤、皮鞋等成为当时法国男士们最流行的装扮配饰。这一时期，从法国开始流行的巴洛克风格席卷了整个西方世界，服装色彩鲜艳、花团锦簇、华丽繁复。衣袖为花边袖口，在各种颜色和花边的影响下，男性的装扮充满胭脂气，比女性更花枝招展，可能是最具丛林法则的雄性时代。华丽和优雅中略带阴柔之美的服饰装扮是整个时代的风格特征。

18世纪洛可可时期，男装的洛可可风格是巴洛克风格的延续。虽然在廓形上有所收敛，但在色彩的运用上，有过之而无不及。粉色系的运用达到登峰造极的地步。阿比上的刺绣纹样纤细娇媚、典雅精致、细腻柔和。整体造型上富有极强的层次感，给人一种轻快、细腻、华丽之感，是享乐主义的最佳代表（图1-11）。

随着殖民地的扩张和财富的积累，这二百多年的时间是欧洲封建贵族的黄金时代，其生活的中心是宫廷和沙龙，人生信条是享乐。

另一方面，随着中产阶级的兴起，各类新思潮蠢蠢欲动、暗流涌现，预示着新时代即将来临。旧贵族在华丽装束之下的优雅举止，以及讲究的服饰成为新兴资产者的向往。

2. 简朴中见奢华的古典风格

18世纪末19世纪初，夫若克改变了阿比外张的下摆和审美趣味。在那个追求革命和独立运动不断发生的年代，人们开始摒弃华丽的蕾丝和蝴蝶结，转而追求简洁、厚重、正式的古典风格（图1-12）。阴柔之气已不见，整体形态重新变得整肃、挺拔，注重优美和富有力度感的男性线条。

此时的花花公子布鲁梅尔崇尚简洁，指示裁缝制作贴身合体的设计而不是以往的宽松制服，简化燕尾服、亚麻布衬衫、精致的领结以及能掖进靴子的长裤，还将这些外套和裤子改成了简单朴实的素色，使人们的注意力集中在衣服的裁剪和款式上。

布鲁梅尔是最早提倡面料、裁剪和廓形这三大男装设计要素的人。

在法国大革命的短暂时期中，服饰的样式处在一个除旧迎新的交点上。 随着革命的进展，平民的短上衣和长脚裤很快就成为当时流行的样式之一而载入服饰史册，对后来上流社会的服饰设计有着

图 1-11　华丽、精巧和雅致的浪漫风格

重大的影响。

1815—1830年，在拿破仑失败之后，波旁王朝复辟，贵族风格兴起。细腰身外衣鲁丹郭特虽然用填充物强调倒三角的力量感，但X形的曲线仍有旧贵族的趣味。19世纪50至70年代，短西服上衣出现，休闲西服拉翁基夹克成为日常穿着，生活装扮日趋随意化，轻便化。常服成为日常正式服装。男装风格进一步简化。至此，礼服、常服、休闲服的穿衣规则基本形成。

19世纪末，复古的工艺美术运动对男装并无影响，商业和实业是男性的重心。同时，休闲活动和体育运动开始成为普通人生活的有机组成部分。上升的资产阶级发展自已的审美趣味，精致和简洁的机械美感不同于宫廷的矫揉造作。

总体而言，素雅和精干是古典风格的潮流趋势。总的风格特点是强调简洁和绅士品味。

3. 简洁的现代风格

19世纪末，巴黎出现第一条电气铁路，大大加快了这座城市的生活节奏。科技和心理学的发展也在

图1-12 简朴中见奢华的古典风格

很大程度上改变了人们的价值观念和审美取向。

1902年，弗洛伊德第一本关于释梦的书出版。一位法国导演则制作了一部早期的无声科幻片——《月球旅行》。

1905年，爱因斯坦在牛顿的理论基础上发展了相对论，他阐述了时间、空间和运动的关系。同时，第一批新闻照片的出现，使人们亲眼看到了千里以外发生的事件。

1906年，电话投入日常使用。不久，出现了第一次横越大西洋的飞行和第一辆家用汽车——“T”型福特车。

这一切都预示着快节奏生活方式的不可逆转。“快节奏”决定着生活方式和艺术形式，服装的设计、装饰、生产和销售以及装扮莫不受其影响。

因此，简洁是唯一的选择。在简洁中探索精致的比例、线条的趣味、廓形的风格、色彩的层次、材质的肌理等是对美、对传统优雅品味的不懈追求。

虽然老派的欧洲人对萨维尔街仍高看一眼，但新时代的步伐已不可阻挡。新的风格和审美趣味在不断突破传统规则。阿玛尼（Armani）的圆润飘逸、迪奥·桀傲（Dior Homme）的街头和摇滚风格、日本设计师山本耀司的禅意和物哀风格，还有那不勒斯艺人们通过面料改良和创新工艺来配合“无结构”的意式风格等都在不断突破英式西服硬朗挺拔的传统审美（图1—13）。

19世纪初出现拉翁基夹克的时候，西服显得如此简洁和前卫，但在二百余年程式化的坚守下，与男装的其他品类如套头衫、牛仔衣相比，西服无论如何简化总给人以怀旧之感，或许这就是对慢生活、慢时光的坚守吧。

在全球的传统西服流派中，意式风格浪漫，英式严谨、硬朗、挺拔，美式强调力度，日式保持中庸，但总的趋势是融合和时尚化。无论如何，时代审美、材质和版型工艺，永远是评价一件西服的基本准则。

图1-13 简洁的现代风格

小结

西服，看似简单，但随着时间的推移却有着微妙的变化。不同色彩、不同面料、不同肩型、驳领大小、长短衣身、不同廓形，均表现不同时代的审美趣味和风格。或强势、或自然、或精干、或高调、或颓废、或嘻哈、或绅士，均在尺寸之间游走（图1-14）。

每个时代的风格均值得细细揣摩。分析学习各个时代的风格与西服的造型、材质、工艺之间的关系，才能把握住当下风格，塑造出具有时代趣味和个人气质的西服。

图1-14　现代地区风格

第二节　西服定制的关联学科

自鸦片战争之后，伴随着西方列强的坚船和利炮，西服在中华大地上粉墨登场。这种分身、分片的立体服装与中国传统的平裁服饰在结构和功能上相去甚远。与中式服装的隐藏人体结构，儒雅、从容而含蓄的特点相比，西服既吻合人体结构又符合人体工效学，英武、挺拔，极具张力。西服美学包含着两个层次的内涵：一是精神方面，西服是当时进步的资产阶级思想的外化表现；二是物质方面，西服是欧洲传统绅士风度的物质表达。

因此，西服美学是一门综合学科，涉及社会学领域、哲学领域、美学领域、商业领域，还有服装造型学以及纺织材料学、工艺美术和工学类专业等。西服定制虽说是一门工程技术，但想要做出一件完美的西服，就必须考虑以上内容范畴。

西服定制技术是以人为核心，以缝制技术为手段，以人与服装之间的相互关系为切入点，呈现人体结构、人体工效学、纺织材料、时尚和历史服装风格、服饰心理、审美趣味和生活方式等一系列要素的综合体。

日本三吉满智子教授所著的《服装造型学》一书对于服装造型所涉及的相关学科有详尽的阐述：服装造型学的研究范畴包括多个方向，设计造型领域包括纺织品设计（包含针织品）、服装设计、服装造型、时装造型等研究方向，此外，还包括与使用素材相关的服装材料学领域，对服装服用性能与人体生理关系进行评价的服装卫生学领域，以服装管理为基础的服装管理学等。因此，服装造型学的研究与教育可细分为设计企划、材料、服装造型、生产、着装评价、服装管理等多个领域。

西服是服装的一个重要品类，西服定制也同样涉及社会学、哲学、色彩学、材料学、统计学、人体工学、卫生学、心理学、管理学、消费学以及服装设计、产品企划、缝制工学等相关学科专业，下一页的图1-15对它们的关联进行了说明。尤其是在对成品进行评估时，涉及时尚趋势、时代审美、材质美学、人体结构和运动功能、身份和风格等。

第三节　西服美学及评估标准

西服伴随着欧洲现代文明的崛起而传播至全世界，它既包含古代欧洲在战争中对人体结构和力学进行研究的骑士意识和审美，也反映了现代文明对自信、从容、优雅的绅士风度的推崇，是欧洲贵族文化的重要体现。今天，我们穿西服是为了能让自己像绅士一样温文尔雅、彬彬有礼，由外而内地规范自己的言行举止。所以，它也是精神文明和物质文明的双重体现。西服在很大程度上被视为男孩成长为绅士的标志，意味着自信和成熟、从容和优雅。因此，每位男士在成长过程中，都需要一件西服。

西服的美除了精神内涵之外，在外观上既有历史起源和时代风格所赋予的美感，也有对人体比例的体现和修饰，更有材质美的表现和历史沉淀下来的精工细作的技艺之美。

西服作为一种具有代表性的服装款式广为流传，它的发展经历了几个世纪。通过胸部塑型及分

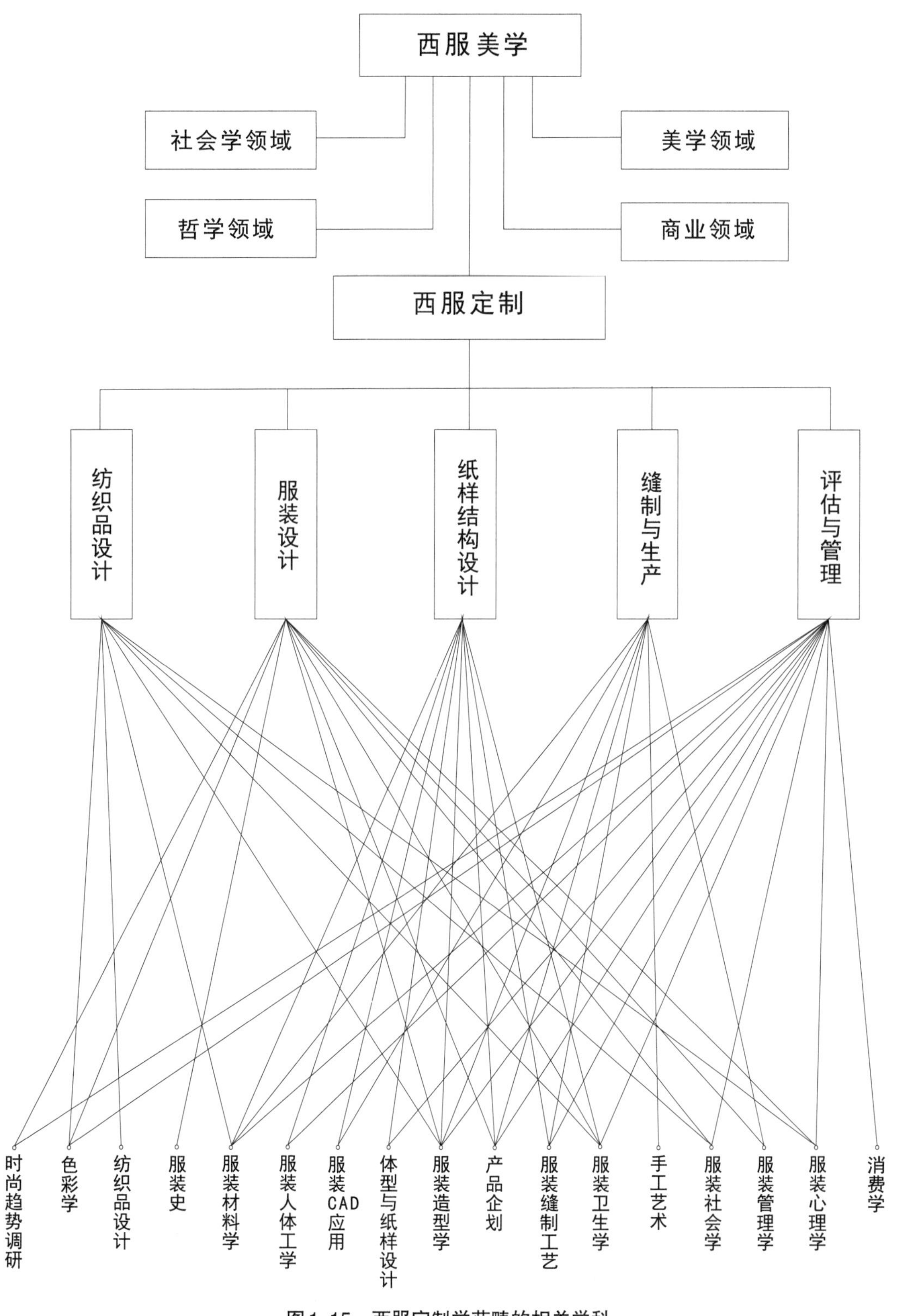

图1-15 西服定制学范畴的相关学科

身、分片和装袖结构，在限制人体部分运动的同时，支持了其他的审美要求和礼仪规范。无论是从服装外观的角度还是从服装技术的角度，都很难说到底是因为构成方式产生了这样的外观和功能，还是因为人们为了达成某种外观和功能而产生了对于特定方式的需求。但有一点是肯定的：一切为了美。

对于完美而合体的西服，我们基于三个标准进行评估：

（1）设计美

（2）材质美

（3）工艺美

设计美体现在时代风格和审美趣味上，如20世纪80年代的宽肩设计，90年代的修身版型设计，21世纪初的瘦身型西服等。材质美不仅指面料，也包括辅料以及内部的定型料和缝纫用线等的品质与美感。而工艺美指制版、缝纫技能所展现的一切美感，包含轻、柔、薄、挺的品质及视觉外观。其实这三者是紧密相连的关系。

对于完美而合体的西服样版，我们基于与西服成衣相关联的另外三个标准进行评估，或称制版三大原则：

（1）吻合时代审美

（2）吻合人体结构

（3）吻合运动机能

任何服装样版都基于这三大标准，只是在不同的品类当中，这三者的比例不同而已，有的服装纯粹为了美而忽略了人体的结构和运动机能，有的服装为了运动机能而忽略了人体的结构。当然，像西服这样的传统礼仪服装，在审美要求之下，人们会牺牲某些运动机能去吻合人体结构，这就是西服的程式化要求。

西服定制是一门系统工程。因此，本书主要对西服定制的纸样设计和工艺制作进行阐述，并对西服的历史和风格演变、人体的结构与西服结构的关联、西服的运动机能性表达、西服用纺织面料的结构和美学、基于穿衣心理和礼仪及时尚变化的定制方案等，均有所涉及。

仅仅掌握裁剪和缝制方法对西服定制来说还远远不够，了解和掌握相关的背景知识并将其综合运用，形成感性认识是十分必要的。因此，本书从审美和人体工学两个方面来谈定制西服的技术问题，艺工结合是本书的主题。

运用相关的背景知识并结合裁剪和缝制技术，才能做出一件既符合时代审美和风格、又吻合人体结构及适合运动机能，从而能体现精湛工艺技术的高品质的西服。

第四节　西服的结构与比例美

经过几百年的技术和风格发展，西服这种分身、分片的结构形式具有了很强的定式，包括前后衣身、袖身、驳领、领片、口袋、开衩等部件（图1-16），而各结构之间又因比例而产生美感。

一、西服结构

西服的结构可分为两大部分，一是衣身和袖身，这是决定造型结构平衡和风格审美的主要部分，并且关乎人体结构和运动机能。二是部件，包括领子、驳领、门襟、口袋、开衩、扣眼眼位、袖山形状等，这些部件配合大身造型迎合风格设定，但对衣身、袖身的结构平衡不产生影响。

1. 衣身和袖身结构

服装的衣身和袖身分别包裹人体躯干和手臂（图1-16）。作为合体的服装品类，西服的衣身和袖身必须贴合人体结构。因此，西服衣身前片需贴合胸部凸起造型，后片需贴合肩胛骨凸起造型，而侧片则需体现人体的侧面体型。而且，前、后、侧三者衣片的结合还须体现胸、腰、臀的起伏造型。衣身的前后片各自平衡是衣身前后平衡的前提和关键。

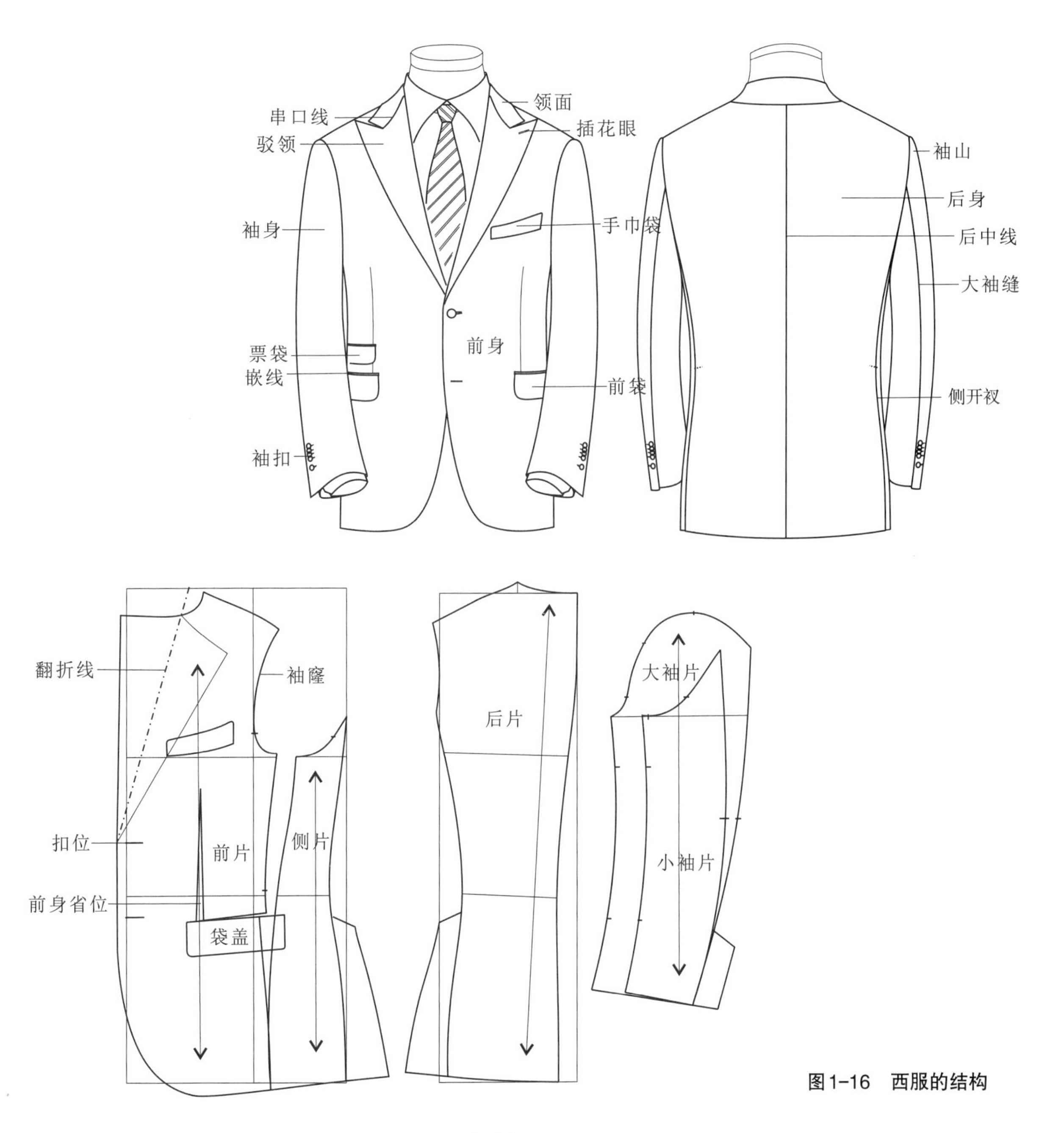

图1-16　西服的结构

西服前衣片的结构包括前身长度、领口弧线、驳领、门襟及其下摆曲线、肩线、前宽、袖窿曲线、侧腰曲线等，其合体造型主要通过撇胸后形成合体袖窿，然后对前片翻折线位置的归拢（撇胸归拢）以及腰部胸省量的收取为主，辅以袖窿和腋下归拢手段，使胸部区域的胸部造型得以呈现，从而保持前身衣片的重力平衡和立体造型（图1-17）。

侧片结构主要体现人体侧面体型，是人体侧面轮廓在服装中的具体体现。它不但体现人体厚度，还体现前后侧面的凹凸体型，是服装保持左右平衡的关键（图1-18）。前后仰体、凸肚、翘臀等体型都需对侧片作出调整，以维系衣身的左右平衡。

西服后衣片的结构包括后身背长、后横开领宽度、背宽、后中曲线、肩线、袖窿深、袖窿曲线、侧腰曲线等，其合体造型主要通过肩胛骨省道转移后形成相对合体袖窿，然后对各处转移分散的肩胛骨省进行归拢，包括后中归拢、后领窝曲线归拢、后肩归拢和袖窿肩胛骨省量余量归拢。使肩胛骨（SS）区域的肩胛造型得以呈现，从而保持后身衣片的重力平衡和立体造型（图1-19）。

袖身结构包括大袖片和小袖片、袖山形状和高度、袖肥大小、袖身弯势、袖子长度、袖口大小以及附属的开衩等。袖子包裹手臂，提供手臂容量和弯势造型。因此，袖身的平衡主要指其是否吻合手臂的结构前势和弯势，以及袖山曲线与袖窿的匹配程度和舒适性。袖子通过大小两片结构有效解决肘省从而产生弯势，通过袖山和袖肥的比例产生合体性和舒适的运动功能（图1-20）。

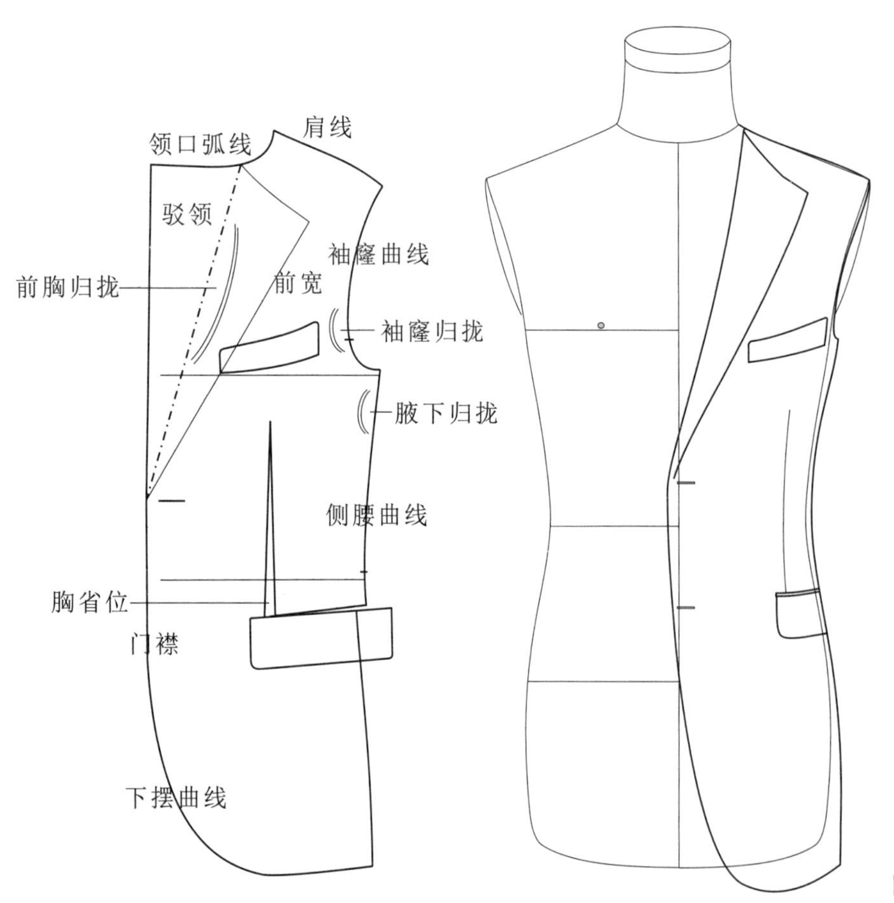

图1-17　前衣片结构

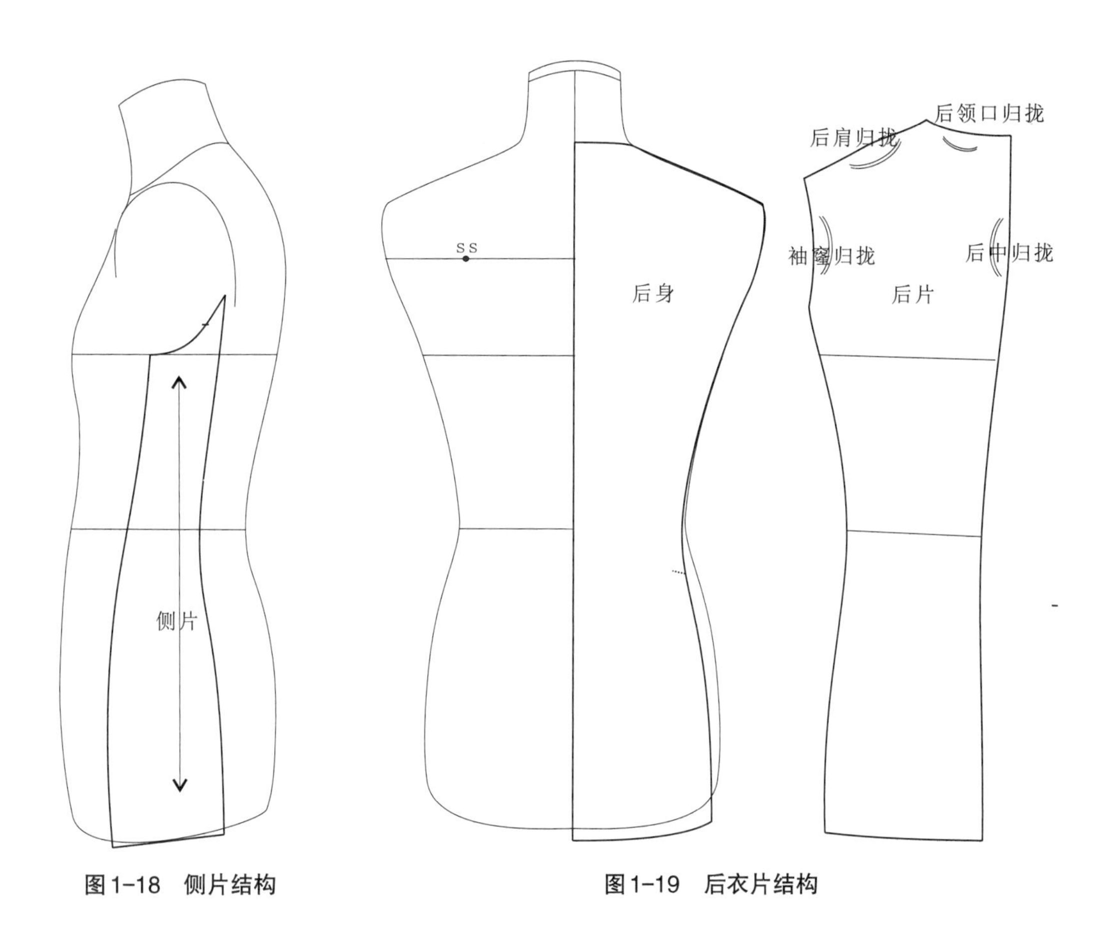

图1-18　侧片结构

图1-19　后衣片结构

2. 西服部件结构

西服部件纯粹是审美上的造型，对西服立体结构尤其是衣身平衡没有影响，但在西服的设计中，却能为整体造型增加层次感和趣味性，是整体风格呈现的有机组成部分。

（1）西服肩部

肩部在男装史上一直是被强调的部位，13世纪以来，除了以腿部线条来体现男性的雄姿外，还可以在上衣肩部加入填充物，使肩部看起来更高更宽，给人以威严感。最初垫肩的出现只是为了改善服装的外形，很显然，垫肩在以后的发展中则越来越多地带有某种强调或矫饰的意味。西服的历史是在矫饰与自然之间来回徘徊，而肩部造型也一直是在强调与淡化之间交替。

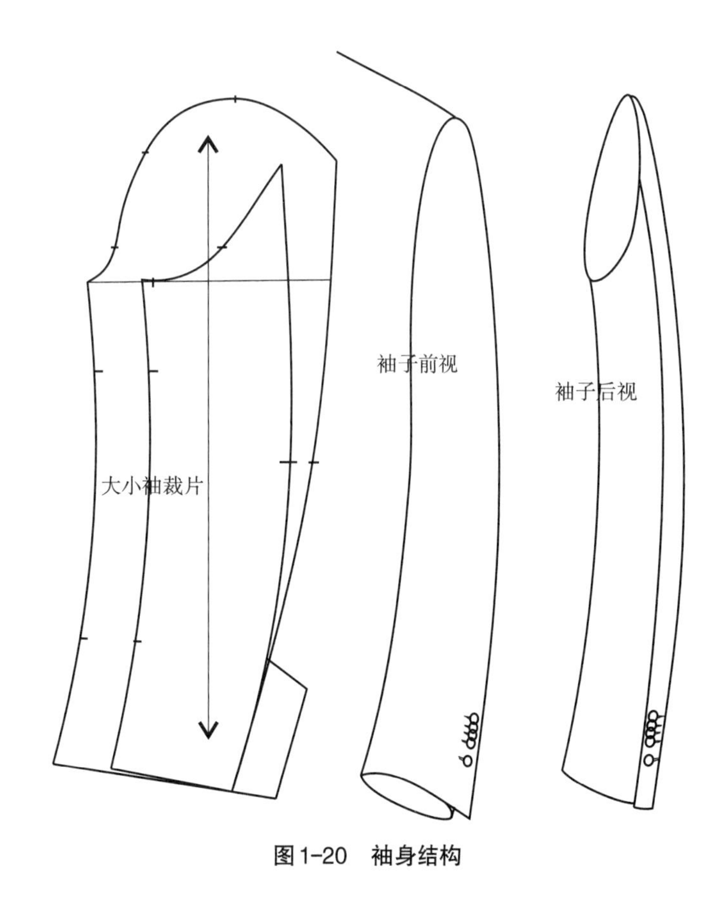

图1-20　袖身结构

21世纪以来，男装开始流行阴柔美。合体肩型、自然肩宽和圆润的袖子是近年来女装元素在男装中的应用和审美趣味。那不勒斯派西服不用或仅用0.3cm的薄垫肩，在挺括的前提下追求轻柔之美。

（2）西服领子

西服的领子变化多端，包括最古老的立领，日常最多见的平驳领，比平驳领更正式的戗驳领和带礼服性质的青果领，没有翻领和驳头的无领也是一种领型。

领子是一件西服的脸面，它包括翻领和驳领两部分，其长短宽窄备受时尚流行的影响。近年因西服流行窄小的廓形，领子也相应变得窄长、细雅。同时串口线的上移也加长了驳领的长度，与减短了的上衣长度相协调，给人一种修长感。那不勒斯派还有弧形的串口线设计，平添一份动感。意大利风格中也有窄版大身配宽大驳领的，强调的是对比，而窄版大身配细长驳领则强调的是协调，各具美感（图1-21）。

同时，领子翻折线必须贴紧人体，翻领部分贴合颈部（贴合衬衣领，不得有空隙），驳领部分贴合前胸。

好西服的驳领翻折的弧度自然优美，翻折线绝不可烫死。领子靠着优质麻衬纳缝支撑翻折，显得前胸挺立优雅而不死板。制作时需要手工仔细纳缝和熨烫，这是高档西服应有的工序，是对面料的尊重。

（3）手巾袋和插花眼

西服一般在衣领上都会有个类似于扣眼的孔，叫做插花孔，也称米兰眼。它是旧时用于关门襟的扣眼遗留，后作为贵族们出席典礼时用来插花的装饰孔。插花眼是活的，体现着对传统的尊重（图1-22）。

右侧外胸袋又叫手巾袋，专插装饰性手帕，后来慢慢变成一种穿着礼仪。一般为顺着胸肌倾斜方向左低右高的长方形直条，其宽窄和大小可以根据款式和合体性进行调节，与大身、领子尺寸相协调为原则。但那不勒斯派的船形手巾袋别具动感：手巾袋左短右长，圆角，止口是内凹的曲线。

（4）西服侧袋

前襟上一个容易让人注意的地方是衣服的口袋，一般在腰线以下两边各有一个口袋。也可以按照以前传统设计，在衣服的左下口袋上方再加一个小票袋。

一般来说，大部分西服口袋都是嵌线平兜，这也是最常见和最经典的传统设计。意大利风格和粗纺外套则用贴袋的方式。

口袋的作用绝不是放东西，而是美观，难以想象只有前后两片而没有口袋细节的西服设计。从胸部的整体到腰部的细节再到下摆的整体，口袋的设计使整件西服具有节奏感。至于口袋的位置要从衣服的总长度去考虑，既要与整体协调，又要突显收腰效果（图1-23）。

（5）西服袖子

西服袖子是配合大身的肩形和袖窿形状而设计的。当流行宽肩宽袖窿时，袖子是扁平的，配合衣身的风格呈现“方正”的视觉效果。当流行窄肩、自然肩形和窄袖窿时，袖子形状则强调圆润和自身的体积感，有如女装“圆袖”的造型（图1-24）。

精致的袖口设计，丰富了整款西服的设计元素，起到了画龙点睛的作用。真正漂亮的袖口应是真开衩，袖子从袖山处的大到小臂处的小再到袖口的微微张开，形成完美的“S”形曲线，而不像假袖衩的袖子那样，形成单调的“C”形外观。

漂亮的袖口不但是真开衩，还应考虑扣位与袖口的距离，距离长一些会使得袖子的上下平衡感更协调。袖扣略微重叠，也是那不勒斯派独有的“亲吻扣”。至于第一扣眼略长，这是在严谨中求变化，形成袖口张开的视错觉。同时，扣眼位可以平行于袖口，也可以与袖口线成一定角度，锁眼线可以用配色线，也可以用异色线，这些细节是设计的趣味（图1-25）。

（6）西服后衩

后片的开衩既方便将手插入裤袋又能使上衣穿起来更舒适。尤其是坐着和运动的时候，如骑马、高尔夫运动等。

双衩还是单衩全凭个人喜好，但双开衩设计给人视觉上更整体。至于衩高，需考虑运动功能，衣服越长，衩相对越长，一般不短于20cm（图1-26）。

图1-21 领子造型

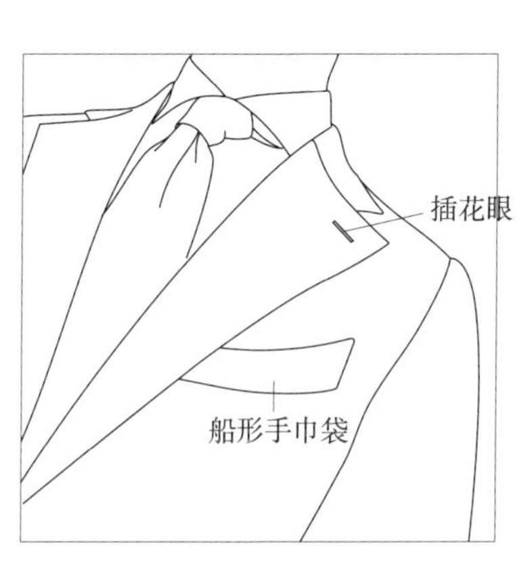

图1-22 手巾袋和插花眼

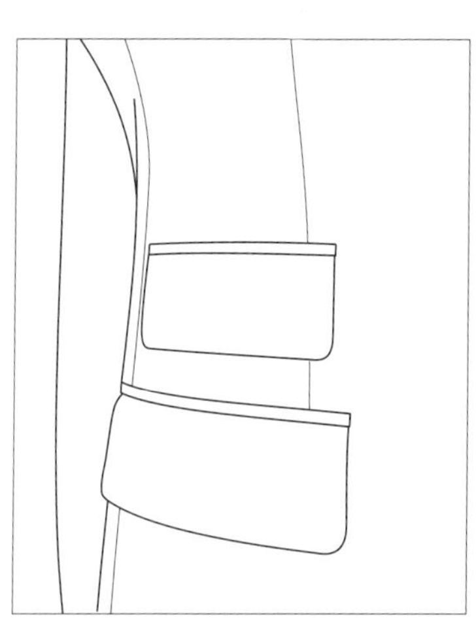

图1-23 西服侧袋

图1-24 袖子造型

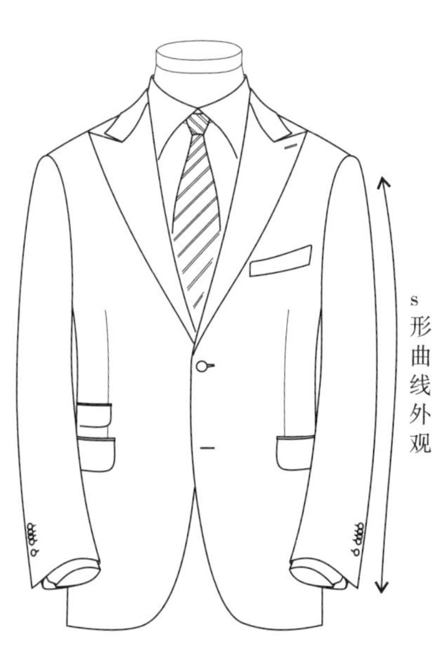

图1-25 袖身造型

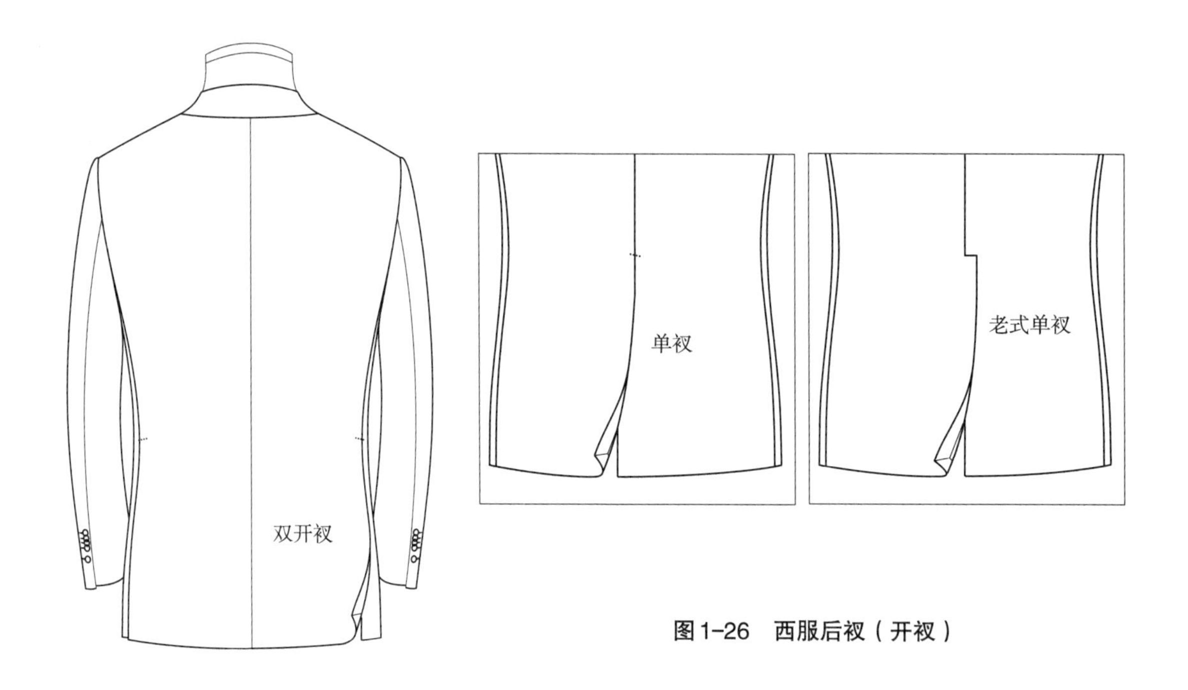

图 1-26 西服后衩（开衩）

西服的比例美

西服大身结构和各部件之间的组合，其实是一种比例关系。西服早已脱离装饰时代，强调自身的裁剪，西服因比例而产生美感。

1. 西服大身比例

西服的结构比例，除了驳头的大小与长短、袖子的大小比例、肩的宽窄、前片的宽窄、口袋附件的位置比例、后背的宽窄、收腰大小之外，其实也包括西服与衬衣、马夹、领带（结）的搭配，自身的长短和下装的协调。"协调"即比例上的完美。每个人的人体尺寸都不尽相同，评判一件西服的美丑，除了看其是否吻合时代风格，还要考虑其与穿着者是否协调。"协调"既包括上下身的整体性和里外搭配的层次感，也包括让西服最大限度地修饰和完善身材比例（图 1-27）。

古希腊人认为肚脐是人体的黄金分割点，而西服的黄金分割点应是扣位。所以单排扣西服当中的一粒扣应在肚脐位置，或略高一些。

近年来时尚圈低腰裤的风行，使得西服裤也受其影响，裤腰连续走低。与低腰相配的是合体裆，合适的裆长，可以拉长下身比例。同时上衣下摆应轻轻盖过双腿交叉处，也便是裆部，最短也应当与裆部齐平，即与虎口齐。当然，有规则就有例外，有的窄版西服就短至臀围。

西服的长短指纵向的比例，横向的比例的重点在于肩宽。不同的肩宽带来不同的胸围放松量，配以不同的肩部塑型手段，会带来不同的风格，或强势，或精干，或圆润。不同的肩宽与不同的三围尺寸以及西服的长短相结合，塑造一件西服的整体比例和风格（图 1-28）。

西服的长短大小随着时尚而轮回。长长短短，大大小小，各有各的美，而是否协调是关键。协调感的评判标准来自三个方面：一是比例，二是时尚趋势，三是风格。

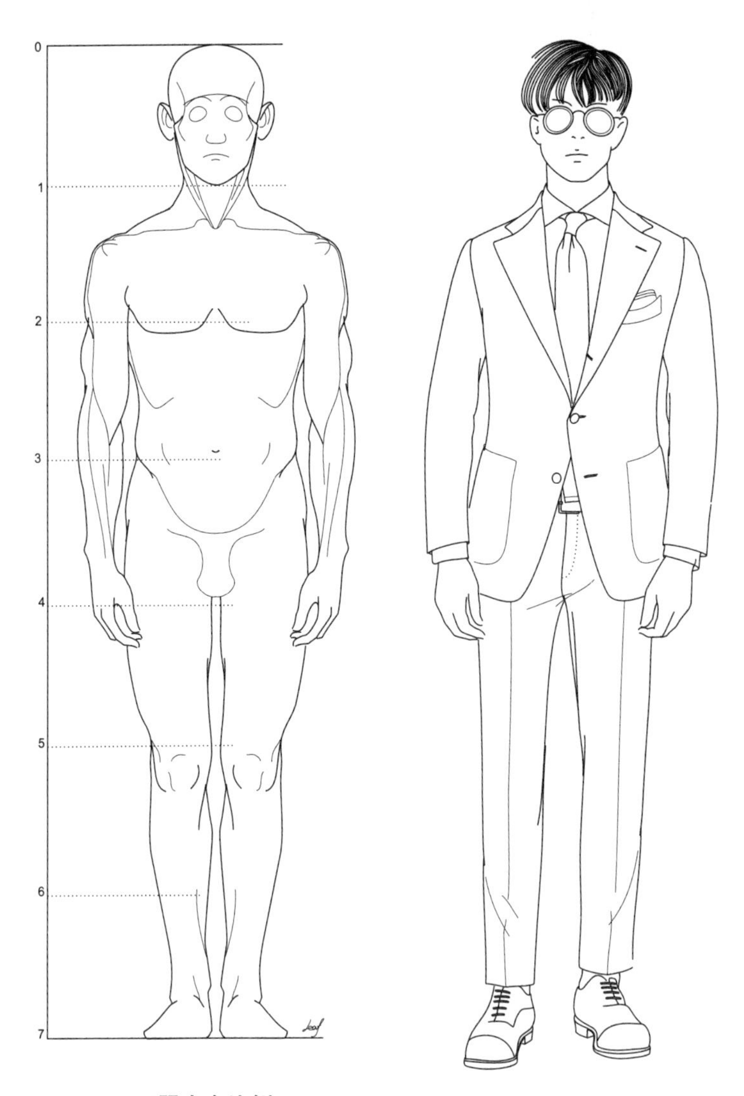

图1-27　西服大身比例

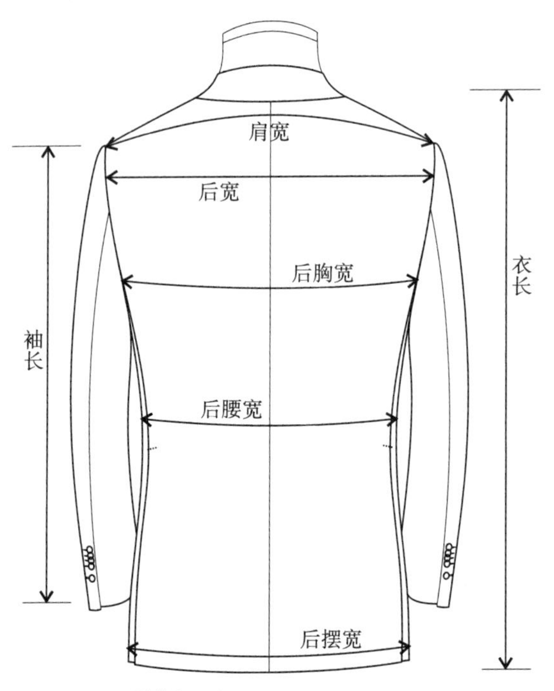

图1-28　西服横向比例

2. 西服部件比例

西服的部件是一件西服的有机组成部分，需配合大身比例并迎合风格设定，以增强西服的趣味性和层次感。

（1）领子比例

领子的比例，除了串口线高低及面领和驳领的大小位置之外，要考虑的因素还有：驳领宽度与驳领的长度之比，驳领宽度与小肩宽度之比，驳领大小与前宽大小之比，驳领长度及曲线与前襟长度和曲线之比，以及领嘴自身的大小比例等（图1-29）。

（2）袖子比例

袖长是整体比例协调的要素之一，既要考虑袖长与衣长的比例，又要考虑西服袖子与衬衣袖子的长度差。注意，叠袖衬衫和普通衬衫的袖子露出的长度是不同的，叠袖衬衫因为自身结构的原因露出的部分会稍微长一些。一般来讲，在穿着状态下普通衬衫的袖子应该比西服袖子长出2~3cm，叠袖衬衫的袖子应该比西服袖子长出3~4cm。近年因时尚而流行大身长度减短，西服袖子也会刻意短些，欧洲人手长，衬衣袖口应露出更多，使整体上更美观。

除了袖口处要考虑内外袖长度差，领口处也须考虑内外领高度差，衬衣领子一般要露出2~3cm。衬衣领子和袖口的露出不仅保护西服领子和袖子，最重要的是美感，具体体现在：一是内外搭配的层次感，尤其是在内外的色彩对比上；二是露出的衬衣领子与衬衣袖口遥相呼应，产生整体感和协调性（即画框效应）（图1-30）。

另外，袖子本身也存在着比例关系：袖长与袖宽的比例，袖宽与袖口宽的比例，袖衩高与袖长的比例，第一个扣位与袖口的距离，第一个扣位与第二个扣位的距离，各扣眼宽度和锁眼线的设置，整排扣位的长短等比例关系。这些细微之处的比例关系仍然是美的要点，是整体美的关键要素。

（3）口袋位置

最经典的口袋是上下嵌线的样式，如燕尾服。最常见的是双嵌线之后加袋盖。侧袋一般为水平方向，也可以设置成一定的角度。贴袋一般用于运动款式，相对更随意、更休闲。

口袋除了自身的形状与比例之外，最主要是因其所摆放的位置而产生的上下左右的视觉比例关系。一般而言，胸袋和侧袋在前片衣身的1/3处。这样，口袋的上下视觉比例关系相对均衡（图1-31）。

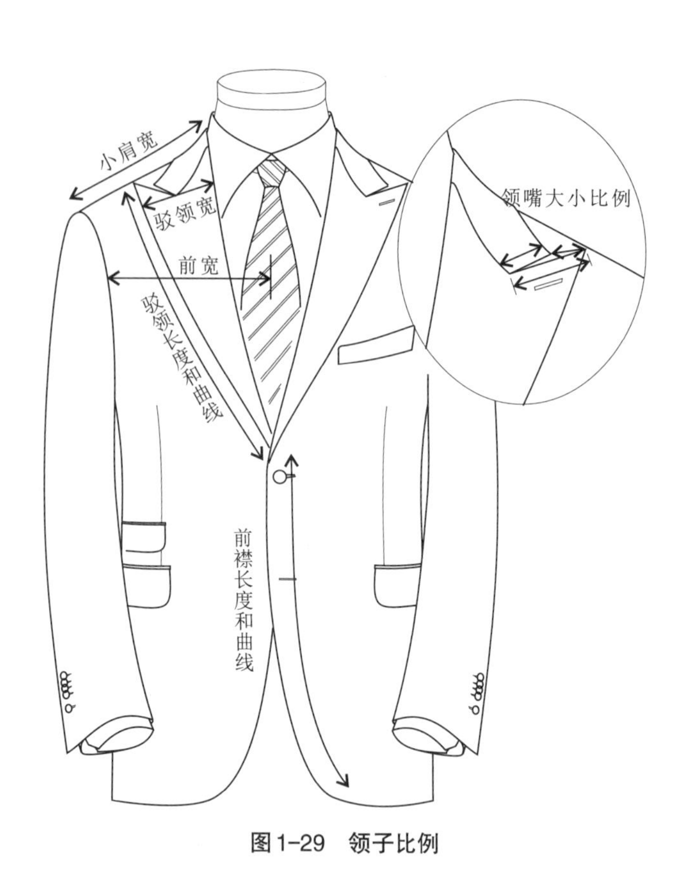

图1-29　领子比例

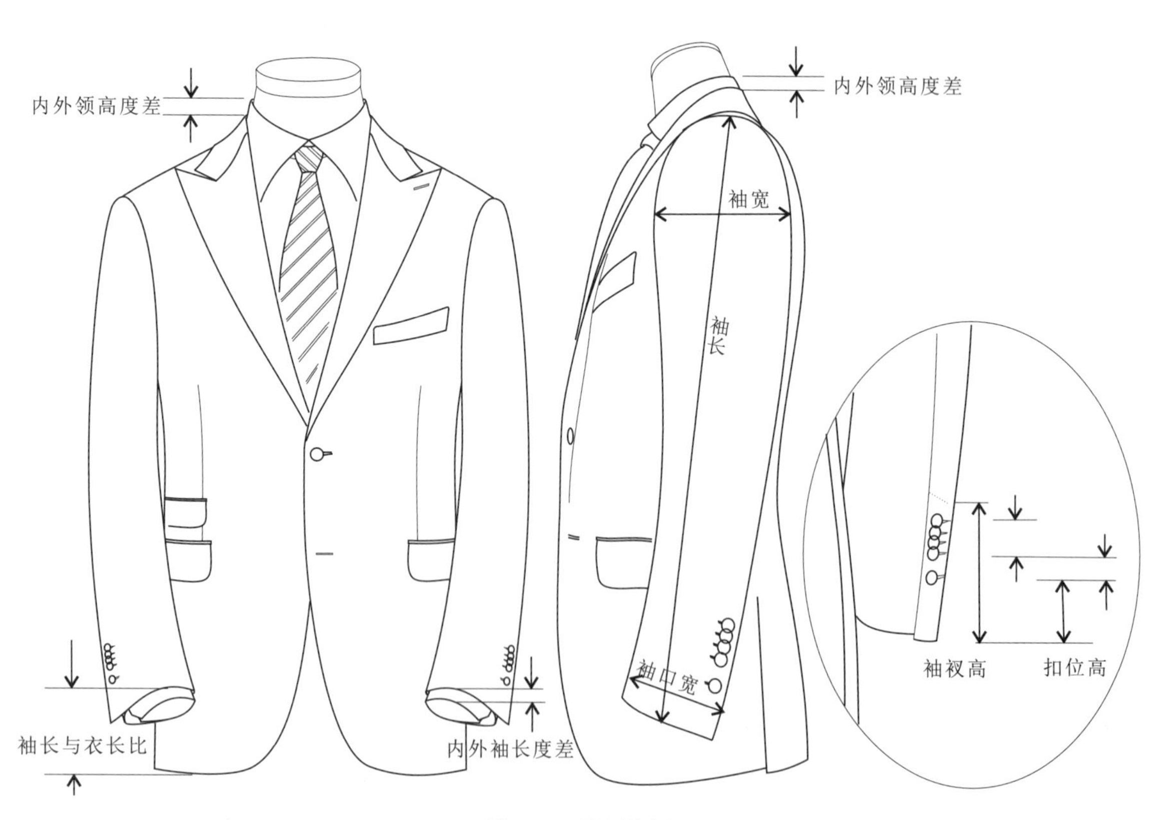

图1-30　袖子比例

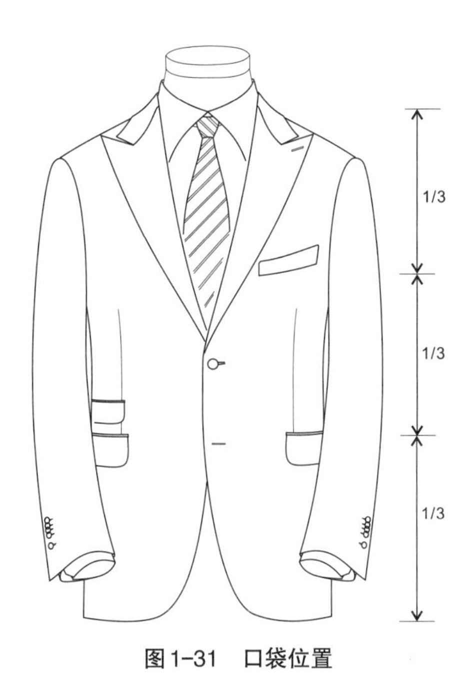

图1-31　口袋位置

也可将侧袋略微提高，以加强腰部的视觉冲击力，配合强收腰而凸显细腰效果。

（4）腰节位置

完美的收腰效果主要体现在后身，不但能凸显肩背的魁梧，还能产生下身修长的视错觉。

美式风格并不强调腰身效果，而欧洲人则强调凸显腰身造型。相对矮个的南欧人则在强收腰的基础上，将腰节线上调2~3cm，以调整上下比例，增加下身视觉长度。另外，双开衩设计在视觉上给人更强的整体感。意大利裁缝有将开衩升到腰节位置的，无形中拉长了下身比例（图1-32）。

小结

几百年来，西服结构相对稳定，但每个时代均有不同的风格呈现，其魅力就在于结构和比例变化。不同的结构比例形成不同的审美趣味。

现代西服越来越突破传统规则，但美必有尺度。扣位、裤腰位、衣长、肩宽、三围、裆位，高一点、低一分，看似差之毫厘，实则谬以千里。考虑分毫，只为能与美更近一步。

比例，像魔术通过转移注意力和创造视幻觉引导观众。穿上合适的西服不会让你的身材真的发生变化，但又确确实实能让身材比例看起来更加完美。这便是西服的魅力（图1-33）。

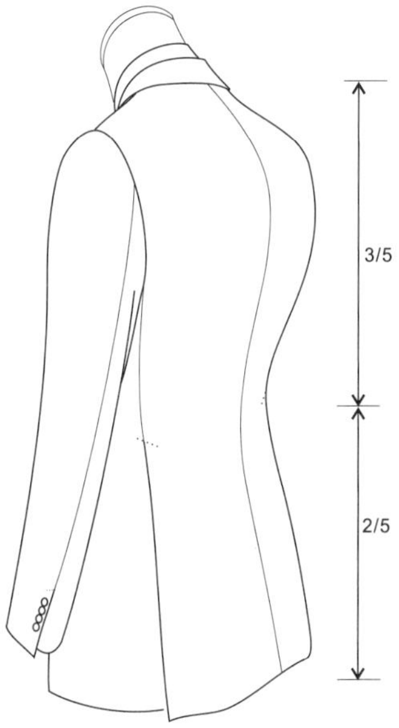

3/5
2/5

图1-32　腰节位置

图1-33　西服比例

第五节　西服的材质美

西服的核心要素由设计、材质、裁剪工艺三个方面构成，其中材质是最基本的要素。西服材质包括面料、辅料和定型衬料（也可归入辅料）。除了面料的美感之外，辅料也为整件成衣提供了优质性能。在面料的选择上，选用柔软性、悬垂性、透气性及恢复性极佳的高纱支、强捻、具有舒适手感的纯羊毛名贵面料为最佳，融合各种优质辅料，使西服不仅舒展度与舒适性极佳，更有丰富的线条和质感，质地柔软轻盈，触感细腻柔和。

材质美，包括原材料的性能、纱线的组织、材质的结构以及材质整理后所充分展示出的其自身结构性能之美。

一、西服用面料

西服的常用面料主要有羊毛、羊绒、棉、麻以及其他合成面料，其中羊毛是最常见的材质。

目前世界公认品质最好的羊毛是美利奴羊毛，它比普通羊毛的纤维更长、更细，弹性等指数更高。其次是苏格兰雪特兰群岛的羊毛——雪兰毛，由于雪兰毛以绒毛为主体并夹杂较多的粗毛和戗毛，这种天然的粗细混杂，形成了雪兰毛织物特有的丰满而蓬松、柔软而不细腻、光泽和弹性较好的特点，具有粗犷的风格，一般多用于制作单件的粗花呢西便装、猎装等。

除了羊毛以外，羊绒是另一种最常使用的原料。羊绒是来自高寒地带草原上的山羊身上的底层细绒毛，其中以产自内蒙古的羊绒为上品。比最好的羊毛和羊绒更珍贵的是野生羊驼毛和骆马毛。

纯羊毛面料上身感觉最为挺拔，线条非常清晰。使用初剪毛——雪兰毛，以及海力斯粗花呢等面料制作的西服会呈现出相当粗犷的风格，同时又给人非常年轻有活力的休闲感。羊毛加羊绒或者纯羊绒的西服一般在厚度上要比纯羊毛的更厚一些，表面绒毛更长，而且手感会更柔软，更敦实。根据毛和绒的比例不同，羊绒衣服的柔软程度和舒适度会有所不同，在挺括度上会比纯羊毛差一些，所以基本用纯羊绒制作的都是单件的西服上装，有保养能力的客户也会用纯羊绒做套装。一般这种毛绒混纺或者纯羊绒的西服都适用于寒冷季节，感觉温暖舒服又轻柔。

纯麻或纯棉的西服一般适合休闲的场合，很少出现在正式场合。纯麻的西服有以下特点：薄、透气凉爽、上身易皱等。麻棉混纺可以提升整件衣服的柔软度，虽然比纯麻料的透气凉爽性差一点，但基本保持了纯麻料的特点。麻丝混纺则有类似丝和羊毛混纺后的感觉，西服更有光泽度，线条会更明显。至于纯棉的西服，比毛料的西服更平易近人，也适合更多日常场合，可穿性更强。

二、西服用辅料

西服用辅料泛指除了面料之外的一切用料，包括里料（布）、衬料、缝纫线、拉链、纽扣等。辅料是骨架，是细节，是品质保证。

1. 西服里料

西服用里料（布）是一种可以防止西服变形且保持西服轮廓的加固型衬料，能减少上衣与下装内侧接触部位的摩擦，使人体能够在穿着西服的情况下流畅地进行各种动作。

西服用里料（布）有六大作用：

① 方便衣服穿脱，提高穿着舒适性。

② 保护面料，减少面料与内衣之间的摩擦。

③ 提高服装的保暖性，增加服装的厚度。

④ 改善服装外观，使服装平整、挺括，里料给西服以附加的支撑力，从而提高西服的抗变形能力，有效减少西服的起皱，使西服获得良好的保型性。

⑤ 提高服装档次，可以遮盖西服不需要外露的缝线、毛边、衬布等，使整件西服更加美观。

⑥ 延长西服面料的使用寿命，同时保护面料不被玷污。

西服用里料（布）可选用真丝里布，真丝里布主要有电力纺和真丝绫。真丝里布光滑、柔软而富有光泽，吸湿性和透气性良好，不易产生静电，但牢度较差。

里布材质最好的是“宾霸”里布，中文名：铜氨丝，它是以棉花中的棉籽绒为原料精纺而成的一种天然环保里料。宾霸里布解决了起静电的问题，同时缩水率小，色泽自然，质感柔软，韧性好，环保，吸湿，排汗，纹理细腻，是里布中的极品。

人体手臂的活动范围要远远大于其他部分，出于对这方面细节的考虑，一般西服袖子的里料会选用延展性更好的材料来制作。一般袖里为白底条纹，不但看起来干净，而且有层次感。

2. 西服衬料

西服衬料泛指介于面料和里料之间、附着或粘合在衣料上的材料。衬料是西服的骨骼，对西服起到造型、支撑、保型、挺括和加固的作用。它不仅使西服外观平服、挺括、圆顺、美观，而且可以掩饰人体的缺陷，增强西服的牢度。西服衬料包括衬布和衬垫两大类。

西服衬料的六大作用：

① 对西服起到造型、定型和保型的作用，提高服装的抗皱能力和强度。衣领和驳头部分用衬以及门襟和前身用衬可使服装平挺且抗皱，对薄型面料的服装更为重要。

② 改善西服的立体造型，在不影响面料的手感和风格的前提下，借助于衬料的硬挺度和弹性，可使其达到预期的满意造型，如胸衬可令胸部更加饱满；肩袖部用衬会使服装更加立体。

③ 保持服装结构和尺寸稳定，对于衣片中形状弯曲、丝缕倾斜的部位，如领窝、袖窿等，在使用牵条衬后，可保证其结构和尺寸稳定；可使其不易拉伸变形。

④ 使服装止口清晰平直而美观。

⑤ 提高服装的保暖性。

⑥ 改善服装的加工性能，尤其是对于一些结构松散的织物。

使用西服衬料时应注意以下三点：

① 衬料的性能与服装面料的性能相匹配，包括衬料的颜色、重量、厚度、手感、悬垂性等。

② 应考虑服装造型与设计的要求，如外形飘逸的服装，胸衬也应薄、柔而有身骨。

③ 应保证衬料的洗涤与熨烫尺寸的稳定性。

3. 扣子

西服的扣子基本已失去开合的功能，更多的是作为一种装饰，尤其是袖扣。手工西服一般选用牛角、贝壳、椰木等天然材质的扣子，运动休闲西服也可选用金属、景泰蓝、皮革等制成的扣子。选择扣子时主要从材质的品质感和装饰风格两方面来考虑。

4. 缝纫用线

缝纫线的质量影响着成衣的缝制质量和外观品质。缝制手工西服时，打线钉、假缝、扎壳均用粗棉线。真丝缝纫线用天然蚕丝制成，光泽极好，其弹性、强度和耐磨性均优于棉缝纫线，适用于高档西服的缝纫，但其耐热性、强力不如涤纶长丝。对于高支高密的面料，更应选用强度大、弹力强又超细的缝纫线，才能不影响成衣外观和品质。常用缝纫线有202、203、402、403、602、603等型号。缝纫线通常是多股纱并列捻合而成。型号前面的20、40、60是指纱的支数，可以简单理解为纱的粗细，支数越高，纱就越细。型号后面的2、3分别指缝纫线是由几股纱并捻而成的，例如603就是由3股60支纱支并捻而成。德国的古特曼（Guetrmann）和英国高士（Coats）都是不错的高档缝纫线品牌。

小结

西服的材质之美，体现在三个方面：一是原材料的优越性能。如羊毛、羊绒的柔软手感和光泽。因此，人们不断改良动物品种，以获得更长、更细的天然优质纤维，并且不断研发应用型的薄而挺的衬料。二是不断改进加工工艺。通过刷毛、加捻、混纺等方式获得更加优良的纱线性能。如羊绒与丝混纺或者羊毛与丝混纺的面料，手感比纯羊绒和纯羊毛面料更细腻、更光滑，上身以后，丝毛混纺西服的线条显得更挺拔、更华丽、更具有现代感。三是改进组织结构以获得不同密度、手感、垂感和肌理的面料成品，为不同性能和风格的成衣打下基础。乔治·阿玛尼西服其材质本身不但柔软飘逸，还极具身骨，并且肌理丰富，成为独特的品牌风格。这就是材质的魅力。另外，西服面料通过织造、印染等工艺，呈现不同的色彩、花型和肌理，使西服呈现不同的风格趣味，给人以极强的视觉感受。

不同材质制作的西服，从质感上有不同的特性，穿着效果也不同。因此，选择采用优质面料和辅料制作而成的西服，可以使人穿着更为舒适，也更能体现出优雅和品味。西服的材质之美值得细细品味。

第六节　西服的工艺美

所谓西服工艺，指制作西服时的一整套独特技艺方法和流程。一件西服在款式设计和面料选择之后，通过裁剪、缝制、熨烫、整理等一系列技术工作后成为成品。因此，西服工艺除了展示其手工技艺的沉淀和美感之外，也将款式风格和材质美感一并呈现。

一、西服工艺的类别

西服工艺主要包括裁剪、缝制、熨烫和整理四大工艺。

1. 裁剪工艺

裁剪工艺，传统红帮也称之为“刀功”。其实最主要的技术工艺关键不在剪刀上，而在于裁片的画样（即制版）。包括在画样前进行人体测量（采寸），以及裁片对应静态的人体结构和动态的人体运动。因此，裁剪工艺之美体现在成衣的合体之美和舒适之美。同时，裁剪工艺之美也体现在对西服款式的时代审美和时代风格的表达。

2. 缝制工艺

缝制工艺，包括红帮所要求的“手功”和“车功”，是将裁好的衣片及部件进行缝合，使之组合起来成为成品的过程。缝制工序繁多，技术复杂，不同部位要求使用不同的线迹、缝型及机械设备和工具等。同时，针脚的密度、紧度、力度、平顺与否都会影响外观上的平整、服贴、张弛等效果。明线线迹则带来更直观的点、线形成的视觉美感。

高级定制中的手工西服追求的是手工工艺的灵巧，它看似随性实则灵动，与机械车缝的规整成衣各具不同的美感，只是高级定制手工西服更像艺术品。

3. 熨烫工艺

熨烫工艺，传统红帮称之为“烫功”。除了整理面料，去除其褶皱，使之得以呈现完美平整的原貌之外，还使各部件通过熨烫达到平服、圆顺、饱满的视觉效果。最主要的是运用“推、归、拔、压”等工艺手法，在给汽、给热、给压、冷却的条件下，使面料产生适当变形，让裁片从二维平面转变到三维立体，以吻合人体结构和运动舒适性，同时达到造型结构美的目的。

高级定制西服的熨烫是按照个人的独特体型，满足个体体型变化，并在适合个体体型的条件下，使之达到人体第二层皮肤的最高境界。

4. 整理工艺

整理工艺是对半成品和成品进行调整、修正和完善的过程。它综合运用裁剪、缝制和熨烫的工艺技法对半成品和成品进行修改补正。尤其是最后一步的后整理，即大烫，根据成品的不同部位的造型要求，如肋势、胖势、窝势、戤势、凹势、翘势、剩势、圆势、弯势等进一步加强定型，以达到造型美的效果，使成品形成平服、圆顺、挺括等完美的外观视觉效果。

美是目的，工艺是实现美的手段。工艺不是循规蹈矩的程序，而是通过工艺手段依据时代审美的变化对材质、比例等作出改变，它为美而生。不同的时代审美需求产生与之相应的工艺方法，工艺师应与时俱进，在传承中创新改变。只知传承而不知创新改变的永远只是一个匠人而已。

同时，不同的工艺、不同技术流派并无高低好坏之分。真正能分高低的是对美的追求与表现。

二、西服工艺的艺术美

工艺的艺术美是技术和艺术之间的共生关系所产生的美。所有的艺术表现都离不开技术和技巧。西服工艺所呈现的“轻、柔、薄、挺”的外观展现出西服成品的艺术之美。

1. 轻

在同等穿着功能下，选用轻质的面辅料是呈现美感之“轻”的一个方面。另一方面，通过裁剪和归拔等工艺使服装重力分散，起到不压胸、不压颈、不压肩，使穿着者感到轻松自如的作用。视觉上的美感之“轻”，则指各部件和整体在视觉上“轻松、自然”。传统红帮审美“十六字要诀”中“松、匀、薄”可与之相对应。

2. 柔

柔软、飘逸，但又具身骨。这里的柔软指的是手感，飘逸而又具身骨指的是视感。“柔”应达到触觉和视觉的完美统一。传统红帮的“软、活、窝”可与之相对应。

手工西服中，坚持用毛衬、马尾衬而不用现代粘衬，是因为除了粘衬易起泡、起壳的疵病之外，其复合时粘胶渗入面料组织破坏了柔软度。手工纳缝的毛衬、牵条、基布不但增强面料身骨，同时也保持面料本身的柔软度。所以，坚持传统工艺不是保守，而是品质要求，审美使然。

3. 薄

通过对面辅料的科技研发，在相同的穿着功能下，面辅料越来越朝着轻薄方向发展。西服工艺也顺应审美要求，选用轻薄材质，研发相应技术，使成品在轻薄的状态下仍保持传统的“平、服、顺、直”的视觉效果。“薄”，不是平面，更非平板，而是薄而活，薄而柔韧。

4. 挺

“挺”，代表着人体的三维造型美和自身挺括之美。除了通过对材质的“推、归、拔、压”使裁片从二维转化为三维的立体挺拔效果之外，还通过对定型衬的制作使成衣永久性的挺括定型，呈现人体局部的“圆、登、戤”和整体的“挺、满”的视觉效果。

小结

西服，它既有艺术风格的沉淀，也有技术的积累。

西服之美，既有材质的审美趣味和时代风格的体现，也有工艺美的呈现。所以，一件西服的美，是技术美和艺术美的完美结合。既有材质的光泽、肌理、色彩花型的视觉之美，也有柔软手感、轻松体感和运动自如的触感之美。既有挺拔饱满的结构之美，也有平服、柔顺的线条之美。既有内外上下对比之美，也有部件与整体的比例之美。有时代廓形之美，也有局部造型之美。有风格意境之美，也有“轻、柔、薄、挺”的工艺之美。因此，西服之美是通过工艺之美来呈现材质之美和设计之美。

第二章

西服造型结构原理

所谓服装造型（也称为服装结构或者造型结构）是指服装的大身衣片和领、袋等部件所组成的外轮廓和内部组合。所谓的造型结构原理即指产生服装的外轮廓和内部分割线及部件组合的依据。

西服的结构包括前后大身衣片、袖片以及领子等零部件。衣片结构设计的依据就是平常所说的结构原理。

西服造型结构原理来自三个方面：一是人体的起伏结构；二是人体在运动时需要的松量；三是时代审美。

第一节　西服结构设计的要求

西服结构设计的要求就是要符合人体结构、符合运动功能和符合时代审美。

一、人体结构与西服结构

西服结构设计中对人体结构的研究仅关心人体体位的方向性（方位）、体型起伏和日常运动的各部位运动范围。

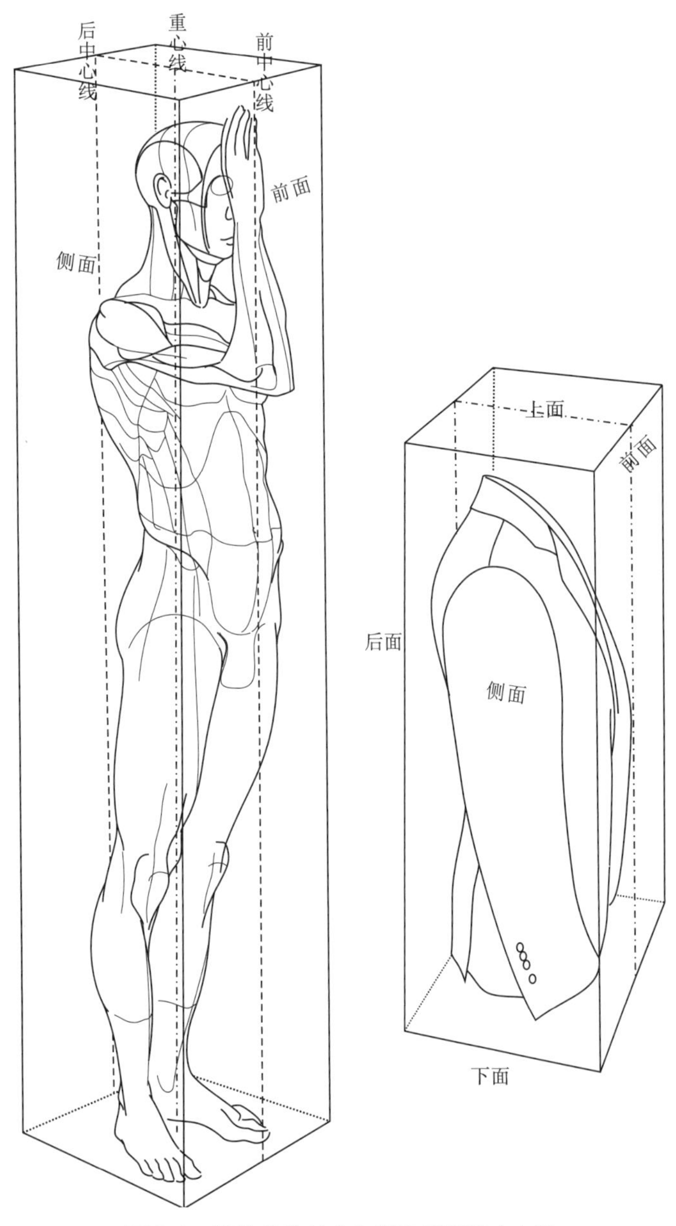

图2-1　静体体位的方向性和西服的方向性

1. 静体体位的方向性和西服的方向性

在服装用人体中，将体表起伏变化巨大的人体划分为6个方位（面），即上下面、左右侧面和前后面。在西服上，上面对应的是肩部和领子，前后面对应的是前后片，侧面对应的是袖子和侧身，下面对应的是袖口形态和大身下摆的椭圆形态（图2-1）。

人体方位是服装形态等的参考基础。人体是一个立体的造型，它没有线的存在。但是，人为设定的前后中心基准线是服装左右对称的重要基础。同时要明确的是，前后中心线从侧面观察是沿着前后中体表起伏弯曲的曲线，但从前后正面来看，它是垂直的。这点很重要。在胖体当中，无论肚子向前的突出程度如何，从正面看前中线都是垂直的，只是从侧面来看比常体更为弯曲。凸肚体型在最后章节样版补正中会详细讲解。

除了袖子能体现西服的侧面方位之外，在最为典型的三开身结构中，侧小片最能体现人体的侧面形态（图2-2）。

侧面方位的运用在大廓形的外衣中体现更为明显，如果是在大胸围、前后运动和视觉比例又分配合理的情况下，改变侧面的方向性才能达到合体效果。

2. 静体体位的躯干结构和男装原型纸样结构

如果运用图形学原理直接将躯干体表展开成原型纸样，那么躯干结构就影射在原型衣纸样当中。换句话说，原型衣纸样的所有结构与躯干结构是一一对应关系。

在人体的侧、前、后、上四个面上标注人体各个转折面的交接线和交接点，此交接点即人体体表的计测点。将相应各计测点连接成线，测量其实际长度，根据左右对称和重心垂直的原则（即保持丝缕的水平和垂直）将计测点和实际长度描绘在平面上，即展开肩线、袖窿和胸凸量。体表三维与二维平面的差值即省量，包括胸省、肩胛骨省和腰省。图2-3中原型纸样结构图上的标注点与人体躯干结构图的标注点是一致的，图上均用同一名称和符号来标注。所以，原型是人体三维结构的二维平面表达，是款式拓展的应用工具。此原型在静体体位平衡的基础上投影而来，因此，它维持着衣身平衡。西服纸样将在此原型的基础上加入活动松量、运动功能、部件造型和风格设定，以求得合格样版。这个原型紧贴人体，未设定松量，被称为“基于最小外包围（量）的零松量男装原型”。此原型有别于其他加了松量和以胸围为身幅的男装原型，它是以最小的外包围作为制图的身幅来衡量各部位的比例关系，具体详解将在下一章节的西服制版中予以介绍。

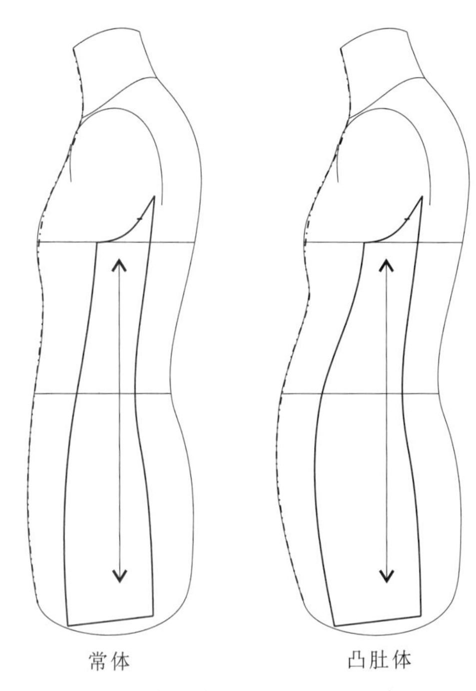

图2-2　静体体位的侧方位和西服侧片方位

3. 男性人体比例与西服比例

人体比例在西服的设计、廓形表达和制作（尤其是试样）过程中均是十分重要的依据，而服装比例是修饰和完善人体比例的修正结果。因此，明确人体比例与服装比例之间的关系相当重要。

人体比例是数字化的比例，而服装比例是在数字化比例的基础上添加的视觉比例。所以，在实际操作中，在获取人体体表尺寸之后，要加入舒适和运动松量以及风格设定下的数值，形成新的西服比例。这就是西服的不同风格的数据来源。

图2-4所呈现的是7个头长的男体比例。

在国标的中间体中，胸围92cm、身高172cm的男子，头身示数为7的话，那么头长为24.6cm。这样得出上下身的局部尺寸在人体中的大致概念。肩点在1与2之间的1/3处，肘部在2与3之间的1/3处，腰节在2与3之间的1/6处，手腕在虎口向上1/3处（图2-5）。

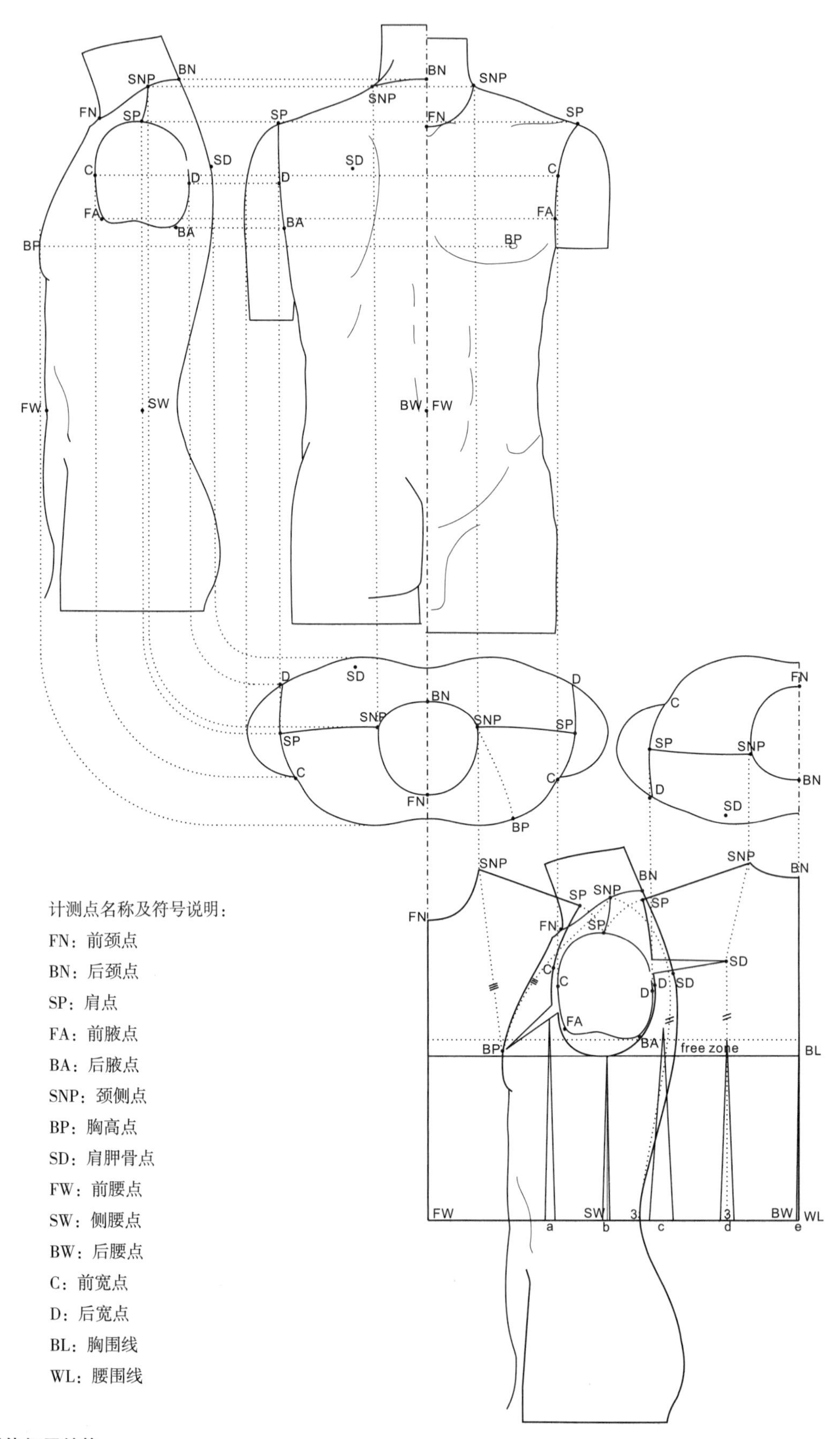

图2-3 男体躯干结构和男装原型纸样结构

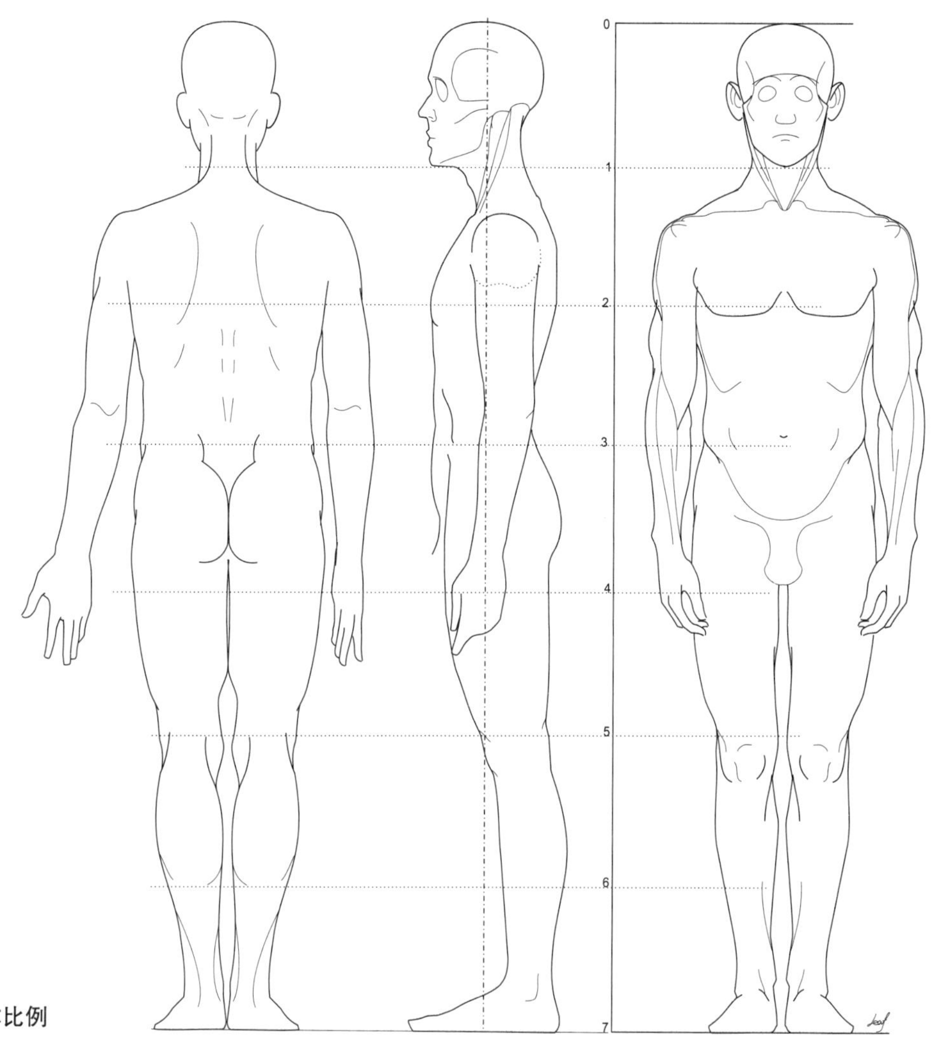

图2-4　7个头长的男体比例

二、运动人体体位变化和西服功能应对

在人体的动态变化中，四肢相对于躯干来说活动范围更大。但任何部分的体位变化，都会带来此区域对应的压迫和拉伸。因此，在服装结构上，在与人体结构对应的部位必须设置松量以应对压迫和拉伸。

对于像西服这样的礼仪服装，对其运动功能的要求在所有的服装品类中是最低的，但还是需要能够应对基本的行走、手臂自然摆动等运动中手臂和胯部受到的压迫和拉伸变化。

1.上肢运动

上肢是由肩关节和躯干相连，肩关节是身体中最灵活的关节。以肩关节为圆心，上肢可以进行水平和垂直方向的半圆范围的运动。最常见的是向上、向前约45°的前伸运动（图2-6）。向上、向前的伸展运动压迫前胸肌肉，拉展臂根底部。上肢运动带动肩部的运动。因此，袖窿底部后侧和袖山后侧（图2-6中阴影部分）留有足够的余量是应对此类伸展运动的关键。肩部的运动及服装运动机能应对放在下一节“西服的结构设计”中的“人体肩部与西服的肩部”当中阐述。

2. 胸廓运动

胸廓运动是由手臂的前展和后展引起，前展是拉伸后背、压迫前宽胸肌，后展则相反（图2-7）。但手臂的前展幅度和频率要远远大于后展。因此，在考虑西服的前后宽运动量的加放时，需充分给足后宽的运动松量。

人体的前后宽差值为1cm左右，而成品西服的前后宽差值可以达到3cm。这是胸廓运动时西服前后宽的功能应对。

传统“红帮”将前后宽活动量称为“戤势”。

3. 胯部运动

胯部的骨骼包括骶骨、髋骨、坐骨等。下肢的运动幅度可以很大，但在穿着礼仪服装时，一般讨论的是行走的状态，所以运动幅度和频率相对较小。

下肢的行走有着髋关节的参与，它会带动胯部的上下、前后的摆动。

在胯部中最为突出的是髂骨前棘。这个突出部位是上衣西服在胯部运动时要应对的功能区域（图2-8）。因此，在样版处理时，此区域要给予充分的松量，以满足充足的运动空间需求。

所以要设置胸腹省道（即平常所称的肋省），塑造腹侧的凸起空间，一般大小在1.4cm左右（这就是肋省来源）。同时，设置前片与腋下小片的交叉重叠量，再通过工艺归拢前侧的曲线，将余量推至腹

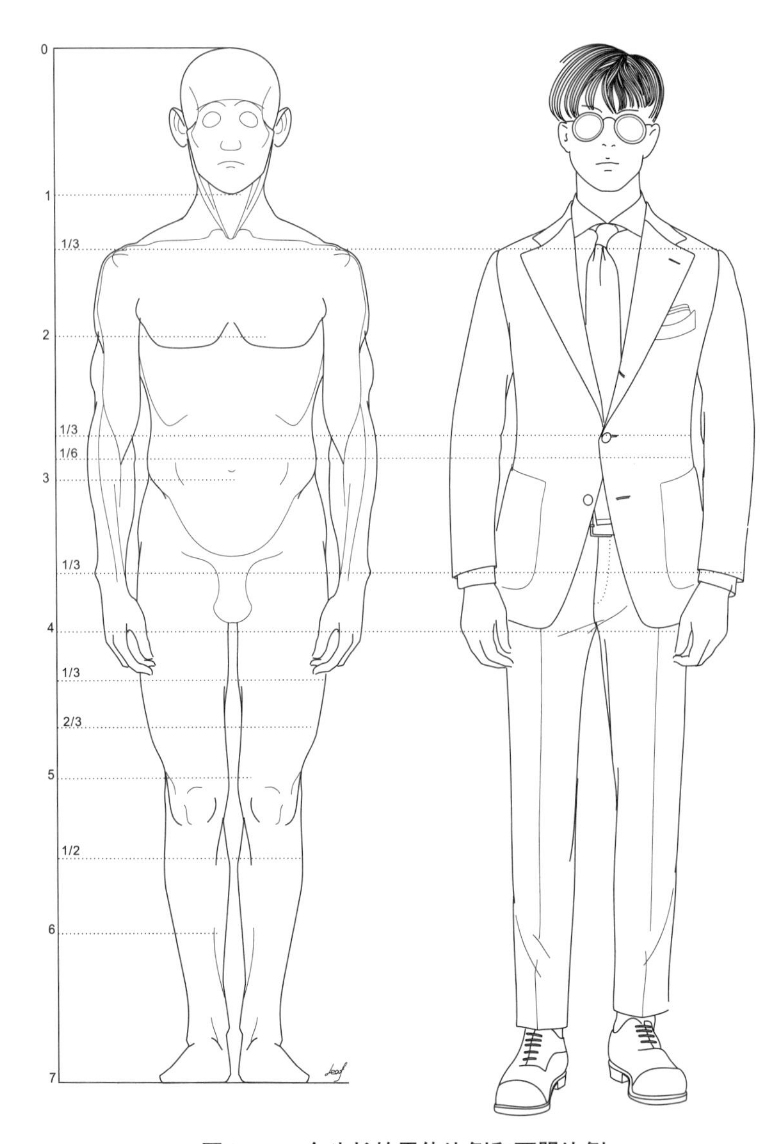

图2-5　7个头长的男体比例和西服比例

图2-6　上肢运动及西服被牵引的线路

侧，给胯部运动营造空间。

西裤的前片褶裥也是因为同一原因而设置的。

三、审美与重塑

在西服的纸样结构设计当中，除了要包裹人体结构和满足人体的运动功能需求之外，还要考虑时代审美，根据不同时代的审美趣味对人体的比例及形态进行重塑。历史上对肩部、胸部、背部的重塑，均是审美使然。传统的男性审美是体现雄壮，因此，在肩、胸、背加入填充物是西方男装技术的传统。当下流行阴柔之美，强调西服的轻、柔、薄、挺及X造型，也是一种对人体的重新塑造。

时代审美也同时体现在西服结构的部件当中，如驳头大小、长短，口袋位置、大小，门襟下摆的曲直，袖子的形态等均反映美的要素和原则，只是这些美的要素与人体结构无关。

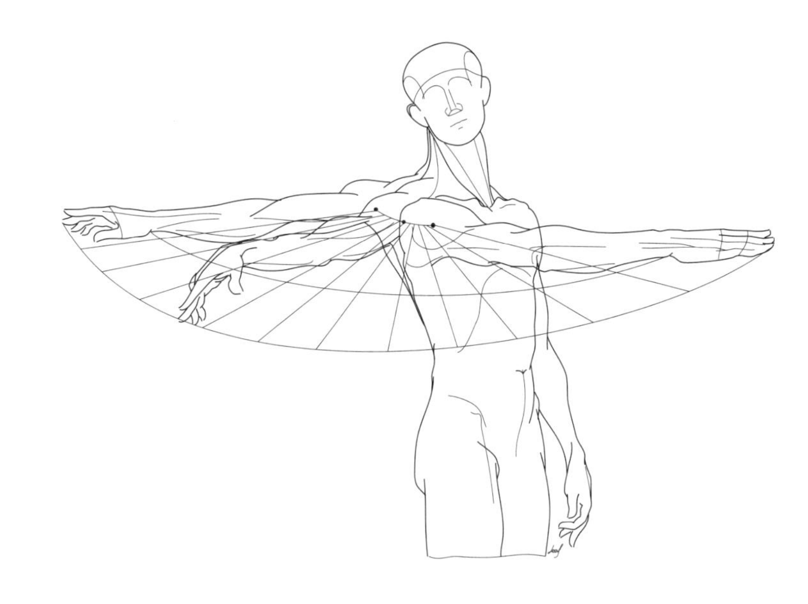

图2-7　胸廓运动

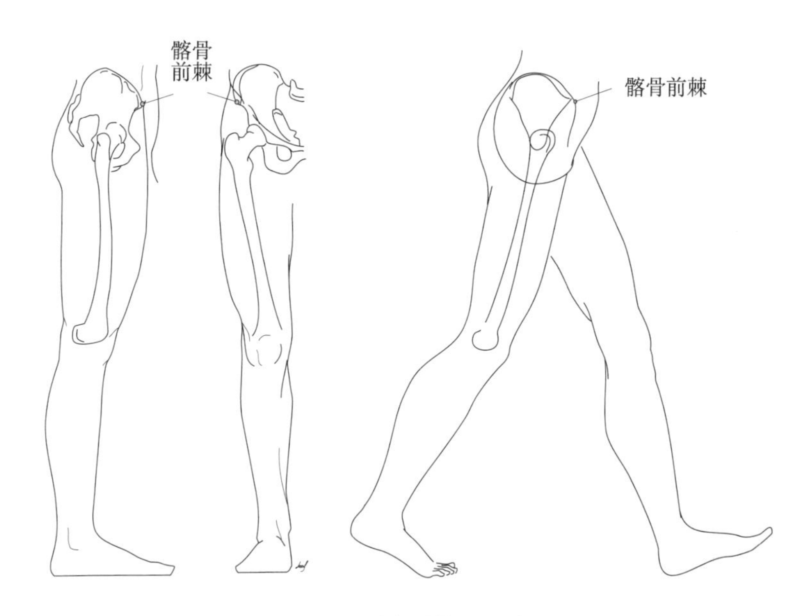

图2-8　胯部结构及运动

第二节　西服的结构设计

上一节根据西服纸样结构设计的要求，对人体结构的表达、人体运动机能的满足和时代审美的表现进行了具体分析。这一节具体分析西服的纸样结构设计，主要内容包括前片胸部造型的塑造和后片肩胛骨造型的塑造，以及肩、领、袖等部件结构的设计。

一、人体胸背与西服前后宽的确定及胸背塑型

图2-9是人体胸背结构和计测总设计示意图。纸样结构的重点在于腰节以上部分的人体结构即胸背结构，因此，计测点主要设置在胸背区域内。为了精准，计测点应尽量稠密，但为了避免纸样设计上的繁琐，计测点又需尽量少。故此，抓住结构点是关键。所谓结构点就是结构与结构之间的交接点，也可理解为多个面之间的转折交接点。图2-9是人体躯干前、后、侧三个方位计测点设置的结果。掌握人体体态还需了解上、下方位的截面形状，截面形状是理解前、后、侧三个方位空间尺寸的关键，也是理解胸省、肩胛骨省形成的关键。因此，将图2-9投影成横截面有助于对人体立体形态、纸样结构立体内涵的理解（图2-10）。

1. 纸样中前后宽的设定

以前、后中心线和腰节水平线为基准线，运用短寸法将胸、背各计测点的数值描绘在纸样上，即得到与人体尺寸相同而无松量的原型纸样。在此基础上，在各尺寸值上加上一定的运动松量和一定的审美重塑量，将得到最终男装上衣纸样尺寸。

男装上衣的前后宽松量包括内衣厚度松量、内气候生理性的放松量、提供手臂前展和后展的空间伸展量等，而审美重塑量是纯粹从审美角度出发所给予的视觉宽度大小。

在原型中与造型和可穿性（运动机能性）有关的放松量分配原则，根据日本中泽愈先生的研究：前宽、窿宽、后宽的放松量，分别为胸围放松量1/2的30%、30%、40%，并且窿宽和后宽合计的70%放松量作为自由区来决定袖窿、肩宽和后宽，即窿宽和后宽的松量根据设计需要是可以互借的。在此，为了得到

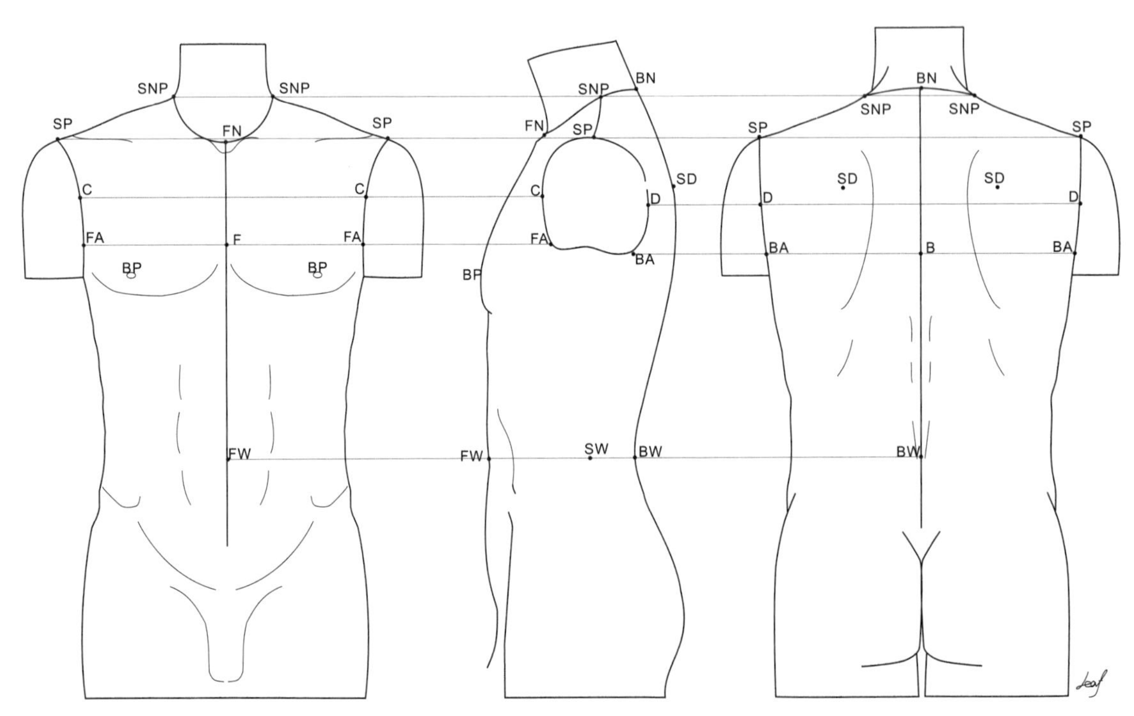

图2-9　人体胸背结构和计测点设置

零松量原型，我们先不讨论任何形式的松量和审美重塑量。零松量原型的前、后宽尺寸与人体前、后宽尺寸是相等的（图2–11）。

因此，零松量男装上衣原型的结构原理即为在人体结构的基础上，加入松量和运动量及审美重塑量（图2–12）。对于合体的西服，前宽一般较合体（20世纪30年代的西服前宽较大），后宽和窿宽占70%的胸围松量还远远不够，因此在胸围不变的前提下，还可以加上一个X值，这个X值可以理解为运动功能量和审美重塑量的叠加。因此，在图2–12中窿宽和后宽的松量加入是70%（1/2胸围松量）+X。这就是西服前、后宽功能的设定：前宽仅提供舒适和美观，后宽提供运动功能性的需求。在此情况下，也改变了西服的侧面性：不再是与人体侧面同一角度的侧面性。也正因如此，提高了西服的舒适运动功能和审美。

2. 纸样设计中的胸部塑型

在西服结构的设计要求中，第一条即是吻合人体结构。躯干中前胸的隆起是明显的结构，因此，西服纸样结构设计离不开胸部造型量的设置。这个造型量的大小可以通过实测和计算得到。通过大量的数据证明，标准体中92cm胸围的造型量如用角度表示的话约为9.5°。

对于纸样的长度方向来讲，人体的SNP点经过胸高点BP再到腰线的长度与纸样上的SNP点经过胸高点BP再到腰线的长度是一致的。

如图2–13，通过前宽点C引一条垂线B线，B线与胸围线的交点为Y，

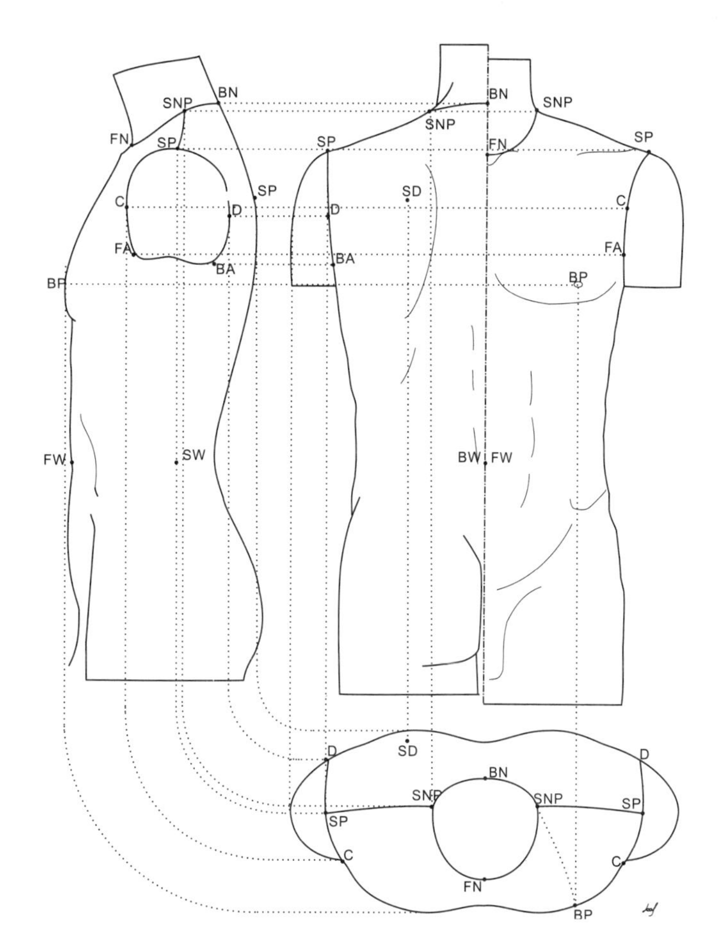

图2–10　人体胸背5个方位的结构对应关系

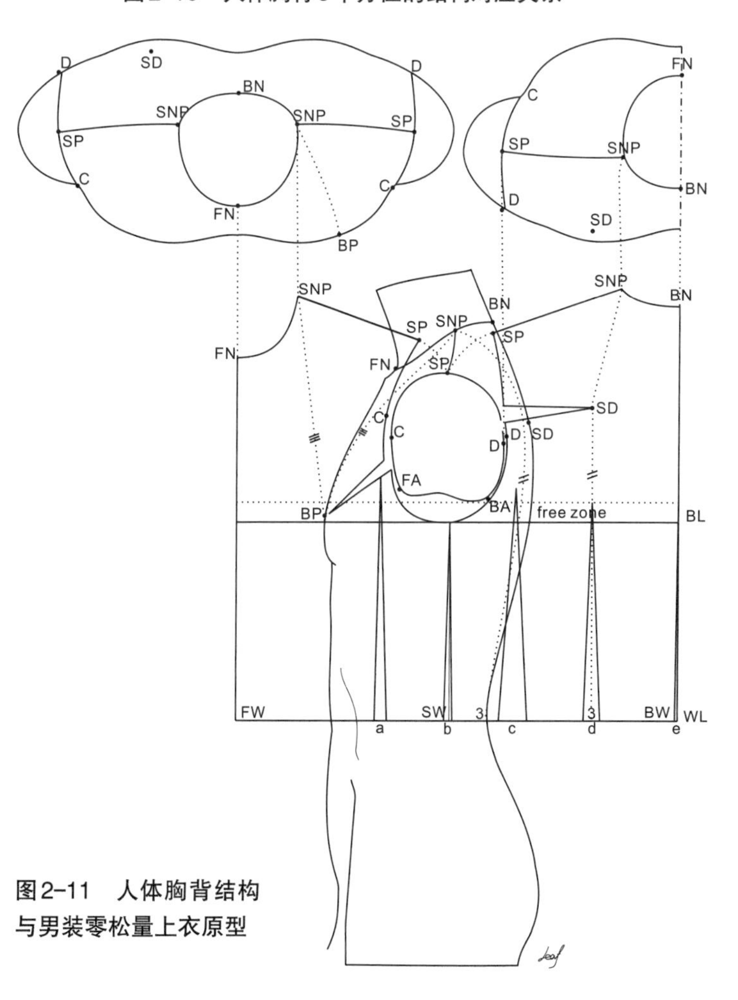

图2–11　人体胸背结构与男装零松量上衣原型

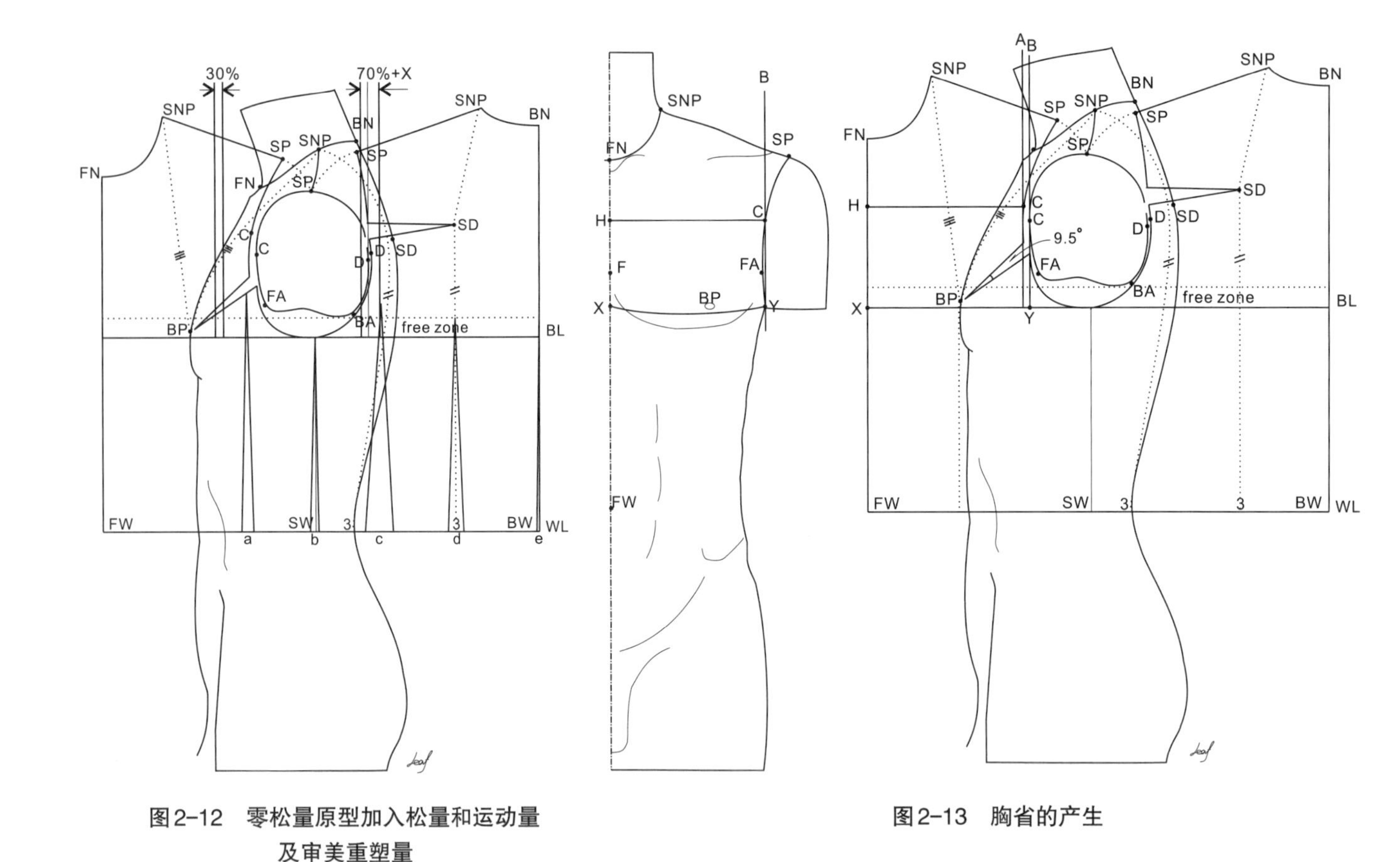

图2-12　零松量原型加入松量和运动量及审美重塑量

图2-13　胸省的产生

点Y到前中的距离XY与点C到前中的距离HC是不相等的，线段XY经过隆起的胸大肌，它的数值自然大于相对平坦的前宽线段HC。图2-13中左边人体上的线段HC和线段XY都应为贴合人体的曲线，而在右边纸样中展开即为直线，XY与HC之间的数值差约1cm，即图中B线与A线之间的距离。

从BP点引两条相等的线段分别交于B线和A线，所产生的夹角即为胸省的大小。缝合此胸省，纸样前胸隆起，纸样上的C点与人体的C点也即重叠。当然，在西服制作中不会去缝合此胸省，而是通过将此省量进行撇胸形式的转移和部分转移至腰节以及袖窿归拢等形式来塑造胸部的隆起，达到吻合人体胸部造型的目的。

3. 定型衬中的胸部塑型

作为大身内部支撑的定型胸衬（主要有马尾衬和黑炭衬）的胸部立体造型是直接缝合胸省而得（图2-14），从而改善西服的立体造型。在不影响面料的手感和风格的前提下，借助于衬的硬挺和弹性可使胸部的造型更加饱满和持久。

4. 工艺制作中的胸部塑型

纸样结构设计中的一些预留归拔塑型环节要求在工艺制作时完成。因此，工艺制作中的胸部塑型也是纸样结构设计中的一部分。工艺制作中的胸部塑型最主要的工作是对撇胸量的归拢（图2-15）。在胸省转移中，大部分胸省量转移至前中以撇胸形式存在，当制作时，就需要将这些撇胸量进行归拢才

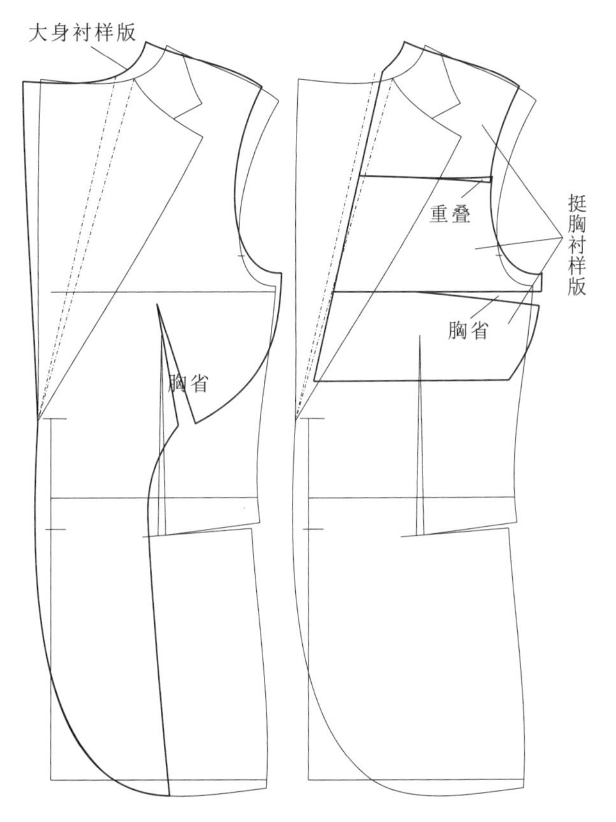

图2-14　定型衬中的胸部收省塑型

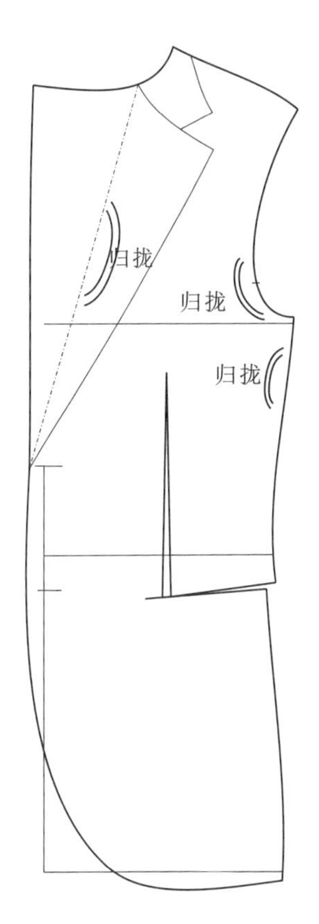

图2-15　工艺制作中的胸部塑型

能塑造出胸部的隆起。图2-15中以翻折线为基准归拢撇胸量，制作时归拢撇胸更优于直接缝合胸省，因为男性胸部隆起呈现平台状，不同于女性胸部有着最高点的山峰状形态。

5. 塑胸在挂面和前里中的处理

挂面面积虽然很小，里布也很柔软，但如果它们缝合后具一定的立体状态，那么会更好地与大身面布的立体状态相吻合。因此，将胸省量的大部分转移至挂面与里布之间的分割线当中即能塑造一定的立体造型，但不能转移太多，因为男性体型有别于女性。然后将余下的胸省量以放松的状态存在于前袖窿作为放松量，一是能提供前肩活动空间量，二是纯粹给予放松量，因为柔软的里布并不影响外观（图2-16）。

在此需要说明的是，挂面本身不应具立体造型量，即它应是大身撇胸前的状态，它的颈侧SNP点与后片的颈侧SNP点应在同一位置。在这种状态下，它在大身归拢撇胸时起到参照的作用：大身归拢后的颈侧SNP点刚好与挂面的颈侧SNP点吻合时，即说明归拢到位。

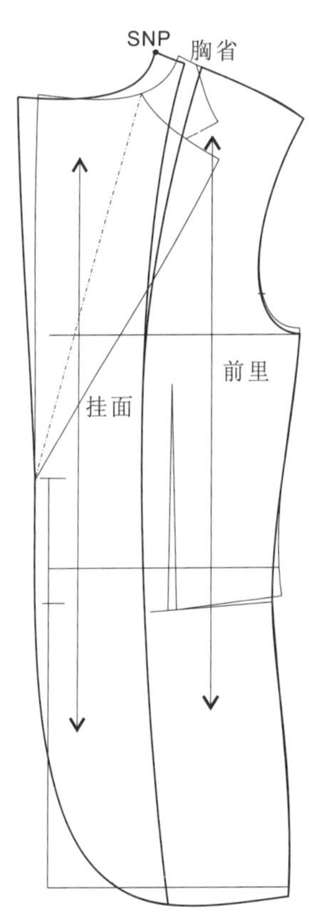

图2-16　塑胸在挂面和前里中的处理

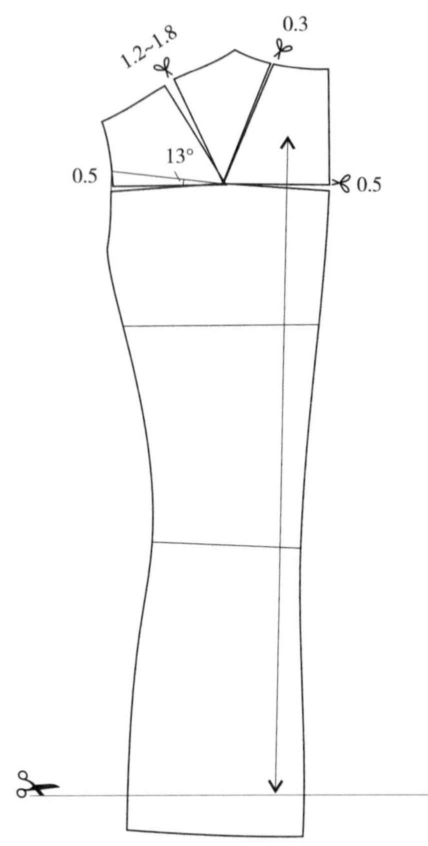

图2-17　肩胛骨塑型

6. 肩胛骨塑型

男西服后身难以服贴，而产生“起吊”的状况，是因为未能很好地塑造肩胛骨的形状而造成的。男性的肩胛比女性厚实，肩胛骨省更大（正常体的肩胛骨省比胸省大，省量约13°），又没有像前身有胸衬作支撑，因此，肩胛骨的塑型比胸部塑型的难度更大。

在保证纵向长度（颈侧点过肩胛骨最高区域至腰节）和横向尺寸的前提下，将13°左右的肩胛骨省进行转移且多方位的归拢是唯一的塑型处理办法。如图2-17，一部分省量（约0.5cm）转入后中，一部分（约0.3cm）转入后领窝，大部分（1.2~1.8cm）转入肩线（视面料性能而定），在后袖窿保留约0.5cm的省量。在制作时，将这四处均进行归拢，即可塑造出完美的肩胛骨凸起，从而保证后身衣片的服贴。

二、人体肩部与西服的肩部

人体的肩部结构复杂，既有与胸相连的锁骨，也有隆起的骨胛骨，还有肩锁关节以及覆盖肩部的斜方肌和手臂的三角肌等。

首先，人体的肩部是上衣最主要的支撑区域，对衣服轻重的感受由此区域的神经作出反应；所以，在服装肩部应有舒适性的结构设计对策。其次，肩部运动的自由度很大，所以在服装肩部应考虑运动功能需求；再次，服装的肩部是决定服装廓形的要素之一，因此，服装肩部应根据时代风格进行美学设计。

1. 西服肩部的舒适性处理

服装的舒适性是服装功能的要求之一，服装舒适性包括心理和生理的多重内容。这里，仅讨论关于重力作用下的体感轻松程度，即轻重的感受及其应对策略。图2-18的阴影部分是西服的支撑区域（腰胯部的支撑力度几乎可以忽略）：肩及周边区域。衣服与人体接触面积越多，即支撑区域越大，体感重量越轻。衣服与人体接触面积越多，服装的合体性就越强。因此，西服的合体性除了具备美的功能，还具舒适性功能。

假如用一块未经曲面化的布料覆盖在人体上，与布料接触的将是几个最突出的点：肩端点、肩胛骨点、后颈点、侧颈点和前胸支点（图2-19）。根据压强和压力的关系：承受面积越小，局部的压力越大，由突点支撑带来的感受必定是越沉重。因此，有必要将面料进行曲面化，以便有更多的支撑面积以减轻突点承受力，从而增加舒适性。

图2-20表示的是西服肩部与人体肩部的3种接触方式。A表示在肩端SP点浮起，但压迫SNP点；B则相反，表示在肩颈SNP点浮起，但压迫SP点。这两种情况都会带来支撑点的压力等一系列服装

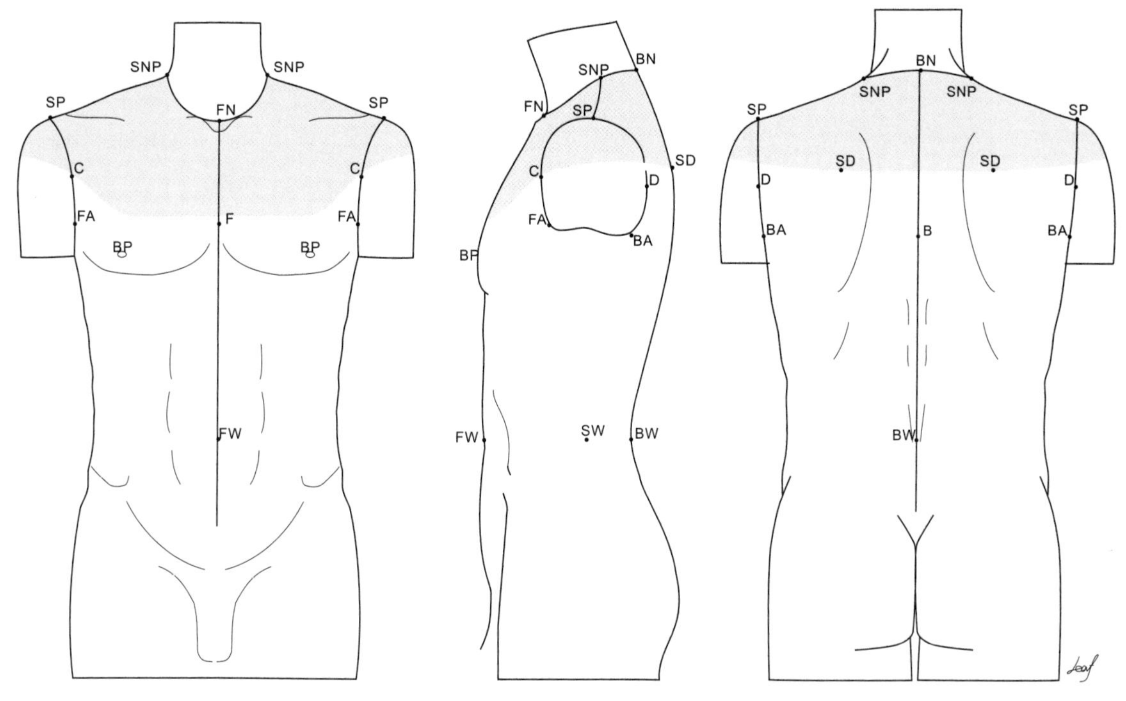

图2-18　西服的支撑区域

稳定性的问题，不是好的接触方式。C则表示两端SP点和SNP点浮起，中间部位充分接触肩部，这将有效分散衣服重力，带来“轻”的效果（图2-20）。

为了达到肩部C类型的舒适性目的，西服的肩部必须经过曲面化处理。西服肩部曲面化处理通过以下三个方面来实现。

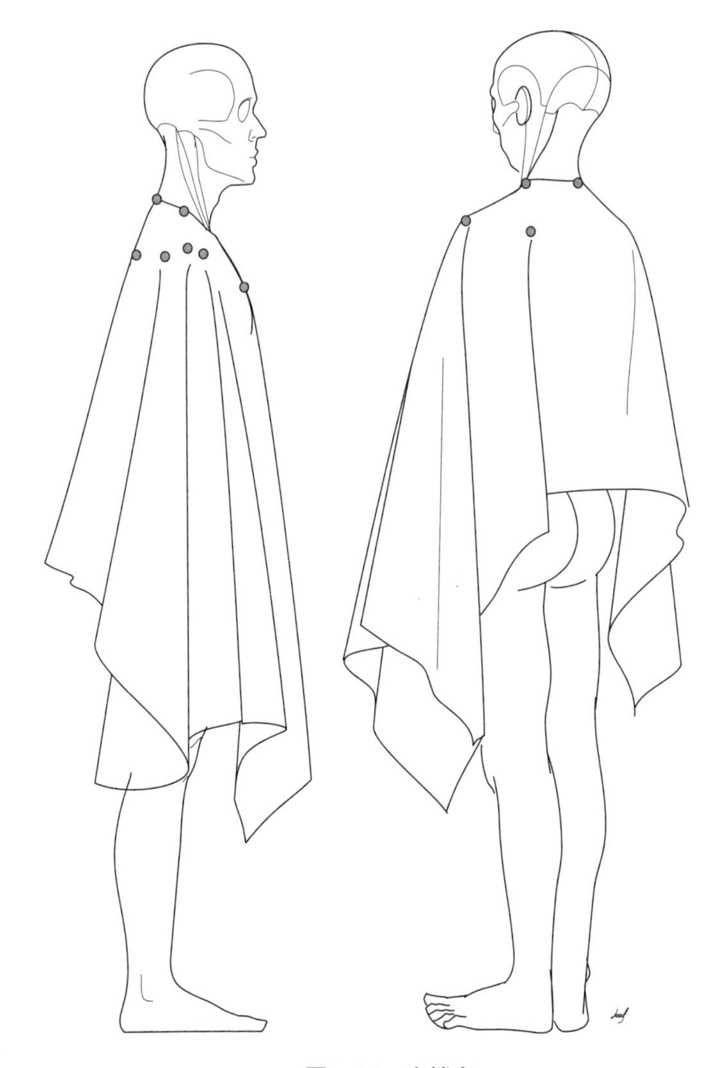

图2-19　支撑点

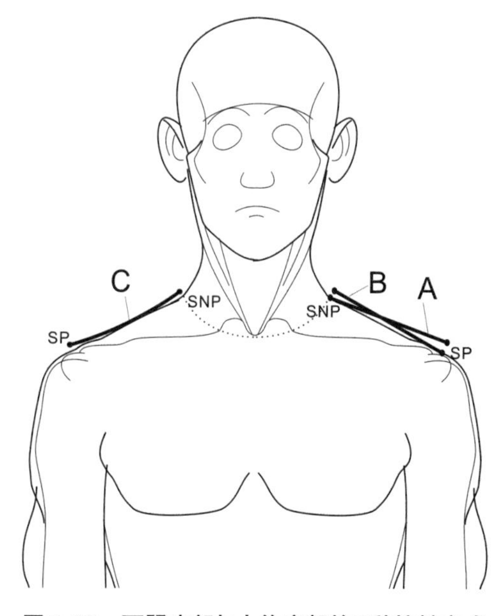

图2-20　西服肩部与人体肩部的3种接触方式

（1）前后肩线的曲线处理

后片的肩线处理是在保证肩倾斜角度的前提下，3等分肩线长度，在靠近SNP点的等分点处下挖0.4cm，再圆顺肩线。前片同样3等分肩线长度，在靠近SP点的等分点处上升0.3~0.4cm，再圆顺前肩线。当前后肩线缝合后，SNP点将上浮，其余部分将下沉，充分接触肩部（图2-21）。这时肩端SP点是下沉的，为了让其上浮不压迫SP点，还要进行下一步前肩凹势的工艺处理。

（2）前肩凹势处理

肩部由胸廓、锁骨、肩胛骨、肱骨及其关节组成基本框架，再在其上覆以胸大肌、斜方肌和三角肌而成。胸廓的弧形和肩端突起，自然形成前胸凹势（图2-22）。

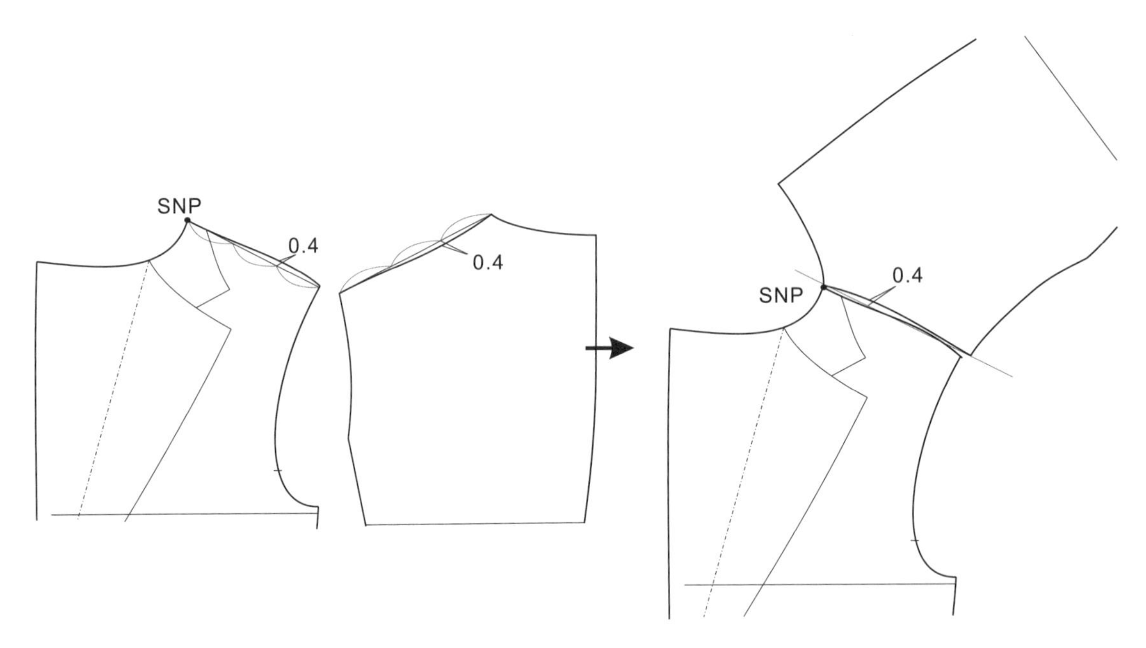

图2-21 西服肩线处理

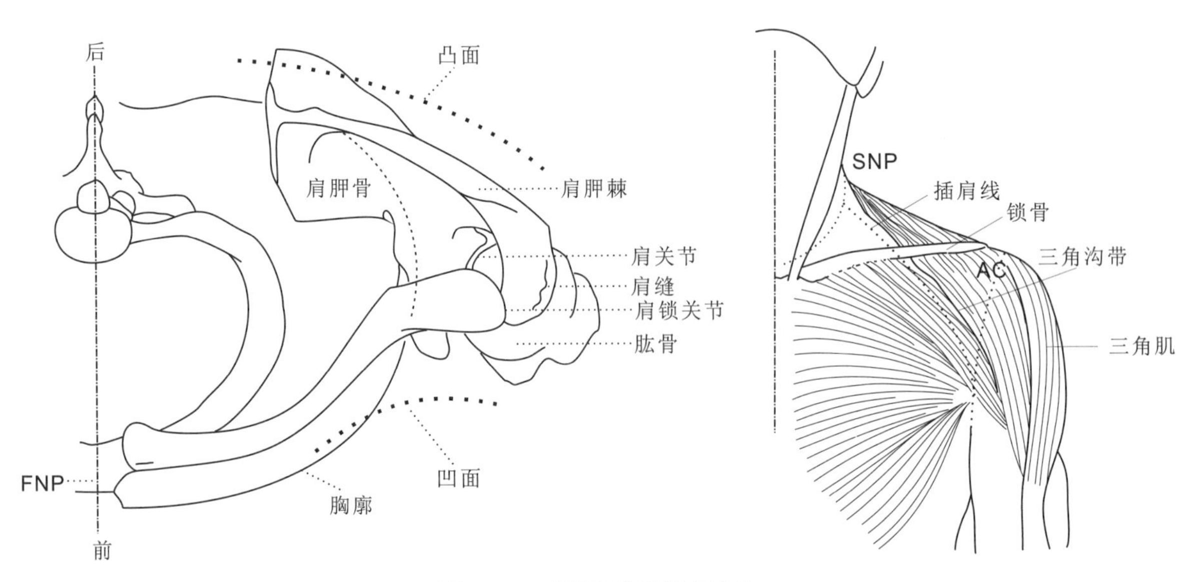

图2-22 肩部构造及前胸凹势

根据前肩凹势构造，首先，在西服样版上设置中心点O及切开线OA和OB，在大身胸衬的SNP与a点间插入插片，使其自然产生凹势和使肩点前移而产生袖窿松量。然后，将大身与胸衬覆合，在大身a处根据胸衬形状拔开，使大身b处与胸衬b处吻合，即产生前肩袖窿松量（图2-23）。

前肩凹势处理有多种方法，这仅是一种而已，红帮的丁奎英师傅是采用在b处加插片拔烫的方法，日本的井口喜正是在上垫肩时处理b处的。总之，目的均为了处理前肩凹势。

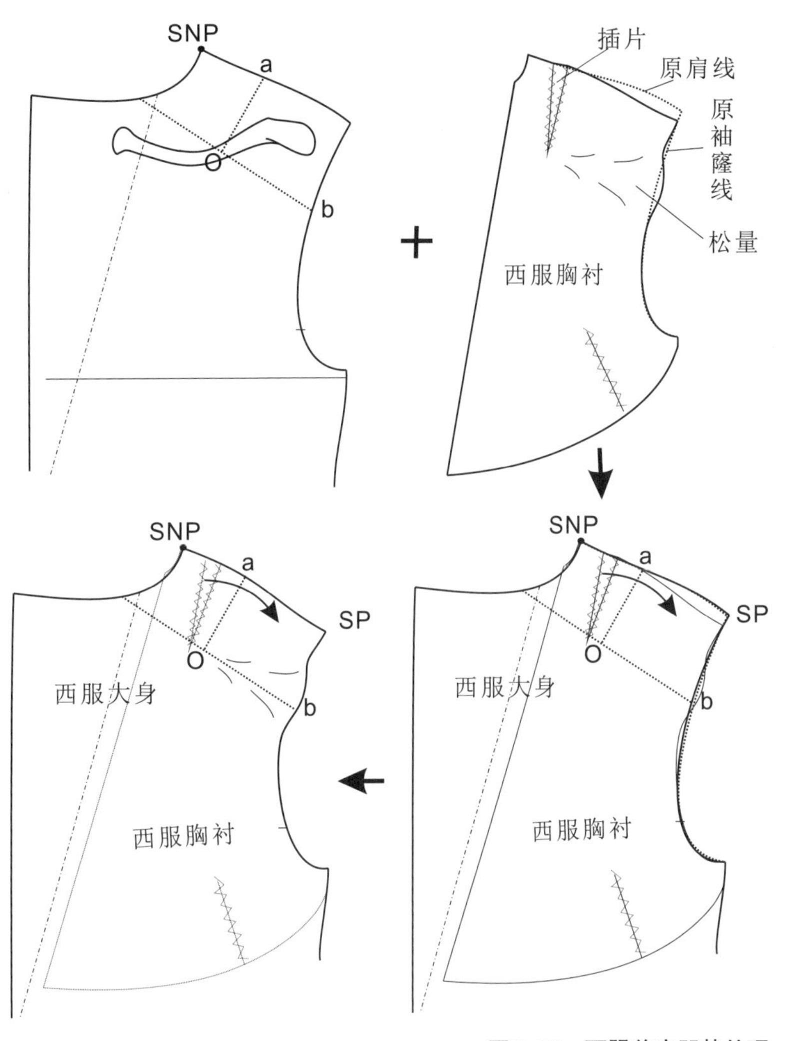

图2-23　西服前肩凹势处理

西服前肩凹势处理带来三大益处：①凹势处理吻合造型带来更多支撑面积使其分摊受力；②凹势处理带来前袖窿松量，使肩端SP点上浮，从而使肩点受力减少而倍感轻松；③凹势产生的前袖窿松量提供前肩活动空间量以提高运动机能。

（3）后背肩胛骨区域的复曲面处理（肩胛骨塑型）

在上一节中已讲过后片的肩胛骨的塑型，这里再讲一下原理，图2-24是肩胛骨省的形成原理。

图2-24中SS是肩胛骨棘，即肩胛骨的最高区域，是以其为中心的曲面，虚线是切开线。首先为满足肩胛骨凸起面积，沿水平切开线向上平移0.5cm（图中B），再沿竖向切开线展开（图中C），最后再调整得到肩胛骨省大小为13°（图中D）。注意背长线已加长0.5cm。

以上通过切开线增加肩胛骨的面积再设置省道以求合体，可说是“正的方法”。将13°省量通过转移各处，再做热归缩处理，即达到合体塑型的目的。通过肩胛骨的塑型，增加西服后片与肩部的接触面积以分散重力。另外后片在重力作用下，正因为有肩胛骨的塑型，才达到平衡的结果。

在成衣中设计垫肩时，垫肩会减少肩部的复曲面程度，因此，增加垫肩高度将减少肩胛骨省道大小。根据东华大学张文斌教授的研究：垫肩高度增加1cm，肩胛骨省约减少0.7cm。

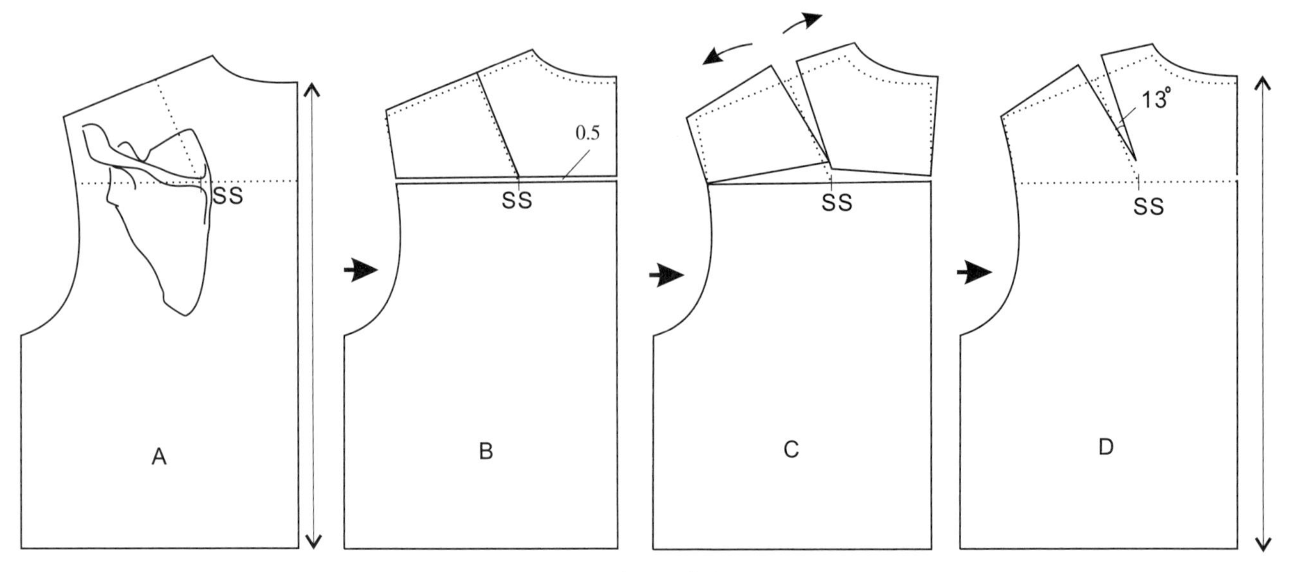

图2-24　肩胛骨省的形成

2. 西服肩部的运动机能

人体肩部的运动是多方位的运动，包括上下、前后及斜向角度。作为礼仪服装的西服很难应对肩部上下运动。因此，这里不作讨论。图2-25是肩部前后运动的范围，以胸锁关节为支点，朝前到AC1的运动是正常行走摆臂所具备的，稍微向前肩部即碰到西服前片。

在上一页讨论前肩凹势时其实已讨论到前肩松量，西服前肩凹势的处理一并解决了西服的前肩运动机能。凹势处理自然产生前肩松量，而前肩松量就是应对前肩的向前运动。这里不再重述。

3. 西服肩部的风格设定

人体的肩有高低、宽窄、厚薄及凹凸之别，产生或魁梧雄壮或单薄柔弱等不同美感。依不同的时代审美、不同人体肩部而重塑西服肩部，从而产生不同的审美趣味。

围绕肩部，特别是以肩峰为中心，可以有无数的服装肩型。以肩峰点为中心点，肩峰垂直方向和肩倾斜方向以及肩峰与胸骨体下端连接线方向均是服装肩部形态的重塑范围。通过对肩部的重塑可以达到对美的追求和风格表达。

高耸而宽阔的肩型给人以强势感。相反，窄而斜溜的肩型给人以柔弱感。

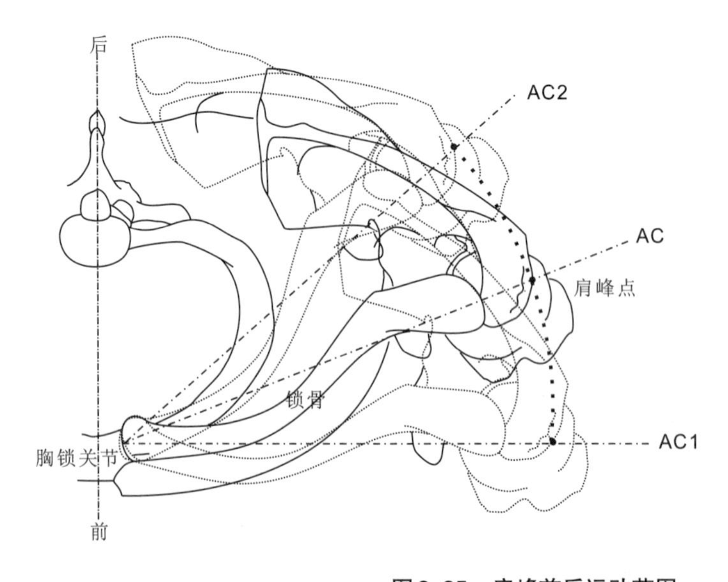

图2-25　肩峰前后运动范围

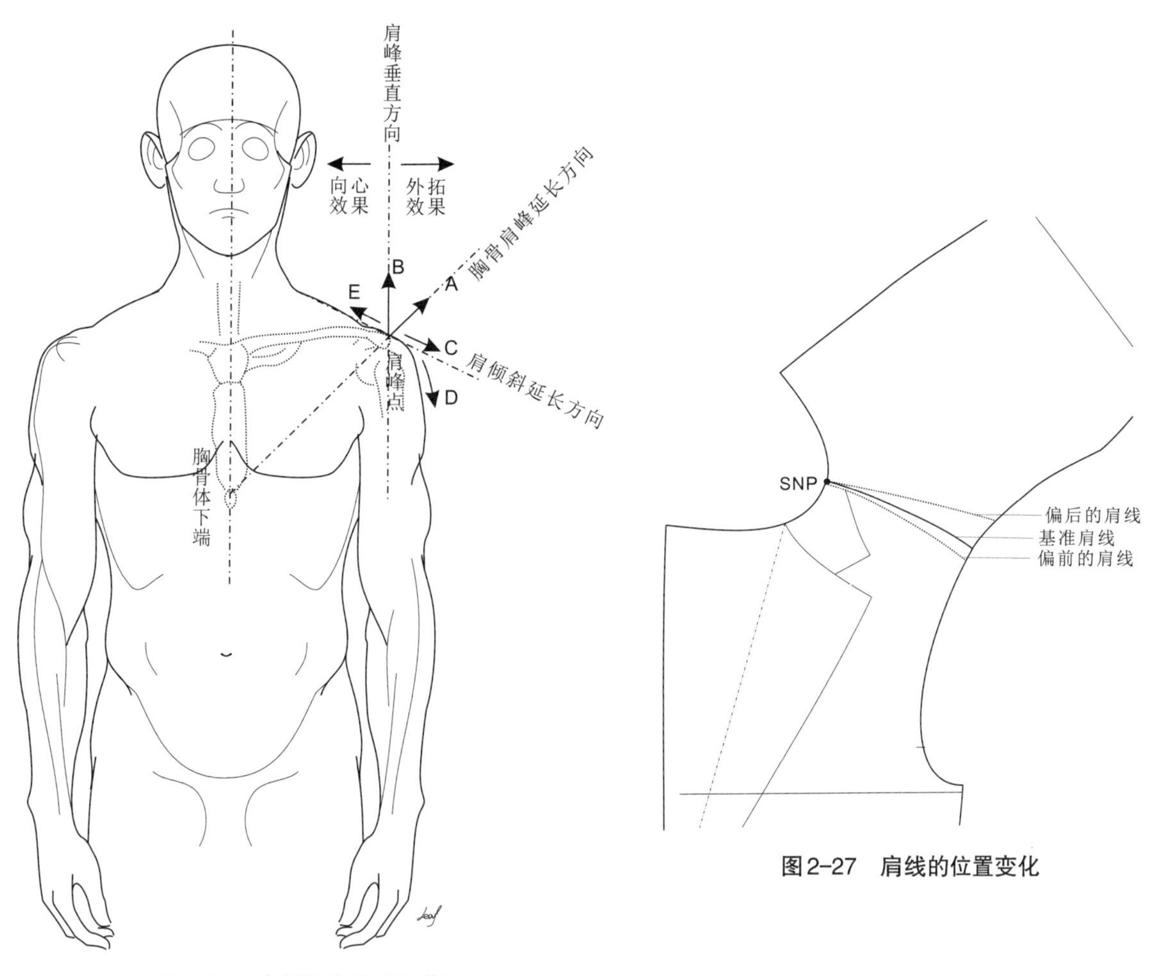

图2-26 肩部形态的重塑范围

图2-27 肩线的位置变化

时下，弱化性别的中性之美的风格是主流。所谓中性化服装即女装偏向男性化，而男装则偏向女性化。因此，自然肩型西服成为当下主流。

A方向是胸骨肩峰延长线，是最强调肩部的方向，它最具高度和宽度的扩张效果，除了欧洲中世纪及法国太阳王时代，20世纪80年代的“V”形强人风格再次引领历史潮流。B方向是肩峰垂直向上方向，在西服中具最普遍的强调效果，即加装肩棉后的效果。C方向与B方向相比，具有拓展、宽松的效果。拓展的结果，也包含肩端下垂的D方向。D方向的下垂具有自然肩型效果，具东方趣味的新中装风格。E方向是肩宽变窄的方向，伴有柔弱、自然、非强调的效果，是贴体女性化西服的风格（图2-26）。因此，西服肩的高低、宽窄是可变的，根据时代风格来设定，并在西服廓形中起最主要作用。

另外，肩线的前后位置也可使肩部变得柔和或刚毅。一般来讲，肩线后移，从前面看不到肩线，仅见到外轮廓线，会增加柔软感。前偏的肩线，因肩线与肩棱基本重合，则带有整齐的硬挺感（图2-27）。

图2-28表示肩部A-E的形态与纸样的关系，即西服肩部形态的重塑。对于A、B和C方向的拓展，多数依靠垫肩来保持其形状，大身纸样根据垫肩的形状、材质、缝型等再作调整。不同的肩部形态产生不同比例关系和风格特征，从而满足或张扬或内敛的不同的情感需求。

纸样结构是人体结构、运动功能和审美重塑的综合体，从本节人体肩部与西服的肩部可见一斑。

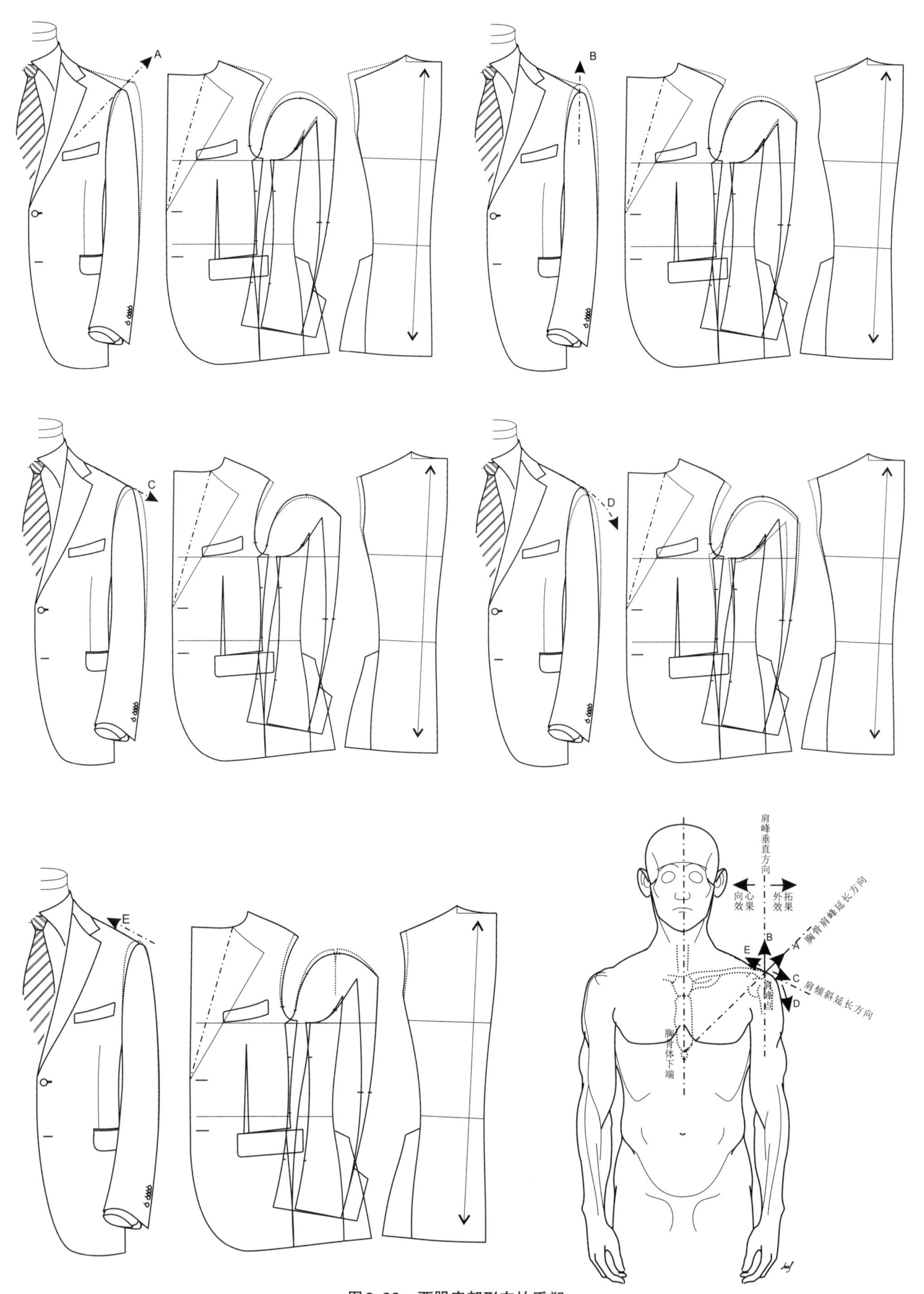

图2-28　西服肩部形态的重塑

三、颈部与领子

在处理服装用人体颈部时，可以将其形态视为简单的圆台形。与领子相关的主要有领围线的位置和颈部的倾斜度。确定领围线位置才能增加服装领部的稳定性。考虑颈部的倾斜角度是领子服贴的前提。

1. 前、后横开领的大小

从图2-29中看出领围线整体上呈倾斜的圆弧状，但前后的形态差异较大。前领围线相对平坦，后领位置因有斜方肌的隆起，导致后领围线曲率较大。

正因为后领围线曲率较大，在保持纸样上的后颈点NP和侧颈点SNP的高度与人体上的这两个点高度一致的情况下，如果要保证后领弧线长度一致，横开领的宽度就无法保持一致。因此，只有加大横开领才能保证纸样上的SNP-BN弧线与人体上对应的弧线长度相等。这就是后横开领宽大于前横开领宽的依据所在（图2-30）。注：基于最小外包围（量）的零松量男装原型后横开领宽为B/12cm，前横开领宽为B/12-0.4cm，前、后横开领相差0.4cm，且在款式变化中保持此比例。

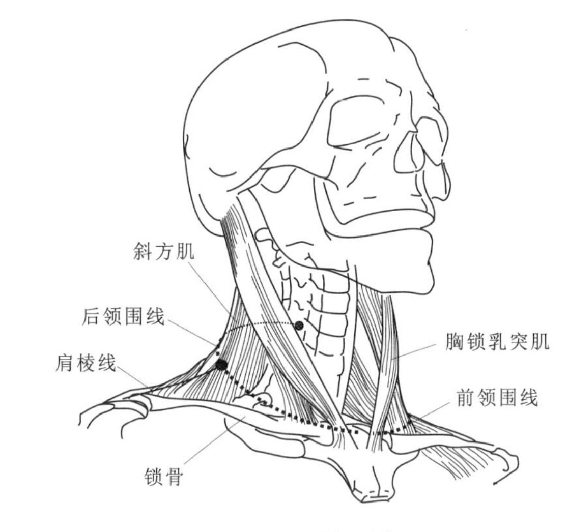

图2-29　颈部形态

2. 西服翻领的合体性处理

西服领包括翻领和驳领，在西服的结构一节已作介绍。西服领子就功能来讲可以划分为二大区域：驳领和翻领的前身部分可以视为纯粹的审美造型，与人体结构无关；翻领的后半部分则是结构设计区域，要求吻合颈部造型。因此，翻领的合体性处理是西服领的关键。翻领的合体性处理包括样版上的结构处理和工艺手段的归拔处理，两者均能达到预期目的（图2-31）。

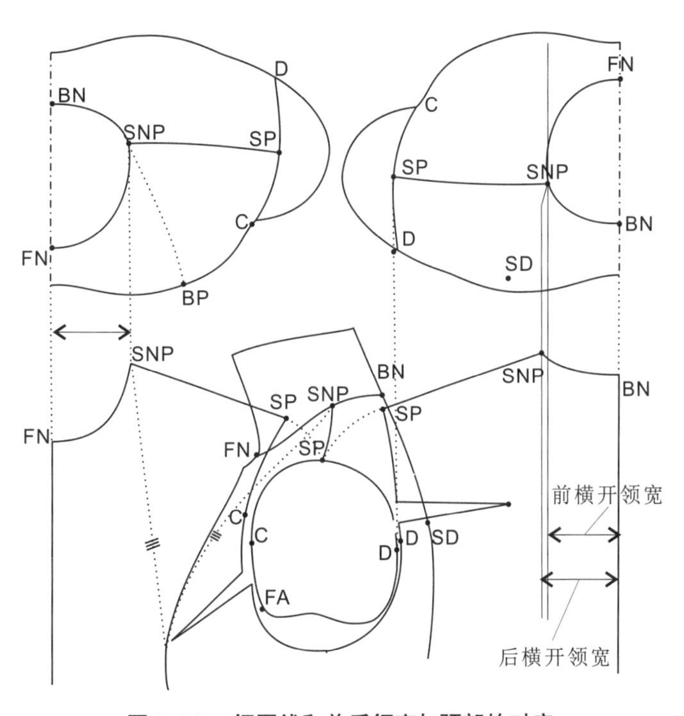

图2-30　领围线和前后领宽与颈部的对应

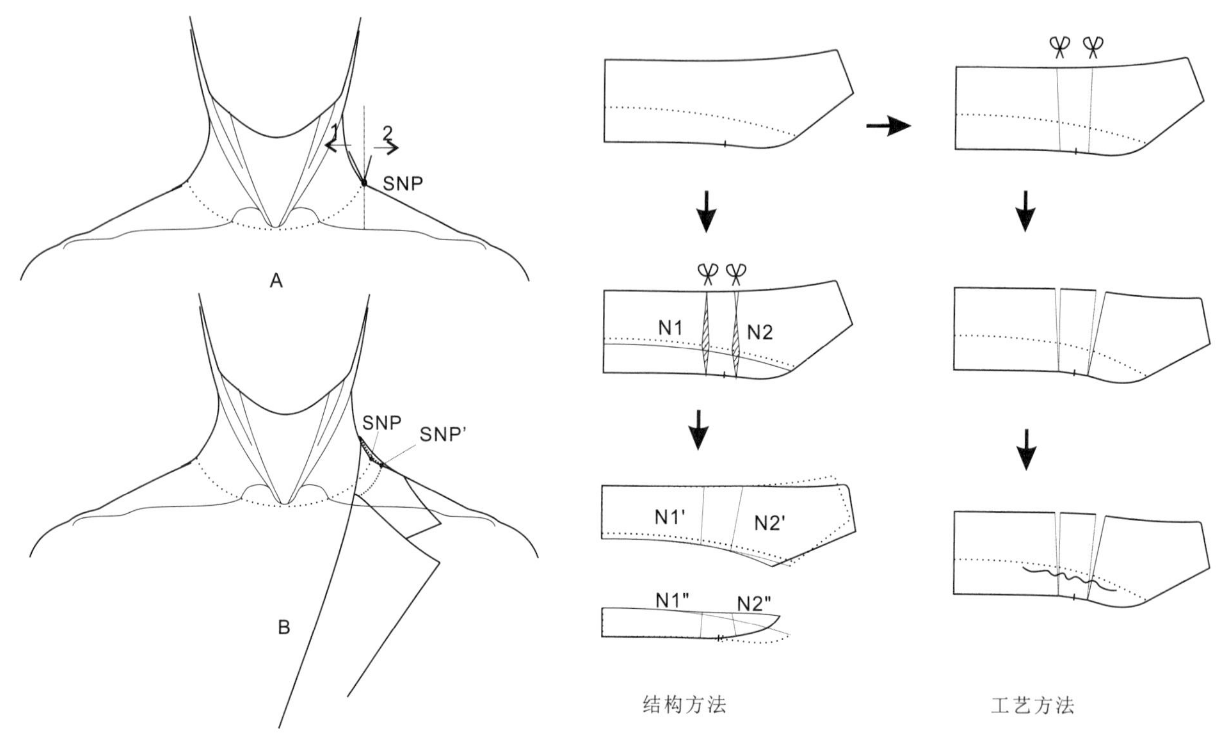

图2-31　西服翻领的合体性处理

图2-31中A图表示翻领中有贴合颈部的状态1，也有远离颈部的状态2。西服只能选择贴合颈部的状态1。同时，为了达到美的视觉效果，还要加大横开领，增加倾斜角度。这样，会露出更多衬衣领子。若是要领子贴合颈部，就要使领座贴合颈部。通过在翻折线处的裁剪，让翻领分成领座和领面两部分，再通过合并翻折线处的多余量，使领座起翘，即达到贴合的目的，这是在样版上的结构方法，结合应用制作工艺的归拔，归缩翻折线使之曲面化而达到贴合的目的。因此，翻领的合体性处理既有人体结构的考虑，也有审美的考量。

四、上肢与袖子

袖子包裹上肢，是上肢部位的结构、功能和审美的体现。袖子有装袖、连身袖和插肩袖之分。装袖的袖山部位，体现肩头的造型，袖身形状，体现手臂的前势和弯势。因此，对于袖子的设计，一是体现上肢的结构，二是要满足手臂的运动功能，三是美观。手臂的运动连带肩部的运动，并与前肩和后背相关。手臂的运动机能不仅涉及袖子，也涉及大身的肩部、前宽、后宽及袖窿，是西服运动机能最主要区域。西服袖子的美观也包括前圆后登的上肢结构之美。

要设计一个完全吻合手臂结构的袖子，就从袖原型开始吧（图2-32）。

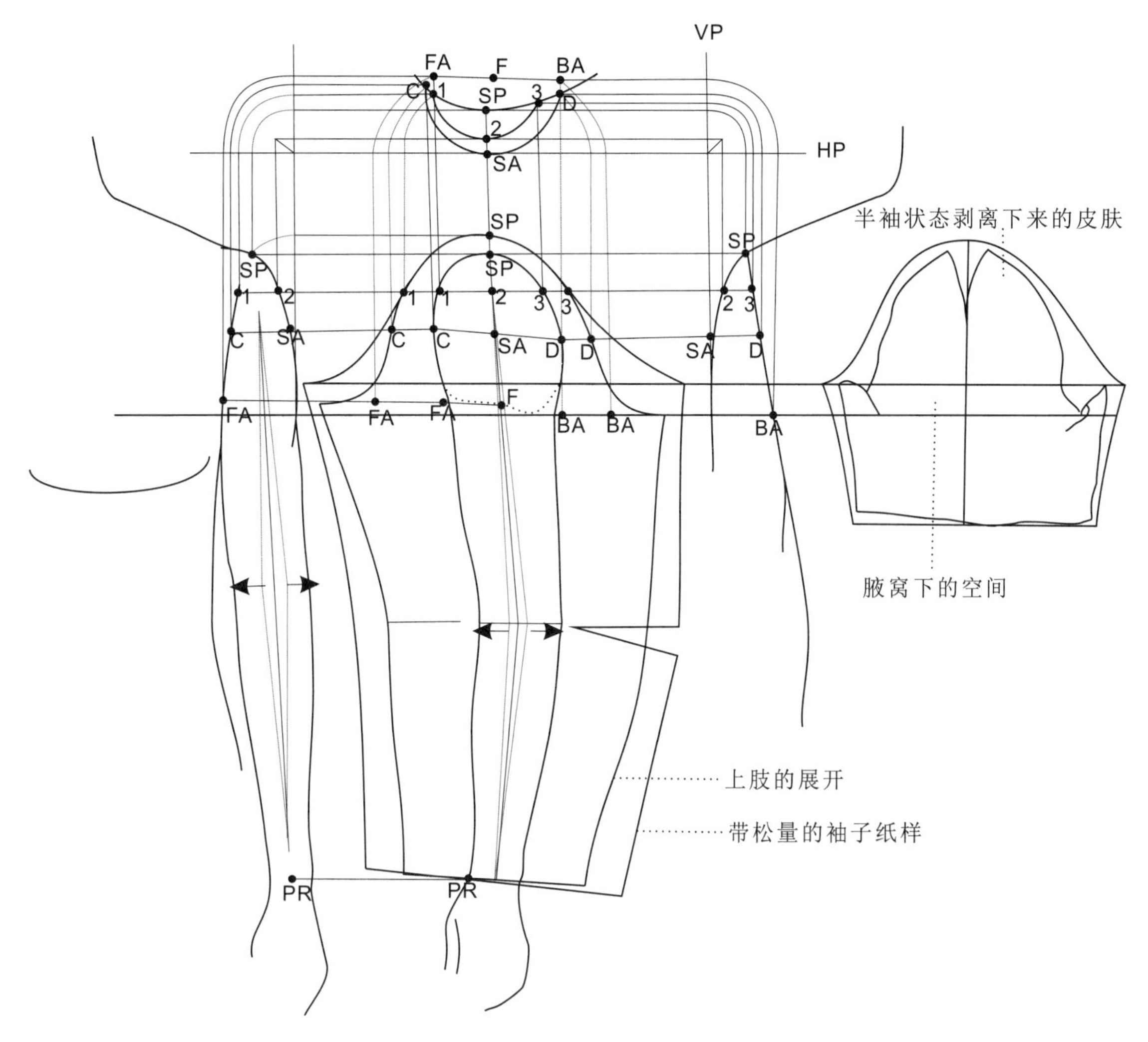

图2-32 手臂与袖原型

1. 袖子的结构

袖子分袖山和袖身。图2-32中将上肢表皮展开即得到未加松量的袖子形态，袖子上的符号与大身计测点呈一一对应关系，因此，它们是完全吻合的。这就是袖山部的结构来源。

图2-32中的正面上肢形态，一般肘关节有向内和向外两种情况。向内以女性为主，故女装袖子袖口稍离开人体。向外以男性居多，此种情况肘部远离腰部，手腕贴近人体，这是男袖扣势的依据。上臂侧面的曲势也有向前伸展和向后增加曲势而下垂的两种状态（见图中侧面手臂上的虚线示意）。上肢的曲势决定着袖子大身曲势的结构和舒适性。

图2-33中A的情况是将直筒状的袖子包裹有曲势手臂的情况，伸展一侧的肘关节E顶着织物，屈展一侧的FE则有空隙，手腕前后余量则相反。一旦上肢伸屈，肘关节E和手腕PR将受到牵引。B则表示有曲势的袖子，根据手臂曲势，以FE为支点，切开肘点E，使袖子顺沿手臂曲势，这是袖肘省的来源。此时，肘点E和PR均得到松量，增加舒适性，提高袖身的运动功能。

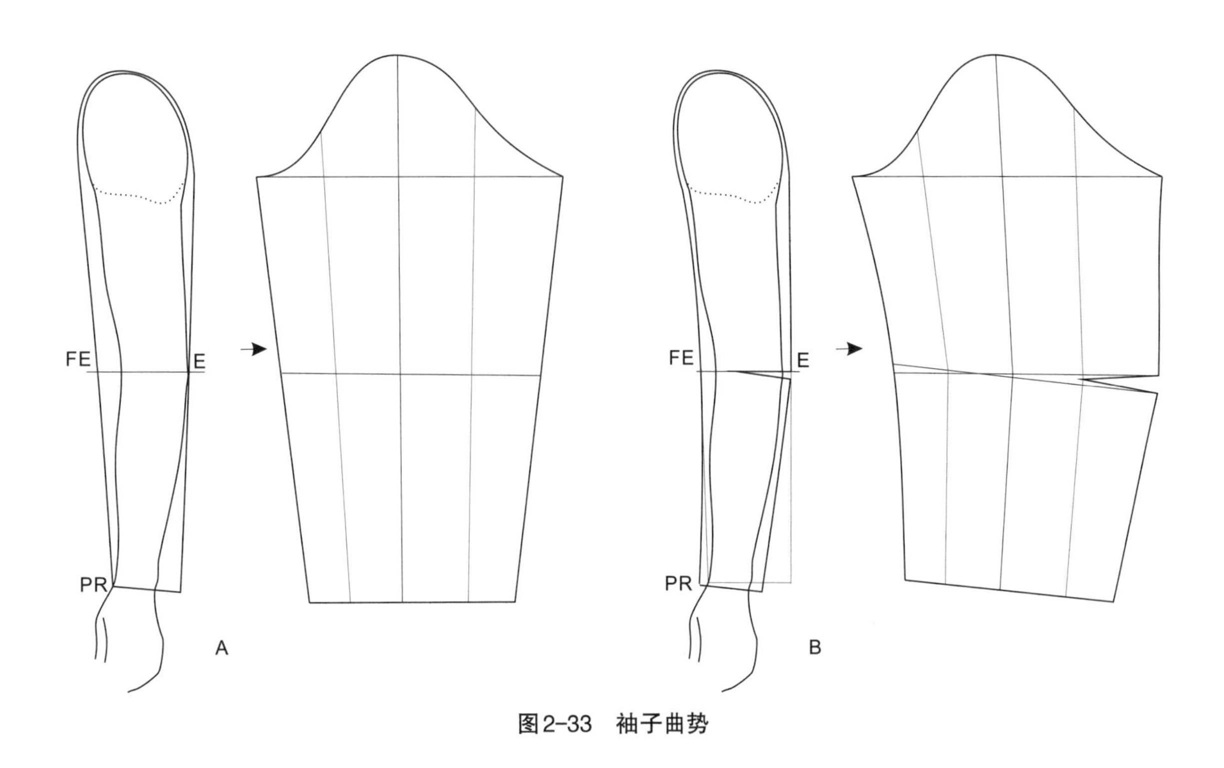

图2-33 袖子曲势

2. 袖子结构满足运动的功能需要

手臂的前屈、后伸、旋转等运动带动袖子引起大身衣片的牵引。牵引主要集中在臂根周围，尤其是前后腋窝区域。因此，对于服装，要以臂根为中心减少运动对其的牵引。图2-34表示手臂向上向前运动时，所需的后腋区域空间更大。为了应对袖子与大身的牵引，对袖子和大身扩张面积以弥补此区域空间，以达到不受运动牵引的目的。因此，如图2-34右边图示，增加大身和袖子的阴影面积，增加越多，运动功能越强（图2-34）。

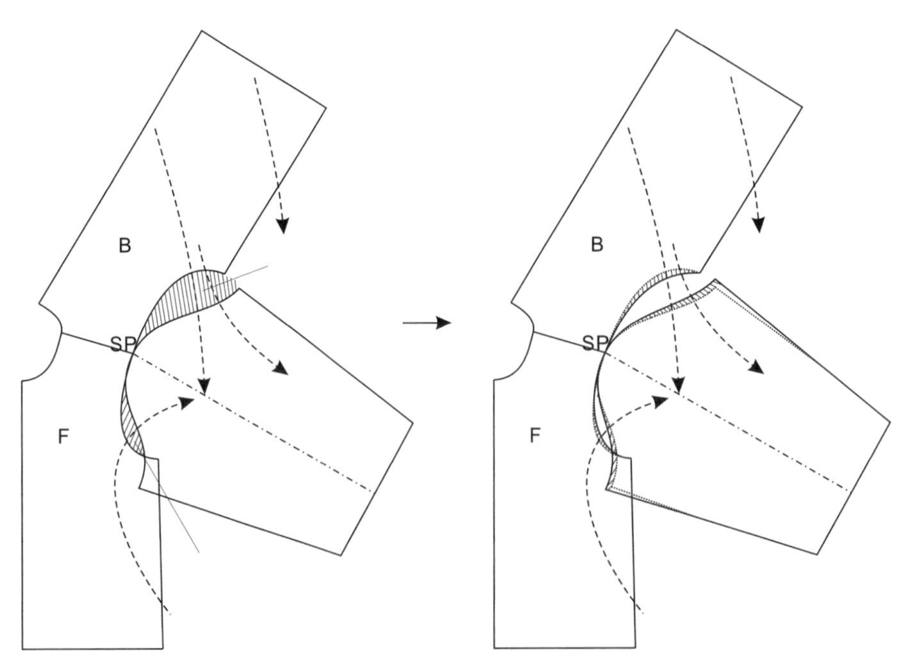

图2-34 袖子结构满足运动的功能需要

五、重力作用下的衣身平衡

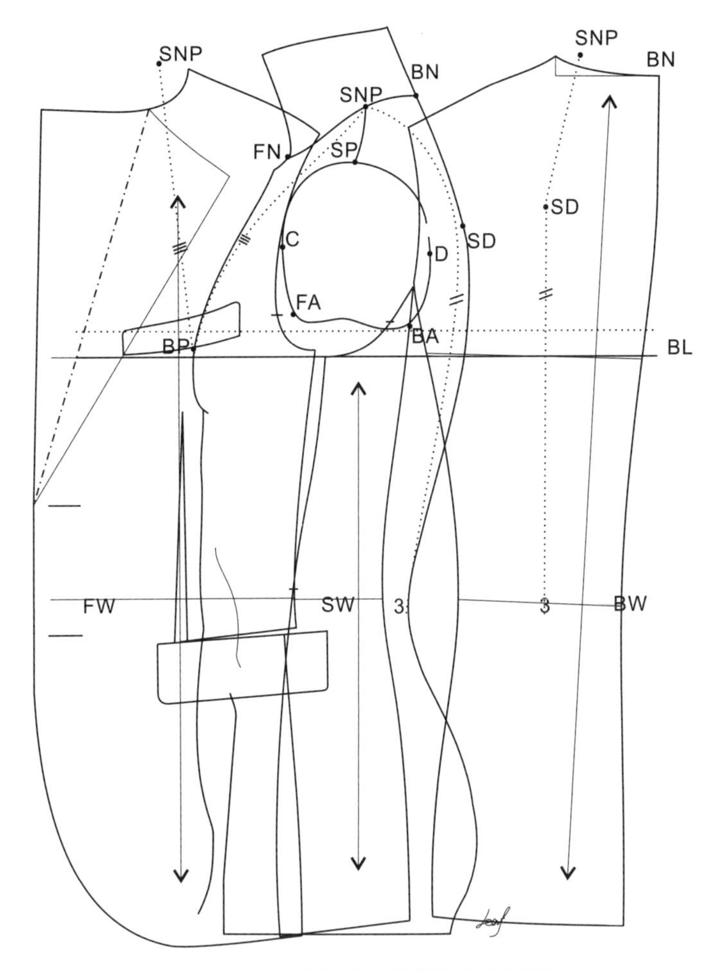

图2-35 衣身的前后平衡和左右平衡

衣身平衡是服装纸样结构设计的最基本要求。衣服穿在身上自然受重力作用。之所以要强调“重力作用”四个字，是因为纸样结构上的设计，除了静态人体对应的结构和动态人体的功能之外，还需考虑材料的质量。香奈儿品牌的经典套装因其织物结构松散和衣身较短的关系，往往在后身下摆加缝金属链以达到前后衣身平衡的目的。

平常所讲的衣身平衡，包括衣身前后平衡、衣身左右平衡和衣袖平衡。其中，衣袖平衡属于袖窿结构与袖山结构的配伍平衡，它不属于重力作用下的平衡。重力作用下的平衡是指衣身受重力影响而不起吊，不位移，在三维立体中保持丝缕横平竖直的自然状态。因此，衣身前后平衡的关键是衣身前片和后片的各自平衡，也即各自独立处理省量以达到消除因凸起而影响丝缕的横平竖直状态。左右平衡特指三开身及以上的衣片分割状态，因为二开身衣服前后平衡中已经包含了左右平衡。三开身西服中腋下小片是保持左右平衡的关键。腋下小片既要保持其自身的平衡又要维护衣身左右的平衡，它必须要很好地应对人体体位的侧面性，这一点在特体中尤其重要。如弓身体和反身体是需处理腋下片的，这将在最后一章的修正评估中再作讲解。另外，当前后衣身无法达到平衡时，也可以通过腋下小片的应力作用，适当予以修正，以达到左右平衡的目的（图2-35）。

六、西服结构满足运动的功能需要

西服结构满足运动的功能需要，在以上纸样结构设计中均有所涉及。但在这里，单独成一小节内容是为了强调纸样结构设计中，西服结构满足运动功能的重要性是必须考虑的因素。

西服礼仪性太强，首先要强调合体性，其次才是强调功能性。因此，西服的运动功能有限，仅集中在前肩、袖子及袖窿和胯部等区域。

1. 前肩的运动机能性处理

西服前肩的运动功能处理，在本章的“人体肩部与西服的肩部”中已详细阐述，包括在面布、里布及衬料当中的处理。其目的是为了给前肩留有活动空间以应对肩部向前运动时与衣服产生的应力。这里不再重复阐述。

2. 西服袖运动机能性处理

西服袖子的运动主要是向上、向前的运动。因此，产生应力最大的是后腋部位。针对西服合体装袖，围绕后腋区域，我们可按照图2-36中的处理方式：

1）A中是加大衣身后宽，增加手臂前伸的活动量。

2）B中是增加袖窿后腋的面积，相应增加袖子后腋的面积。

3）C中是增加袖底吃势0.3~0.5cm。这不但能增加运动松量，还能增加袖子的立体感。

4）D中是降低袖窿深度，降低袖山高度，增加袖肥。增加袖山头吃势，并在肩头呈褶皱状，即拿波里袖。由于袖窿浅、袖山低，使手臂达到自由上抬的舒适运动功能。

其实，这四种方法可以在同一样版上综合处理、同时应用，以最大限度提高西服袖的运动功能性和舒适性。

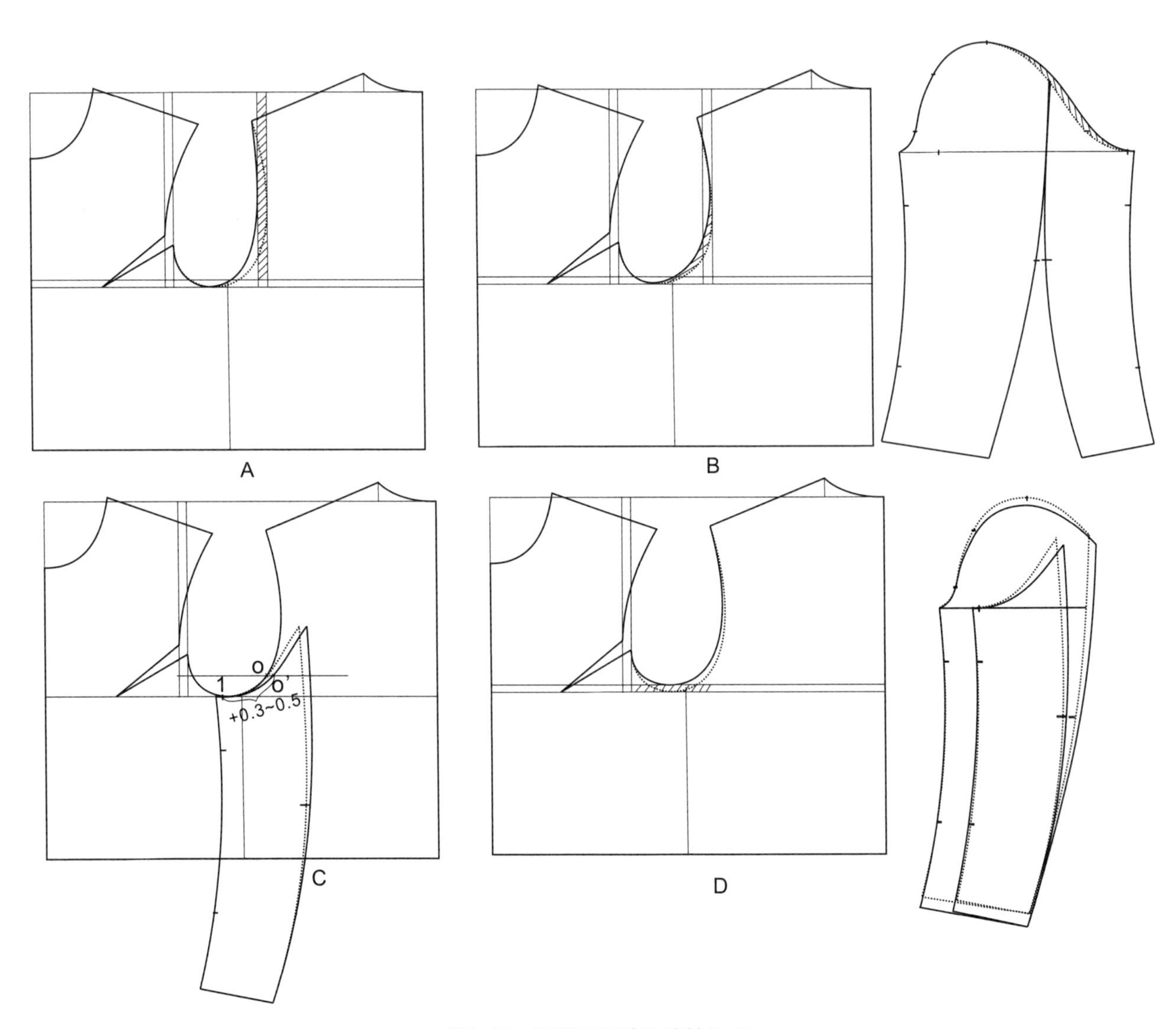

图2-36　西服袖运动机能性处理

3. 胯部的运动机能性处理

在样版处理时，对胯部髂骨前棘区域要给予充分的松量，以营造充分的运动空间。因此，针对胯部运动，西服的纸样结构处理有如下两点：

1）设置胸腹省道（即平常所称的肋省），塑造腹侧的凸起空间，省量大小一般在1.4cm左右（图2-37）；

2）设置前片与腋下小片的交叉重叠量为2.5~3.0cm，再通过工艺归拢前侧的曲线，将余量推至腹侧，给予胯部充分的运动量（图2-37）。

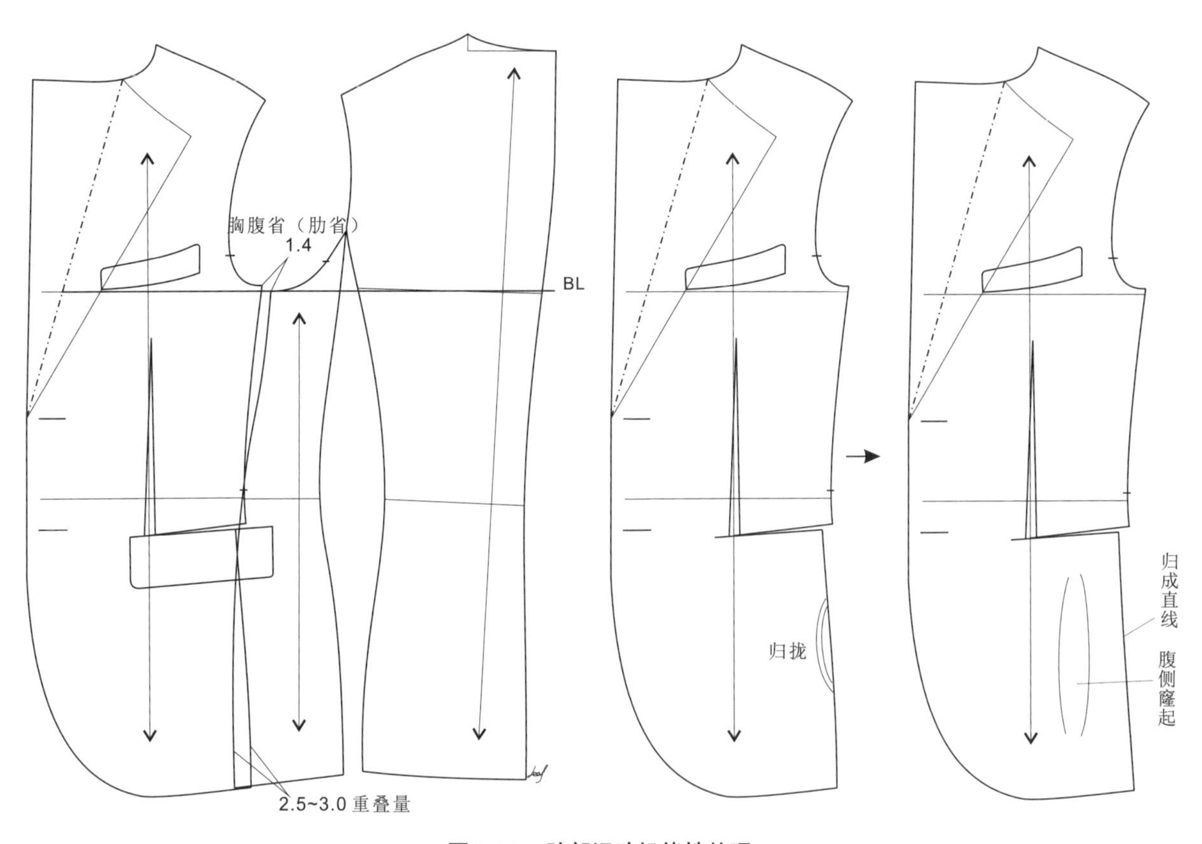

图2-37 胯部运动机能性处理

小结

西服作为一种礼仪性服装，已经过几百年的发展，有自身的固定格式。因此，程式化的纸样结构设计成为常态。但知其然更要知其所以然，“所以然”就是西服所饱含的静态人体结构和动态人体运动功能以及时代审美。这一章节所阐述的纸样结构设计原理即对“所以然”的阐述，为下一章节的西服纸样结构设计打下理论基础。

第三章

西服制版

不要说时装，就程式化的西服而言，其设计也是无限的，尤其是定制业务更是如此。要应对无限的设计，除了必须掌握基本的知识、原理和技能外，还要能够举一反三，具备应用的能力。

实际上，这一章的制版方法仅是对理论的应用之一。不同人体，得到不同的静体尺寸；不同的个体、不同的西服品类对各部位的功能要求不一，因此有不同的功能尺寸；不同个体、不同的穿着环境有着不同的风格设定，因此更有不同的造型和比例。所以，本章所讲解的尺寸数据都不是固定不变的，需要在变化中灵活应用。但是，人体结构、运动机能和时代审美所引导的纸样结构设计原理是相对不变的。

本章所介绍和应用的是“基于最小外包围（量）的零松量男装原型”[1]，也称“零松量男装原型”。这是作者二十多年实践和近几年理论研究的结果，可以应用至所有的男上装品类。

1 发明专利申请号：ZL2022 10179029.5

第一节　制版原则

所谓制版原则，就是在制版过程中所要遵循的思维方式和法则，或称纸样结构设计的要素。在前两章中所阐述的时代风格、时代审美、人体结构和运动机能，即是制版过程中所要考虑的综合要素，即原则。在此，再加一条原则：材质性能。

一、时代审美

时代审美是制版的第一要素，在着手设计样版之前，首先应分析客户的体型、气质及服装的穿着场合等，据此设定合适的风格，在考虑风格的前提下设计各部位的造型和比例。

每个时代均有自己的潮流：廓形、面料、材质肌理、色彩图案、款式细节以及配饰等，作为一名从业者，关注潮流，关注潮流背后的人文变化和文化思潮，紧跟潮流，与时代审美保持一致，才能将美带给顾客。

时代审美可以称为样版结构设计的灵魂。

二、人体结构

纸样结构设计是将二维平面的面料转化为三维立体服装的过程。

人体结构是纸样结构设计的尺寸数据来源和立体构造的依据，是纸样结构设计最直接、最主要的物质基础。离开人体谈服装结构无疑是无本之木，无源之水。定制过程中的试样，其实就是一个立体裁剪的过程。

三、运动机能

西服除了合体的要求之外，还要求静态状态下的穿着舒适和运动状态下的相对舒适。因此，动态的人体所要求的运动机能性是必备的要素之一。

当下，休闲和运动成为时尚，成为生活的有机组成部分，对西服的功能性研究也是时代所趋。因此，面料开发不仅在轻薄化、舒适性、功能性方面得到极大发展，在结构设计上同样提出高要求，这或许是古典英式西服渐走下坡的原因之一吧。

四、材质性能

不同的材质有不同的风格，可塑性也各异。材质是西服定制样版设计时所要考虑的重要因素之一，古典、前卫、怀旧、都市、运动、优雅等不同风格也在考虑的范围。经典套装、时尚布雷泽、运动休闲夹克等不同品类的造型要搭配与其相应的辅料等。另外，根据面料性能，省量的设置部位和大小、工艺方法等也应在考虑之中。所以，样版是随着材质性能的变化而变化的，没有“一版打天下”的说法。尤其在高级定制领域，“一人一料一版”才是高级定制的精髓。

第二节 西服制版

一、基于最小外包围（量）的零松量男装原型（零松量男装原型）

传统的比例法是基于某类款式的固定程式化方法，对于日新月异的时装并不适合。原型体现人体结构和立体思维，在制版中应用原型是最为合理和最全面的一种方式。

最小外包围量的概念最早由日本三吉满智子教授团队在发布新文化原型中提出，颠覆了原来以胸围为身幅的作图思维。基于最小外包围（量）的零松量男装原型中也采用此概念进行设计，从本质上反映了男性人体结构并制定了一个适合任何男上装品类的全新男装原型。同时，它也具有易记、易操作的优点。

1. 基于最小外包围（量）的零松量男装原型（零松量男装原型）构成要素

基于最小外包围（量）的零松量男装原型（零松量男装原型）构成要素包括：身幅（即最小外包围量）、背长、袖窿深、后宽、袖窿宽、前胸宽、前宽、胸省、肩胛骨省、领围线、肩线、肩斜角度、袖窿曲线等。以上要素即构成一个如图3-1所示的完整的粗线外轮廓框架结构，即零松量男装原型的形状。

原型最主要的目的是应用，可以在此基础上进行款式拓展。因此，零松量男装原型的合理性主要由以下几点来保证：

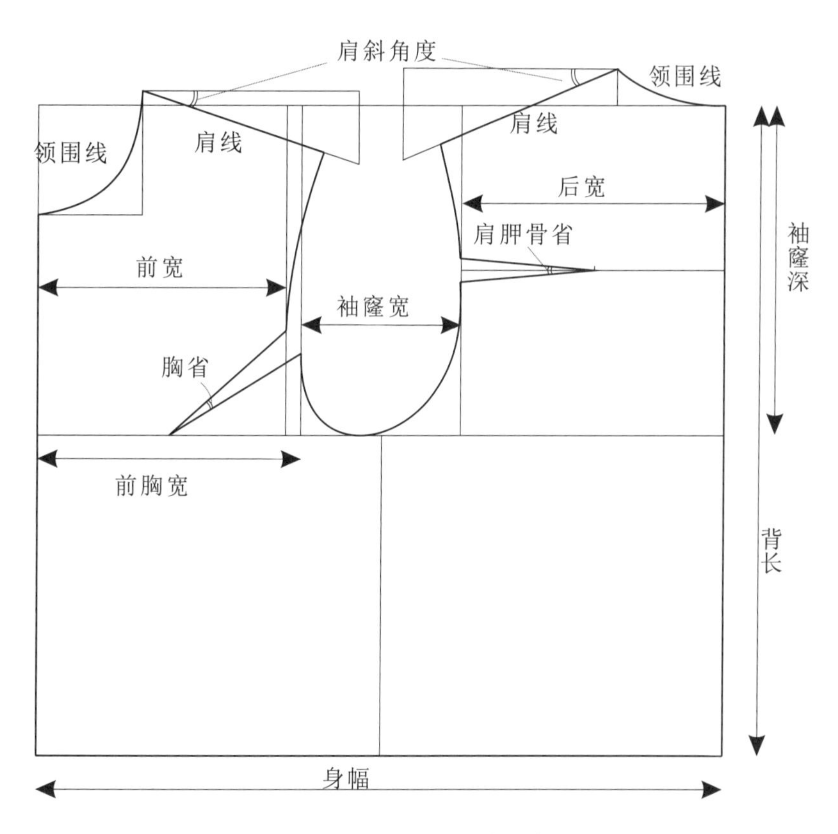

图3-1 男装原型构成要素

① 腰线保持水平以保证上衣结构的顺利绘制；

② 肩斜倾角与人体肩斜倾角保持一致；

③ 前宽、后宽、袖窿宽尺寸恰当，既无紧绷，也无松量；

④ 袖窿弧线顺延臂根围保持顺畅，与前后腋点保持吻合；

⑤ 领口弧线顺延颈根围圆顺，无起浮，无绷紧现象；

⑥ 丝缕顺畅，保证丝缕的横平竖直状态，无斜褶和吊绺现象。

（1）最小外包围（量）——身幅

将坯布以简单的筒状形式包裹人体躯干，保持坯布丝缕水平和前后垂直的状态。坯布将接触人体体表的所有突出部位，形成包裹上半身的柱状体。这个柱状体接触胸围最高点、前后腋点和肩胛骨的突出点。这个柱面体的周长，即包裹人体躯干时的最小外包围量，它与胸围围度不同。

从肩点SP引一条垂线为躯干左右的分割线a，从a线经过胸高点BP水平纬度加上从a线水平经过肩胛骨点SD的纬度即最小外包围量，而非经过BP的水平围度的量。因此，最小外包围比胸围大一些：是B+X（B为胸围，X为增量）（图3-2）。

最小外包围指既要满足后身经过最突肩胛骨的围度，又要满足前身经过最突胸高点的围度。因此，它比胸围围度要大，这个增量设定为X，X的取值根据个体不同，在3~6cm范围内，为了方便应用，这里X取值为4cm。因此，在作图时身幅（即前后中心线的宽度）取值为（B+4）/2。

上半身的最小外包围尺寸难以通过一维的皮尺测量所得，只能通过人体水平断面重合（前胸围水平断面和后背围水平断面的重合）或用3D计测手段来实现。

（2）背长和肩胛骨省

零松量男装原型的背长不同于其他原型直接使用实际人体背长的概念。所以，在此应有个解释和说明：零松量男装原型的背长是以人体实际背长+0.5cm来计算，它的原理如图3-3所示。

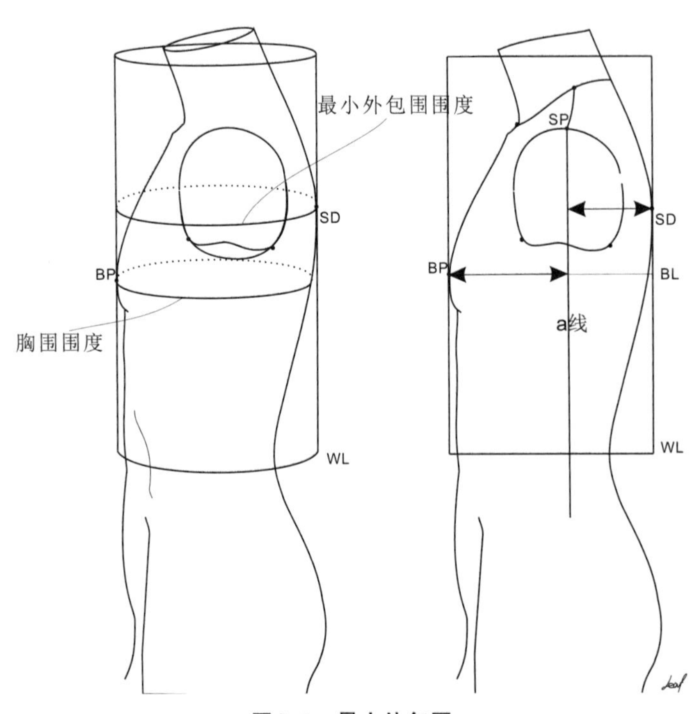

图3-2 最小外包围

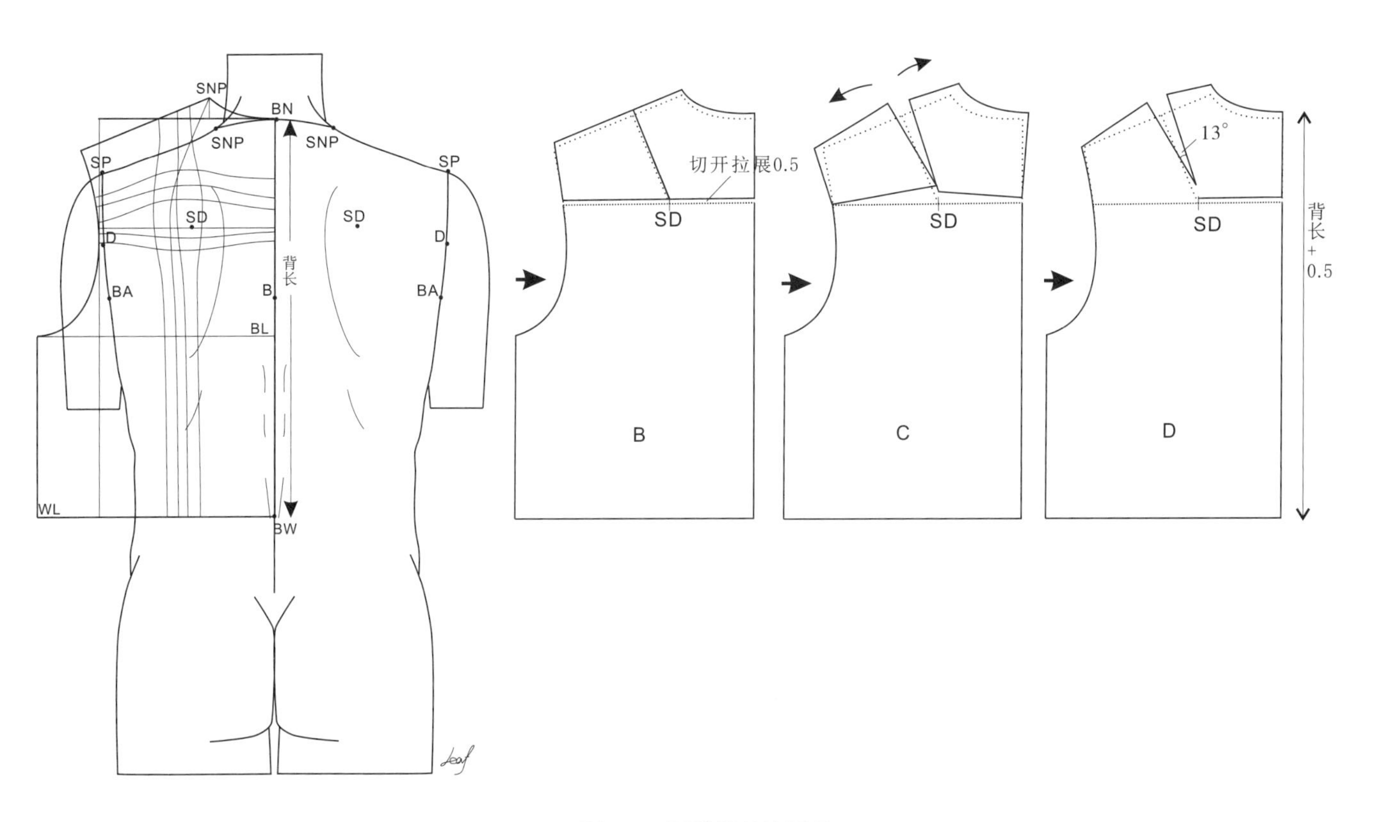

图3-3 原型背长的原理

图3-3中SD是肩胛骨的最高区域，后身片是以其为中心的曲面化，虚线是切开线。首先为满足肩胛骨凸起面积，沿水平切开线向上平移0.5cm（图中B），再沿竖向切开线展开（图中C），最后再调整得到肩胛骨省大小为13°（图中D）。肩胛骨省计算公式为：B/13.3+6°，档差0.3°。

注意背长线已加长0.5cm。加长的0.5cm只是满足肩胛骨凸起，因此，在制作时需将其归拢，后中心线长还需吻合人体实际背长。在此加长0.5cm是为了满足肩胛骨的面积而形成原型中的背长，同时也是为了满足肩胛骨的体积而形成肩胛骨省。在实际应用中，以实际背长+0.5cm作为背长尺寸更为合理，西服后片更易服贴，能规避“起吊”现象。

（3）胸省

胸省的产生原理在上一章节“西服的结构设计”中已作讨论（见图2-13胸省的产生）。在图3-4原型框架中也可见一斑：在前身，前胸宽大于前宽，它们之间的差值即胸省量。后身片的后宽大于后胸宽，它们的差值即背省量，在西服成衣中隐含在背腰差量当中（即一般所称的后腰省）。既要满足前宽尺寸，又要满足前胸宽的隆起尺寸，它们之间的差值，即形成省量。这个省量，因功能而称之为胸省。胸省计算公式为：B/13.3+2.6°，档差0.3°。

零松量男装原型的胸省位置设置在前袖窿，使前宽和前胸宽一目了然。同时，对胸省作了定量的研究，尤其是其角度不会因松量的加入、省道的延长而改变大小。这是零松量男装原型区别于其他男装原型的因素之一。

在图3-4也可以看到身幅与前后宽、前胸宽、后胸宽的关系：身幅等于前胸宽+袖窿宽+后宽，而不等于前胸宽+袖窿宽+后胸宽。身幅也是零松量男装原型区别于其他男装原型的因素之一。

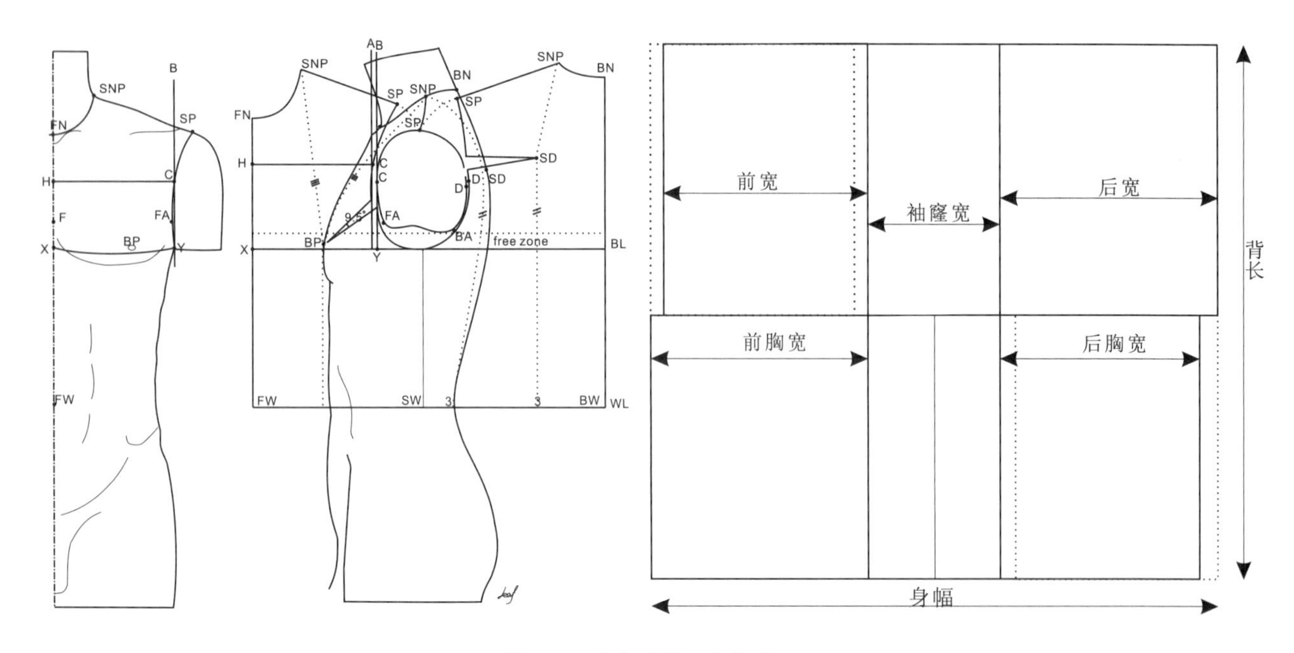

图3-4 胸省的原理和位置

（4）领围线

领围线是顺沿颈根围线而形成的圆顺曲线。原型制图中，前后领口弧线分别有对应的领宽和领深。零松量男装原型后领宽为B/12，前领宽为B/12-0.4cm，是以胸围为依据的计算公式，是在统计和短寸法的基础上考虑覆盖率而简化公式的结果。在实际人体和成衣中，前后颈侧点SNP是在同一位置，平面制图上的前后横开领宽度的不一致，是因为颈后侧有斜方肌的隆起，曲率比前领口更大所致。

（5）肩线和肩斜角度

原型肩线是在肩棱线的上方顺沿肩斜平顺的原则上构成的。使用立裁方法时，可以用坯布自然覆盖肩部形成肩斜线。但在平面制图时，人体的肩斜计测值不能直接用于平面制图，因为有一个立体与平面的转换问题。影响原型肩倾斜角度的人体因素主要包括人体的肩倾斜、肩部向前的倾度及肩部厚度与同一高度位置正中厚度的差值。

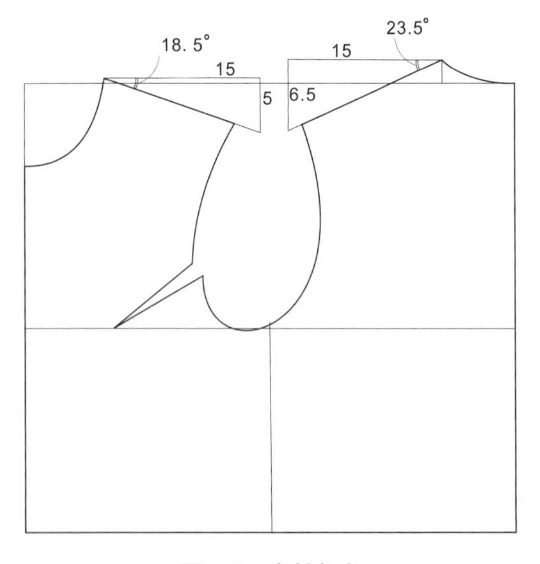

图3-5 肩斜角度

零松量男装原型的肩斜角度设定是前肩18.5°，后肩23.5°，属于紧身无松量的类型，并且肩线是偏后的，其中带有审美的思考。在应用过程中可以适量加入松量，后肩斜角度可以调节成22°。

因个体之间差异较大，所以在肩斜设定过程中，主要以紧身原型的实验结果为基础并考虑覆盖率。

在具体的制图中，用比例更容易表现角度。因此，18.5°相当于15∶5，23.5°相当于15∶6.5（图3-5）。

（6）前宽、后宽和袖窿宽

纸样结构设计中的袖窿宽很难通过人体测量得到，通常的办法是用身幅减去背宽和前胸宽后剩余的部分作为袖窿宽。

值得注意的是，男装原型在合并胸省转移成撇胸的状态时，前宽和前胸宽的关系仍是不变的，如图3-6所示。

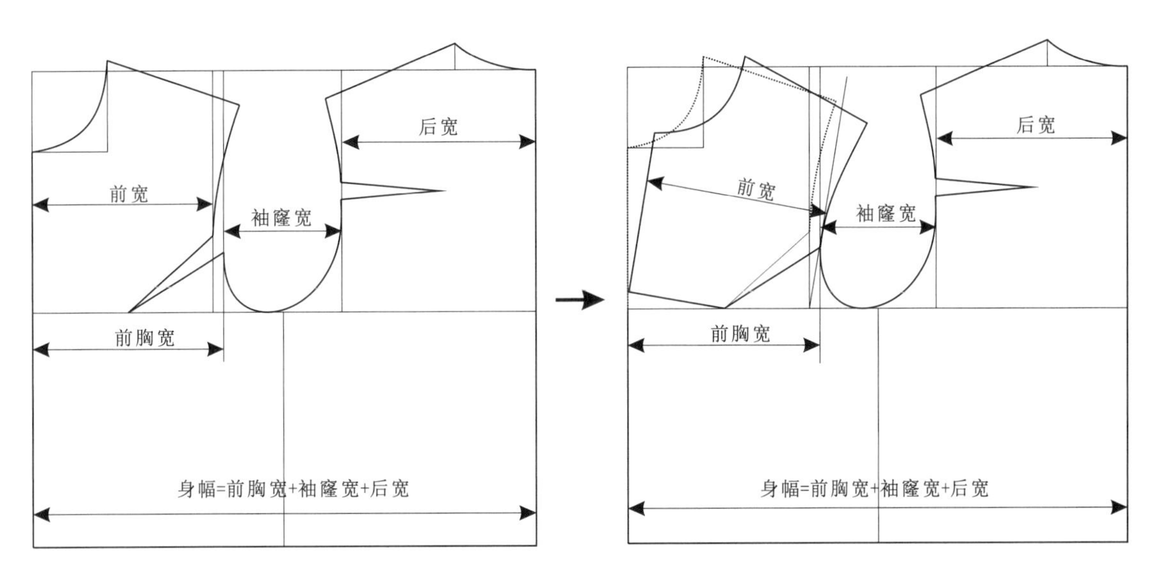

图3-6　前宽、后宽和袖窿宽

零松量男装原型为最小外包围的零松量原型，后宽（背宽）的公式为：B/6+3.2，前宽的公式为：B/6+2.7，袖窿宽的公式为：B/4.6-9.5。前后宽无松量并且仅相差0.5cm，是基于东华大学教师团队对华北、华东、西南地区18-25岁男子人体数据的实测统计。

（7）袖窿深

袖窿最低点的位置不可能超越腋窝的位置，通常会从腋窝的位置向下挖深一定的量。人体的臂根高度再加上服装与腋窝之间的空隙就构成了袖窿的深度（图3-7）。

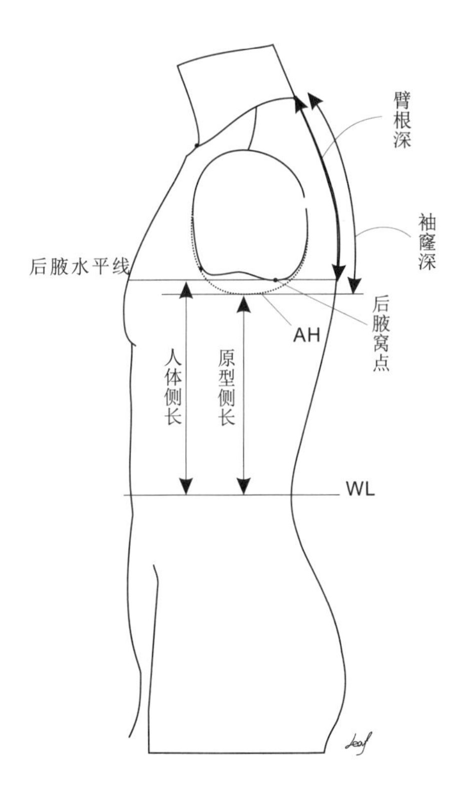

图3-7　袖窿深的位置

2. 基于最小外包围（量）的零松量男装原型制图方法

零松量男装原型在研究过程中考虑了以下几个因素：①应适合教学使用，让原型能本质反映人体结构；②能满足个体定制的需求；③体型覆盖率相对较高，适合工业化制版的应用；④制图方法尽量简便，公式尽量简单易记。

图3-8为成人男子上半身的零松量原型（以下简称零松量男装原型）的各部位名称图。图中的胸围线并非绝对指人体

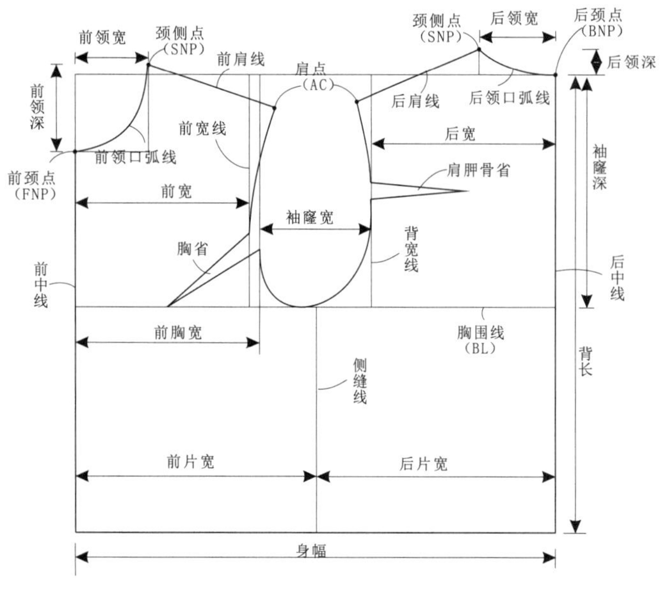

图3-8　男装原型的各部位名称

测量中的胸围线，而是袖窿深线的位置，其经过腋窝，可能称腋围线更准确。但宥于习惯，在此，仍以胸围线称之。

零松量男装原型的制图

零松量男装原型利用最小外包围和背长进行制图，按照习惯以左半身状态为参考。具体制图方法、步骤如下所示，各部位尺寸可参考表3-1。

在此仍要强调身幅B+4的“4”绝不是胸围的松量，而是外包围的最小增量。对于胸围来讲，增加了4cm，但通过收省，在腰、胸、背均无松量，零松量男装原型是未加任何松量的原型。

对于腰省的分配可参考表3-2。

表3-1　尺寸一览表

单位：cm、度

规格＼部位	身高	身幅	窿深	背宽	前宽	窿宽	后领宽	后领高	前领宽	前领深	胸省	肩胛骨省
公式		$\frac{B+4}{2}$	$\frac{B}{6}+6.7$	$\frac{B}{6}+3.2$	$\frac{B}{6}+2.7$	$\frac{B}{4.6}-9.5$	$\frac{B}{12}$	$\frac{B}{36}$	$\frac{B}{12}-0.4$	$\frac{B}{12}+0.5$	$\frac{B}{13.3}+2.6°$	$\frac{B}{13.3}+6°$
88	160	46	21.4	17.9	17.4	9.6	7.3	2.4	6.9	7.8	9.2	12.6
90	165	47	21.7	18.2	17.7	10.1	7.5	2.5	7.1	8	9.4	12.8
92	170	48	22	18.5	18	10.5	7.7	2.6	7.3	8.2	9.5	13
94	175	49	22.4	18.9	18.4	10.9	7.8	2.6	7.4	8.3	9.7	13.1
96	180	50	22.7	19.2	18.7	11.4	8	2.7	7.6	8.5	9.8	13.2
98	185	51	23	19.5	19	11.8	8.2	2.7	7.8	8.7	10	13.4
100	190	52	23.4	19.9	19.4	12.2	8.3	2.8	7.9	8.8	10.1	13.5

表3-2　原型腰省分配表

单位：cm

总省量（100%）	a（16%）	b（16%）	c（36%）	d（24%）	e（8%）
4	0.64	0.64	1.44	0.96	0.32
5	0.80	0.80	1.80	1.20	0.40
6	0.96	0.96	2.16	1.44	0.48
7	1.12	1.12	2.52	1.68	0.56
8	1.28	1.28	2.88	1.92	0.64
9	1.44	1.44	3.24	2.16	0.72
10	1.60	1.60	3.60	2.40	0.80
11	1.76	1.76	3.96	2.64	0.88

（续表）

总省量（100%）	a（16%）	b（16%）	c（36%）	d（24%）	e（8%）
12	1.92	1.92	4.32	2.88	0.96
13	2.08	2.08	4.68	3.12	1.04
14	2.24	2.24	5.04	3.36	1.12
15	2.40	2.40	5.40	3.60	1.20

（1）绘制基础线（图3–9）

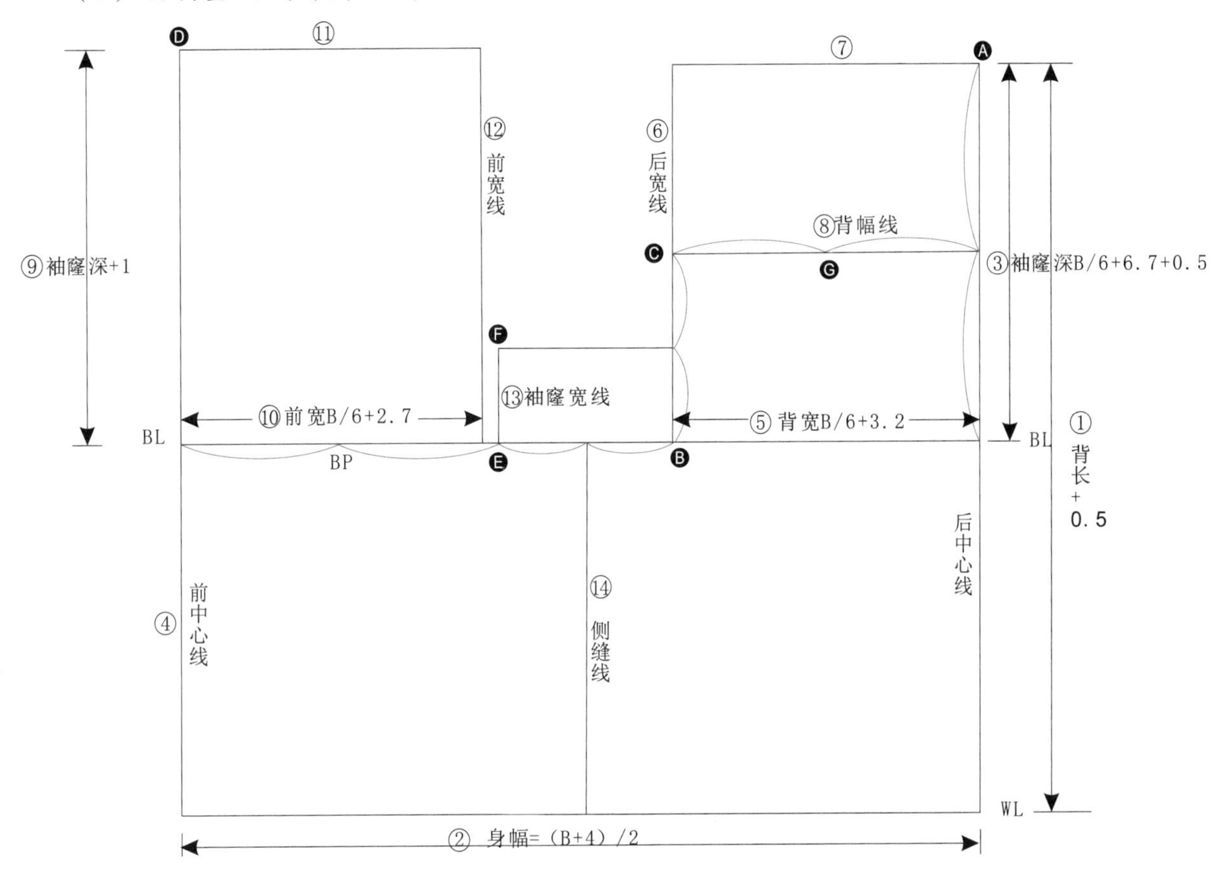

图3–9　原型的基础框架制图

① 以❹点为后颈点，向下取背长+0.5cm长度为后中心线。

② 画腰节WL水平线，并确定身幅为（B+4）/2cm。

③ 从❹点向下取B/6+6.7+0.5cm确定胸围水平线BL，并在BL线上取身幅为（B+4）/2cm。

④ 垂直于WL线画前中心线。

⑤ 在BL线上，由后中心向前中心方向取背宽（后宽）为B/6+3.2cm，确定❸点。

⑥ 经❸点向上画背宽垂直线（后宽线）。

⑦ 经❹点画水平线，与后宽线相交。

⑧ 在❹点与BL线之间取等分点，水平画一条背幅线交于后宽线于❻点，等分背幅线确定❼点作为肩胛骨省的省尖点。

⑨ 在前中心线上从BL线向上取袖窿深+1cm，确定点❺。

⑩ 在BL线上，由前中心向后中心方向取前宽为B/6+2.7cm。

⑪ 经❺点画水平线，长度为B/6+2.7cm。

⑫ 画垂直的前宽线，形成矩形。

⑬ 从后宽线❸点向前中心方向取袖窿宽为B/4.6–9.5cm长度并确定端点❹，❹点向上画垂直线。等分❸与❻之间线段，从中点向前中心线方向画水平线，交袖窿宽垂直线于❺点。

⑭ 等分❸❹线段，从中点垂直向下交于WL线，为侧缝线。

（2）绘制轮廓线（图3-10）

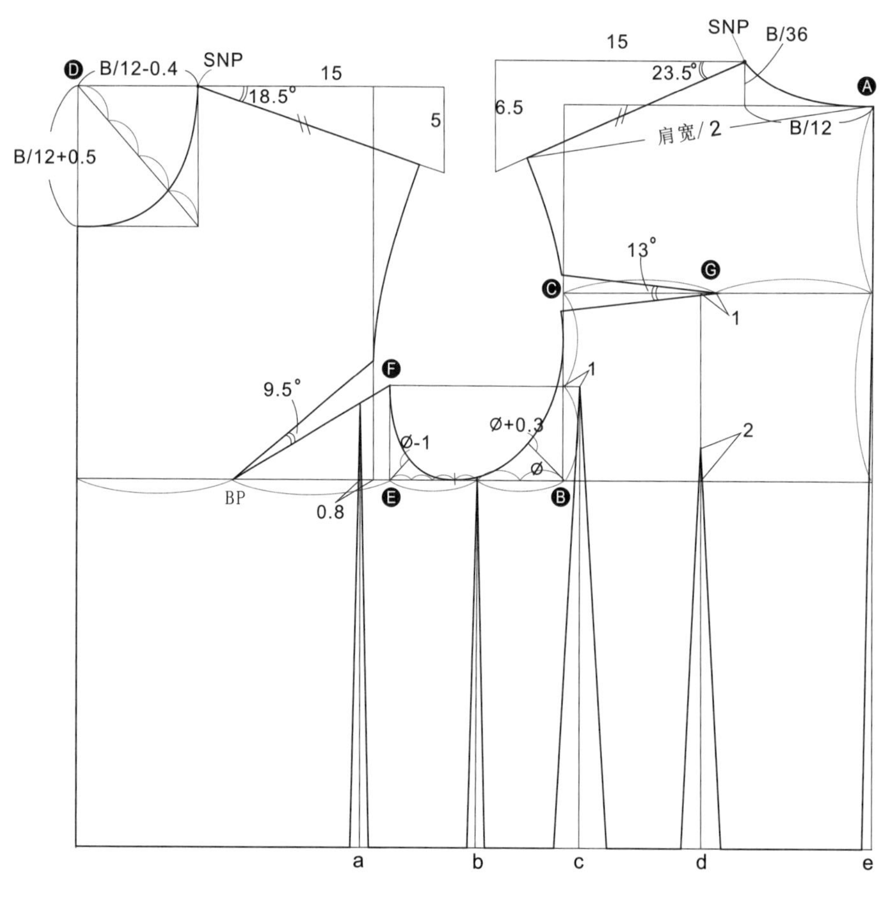

图3-10　原型的轮廓线绘制

① 绘制后领口弧线。由❹点沿水平线取B/12长度，垂直向上取B/36长度，得SNP点。画圆顺后领口弧线。

② 绘制后肩线。以SNP点为基准点取23.5°的后肩倾斜角度作后肩线，与以❹为圆心取实际肩宽长度12为半径画弧线相交，得到后肩线长度（图中以42为实际肩宽长度）。

③ 绘制前领口弧线。由❼点沿水平线取B/12-0.4cm长度，得SNP点。由❼沿前中心线取B/12+0.5cm画领口矩形，依对角线上的参考点，圆顺前领口弧线。

④ 绘制前肩线。以SNP点为基准点取18.5°的前肩倾斜角度作前肩线。同时，取与后肩线长度等长，得到前肩线。

⑤ 绘制肩胛骨省。以❻为省尖点，取B/13.3+6°（13°相当于15:3.5）平均分配于背幅线上下两侧并交于后宽线上。

⑥ 绘制后袖窿弧线。由❺点作45°倾斜线，在线上取Ø+0.3作为参考点，以后宽线为袖窿弧线的切线，通过肩点并调节与肩胛骨省的交点，调节袖窿最低点往前中心线方向位移1/4个单位，圆顺后袖窿曲线。

⑦ 绘制胸省。由❽点作45°倾斜线，在线上取Ø-1作为参考点，经过袖窿深点、前袖窿参考点和❾点圆顺前袖窿曲线的下半部分。以❾点和BP点的连线为基准线，向上取B/13.3+2.6°作为胸省量（9.5°相当于15:2.5）。

⑧ 通过胸省省长的位置点与肩点画圆顺前袖窿弧线上半部分，注意胸省合并时，袖窿弧线应保持圆顺。

⑨ 绘制腰省。各腰省的位置如图3-10所示，总腰省量的分配如表3-2所示。对于男装，极少款式用到如此细致的腰省大小和位置。合体西服因分片不同，也需重新调整腰省的大小和位置。

3. 基于最小外包围（量）的零松量男装原型的松量分配

零松量男装原型属于零松量原型。因此，在款式变化应用时必定要加入松量。松量分配根据造型和可穿性这两条原则来进行。也就是说松量可以定性为美学性松量、舒适性松量和功能性松量。

根据研究，在前宽、袖窿宽和后宽的松量分配比例上，假如不考虑运动功能，仅就造型上来看，分别占整个胸围1/2放松量的30%、30%、40%，相对比较合理，如图3-11A所示。但如果加上可穿性因素，分配比例是可以变化的。在合体性衣服中袖窿宽基本上保持穿着舒适性即可，因此可以减少比例分配，比如占20%。后身由于运动功能的需求可以多加一些比例，比如占50%，如图3-11B所示。对于合体的西服，无论从造型还是运动功能，前、后宽的差值比例（人体前、后宽差1cm左右）还远远不够，因此可以直接调整前后宽的差值，比如直接再加2cm，这里的2cm纯粹是功能性松量，它为手臂的向前活动而设。如图3-11C所示。

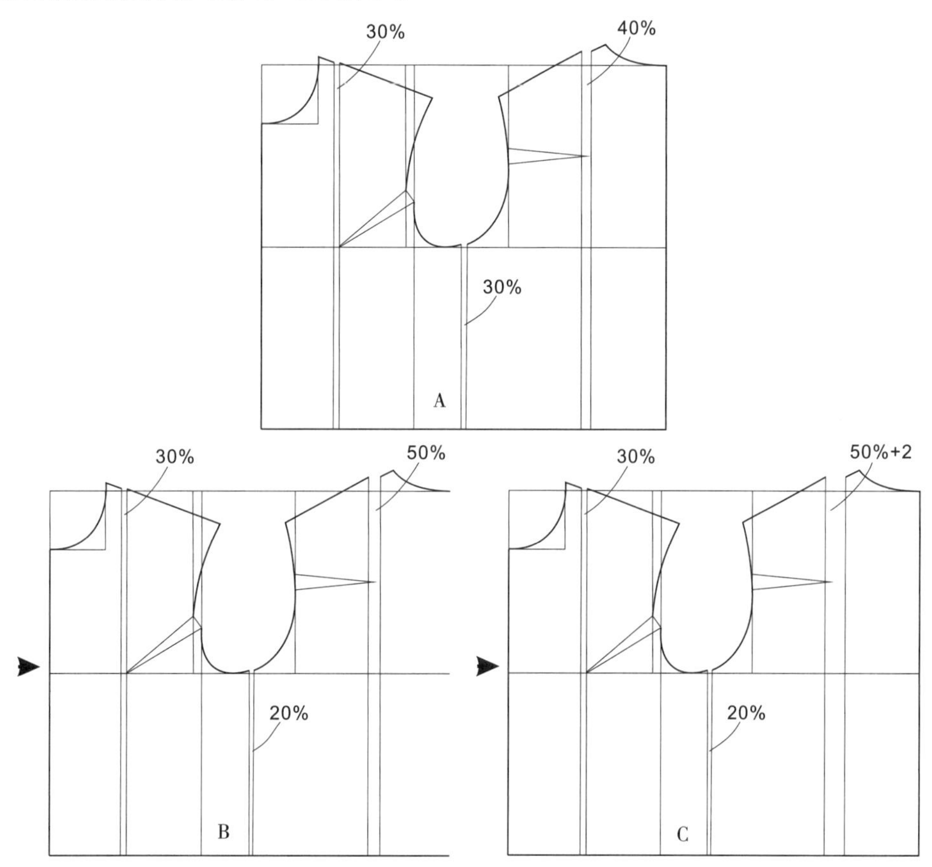

图3-11 原型的松量分配

4. 基于最小外包围（量）的零松量男装原型的省量转移

零松量男装原型的其中一个明显优势在于对胸省和肩胛骨省的定性和定量的研究和设定。因此，在省道转移变化时，既可以定量地转移，也可以通过定性分析弄清楚它的原理和作用。

省道根据位置来命名，比如领口省、撇胸、腰节省（相应腰节起翘或称下放）（图3-12）。一般西服在款式应用时，会同时综合运用几种转移方式，以达到塑型的目的。

请注意在图3-12中，各省道转移时，袖窿胸省并未全部合并，而是保留了一小部分，这一小部分省量可以以放松的状态存在于袖窿作为松量，也可转移至别处。

1 发明专利申请号：2024100091945

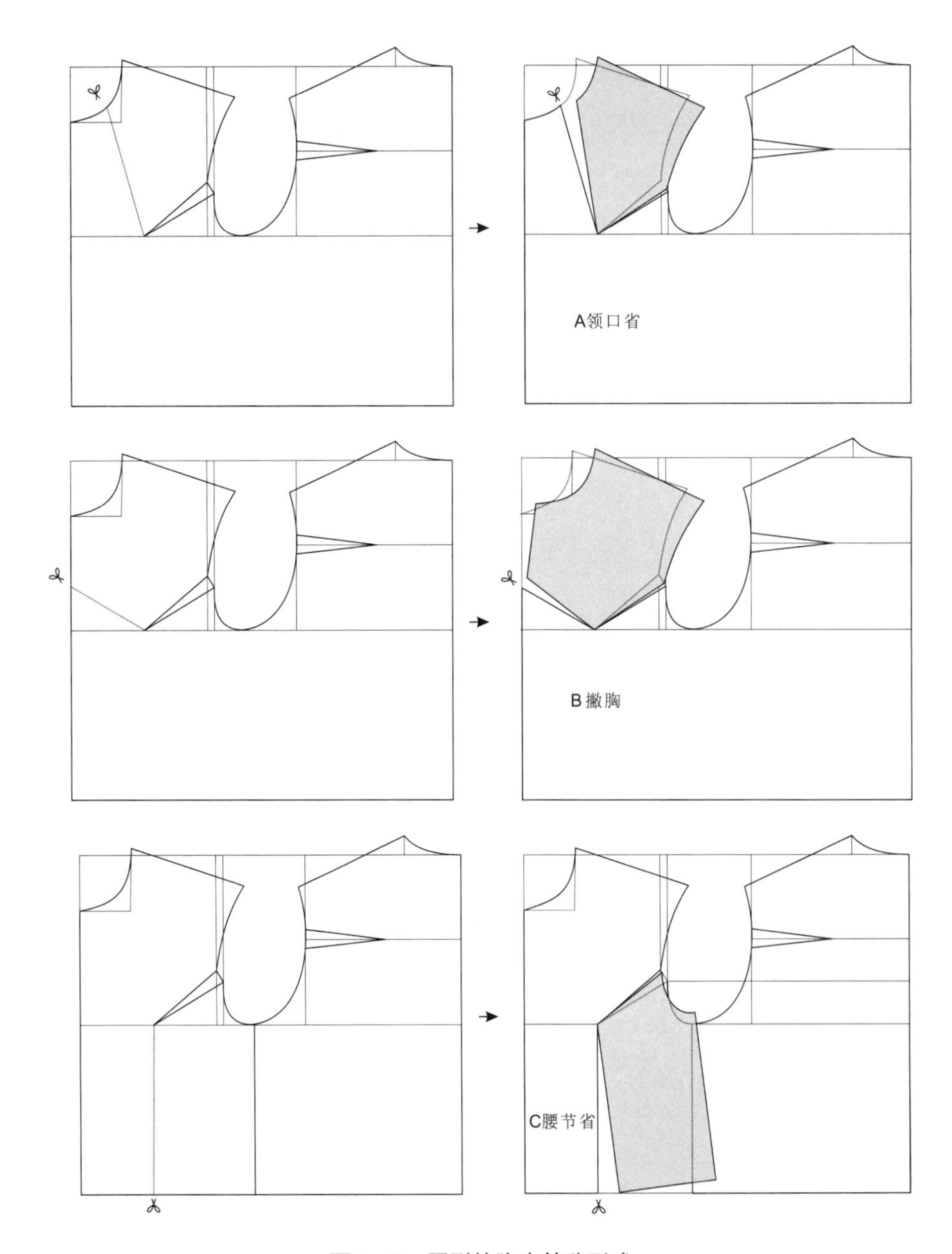

图3-12　原型的胸省转移形式

后肩胛骨省的转移原理与胸省一致。宥于材质的性能，将省量分散于各处有利于工艺的热归缩处理，同时，不但使后片的美感具有完整性，也更利于塑造形体（图3-13）。在实际应用中，省道以综合运用的形式存在，以便于工艺处理。比如，在西服中，胸省大部分转入前中以撇胸形式存在，小部分转入腰节以起翘形式存在，还有小部分可放松或归拢于前袖窿。后肩胛骨省则小部分转入后中，小部分转入后领口，大部分转入后肩，在后袖窿位置仍保留一部分（图3-13省道的综合运用）。

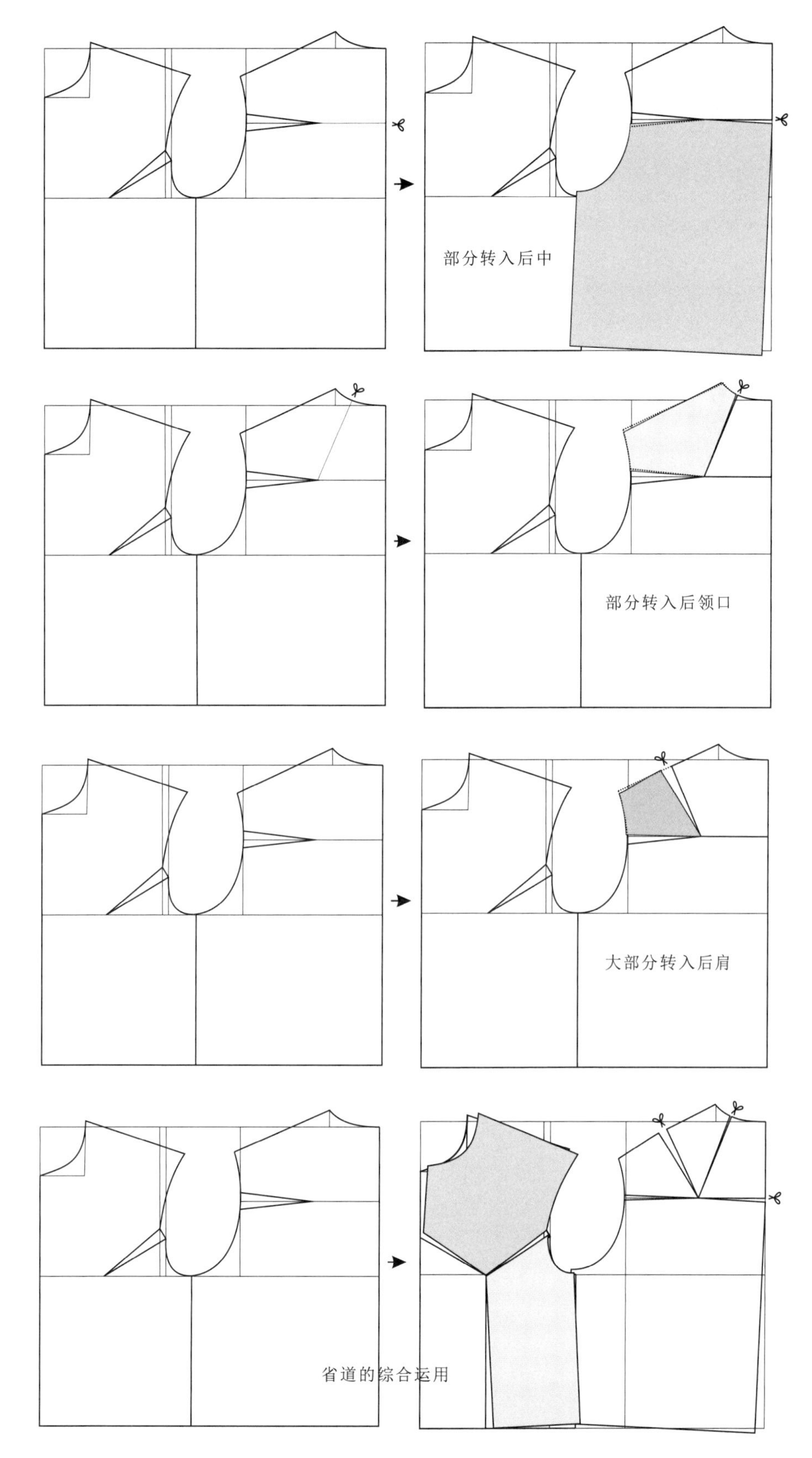

图3-13　原型的肩胛骨省转移形式和省道综合运用

二、西服（单排2粒扣）制版方法

1. 西服上衣制版（图3–14）

参考尺寸	
衣长	71cm
胸围	92cm
腰围	76cm
臀围	94cm
肩宽	44cm
背长	43cm
袖长	58cm
袖口宽	13.5cm

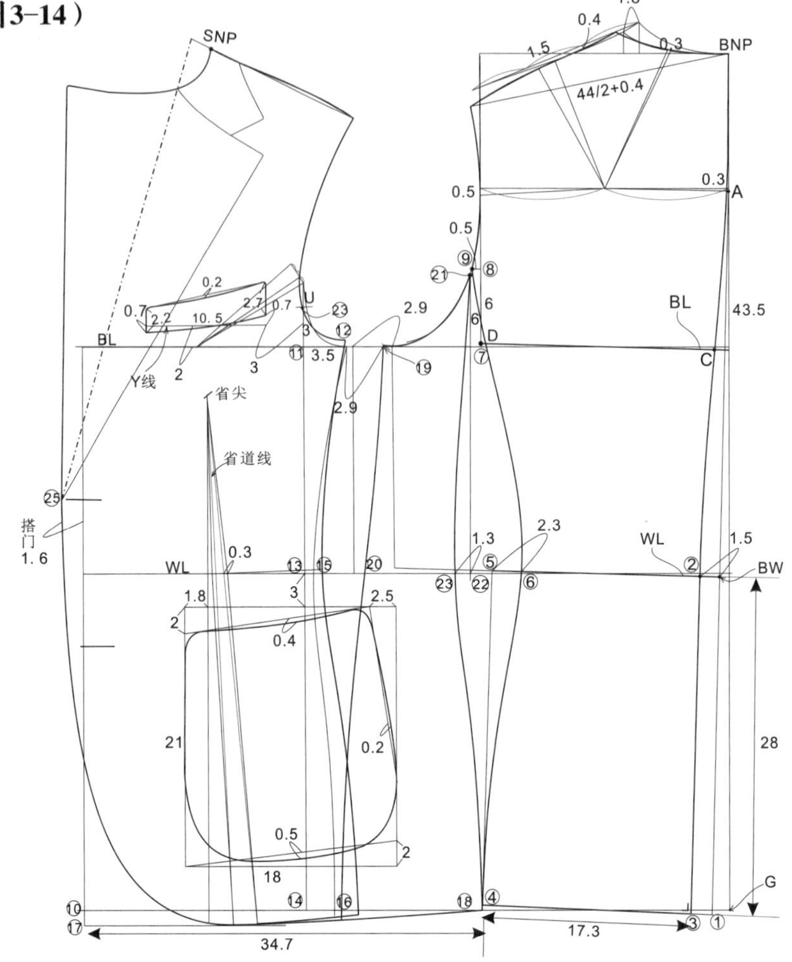

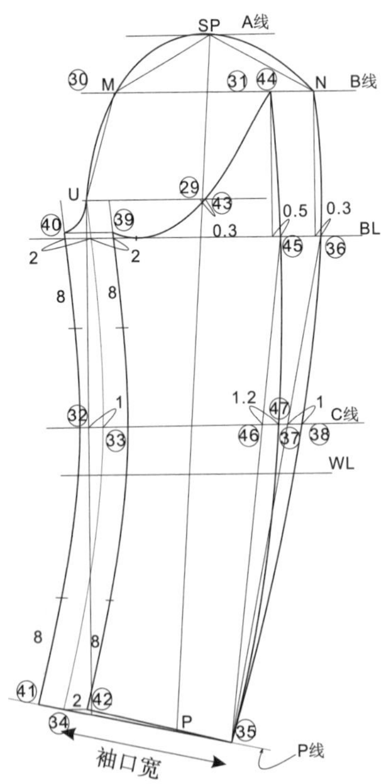

图3–14　西服上衣制版

2. 西服上衣制版说明

在西服的制版中既要考虑人体结构、运动机能也要考虑时代审美，所以从最能体现人体构造的原型出发是最能知其所以然和定性定量的一种方式。

（1）绘制原型（以92cm净胸围为例）（图3-15）

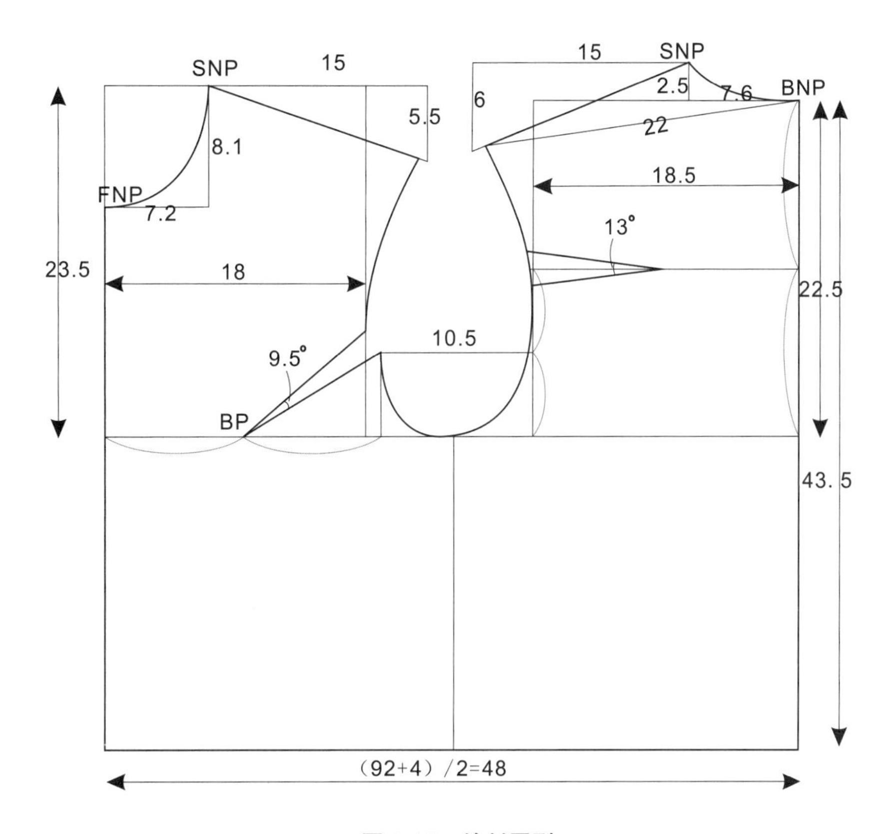

图3-15 绘制原型

① 确定身幅=（B+4）/2=（92+4）/2=48cm

② 确定背长=实际背长+0.5=43+0.5=43.5cm

③ 确定袖窿深=B/6+6.7+0.5=92/6+6.7+0.5=22.5cm

④ 确定背宽=B/6+3.2=92/6+3.2=18.5cm

⑤ 确定前宽=B/6+2.7=92/6+2.7=18cm

⑥ 确定袖窿宽=B/4.6-9.5=92/4.6-9.5=10.5cm

⑦ 确定前颈侧点的高度=袖窿深+1=23.5cm

⑧ 后肩斜15:6，略放少许松量但不放入垫肩，为合体肩型。以肩宽44/2为尺寸调节后肩线长度，前肩斜15:5.5，与后肩线等长调节前肩线长度。

⑨ 后横开领=B/12=92/12=7.6cm，后直开领高=7.6/3=2.5cm，前横开领宽=7.6-0.4=7.2cm，前直开领=7.6+0.5=8.1cm，胸省=B/13.3+2.6=9.5°，肩胛骨省=B/13.3+6=13°。

（2）摄入松量（图3-16）

首先要再次强调的是原型中的身幅B+4中的4不是松量，而是最小外包围的增量。因此，在应用原型时还须加入松量。松量的多寡和位置分配由审美风格、人体结构和运动机能三方面综合决定。在此案例中，加入8cm松量，这8cm松量又分成两部分，其中4cm按30%、30%、40%的比例分别分配至前片、侧片和后片，另外4cm就运动机能性的考虑直接分配给后身。此时，后宽=18.5+0.8+2=21.3cm，使前后宽的差值保持在2~3cm的范围，以满足后身的运动机能。

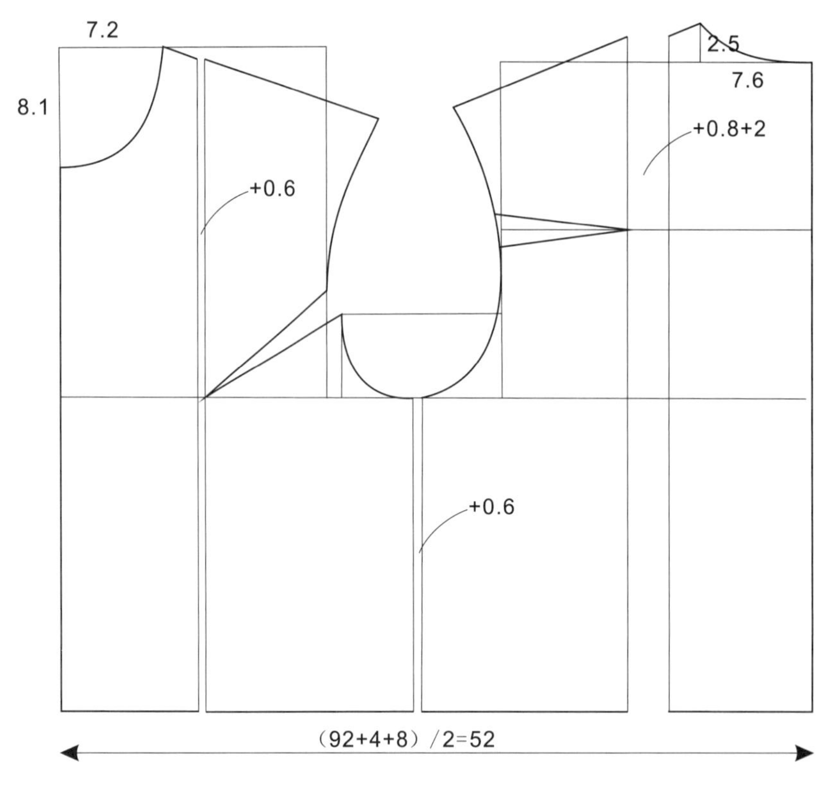

图3-16 摄入松量

（3）调整肩宽、肩线和领窝曲线等（图3-17）

加入松量后，保持前后肩斜角度和肩宽不变，重新设定肩线。将前后肩线长三等分，后肩线在距颈侧1/3等分点下挖0.4cm后圆顺后肩曲线，前肩在距颈侧2/3等分点上抬0.4cm后圆顺曲线。

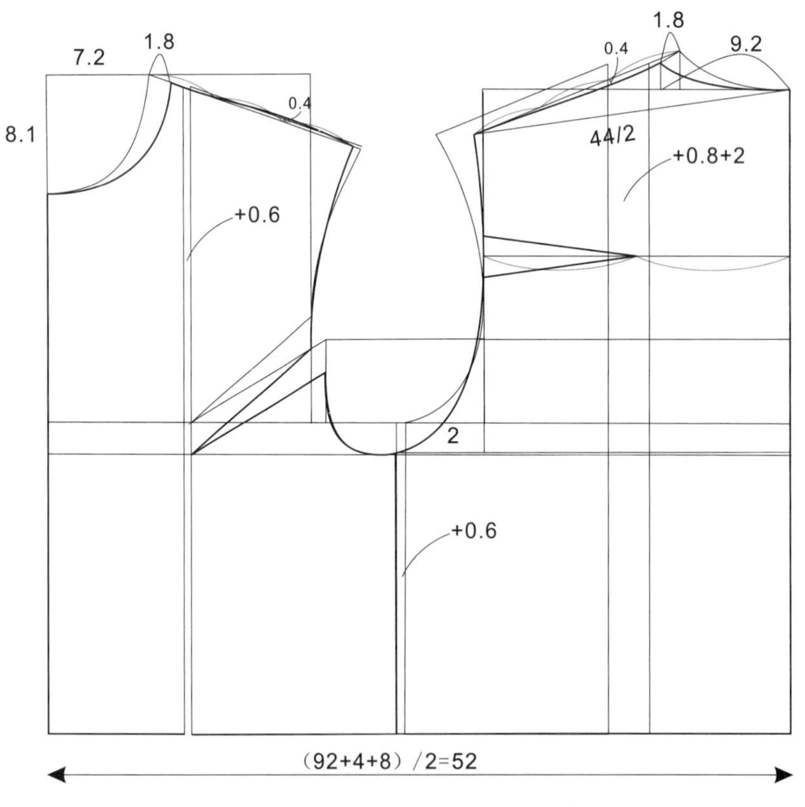

图3-17 调整肩宽、肩线和领窝曲线等

因对衬衫领和领子倒伏的考虑，需加大前后横开领宽度（此例后横开领为9.2cm），将后横开领宽度垂直线向上交于肩线作为成衣的SNP点，量取其与原颈侧点的距离（此例为1.8cm）作为前片颈侧点移动的依据，然后重新圆顺前后领窝曲线。保持肩胛省的角度大小不变，按新的后宽线长度二等分，重新绘制肩胛骨省。

加深袖窿深2cm，平行下移胸省（因为男体的胸凸是一个区域，胸省不下移也可以），重新圆顺袖窿曲线。

（4）省道转移

将部分肩胛骨省（约0.3cm）转移至后中，这时，后中倾斜，BW点发生位移，胸围线和腰围线也产生倾斜，在后片成衣制版过程中，保持此倾斜状态。后中打开0.3cm，在制作过程中，应归拢0.3+0.5cm，使背长回归至实际背长。将部分肩胛骨省（约0.3cm）转入后领口，转入后肩1.5cm左右，余下的省量约0.5cm转入后袖窿。省量转入后肩之后，肩线产生外凸形状，保持此形状，在归拢时归至下凹的状态，并将余量推至肩胛骨区域。调整肩宽为44/2+0.4cm即可，重新圆顺袖窿曲线（图3-18）。

前片的胸省转移将在外观造型完成之后进行。目前后片的结构和功能均已设定完毕，只需加长衣长和完善腰身造型即可。

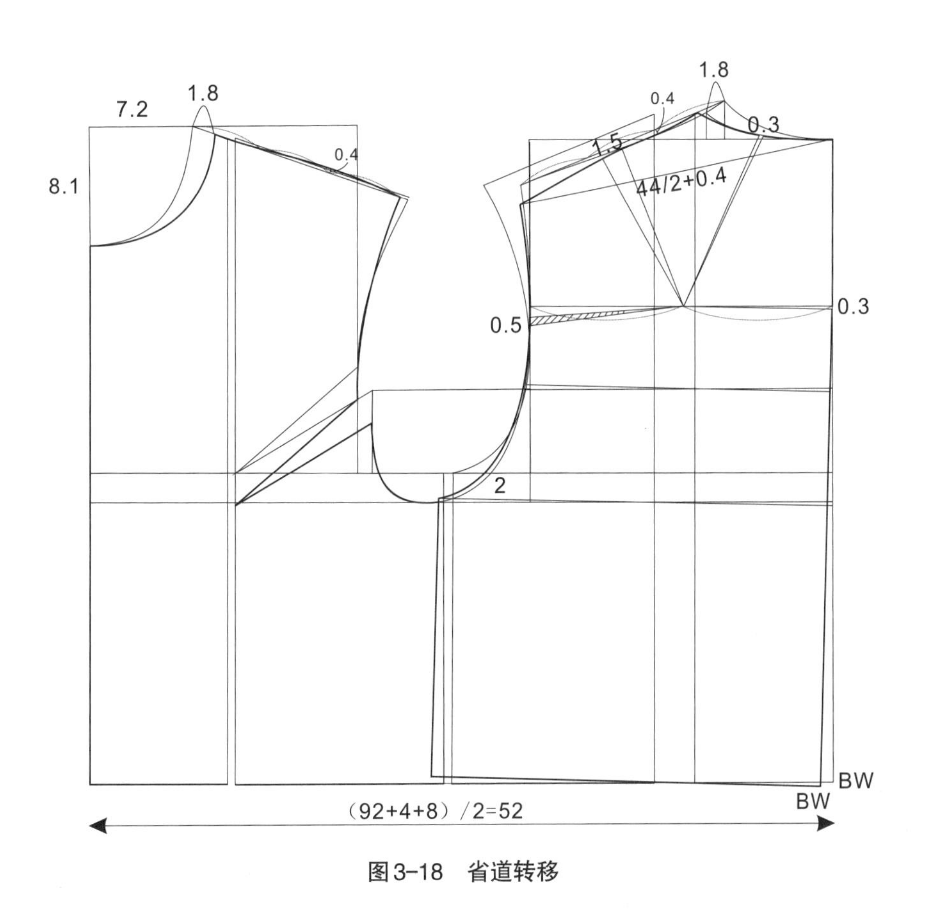

图3-18　省道转移

（5）后身制版

后身原型通过省道转移，相当于工艺设计，以求衣身平衡。因此，大身样版在此基础上加长衣长和衣片分割即可（图3-19）。

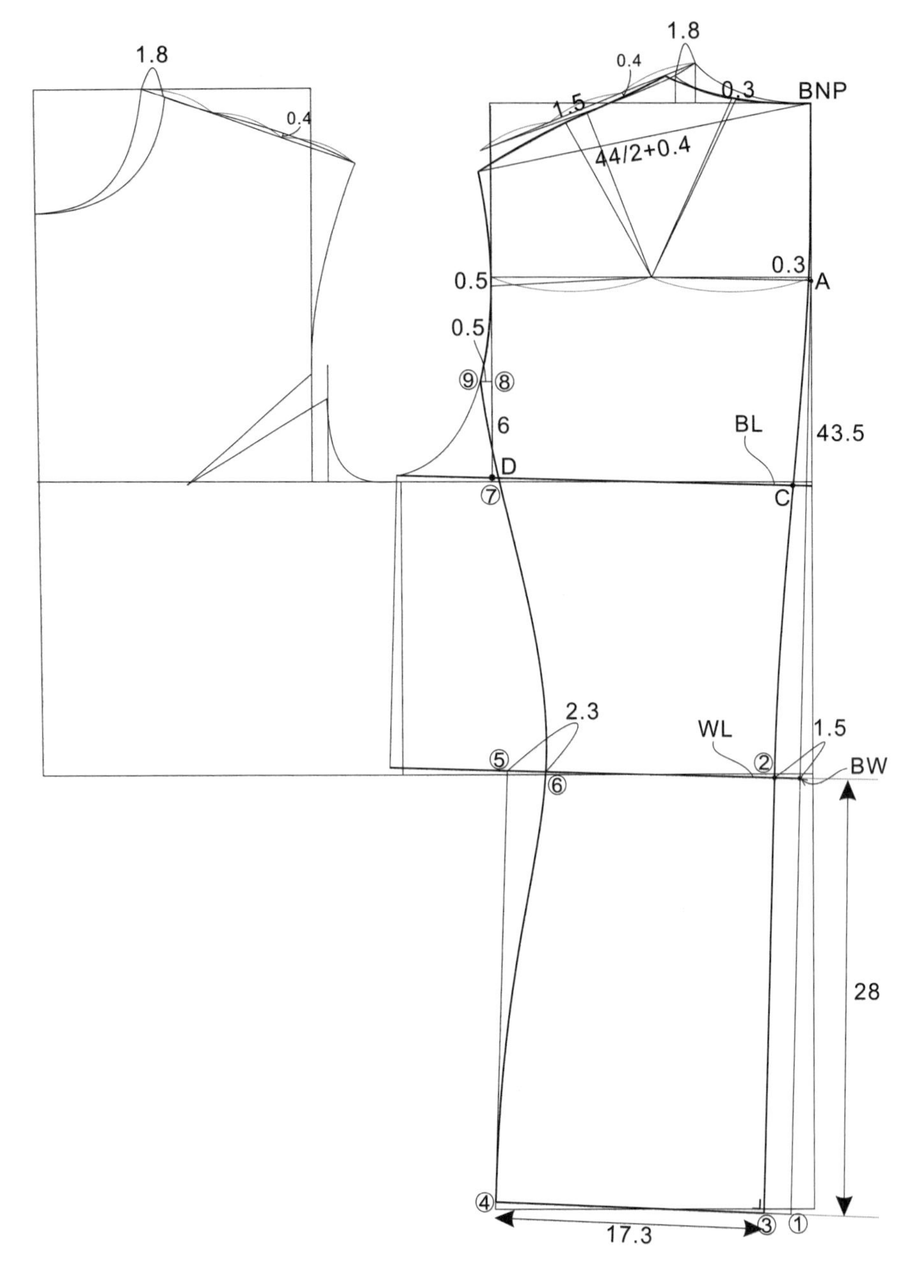

图3-19　后身制版

① 确定衣长：后中转入0.3cm省量后，后中倾斜，在后中斜线沿BW点延长28cm至①，现后中线平面尺寸=43.5+0.3+28= 71.8cm，工艺归拢0.8cm后，成衣后中衣长为71cm。经①作WL线的平行线作为后身底摆的参考线。

② 倾斜的腰线上找一点②，距BW1.5cm，即为后中腰省量（可根据款式和面料性能作增减）。

③ 在倾斜的底摆线上距①1.5cm处找一点③，直线连结②和③，并且圆顺②、A和BNP三个点（BNP与A之间约8~9cm为直线）连接而成的后中曲线。后中曲线交于BL于点C。

④ 在倾斜的底摆线上距③为（净臀围94cm+松量10cm）/2×1/3=17.3cm处找一点④（臀围松量根据风格设定）。

⑤ 经④作②和③平行线交WL于点⑤。

⑥ 在WL上距⑤2.3cm处（2.3cm为收腰量可根据款式和面料性能作增减）确定点⑥。

⑦和⑧ BL与背宽线交点定为⑦，在背宽线上距⑦6cm处确定点⑧。

⑨ 经⑧作水平线与后袖窿线相交于点⑨（⑧与⑨之间距离约0.5cm），圆顺⑨、⑥和④之间曲线，使之呈现人体后侧的“S”形曲线形态。后侧曲线交于BL于点D。CD长度即为后身胸围尺寸。保持省道转移后的后领窝、肩部和肩点至⑨对应的曲线，后身制版即告一段落。

（6）前身和侧身制版（图3-20，图3-21）

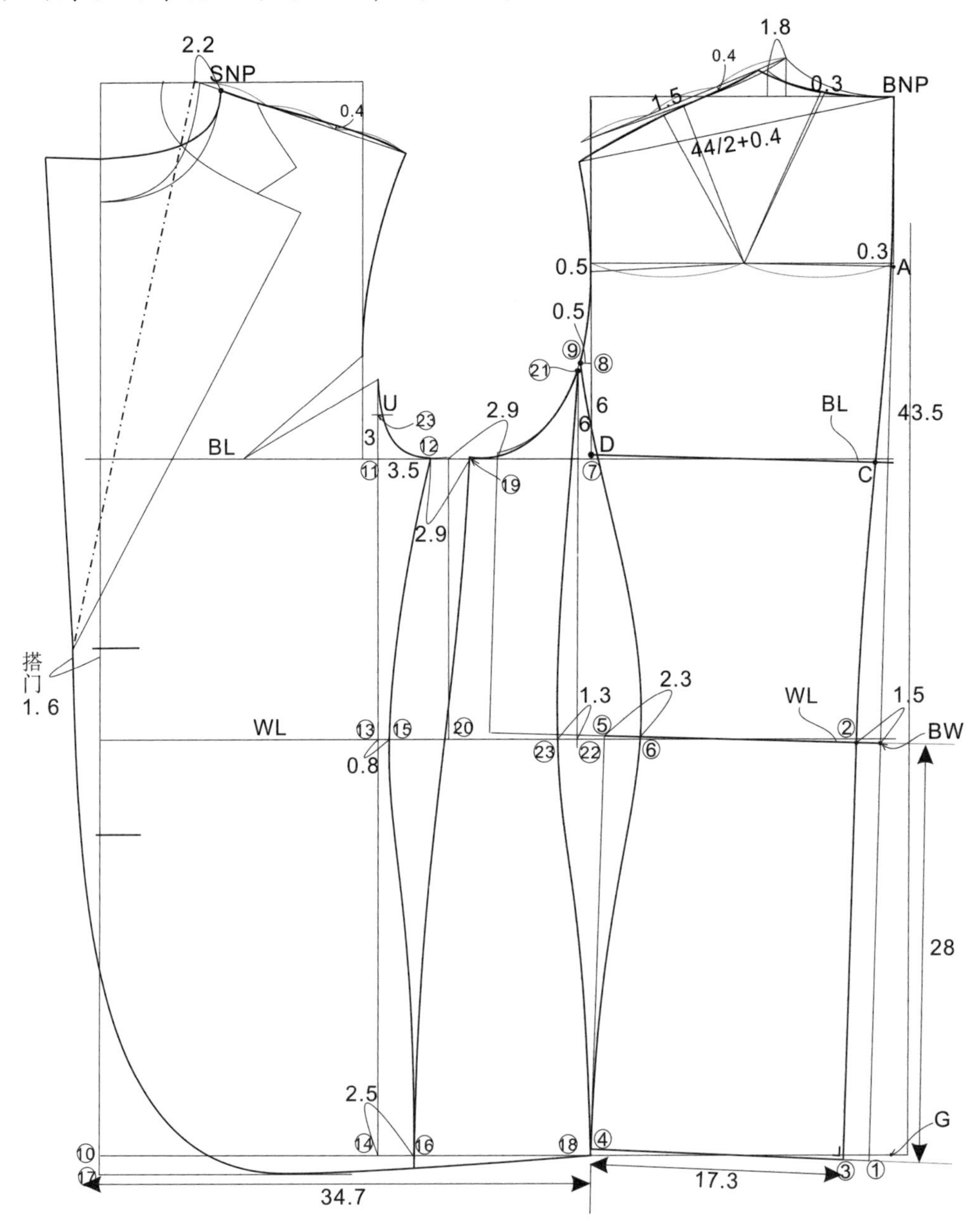

图3-20 前身和侧身制版

在绘制前身和侧身之前，为了避免纸样重叠，将原型的前片平移至与后片之间相隔2.9cm。

⑩ 从水平WL线向下延长前中心线28cm，得到点⑩，经⑩引一水平线至后中垂线交于G点。⑩与G连线为前片和侧片的下摆参考线。

⑪ 袖窿宽垂线与胸围BL线的交点定为⑪。

⑫ 从⑪向右3.5cm定一点⑫，作为前侧缝的分割点。

⑬ 延长袖窿宽垂线至WL线，交点定为⑬。

⑭ 延长袖窿宽垂线至下摆参考线，交点定为⑭。

⑮ 在WL上距点⑬右侧0.8cm处确定点⑮。

⑯ 在下摆参考线上距点⑭右侧2.5cm处确定点⑯。圆顺⑫、⑮和⑯之间曲线，使之呈现人体前侧的“S”形曲线形态，并将曲线略延长至与袖窿曲线相交。

⑰ 点⑩垂直向下1.5cm，并经点⑰引一水平线段。

⑱ 在下摆参考线上距点⑩右侧（净臀围94cm+松量10cm）/2×2/3=34.7cm处确定点⑱。

⑲ 从⑫向右2.9cm定一点⑲，作为侧身前侧缝的起始点（2.9cm为1.4cm的臀胸差量加上1.5cm的前片、侧片下摆交差重叠量之和）。

⑳ 从点⑮起向右平移⑫-⑲连线的宽度+0.5cm（收腰量根据风格有所不同），确定点⑳的位置。圆顺⑲、⑳、⑯的侧片前侧曲线。

㉑ 在后袖窿曲线上找一点㉑，使之距水平胸围BL线的距离为6cm。点㉑距点⑨约0.3~0.4cm。

㉒ 从㉑引一垂线与水平WL线相交于点㉒。

㉓ 距点㉒水平向左1.3cm，确定点㉓。连接点㉑、㉓和⑱，圆顺曲线，使之体现后侧的"S"形人体曲线。

驳头的结构纯粹出于审美的考虑，与人体结构和运动机能均无关系。因此，驳头大小、长短、串口位置除了与体型协调之外更多考虑风格和流行因素。

以搭门和⑰水平线为基准，圆顺前摆止口和前侧片底摆。圆摆曲线、弧度大小根据审美而定。

㉔ 顺延肩线至距SNP点2.2cm（领座宽-0.5cm）处，确定点㉔。

㉕ 确定驳头长度和搭门宽度，确定翻驳点㉕。㉔-㉕连线即为翻驳线，以翻驳线为对称轴，将驳头对称至止口，圆顺领窝和串口线。

【胸袋位置】 从距袖窿宽线3cm处开始，在SNP与底摆的1/3处画一条10.5cm长的Y线，作为胸袋位置的参考线，胸袋大小与倾斜角度以及形状

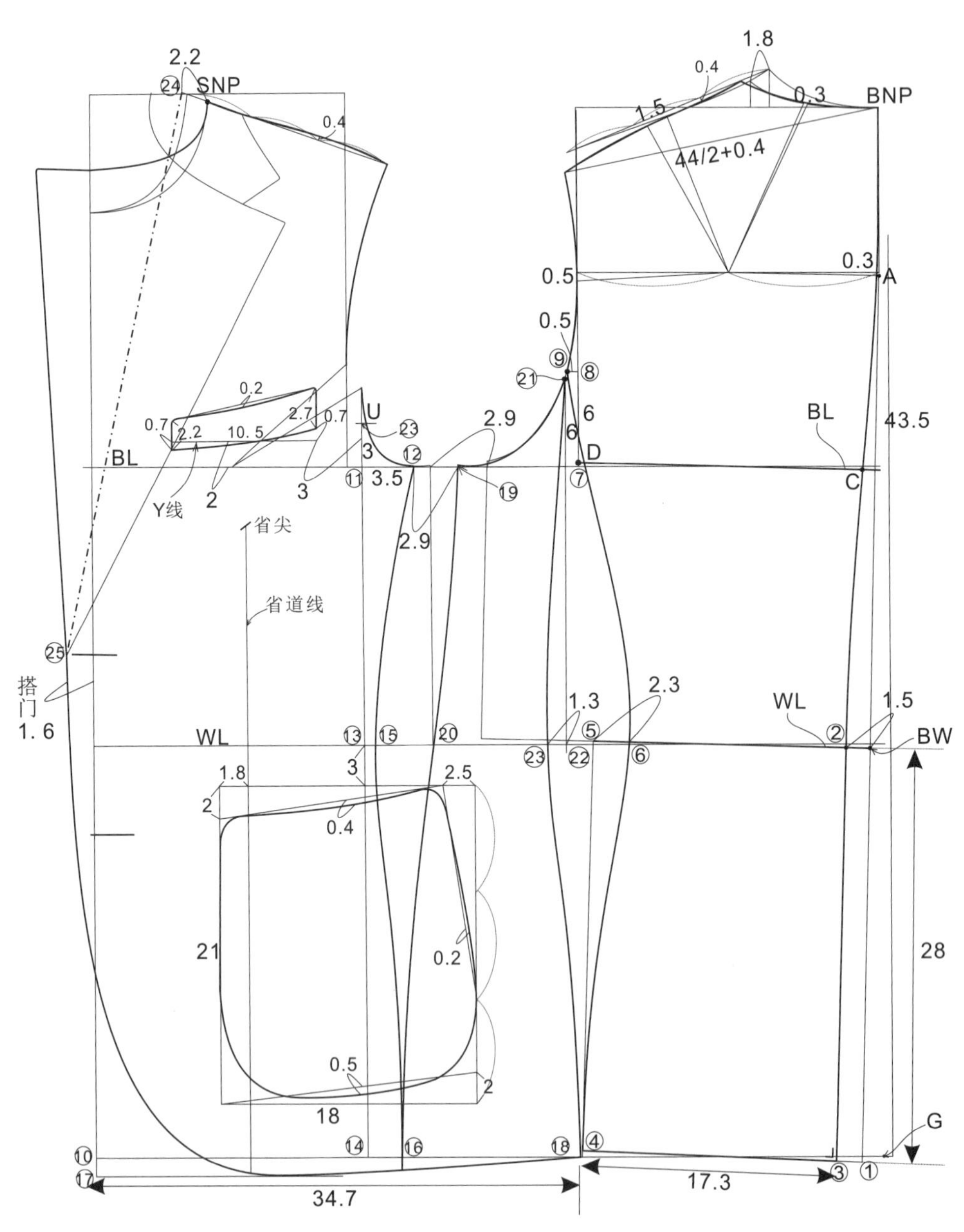

图3-21 前身和侧身制版（续）

因设计而有所不同，此处以那不勒斯派船型袋为例。具体尺寸规格如图3-21所示。

【省道位置】 从Y线的中点向下6cm，确定省尖，从省尖向下，画与前中心线的平行线作为省道线。

【口袋位置】 嵌线带盖口袋在其他著作中均大量出现，在此举一贴袋的例子。口袋距腰节线3~4cm，口袋前止口距省道线1.8cm左右。贴袋应在配合前摆和胸袋曲线的基础上尽可能灵动，此处规格尺寸仅为参考。胸袋和贴袋的曲线尽可能体现其所处位置的人体曲线。

【纽扣位置】 上衣纽扣位置与腰部口袋的位置存在平衡关系，纽扣之间的距离应依据审美而定。此处两纽扣的间距为11.4cm。

至此，后身和侧身的制版均已完成，而前身的胸省还未处理。但在此状态下，先完成领子、挂面、前里和胸衬的样版较为稳妥。目前为止，大身各部位尺寸已定，前、后宽，袖窿宽尺寸依原型加松量而确定，胸围为100cm，腰围86cm，下摆102cm，胸围松量为8cm，总身幅为104cm，前后宽的活动松量也为8cm（主要集中在后宽），胸腰差14cm，达到预定的设想。

3. 领子制版

（1）底领制版（图3-22）

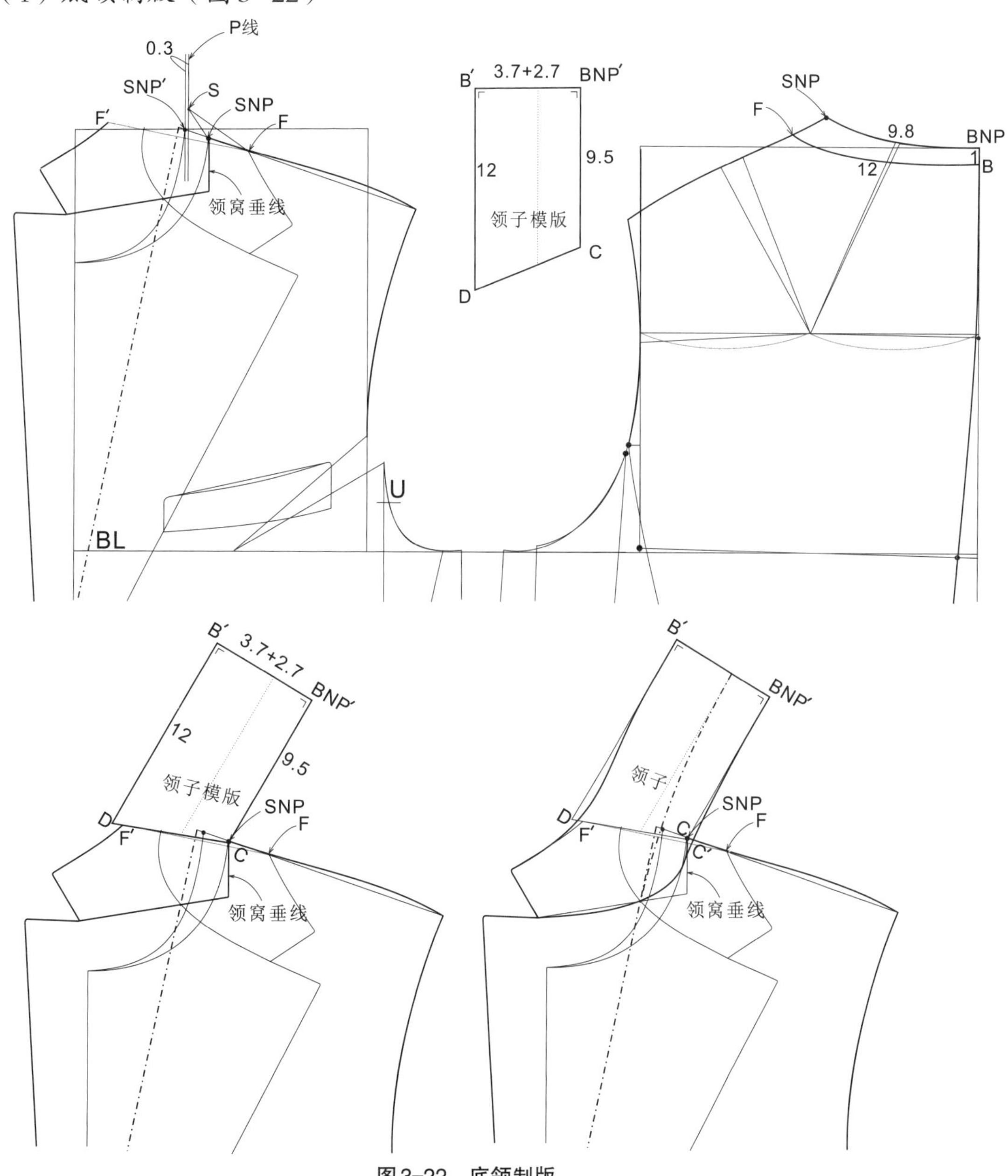

图3-22 底领制版

① 首先设定领子后中高度为6.4cm（依设计而定），其中领座宽为2.7cm，翻领宽为3.7cm。

② 沿原型颈侧点SNP'作垂直线段（假设脖子为圆柱体），向右作其平行线段P线，两者间距0.3cm（衬衣领厚度，若高领毛衣需再加空隙量），经SNP作一垂直线段与串口线相连，作为新领窝垂线。

③ 以SNP为起始点向P线量取2.2cm长度（此长度为领座宽2.7−0.5cm），得到S点。

④ 以S点为起始点向肩线量取4.2cm长度（此长度为翻领宽3.7+0.5cm），得到F点。根据SNP到F点的距离在后肩线上对称找到同一F点。

⑤ 量取BNP点至SNP点的曲线长度（9.8cm）。

⑥ BNP点向下1cm定B点（翻领盖住领座所到达的位置），量取B点至F点的曲线长度（12cm）。

⑦ 建立领子模版：领子后中高6.4cm，BNP'−C线垂直于BNP'−B'线，长度为9.5cm（9.8−0.3cm归缩量），B'D长12cm，连结CD。

⑧ 以翻折线为对称轴，将F点对称至F'点，大身处的领面部分一并对称至左边。

⑨ 将领子模版C点与SNP点重合，将CD线倾斜，使F'点落在CD线上。

⑩ 自SNP点开始，重新圆顺领窝线，并与领窝垂线相切。

⑪ 圆顺领口弧线与C−BNP'线，交于肩线C'点，C与C'之间约0.3cm，此交叉量将起到使领子从平面到立体的效果。

⑫ 圆顺领子外止口弧线，保持与领后中心线垂直。圆顺底领翻折线。至此，底领完成。

（2）表领制版（图3−23）

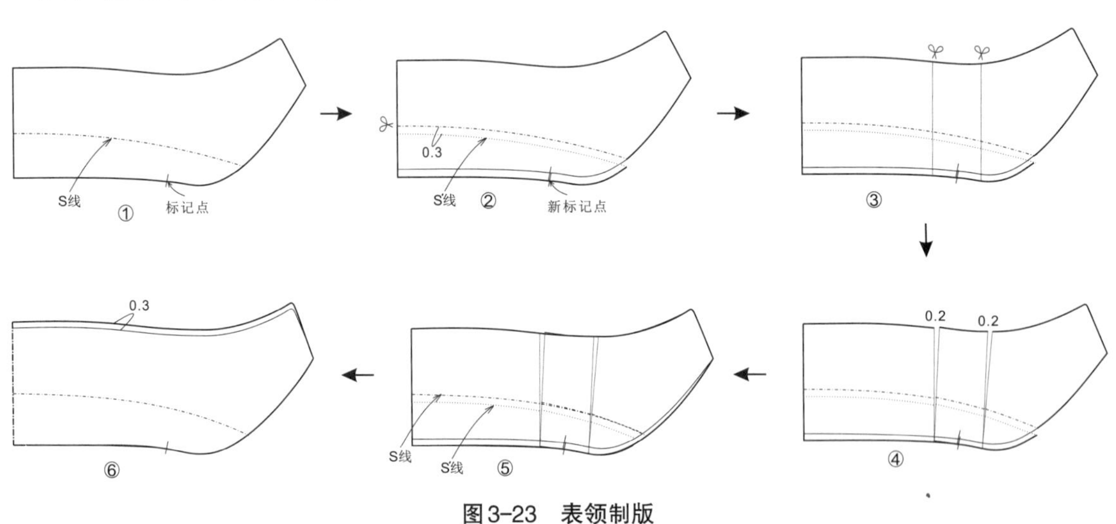

图3−23　表领制版

① 将底领的翻折线标出，为S线，与SNP的对位点一并标出。

② 沿S线将领座和翻领剪开，将领座平行下移，加入0.3cm的表领翻折量（翻折量依面料厚度而定，精纺毛料一般加0.3cm），标记点发生位移，位移后的标记点作为新标记点。

③ 以新标记点左右各1.5cm为基准，画两条垂直标记线。

④ 沿两条垂直标记线将样版剪开，展开样版，在两个剪口处各加入0.2cm。

⑤ 圆顺外止口和领脚曲线。

⑥ 沿S线与S'线的中间位置重新画一条新的翻折线，将外止口向上平移0.3cm作为止口翻折量，确定新的止口线。至此，表领完成，外止口比底领多出的量将作为吃势。在手工定制中，既有现配领子，也有只做底领样版而现配表领的。

4. 挂面制版

在前片已确定领窝、驳头和圆摆，未做省道处理的情况下，应先做挂面的处理，因为挂面不涉及立体形态，并且在此前提下所产生的挂面在制作前片的过程中可以起到一个标准的作用：归拢撇胸后的前片止口、领窝和颈侧点应与挂面的上述位置一致。所以在手工西服中，也有用覆完胸衬后的前片来现配挂面的，原理即在于此（图3–24）。

此挂面的制版优势在于SNP点自始至终未有移动，与后片的SNP点在同一位置。因此，可作为前片的参照点，即前片覆衬归拢撇胸后，前片颈侧点应与之重合。如前片颈侧点未到挂面SNP点，说明胸部塑型不够，超过挂面SNP点，则说明归拢量过多。

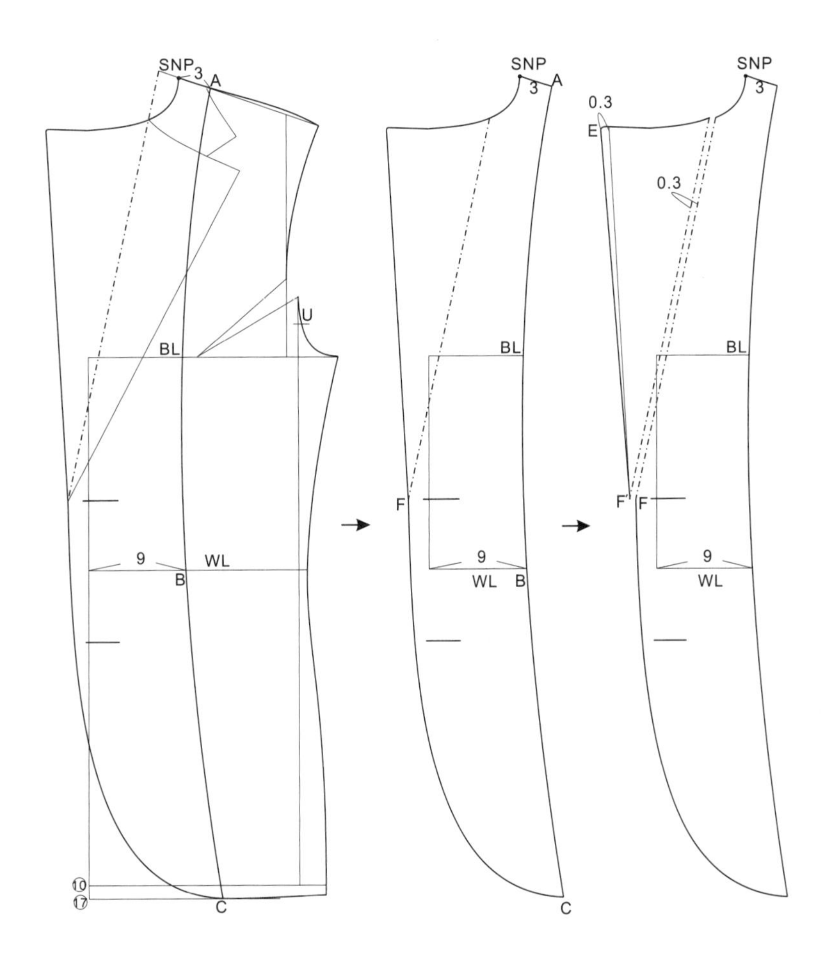

图3–24　挂面制版

① 在肩线上距SNP点3cm处找一点A，在WL上距前中心线9cm找一点B（挂面勿过宽，决不可宽过前身省道线），下摆弧线与水平线的切点标为C，将A、B、C三点圆顺相连，即为挂面与里布的分割线。

② 沿驳头翻折线剪开，平移驳头并加入0.3cm的翻折量（翻折量依面料厚度而定，精纺毛料一般加0.3cm，与表领翻折量对应），并且在驳头止口处也增加0.3cm至E点作为止口翻折量，连接E和F点作为新止口。在此基础上加入缝份，挂面即告一段落。

5. 前身里布制版

将胸省量的一半或2/3转移至挂面与里布之间的分割线当中即能塑造一定的立体造型，但不能太多，因为男性体型有别于女性。然后将余下的胸省量全部以放松的状态存在于前袖窿，这些放松量一是可以提供前肩活动空间，二是作为纯粹的放松量，因为柔软的里布并不影响外观（图3–25）。

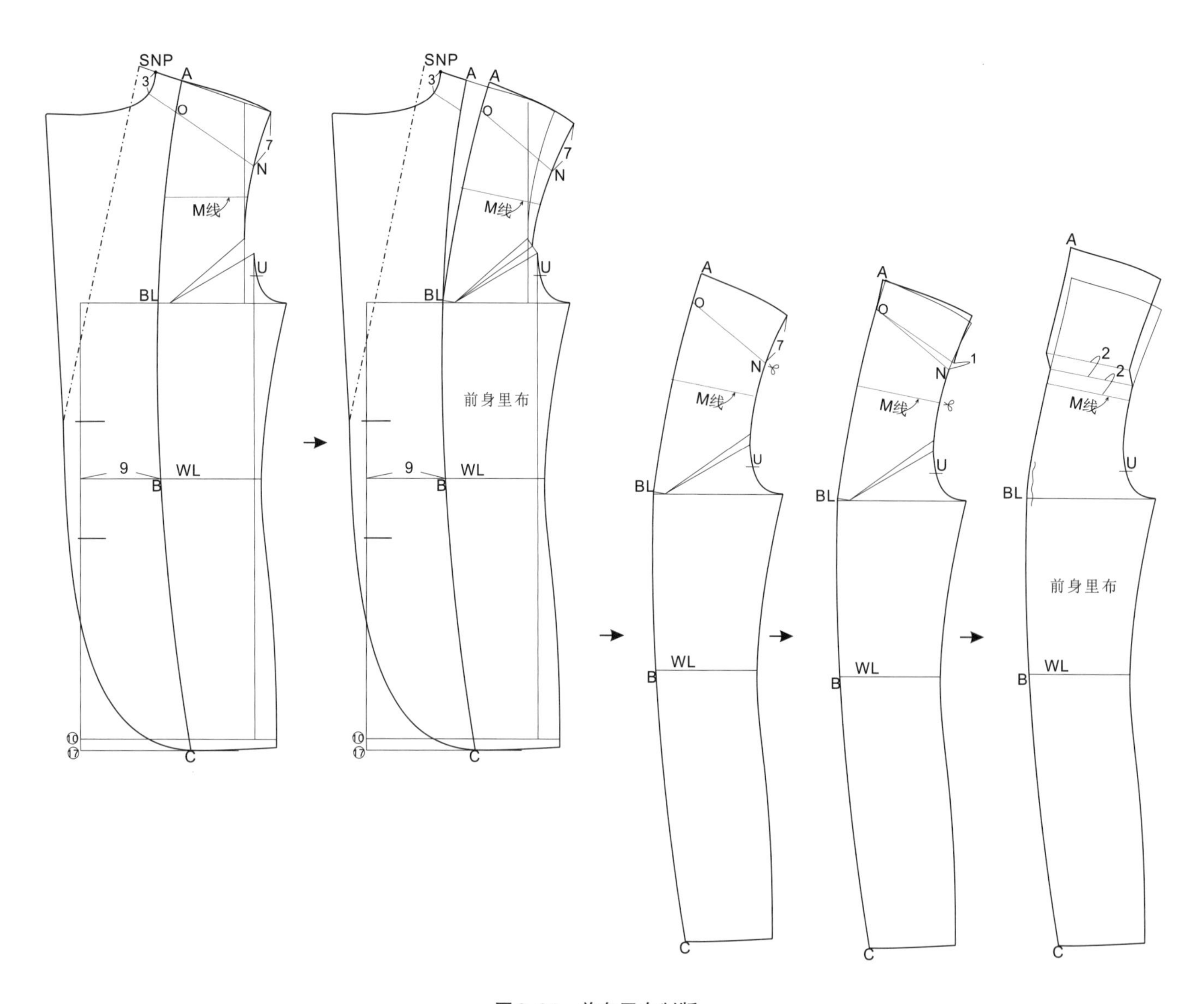

图3-25　前身里布制版

① 在领口弧线上距SNP点3cm处找一点，在袖窿曲线上距肩点7cm找一点N，两点相连后与挂面分割线相交于O点。另从SNP点至BL线的中间位置确定一条水平M线。

② 从A点打开样版，合并1/2胸省量，将其转移至挂面与里布的分割线当中，起到塑造胸部造型作用，使大身面布与里布更贴合。

③ 余下胸省量以放松量形式放在袖窿位置，圆顺袖窿弧线。

④ 以O点为基准点，沿ON线剪开，在N处加入1cm的前肩活动量。这样，里布的前肩活动量与大身衬的前肩插片所产生的活动量以及大身通过归拔产生的前肩活动量相吻合。

⑤ 剪开M线，将样版垂直向上平移4cm，用来制作2cm活褶，以应对前胸伸屈的活动松量。

⑥ 连接各展开曲线，前片里布制版告一段落。在本例中，计划前片收腰省0.6cm，因此，在里布中忽略。如腰省较大，那么在里布中再加腰省。

6. 大身衬制版

大身衬的制版也在前片未做撇胸前完成，这样，它的SNP点也可以作为前身塑型的参照点（图3-26）。

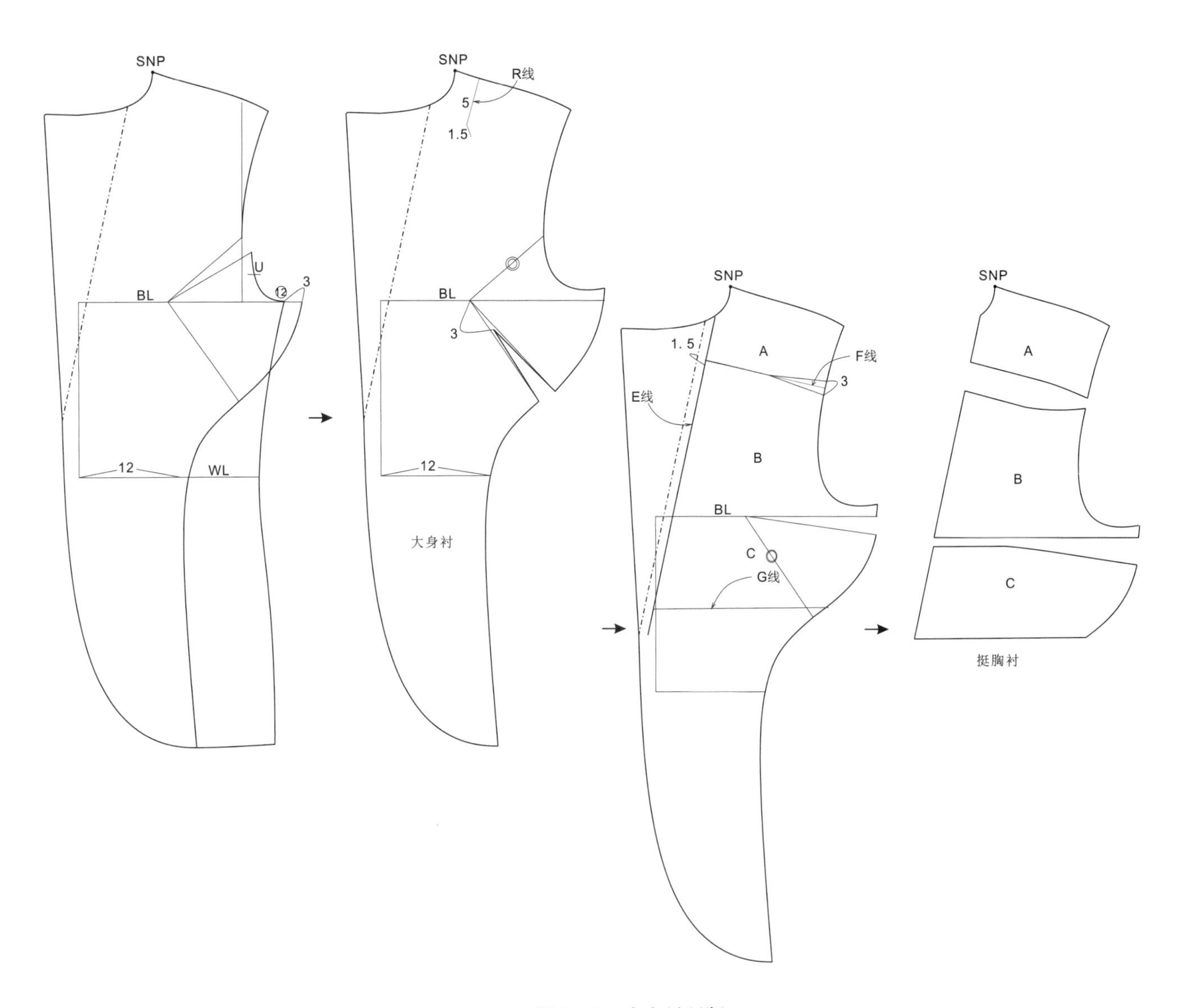

图3-26　大身衬制版

① 沿BL从点⑫向外延伸3cm作为大身衬侧面的起始点，腰部宽度距前中心线约12cm，圆顺曲线。

② 转移胸省至右下方，距省尖点3cm处重新设置省尖点，保持前中止口、领窝、肩线、袖窿不变。大身衬制版即完成。

③ 在大身衬的基础上，制作挺胸衬。距驳头翻折线1.5cm作平行线E线。E线作为挺胸衬的起始位置线。

④ 平行于肩线7cm定一条斜线F线，距BL线10cm处确定一条水平G线。E线、F线、BL线、G线将前胸分成A、B和C三部分，A和B在袖窿处交叉重叠3cm，同时将胸省转移至BL分割线中，将A、B、C取出，即为挺胸衬样版。

7. 前身制版

在完成挂面和大身衬样版之后，可以进行前身的撇胸和腰节省道转移，以完成前片制版。此时的撇胸量可以作定量的设定，同时在工艺制作过程中，撇胸量归拢的大小将以大身衬和挂面的SNP点作衡量，最终可以让归拢的撇胸量与撇胸量设定值一致（图3-27）。

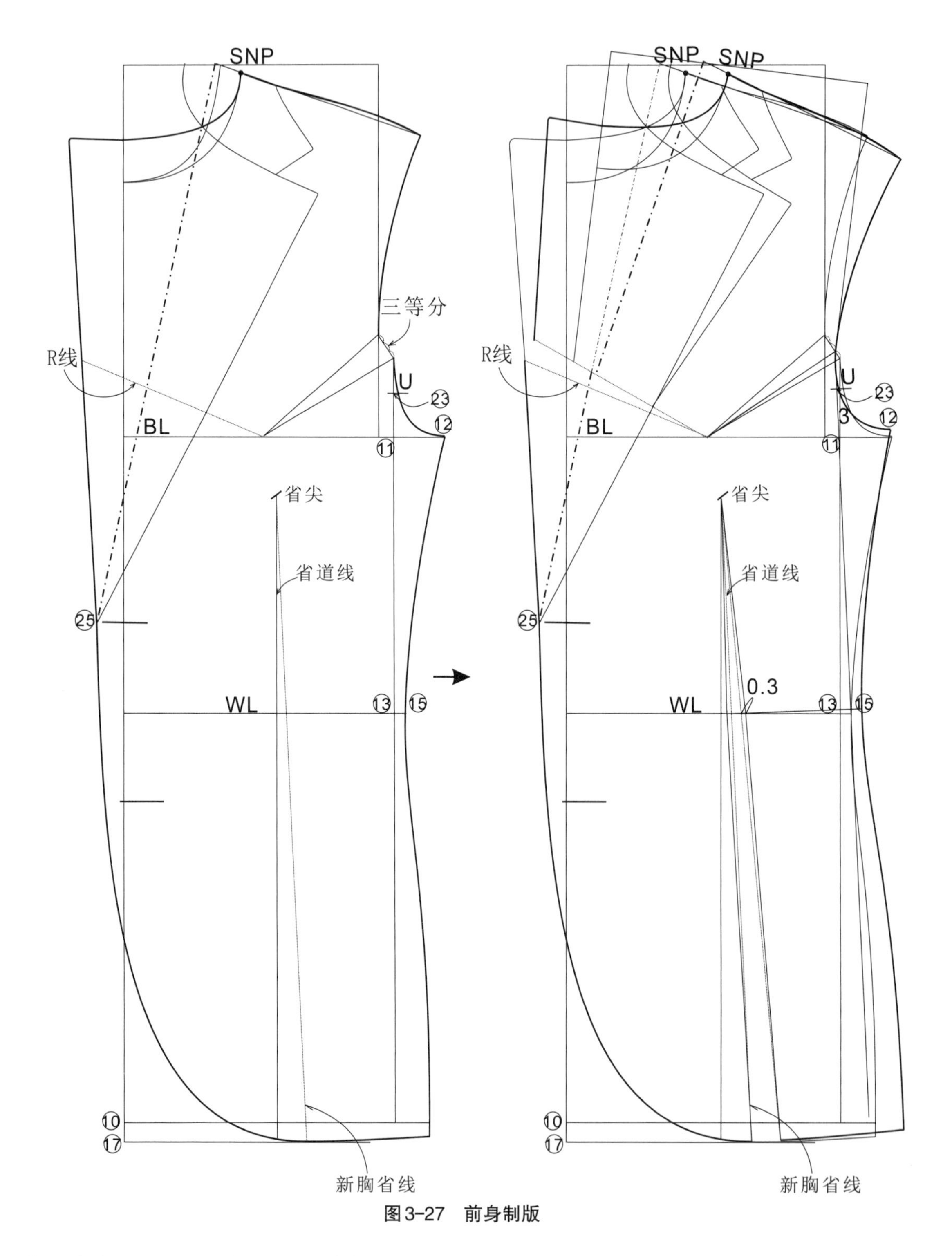

图3-27 前身制版

① 将胸省大小三等分，过省尖点至前中止口斜向画一条R线作为省道移入的位置线。

② 因为此例下摆圆弧很大，故调整省道线至新胸省线（纯粹为了视觉美感）。

③ 转移胸省，将三等分胸省中的二等分转移至前中止口，这就是传统中所称的撇胸。余下的1/3转移至下摆（如果是开袋，则仅转移至起翘腰节部分）。

至此，对胸省进行了定性和定量的转移，使袖窿合体，SNP点产生位移，为下一步工艺制作中的胸部塑型定下基调。同时，驳头止口和翻折线也部分发生位移，对其处理有两种方式：

方式1：将已成折线的翻折线和驳头止口线连接圆顺成曲线。在工艺归拢塑型后，翻折线将恢复呈直线，驳头止口线也将恢复撇胸前的原始形态。

方式2：这种处理方式是空间互借，直线连接SNP和翻驳点㉕，驳头止口连接成原始形状。归拢撇胸后，翻折线为内凹的曲线，相当于前宽向敞开的前胸借了一部分量。由于关门领没有敞开量可借，所以只能采用方式1的方法。本书讲解的西服可以采用方式2处理（图3-28）。

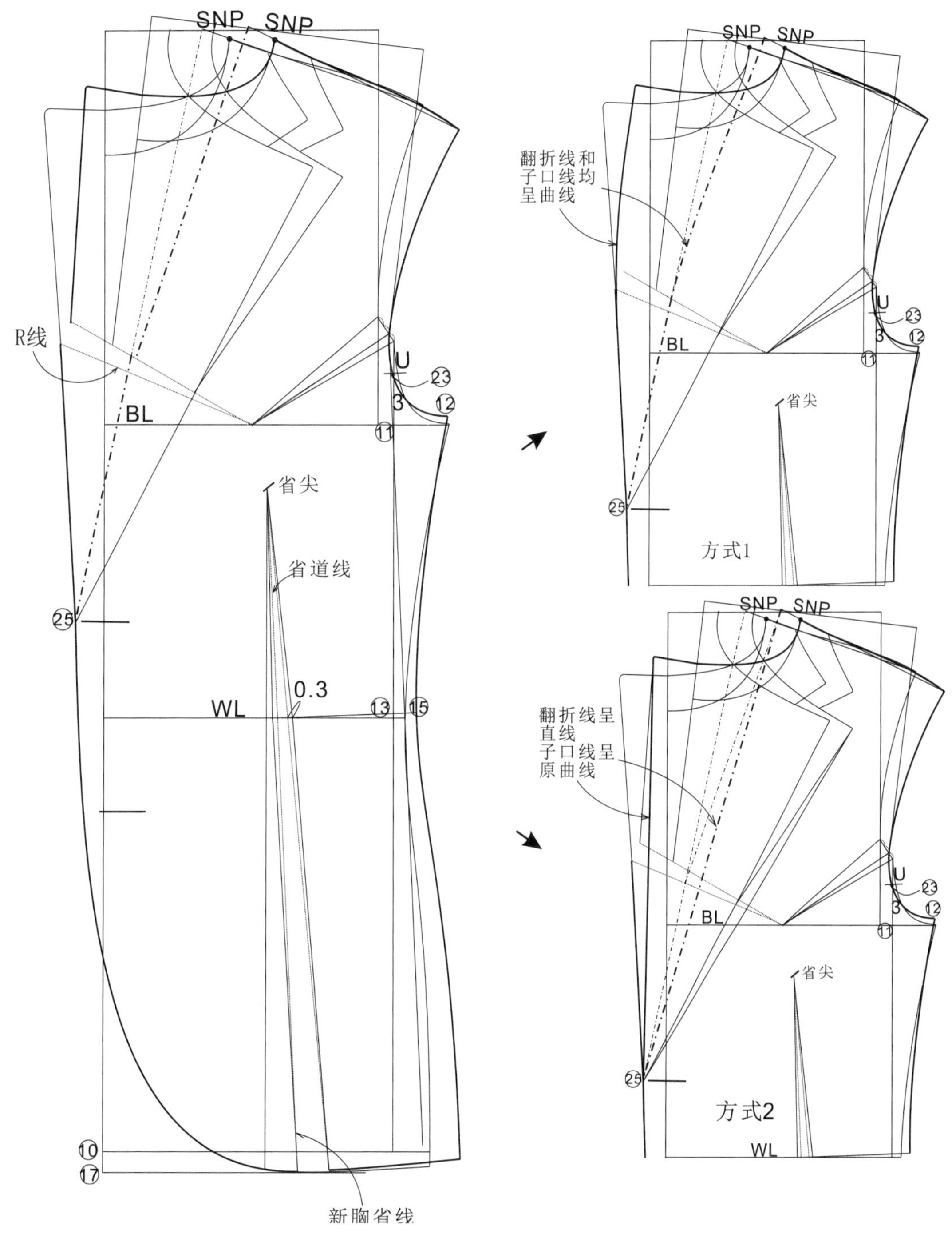

图3-28　驳头止口和翻折线处理的两种方式

8. 袖子制版（图3-29~图3-32）

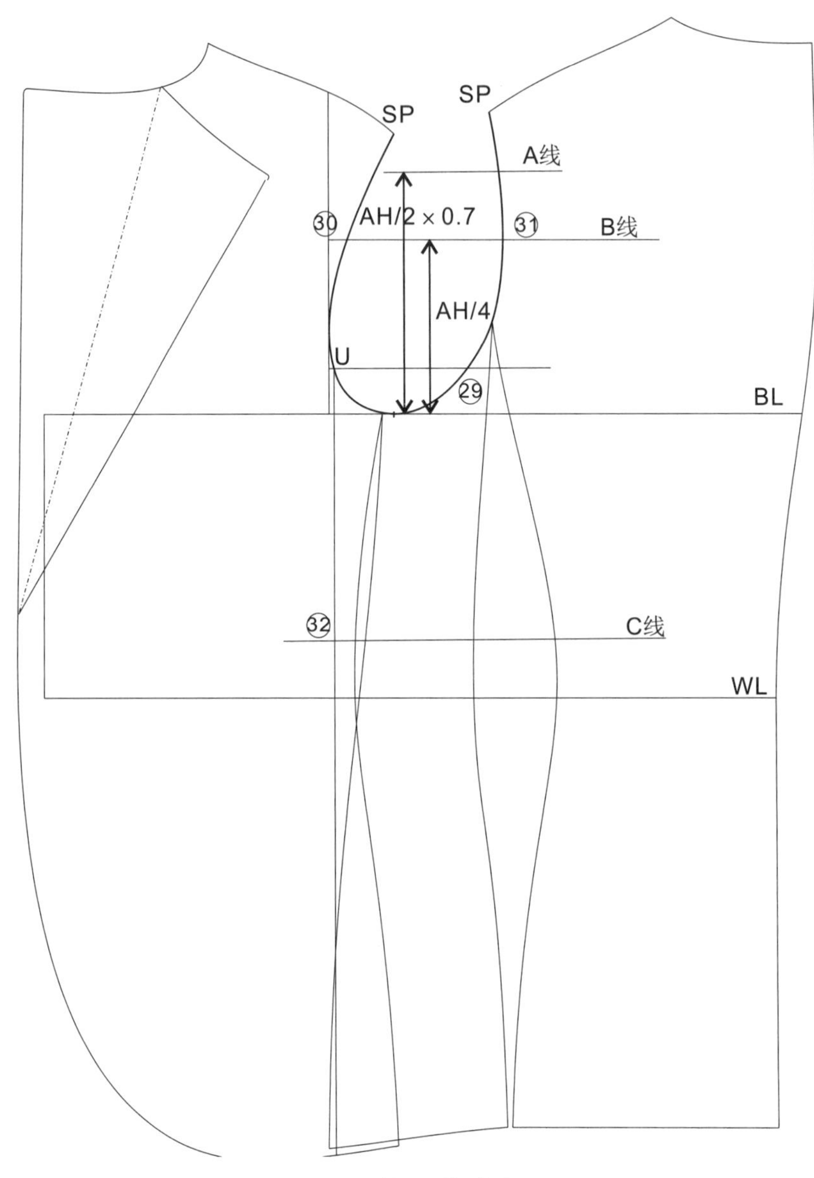

图3-29 袖子制版步骤一

① 以胸围水平线为基准，将前、侧、后三片的袖窿弧线对接并调节圆顺（需旋转后片，使其BL、WL呈水平状态）。

② 自U点引一水平线与后袖窿弧线相交于点㉙。

③ 在胸围线上方AH/4cm处引一水平B线，分别与前后袖窿弧线相交于点㉚和㉛。

④ 在胸围线上方AH/2 × 0.7cm处引一水平线A线为袖山高度（0.7为袖山高系数，袖山高系数范围为0.6~0.8，不同的系数产生不同的袖山外观效果和袖子功能）。

⑤ 在腰节水平线上方4~5cm处引一水平C线作为袖肘线，经U点向下引一垂线与C线相交于点㉜。

⑥ 在B线上找一点M，使MU直线长度为U-㉚弧长+0.3cm。

⑦ 从M开始在A线上找一SP点，使M-SP直线长度为㉚-前肩SP点弧长的（1+10%）倍。此案例㉚-前肩SP点弧长为8.35cm，因此，

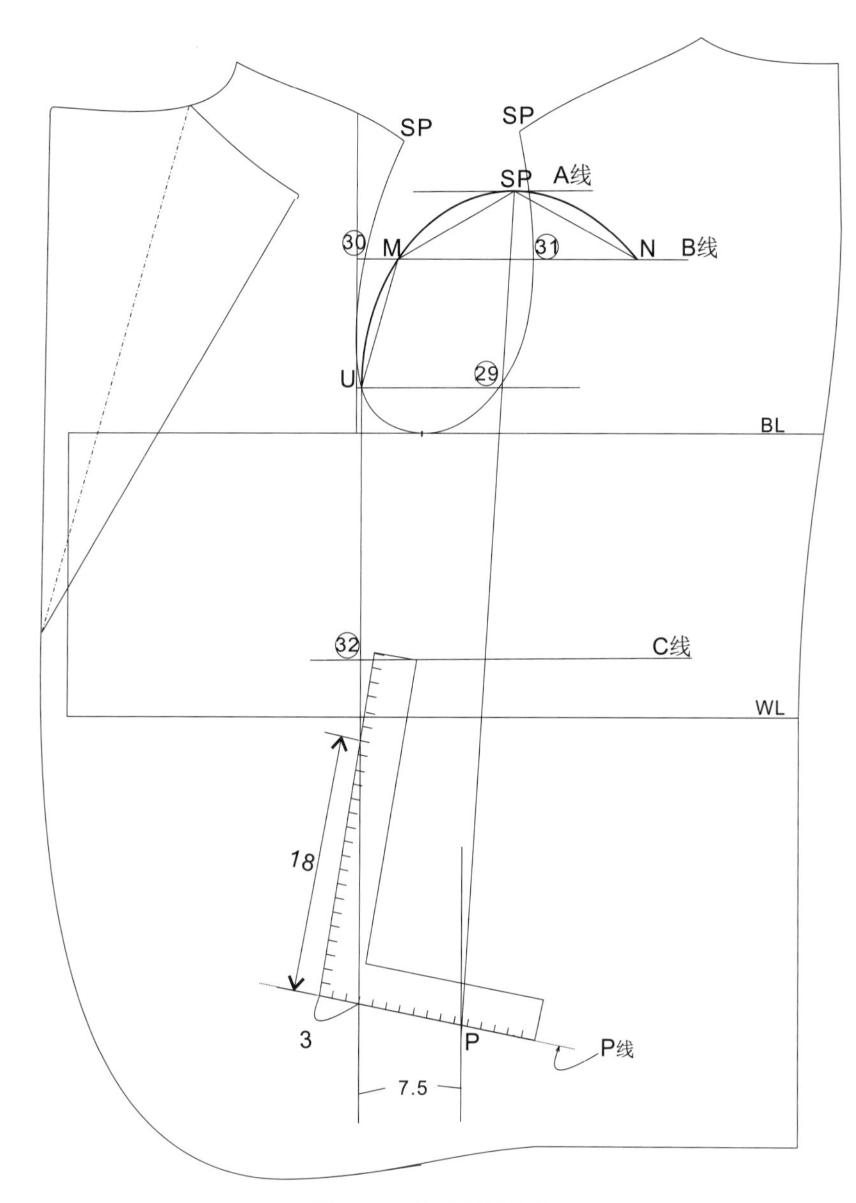

图3-30　袖子制版步骤二

M-SP长度为8.35×（1+10%）=9.2cm。

⑧ 从SP开始在B线上找一N点，使SP-N直线长度为㉛-后肩SP点弧长的（1+10%）倍。此案例㉛-后肩SP点弧长为8.65cm，因此，SP-N直线长度为8.65×（1+10%）=9.5cm。

⑨ 圆顺N、SP、M和U点，即为袖山曲线。

⑩ 对于袖口部分，在距U点垂线7.5cm处画一条平行线，在平行线上找一点P，使P与肩点SP的直线距离为袖长尺寸。

⑪ 应用直角尺的3cm和18cm刻度点与U点垂线对应，并使直角尺底边经过P点，以确定袖口的倾斜P线。

⑫ 在袖肘C线上找一点㉝距㉜为1cm。在袖口P线上找一点㉞距P线与U点垂线的交点距离为2.5cm。连接U点、点㉝、点㉞并圆顺成虚线，作为袖前弯的外轮廓线，可以根据设计调整袖前弯的外轮廓线的弯势。

⑬ 从点㉞开始在P线上找一点㉟，两者距离为袖口

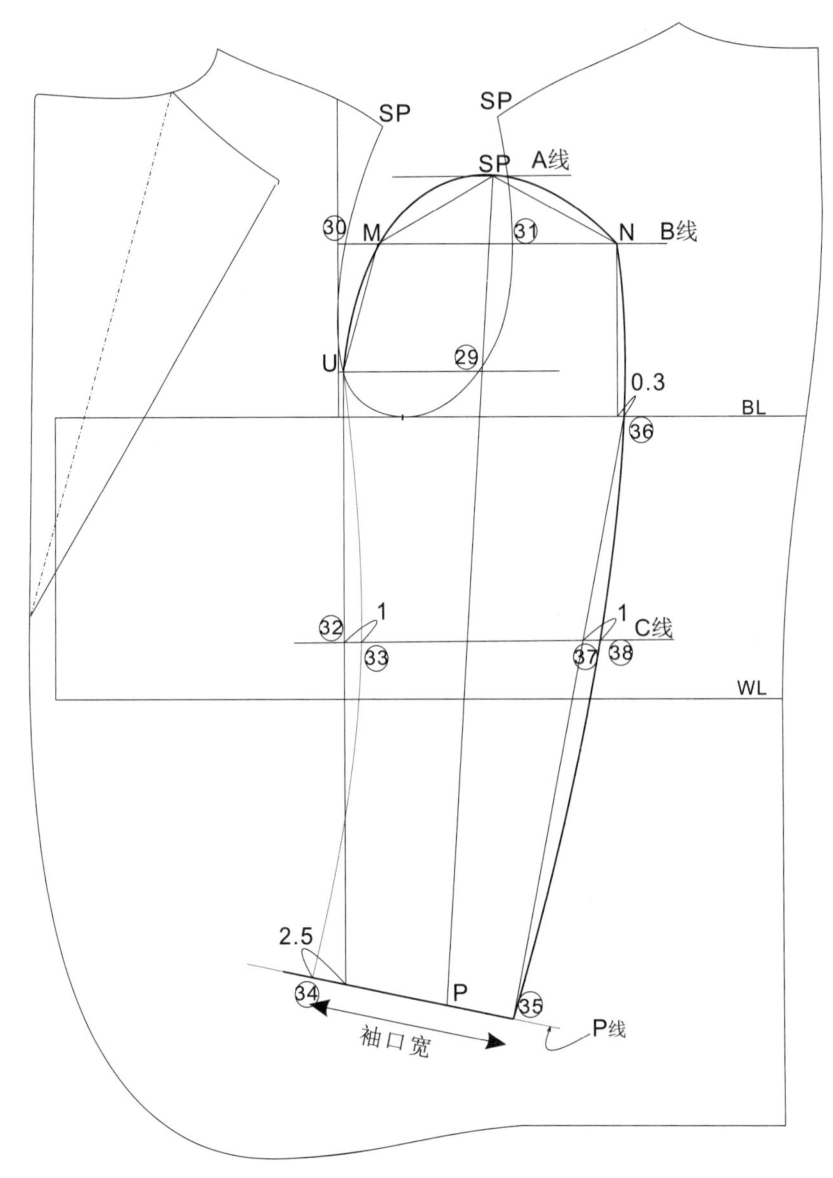

图3-31　袖子制版步骤三

宽度，此例袖口宽度为13.5cm。

⑭ 自点N引垂线向下与BL相交，距交点0.3cm找一点㊱，连接点㉟和点㊱并与C线相交于点㊲，距㊲约1cm定点㊳。连接点N、点㊱、点㊳和点㉟并圆顺弧线。此为大袖后侧缝位置线。

⑮ 向左右两侧平行移动U-㉞曲线2cm，内侧平行线与袖窿曲线相交于点㊴。以U-㉞为对称轴，镜面复制U-㊴曲线并与外侧平行线相交于点㊵，外侧平行线与袖口P线相交于点㊶。在内侧平行线上水平距离点㉞2cm处是为点㊷，连接㊷和㉟为小袖片袖口线。

⑯ ㊵-㊶线段为大袖片的内侧缝，㊴-㊷线段为小袖片的内侧缝。

⑰ 在袖内侧缝上距上下端点8cm处作对标点，大袖内侧缝余下部位将有0.3cm的拔开量，以应对袖内侧的弯势。

⑱ 在U点水平线上距离点㉙0.3cm处定一点㊸，

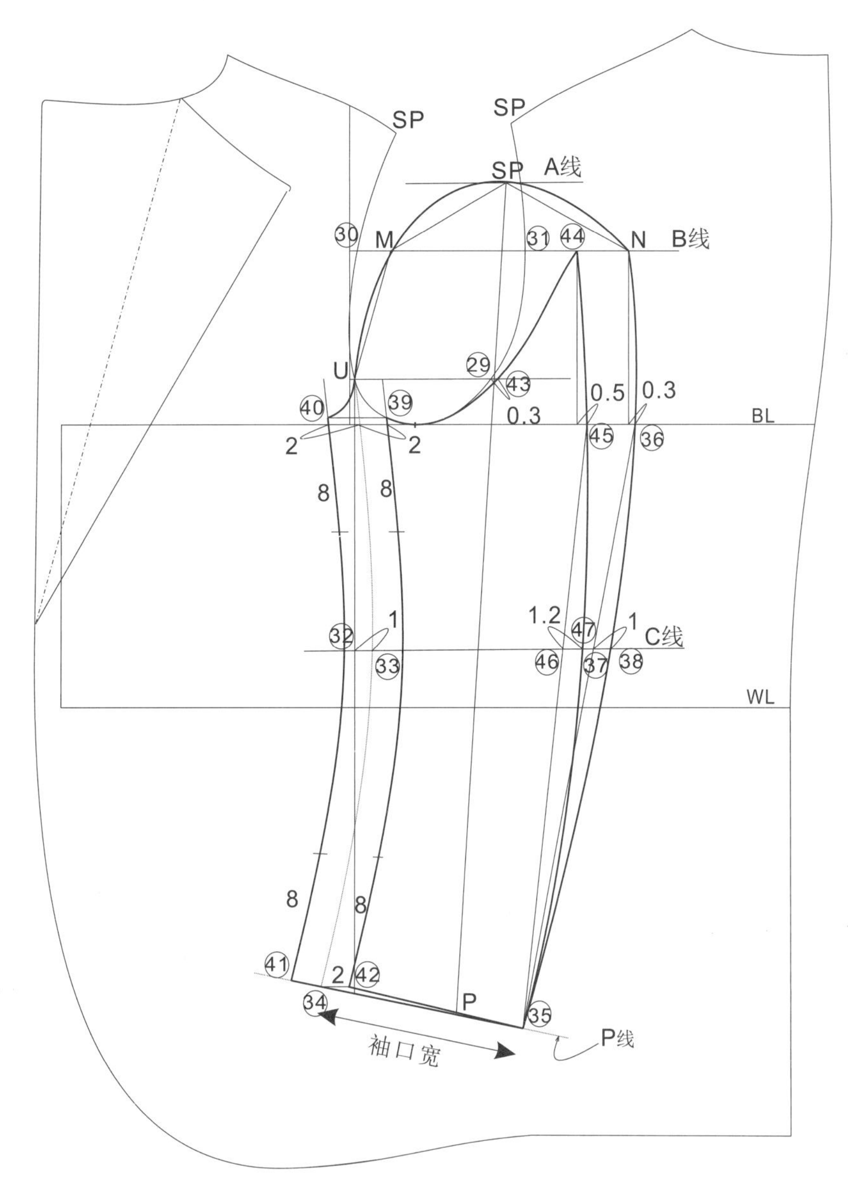

图3-32 袖子制版步骤四

顺延袖窿底部曲线圆顺㊴-㊸，㊴-㊸线段将有约0.4cm的吃势，以增加袖子的立体感。

⑲ 从点㊸开始在B线上找一点㊹，使㊸-㊹直线长度为㉙-㉛弧长的（1+10%）倍。此案例㉙-㉛弧长为9.1cm，因此，㊸-㊹长度为9.1×（1+10%）=10cm。

⑳ 自点㊹引垂线向下与BL相交，距交点0.5cm找一点㊺，连接点㉟和点㊺并与C线相交于点㊻，距㊻约1.2cm定点㊼。连接点㊹、点㊺、点㊼和点㉟并圆顺弧线。此为小袖后侧缝位置线。

㉑ 此例袖窿弧长为46cm，袖肥为35cm，属贴体型袖子。（此案例成衣胸围为100cm，是在净胸围上加8cm松量，也属贴体型设计，一般袖窿曲线长度控制在46%~50%的成衣胸围。袖肥的最小值是臂围+5cm。）

9. 裁片各部位缝份

本页为大身及衣袖面布的放缝，缝份的大小因缝制方法和设计而有所不同（图3-33）。

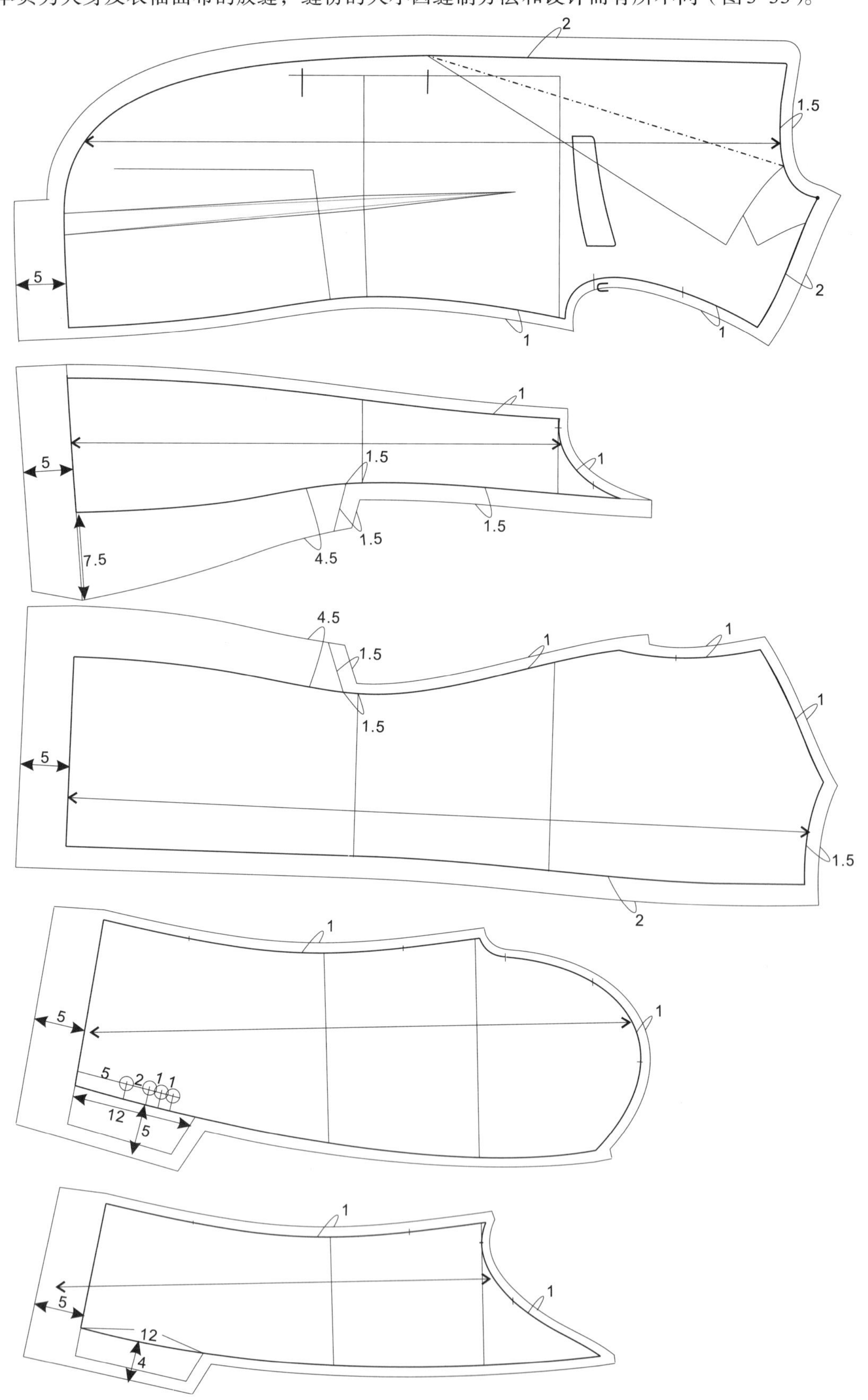

图3-33 大身及衣袖面布放缝

本页为挂面和里布的放缝，缝份的大小因缝制方法和设计而有所不同（图3-34）。

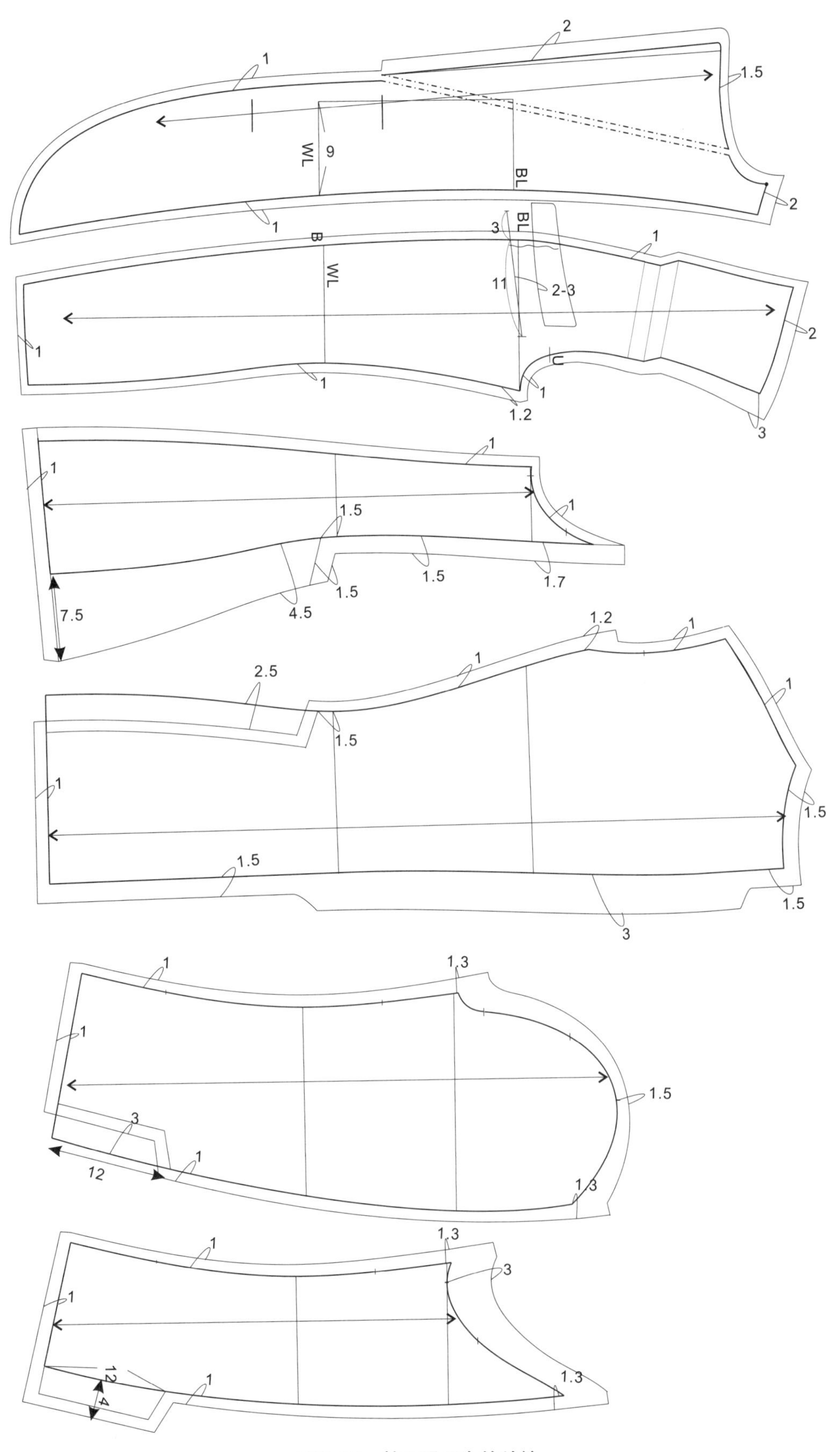

图3-34　挂面及里布的放缝

本书的例子是不加垫肩和胸棉的轻薄制作工艺。因此，仅有一片大身衬和挺胸衬组成，力求既挺括又轻薄的意式风格。除了胸衬，还需配领底呢一块作底领，四周放缝为0，斜丝领麻衬一块，后背麻衬一块（图3-35）。

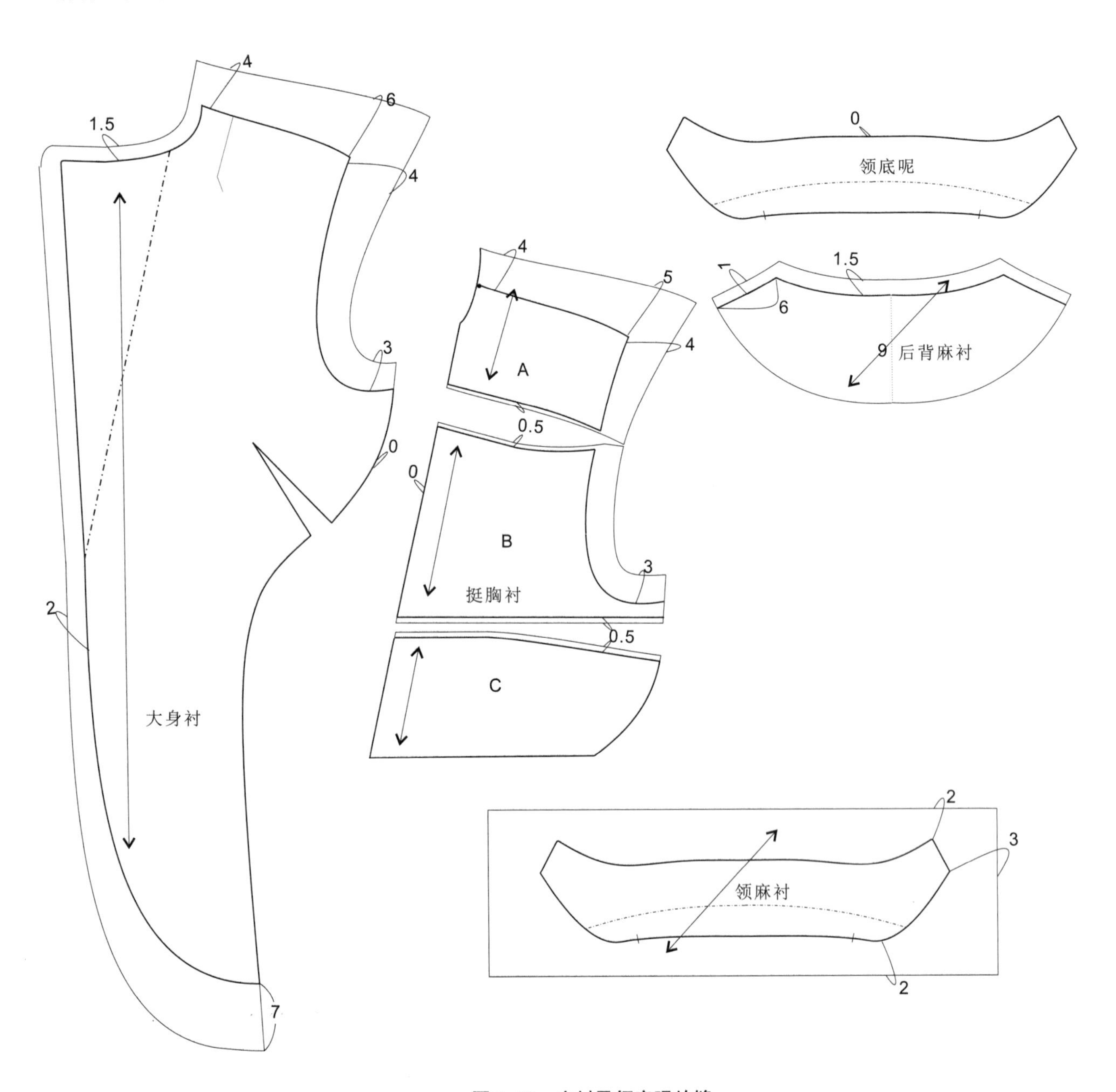

图3-35　麻衬及领底呢放缝

10. 零部件种类及制版（图3-36）

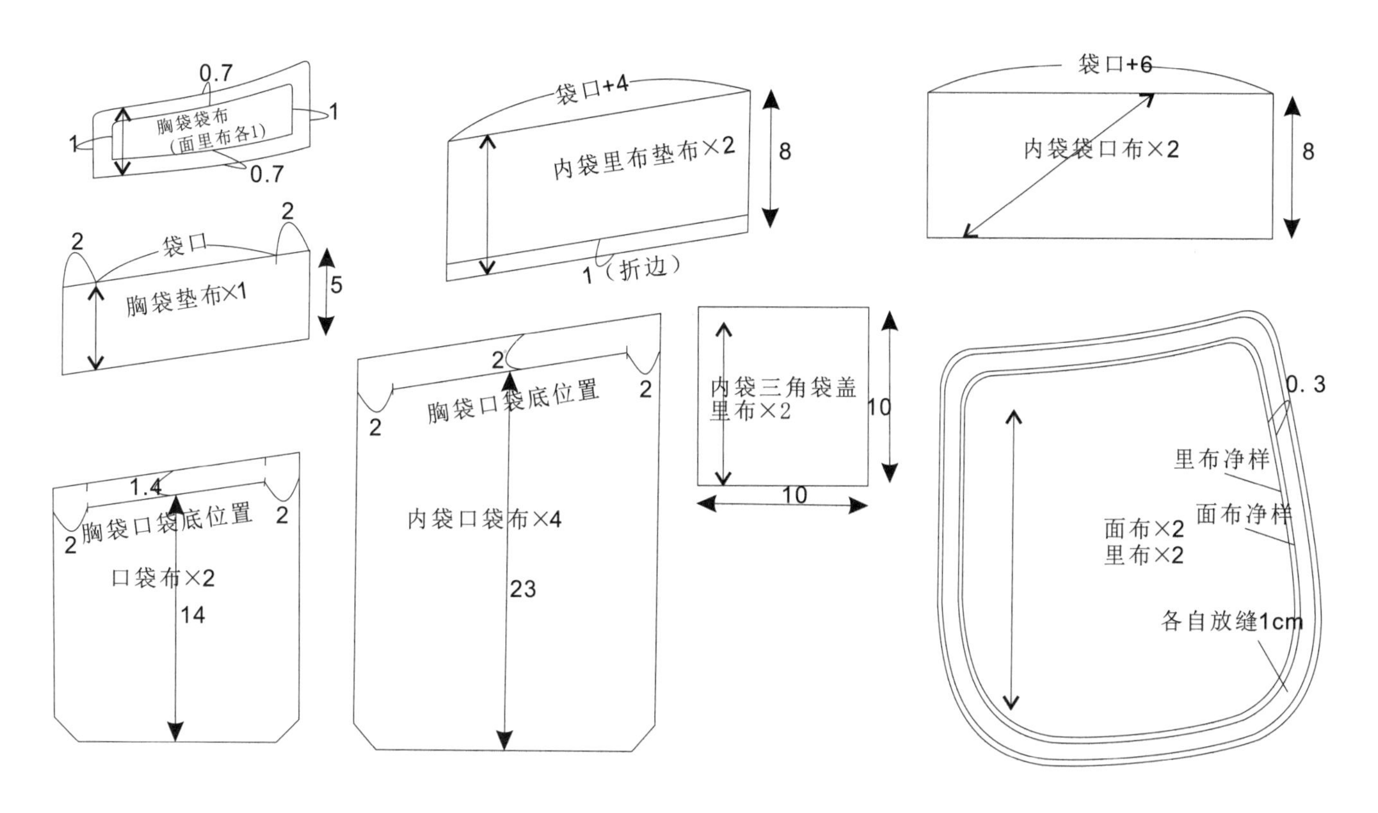

图3-36　零部件种类及制版

11. 表布、里布排料

（1）表布排料

无起毛和光泽面料可以考虑样版上下颠倒的插裁排料方式。如需对条格，则应注意左右对称和各裁片的对条对格（图3-37）。

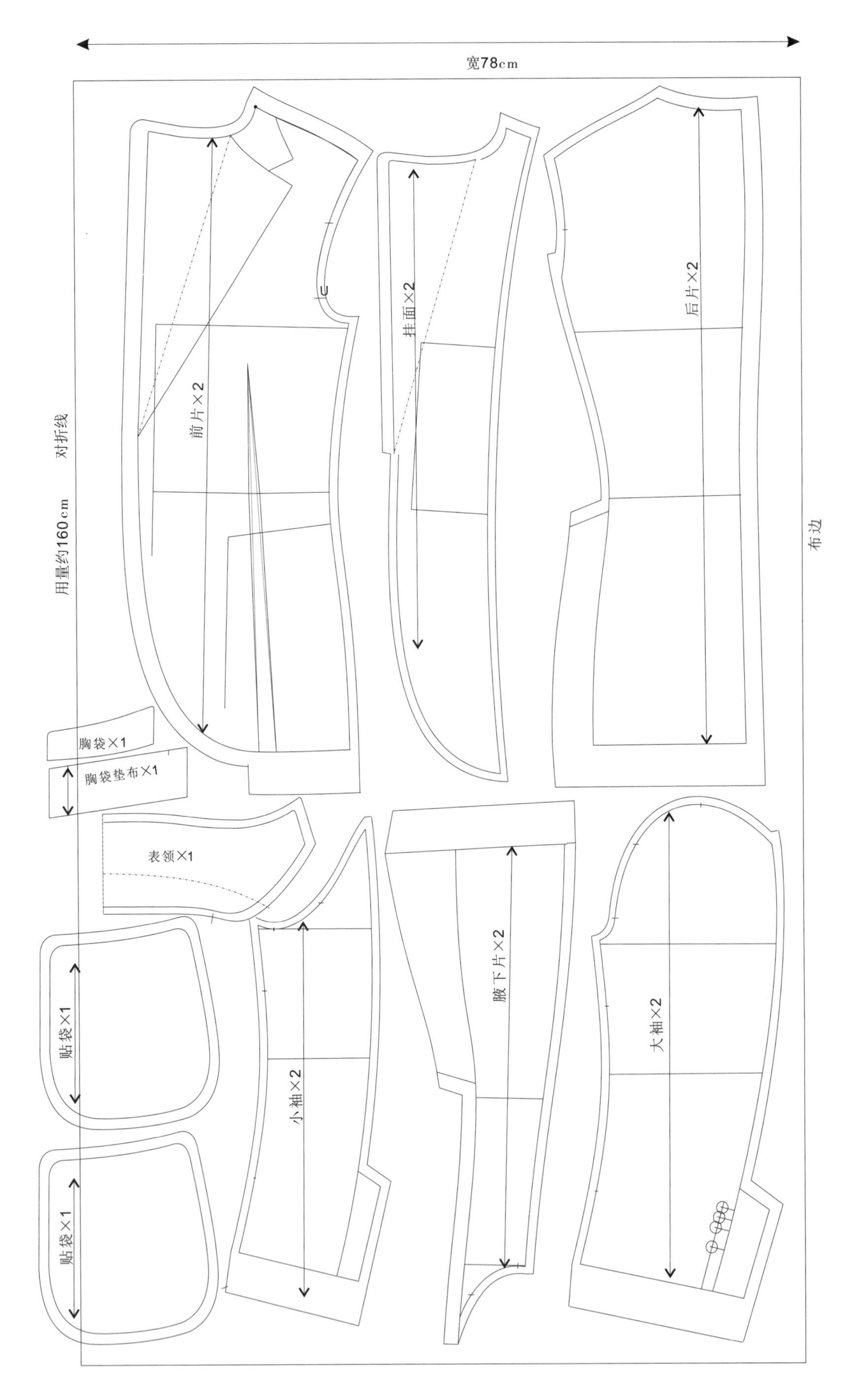

宽78cm
前片×2
挂面×2
后片×2
对折线
用量约160cm
布边
胸袋×1
胸袋垫布×1
表领×1
贴袋×1
贴袋×1
小袖×2
腋下片×2
大袖×2

图3-37　表布排料

（2）里布排料

里布可以考虑双向排料，但经向一定要正确。此图为双侧衩的里布排料，侧衩部位也可按表布大小裁剪，然后在制作时再修剪（图3-38）。

至此，样版部分告一段落，接下去将进行工艺制作的流程。

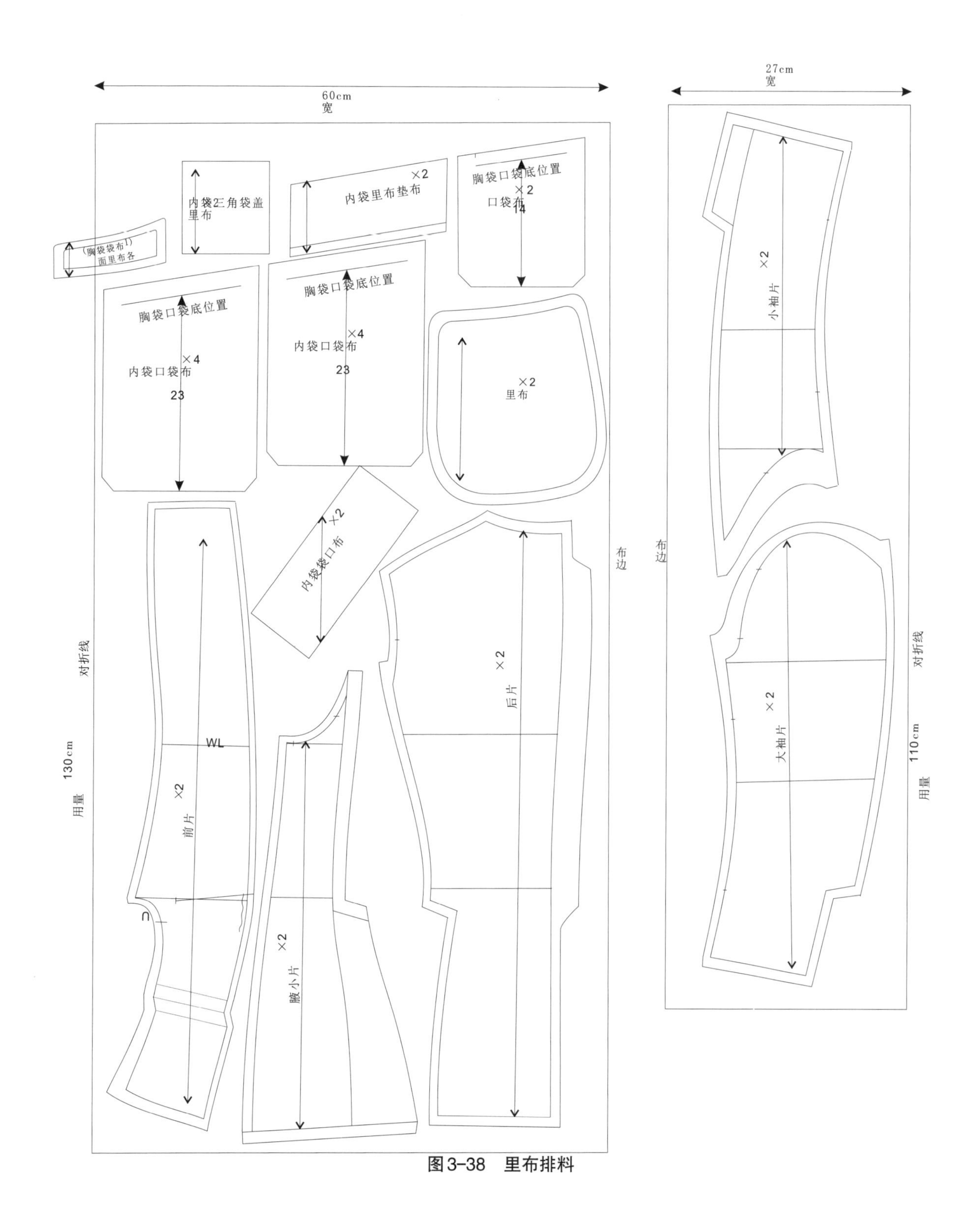

图3-38　里布排料

第四章

西服工艺流程

在所有服装品类的缝制工艺中，西服的工艺最为复杂，也最为高级。受益于西式裁剪的中国红帮之所以备受推崇，原因即在于此。

西服工艺中的推、归、拔和麻衬纳缝是其灵魂。之所以称为“灵魂”，一是因为其工艺的难度；二是因为这些工艺是塑造立体造型的关键。

样版的作用是将立体造型（人体）转化成平面纸样，以便排料裁剪。制作工艺是将平面（面料）转化为立体造型，以吻合人体结构和提供舒适空间。在此过程中，制版的三大原则即人体结构、运动功能和时代审美，是西服工艺归、推、拔、纳缝塑型和精工细作的指导思想。

第一节　缝制准备

一、裁剪、整烫与缝纫工具

裁剪、整烫与缝纫工具如图4-1所示。“半月”为木材质，与台面高低配合，刚好放置有胸凸的前片，适合纳缝前片、绷缝毛衬和敷毛衬。袖烫枕适合整烫成型的袖子。除图4-1所示工具之外，还应有顶针、镊子、锥子、针插、划粉、石蜡、垫布、手针等。手工制作西服时，离不开顶针的使用。顶针使用时，戴在中指的第一关节上。常用的手针型号包括4~9号。4号、5号为钉扣针，直径0.1cm，长度3.5cm。6号、7号为绷缝针，直径0.08cm，长度3cm。8号、9号为缲边针，直径0.05cm，长度2.6cm。

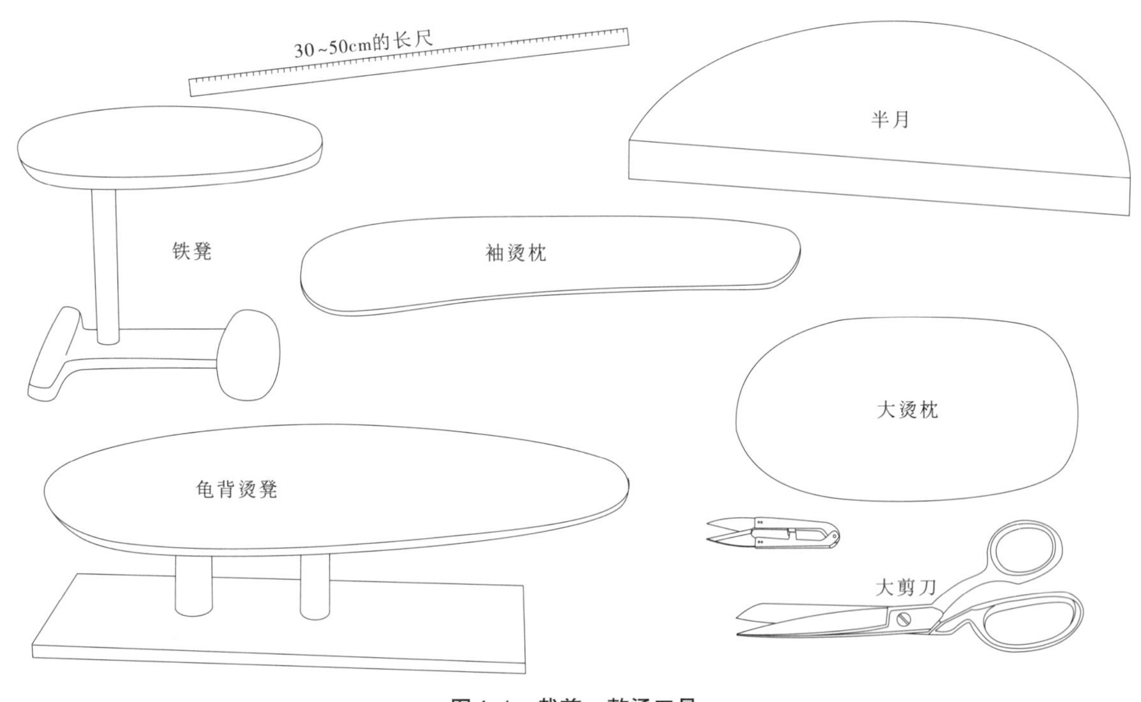

图4-1　裁剪、整烫工具

二、面辅料整理

西服面料均需经过蒸汽预缩、晾干、平铺放置24h再裁剪，以便保持尺寸稳定。同时要了解面料的纱支、结构、克重和成分，以便选择相匹配的大身衬、缝纫线和其他辅料。

毛衬或者麻衬应浸泡于30~40℃温水中等候3~4h去胶、预缩，然后晾干，再给热、给汽，平整、预缩待用。手工西服可配置纯棉布或电光棉缎作为下摆、袖口等处的衬布，衬布要下水预缩、晾干、平整待用。手工西服的里布可选用印花丝绸或宾霸里布，均需事先预缩。

敷衬的白线应用纯棉线。缝纫用线应用光洁的强捻线，高支高密面料配细线。

第二节　线钉标识

打线钉的目的首先是保证左右衣片位置上的对称，其次是保证制作时的位置准确，因为手工西服多数情况下是在正面制作，必须要有线钉作为参考。同样，里布、口袋等均要打线钉（图4–2）。

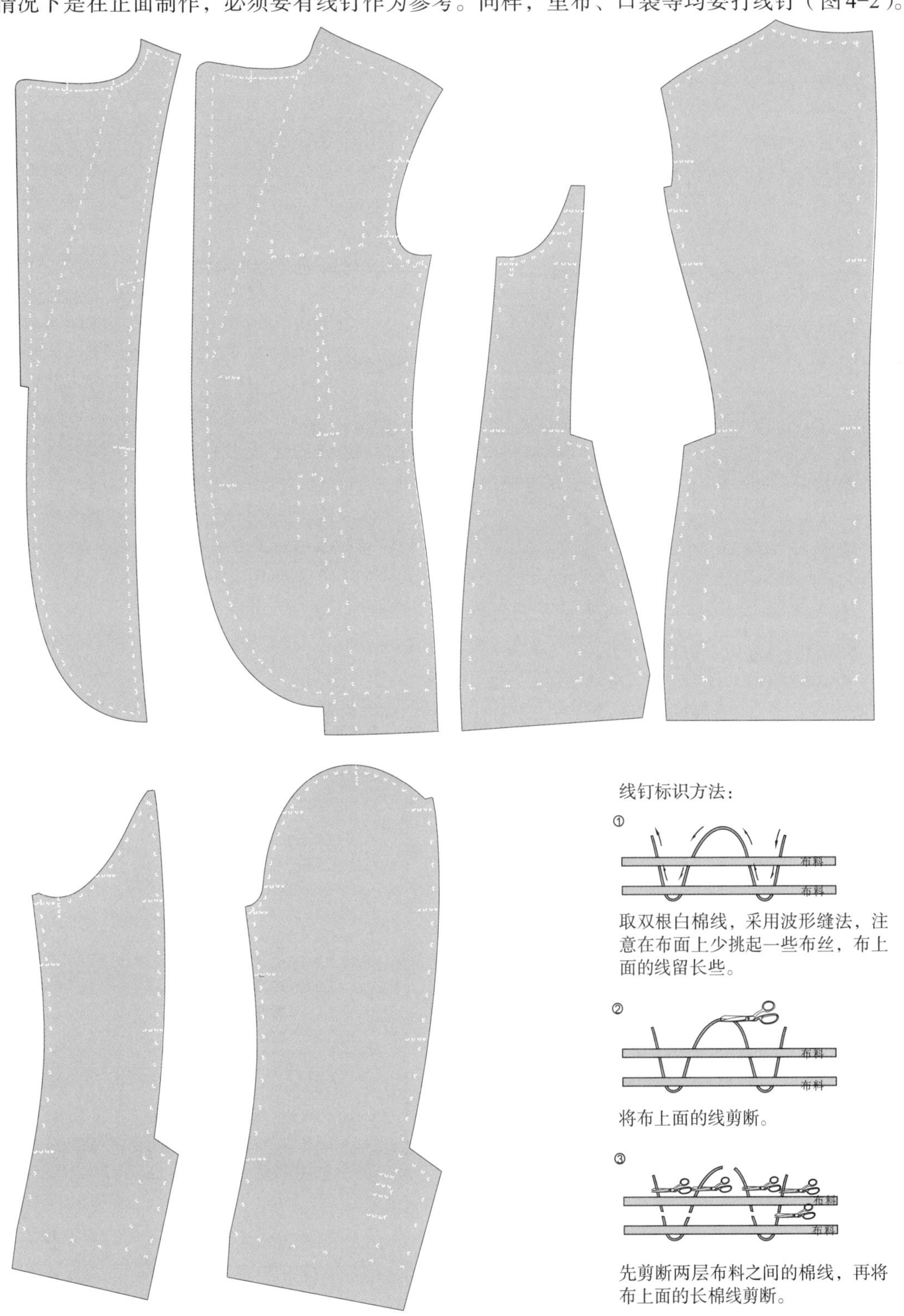

图4–2　线钉标识

第三节　工艺流程图

西服定制工艺流程见图4-3。

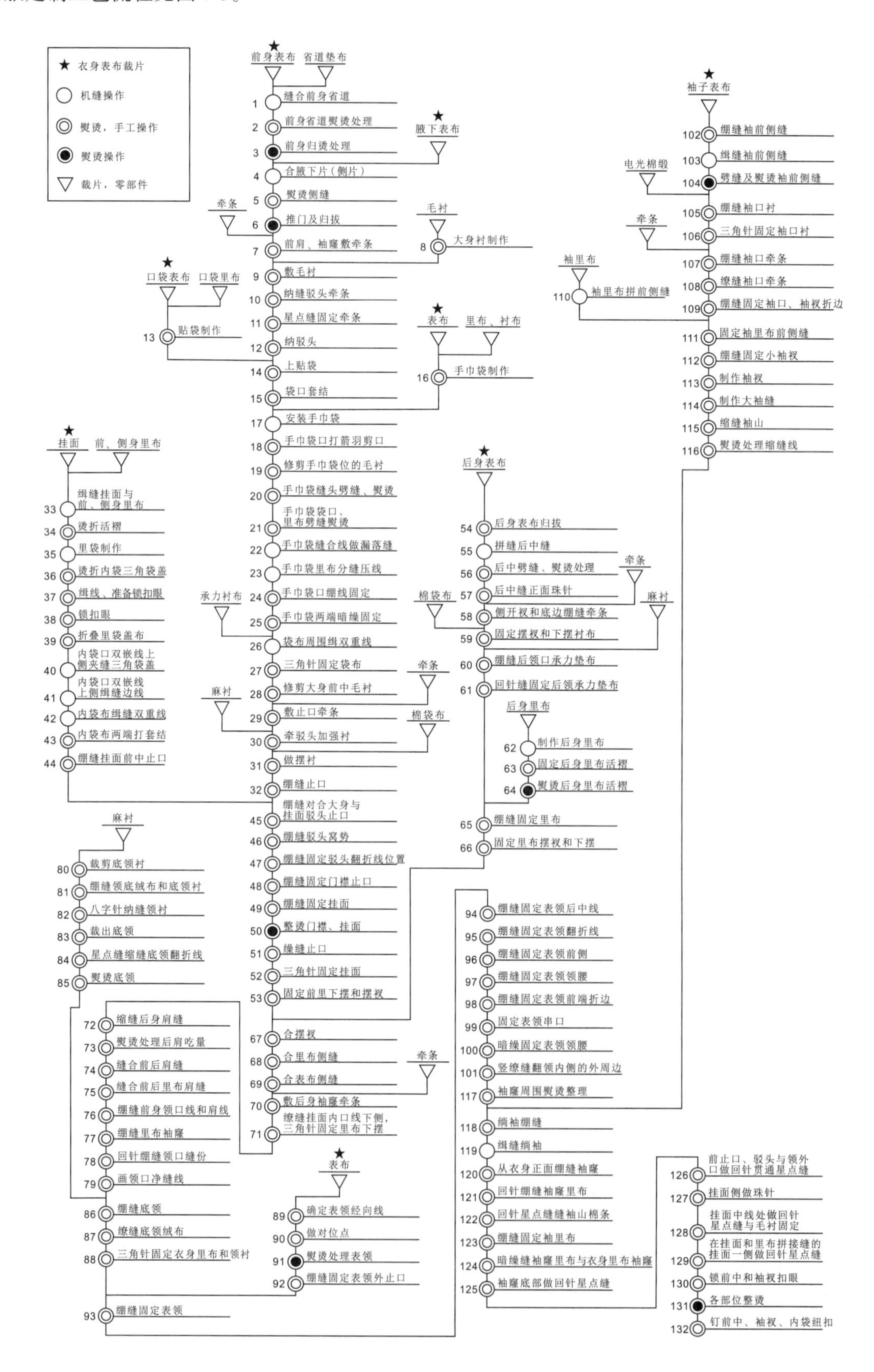

图4-3　工艺流程图

第四节　图解260道缝制工序

【工序1】缝合前身省道

工序1-1

1.【工序1-1】(图4-4)

当合省缝时，省尖部位要使用劈省垫布。将本布剪成3cm宽的斜条，长度自腰节以上约2cm处开始，至超出省尖1cm处止。

工序1-2

2.【工序1-2】(图4-5)

从底摆开始缝合省道，起针时倒针，省尖的缝线需预留长些，劈省垫布按缝线左右对称，左右身的劈省垫布也需对称。

3.【工序1-3】(图4-6)

省道缝合后，用锥子从垫布一侧将上线挑出。

4.【工序1-4】(图4-7)

将挑出的上线与下线一起打结2~3次。以便熨烫后的表面效果更美观。

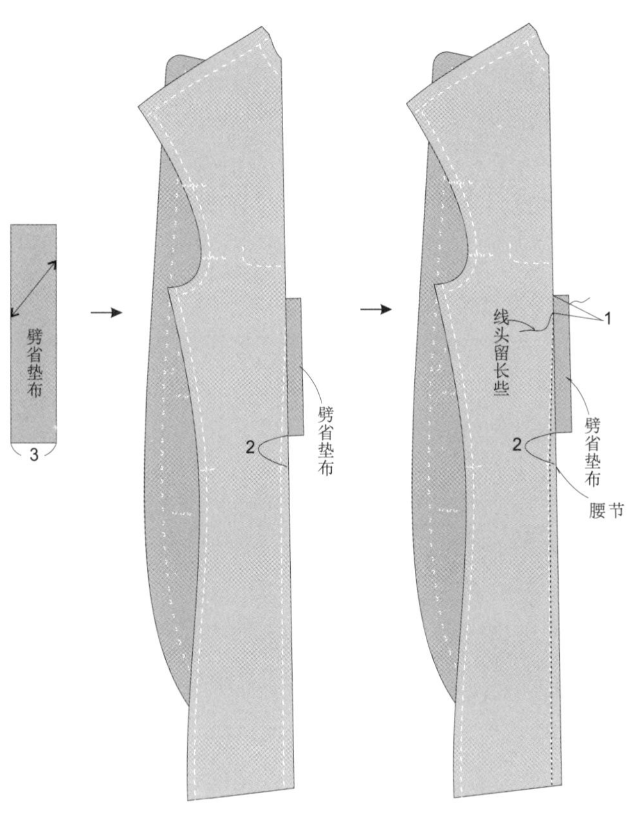

图4-4 【工序1-1】　　图4-5 【工序1-2】

【工序2】前身省道熨烫处理

工序2

5.【工序2-1】(图4-8)

为省道熨烫做准备，先用剪刀从口袋一侧将省道缝份中心剪开，直至劈省垫布下侧。再将变成两层的省道缝份上面的一层打剪口，使其倒向劈省垫布的一侧。

6.【工序2-2】(图4-9)

用剪刀剪开省道止点位置劈省垫布上面的一层。

7.【工序2-3】(图4-10)

为了减少劈省垫布的厚度，要将省尖的垫布打开、放倒，然后将垫布修剪出段差。

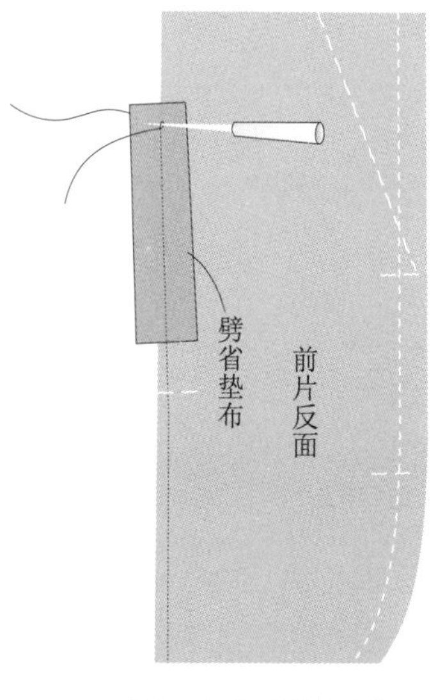

图4-6 【工序1-3】

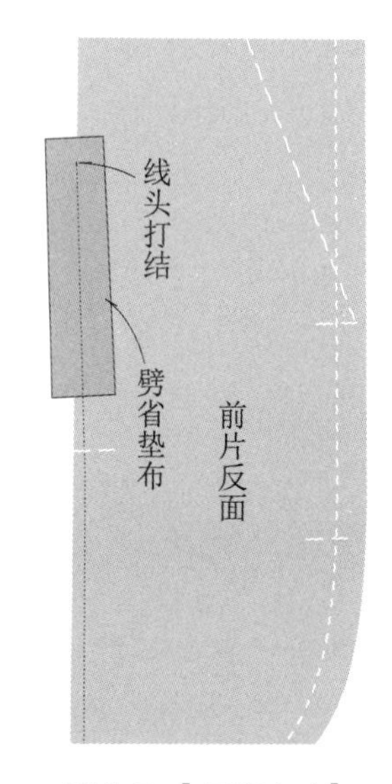

图4-7 【工序1-4】

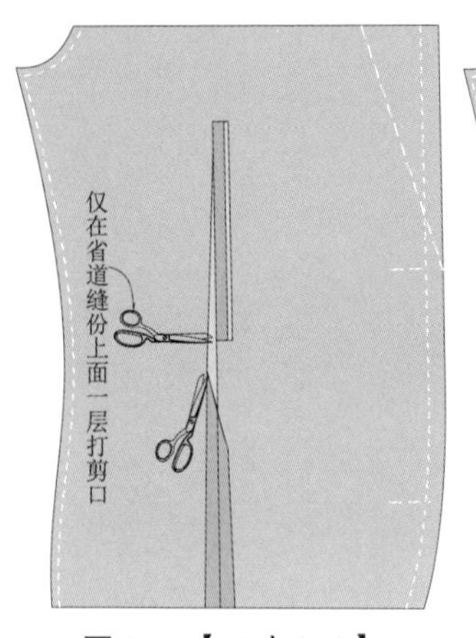

图4-8 【工序2-1】

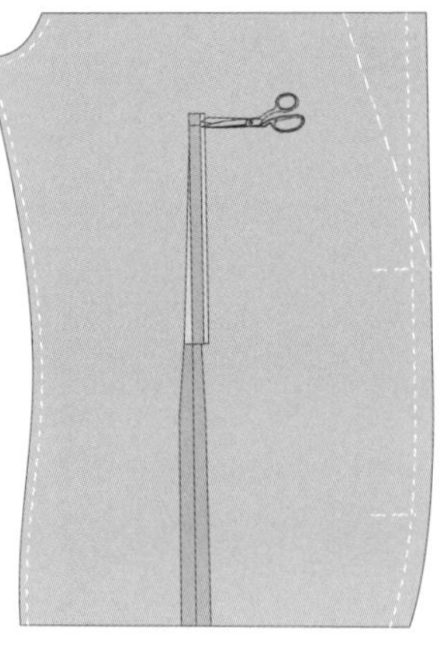

图4-9 【工序2-2】

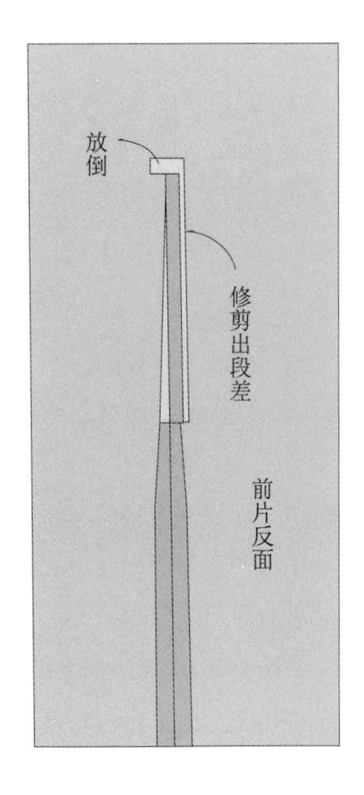

图4-10 【工序2-3】

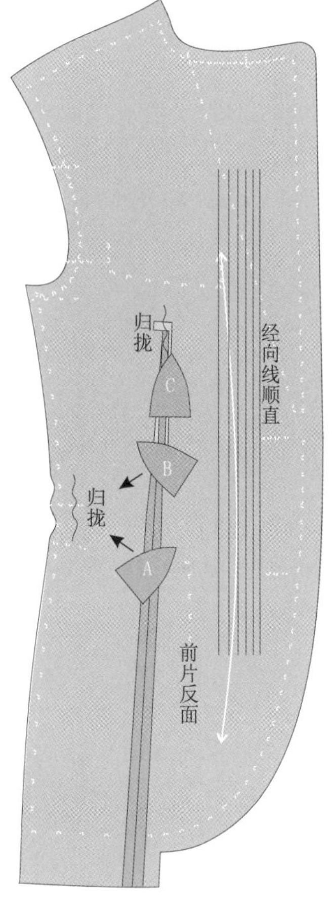

图4-11 【工序2-4】

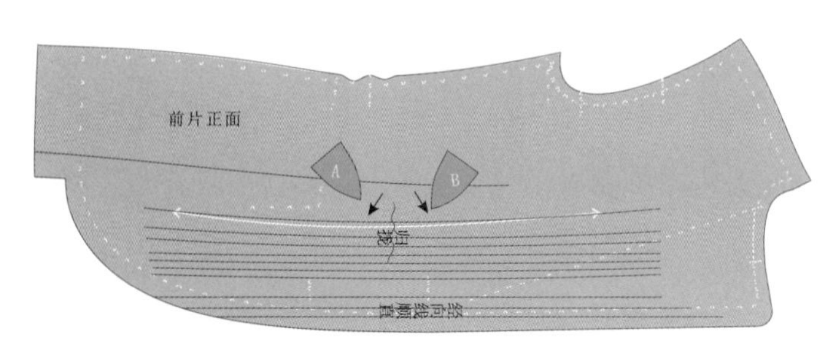

图4-12 【工序3-1】

8.【工序2-4】(图4-11)

收省后前中区域经向线会发生弯曲偏移，在熨烫省道时应同时整理经向线，经向线略微向前中凸出较好，如图中白色双箭头所示。同时，使A熨斗和B熨斗分别沿图中箭头所示方向归拢处理，将收腰效果转换至侧缝和省道之间，从而使腰部具立体感。最后，归拢省尖部位，使纬纱呈水平状，并转化成其周围所需的胸部造型量。

【工序3】前身归烫处理

工序3

9.【工序3-1】(图4-12)

继续上一道工序的前中经向整理。在前片正面，用手指将省道的腰部区域略向前中拨，使其与前中之间的经向线略向前凸出，如图白色双箭头线所示，同时保持前中止口顺直，沿A、B熨斗方向将多余隆起面料归拢。省道也向前中弯曲，与原直线状态约弯曲0.5~1cm均可。这道工序被传统红帮称为“推门”。这道工序目的在于在穿着状态下能保证前片的丝缕顺直，并有收腰效果。

10.【工序3-2】(图4-13)

沿翻折线区域，熨斗自A至B至C的路线归拢前胸，将撇胸量全部扫拢，归拢后隆起量按图箭头方向推。归拢之后造成驳领卷曲，将卷曲部分烫平。同时，袖窿弯和领口也须归拢一下，以防拉伸。侧臀归直，将余量推向胯部区域，营造胯部的运动空间和松量。

【工序4】合腋下片（侧片）

工序4

11.【工序4-1】(图4-14)

沿线钉位置用白棉线将腋下片前侧缝折边绷缝。

12.【工序4-2】(图4-15)

沿前片侧缝的线钉位置，用白棉线将已绷缝好的腋下片正面绷缝在前片上。

以2cm间0.5cm的针距绷缝较好。

注意：腰节和胸围线的对位。

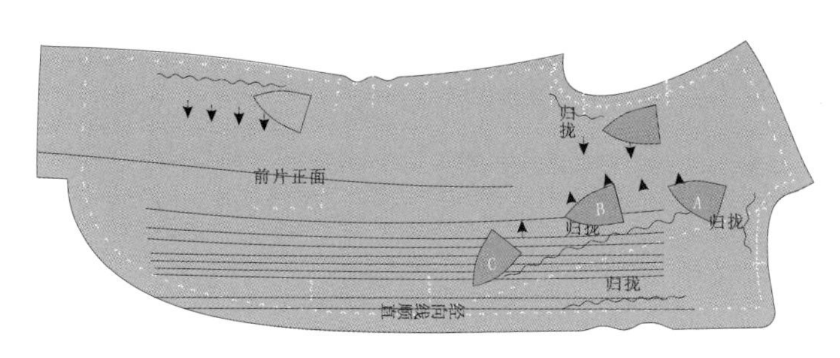

图4-13 【工序3-2】

13.【工序4-3】(图4-16)

在绷缝固定的基础上，沿止口0.1cm进行珠针缝（星点缝）将侧片与前片缝合固定。

然后拆去白色绷线。

图中用白色线迹表示。

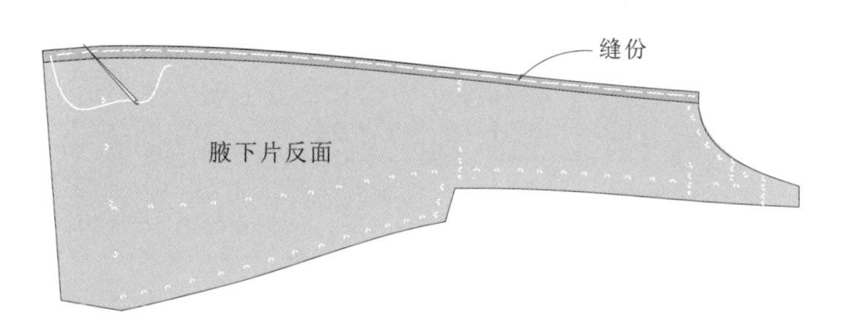

图4-14 【工序4-1】

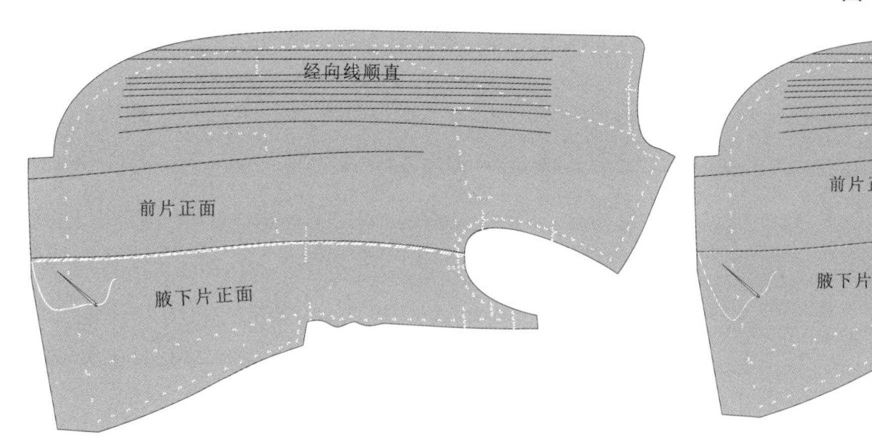

图4-15 【工序4-2】

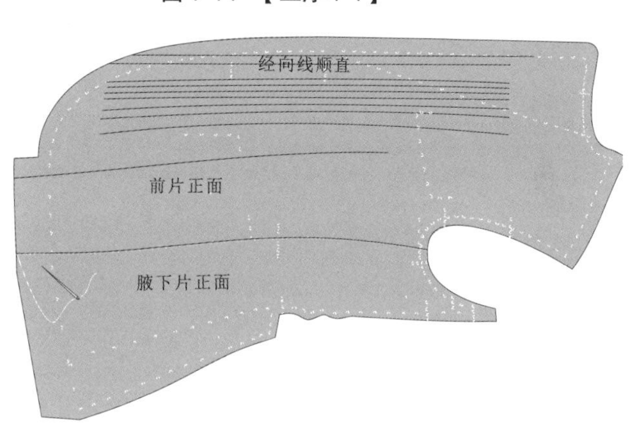

图4-16 【工序4-3】

附：珠针（星点缝）方法（图4-17）

①

起针固定，线尾不打结，将穿出的针在原位置再穿入。

②

衣身正面

穿出后距前一针0.3cm再穿入拔出。

③

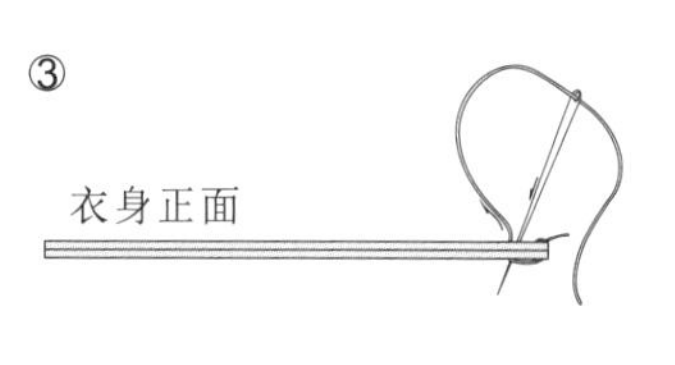

穿出后距拔出位后退0.1cm再穿入拔出。

④

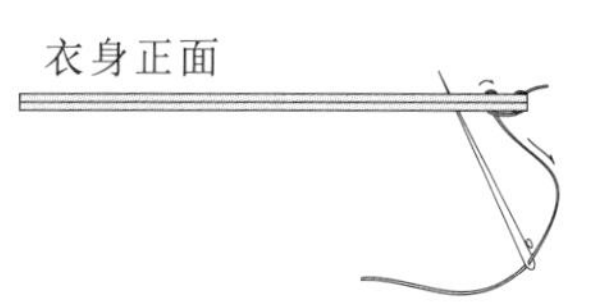

穿出后距前一针0.3cm再穿入拔出。

⑤

衣身正面

穿出后距拔出位后退0.1cm再穿入拔出。

⑥

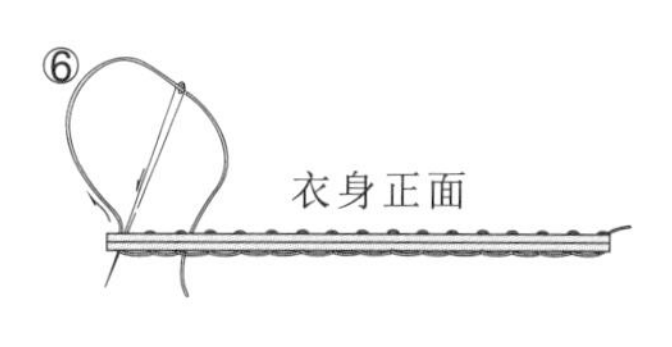

正面0.1cm线迹并间隔0.2cm。

图4-17 星点缝方法

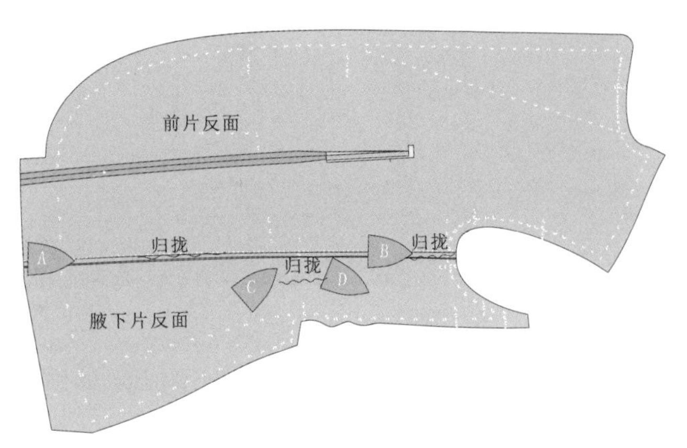

图4-18 【工序5】

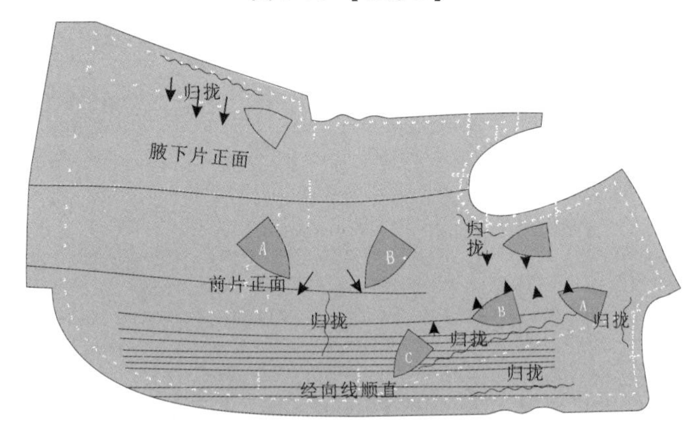

图4-19 【工序6】

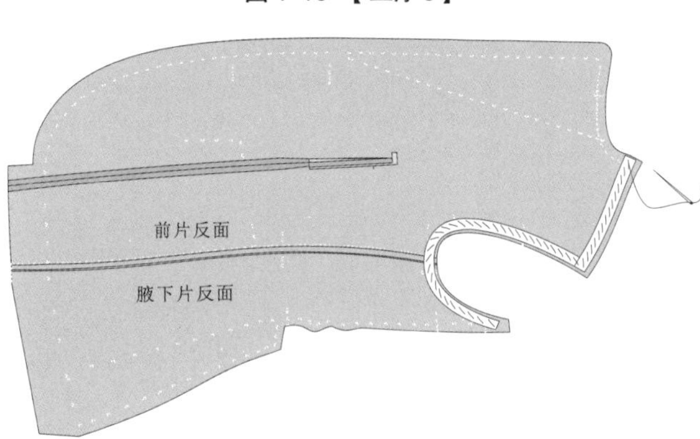

图4-20 【工序7】

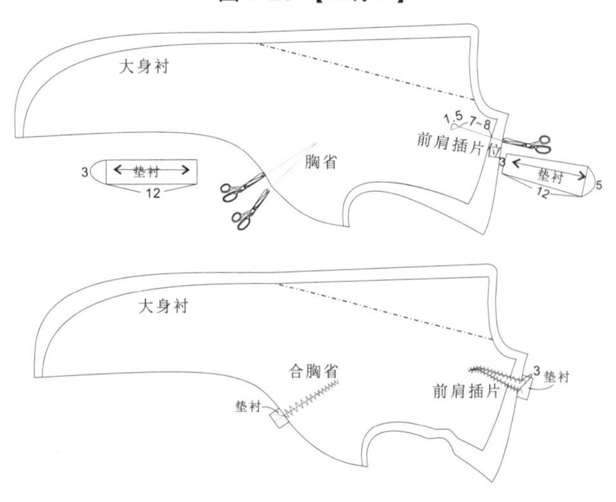

图4-21 【工序8-1】

【工序5】熨烫侧缝

14.【工序5】(图4-18)

用A熨斗一边压倒缝一边归拢腰部浮起的曲线。到B熨斗处距袖窿约6~7cm开始稍微归拢。

顺着面料的斜丝方向移动C、D熨斗到侧身宽度的中心，对侧身腰部的浮量进行归拢。

【工序6】推门及归拔

15.【工序6】(图4-19)

再做一遍推门和胸部的归拢，以求前中经向的顺直和胸部造型的维持。

领口、窿弯处也要再归拢，使侧片(腋下片)的开衩曲线归直并将余量推向中间。

归拔之后，保持左右片的对称。

【工序7】前肩、袖窿附牵条

16.【工序7】(图4-20)

将白棉布裁成1.5cm宽的正斜条，距肩线、袖窿弧线0.3cm处用白棉线固定，固定时略带紧。

绷缝之后可再用缝纫机车缝固定。

【工序8】大身衬制作

17.【工序8-1】(图4-21)

准备与大身衬同料的垫衬2片(左右身共4片)，按净样位置剪掉胸省三角以及剪开前肩插片位置。垫上垫衬合并胸省，用“之”字形线迹固定在垫衬上。拨开前肩插片位约3cm，垫上垫衬，用“之”字形线迹将剪开线分别固定在垫衬上。

18.【工序8-2】(图4-22)

工序8-2、8-3

将三片挺胸衬以B叠C、A叠B的形式按净缝位车缝固定。三片结合后，既有胸部的凸起也有前肩凹势和起翘，成为立体的状态。

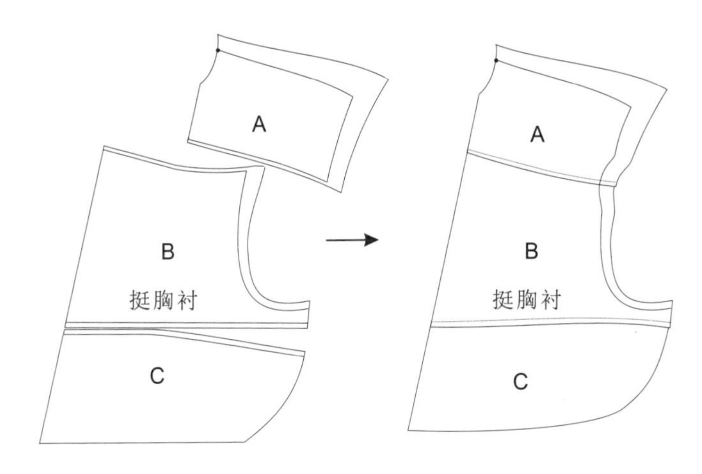

图4-22 【工序8-2】

19.【工序8-3】(图4-23)

将大身衬和挺胸衬各自缝合后先略为整烫平整，但不要将造型量烫平。将挺胸衬前止口沿大身衬翻折线且距离1~1.5cm放置，并用棉线绷缝固定。

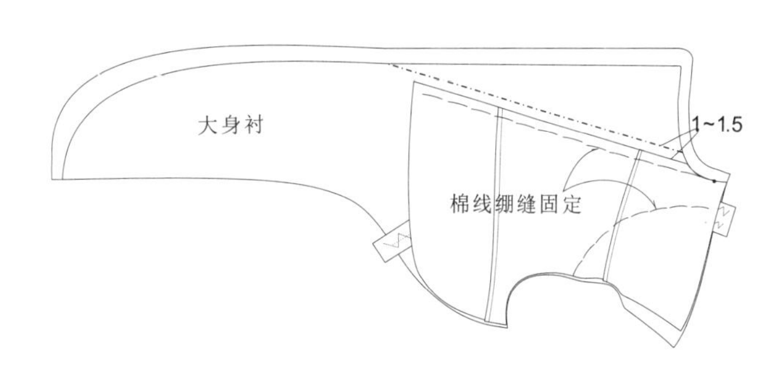

图4-23 【工序8-3】

20.【工序8-4】(图4-24)

工序8-4

大身衬和挺胸衬用八字针将两者纳缝固定成一个整体。如图留出前肩活动区域。完成之后，略为整理，注意保持胸部造型和前肩活动凸势。

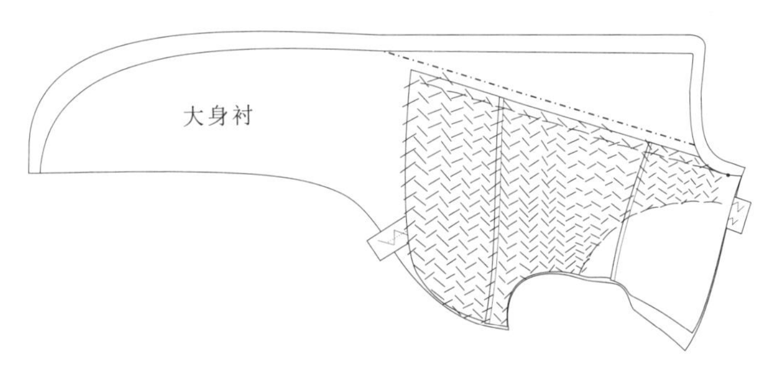

图4-24 【工序8-4】

【工序9】敷毛衬

毛衬放缝无须太大，由于毛衬的SNP点是大身归拢撇胸的基准点，因此，领窝和前止口与大身同等大小即可，以便大身与其吻合。

21.【工序9-1】(图4-25)

工序9-1~工序9-3

将前身敷在毛衬上，颈侧点、领窝、前止口与毛衬对齐。袖窿处，毛衬超出前身缝份2~3cm，肩头处更多。因为大身是立体的，绷缝毛衬时，可用半月或龟背烫凳。因为立体原因，绷缝从中间开始，从①开始向箭头方向一针长一针短绷缝，缝线不可拉得太紧。

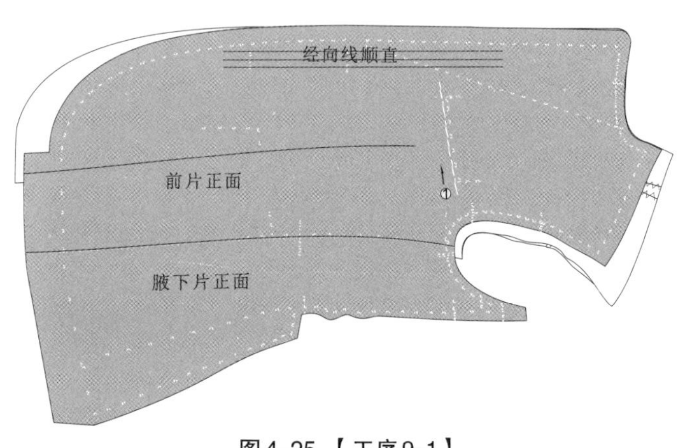

图4-25 【工序9-1】

22.【工序9-2】(图4-26)

从距SNP点约4cm的②位置向下绷缝，缝到胸部区域将胸部略微隆起，放少许松量在绷线当中。保证大身前中的经向顺直，保持省道的前弧状态，然后

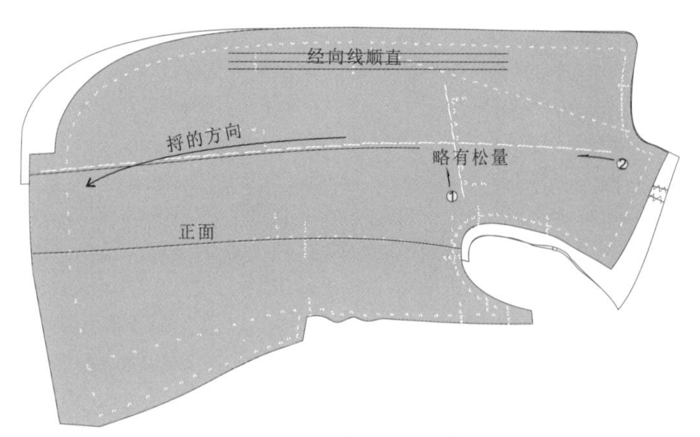

图4-26 【工序9-2】

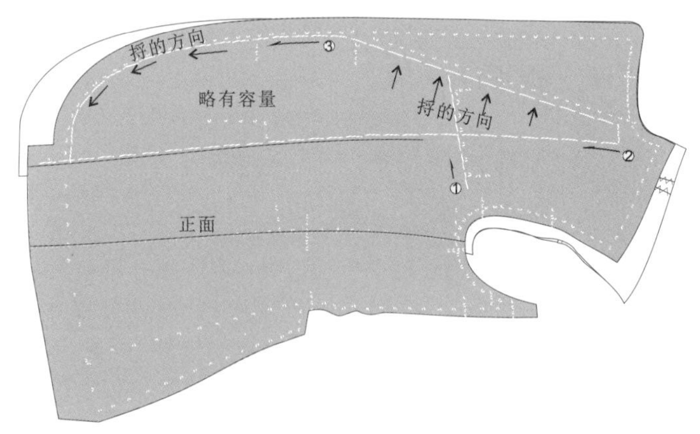

图4-27 【工序9-3】

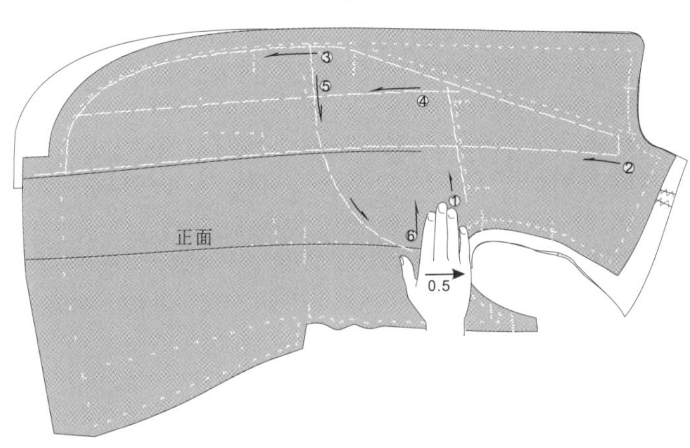

图4-28 【工序9-4】

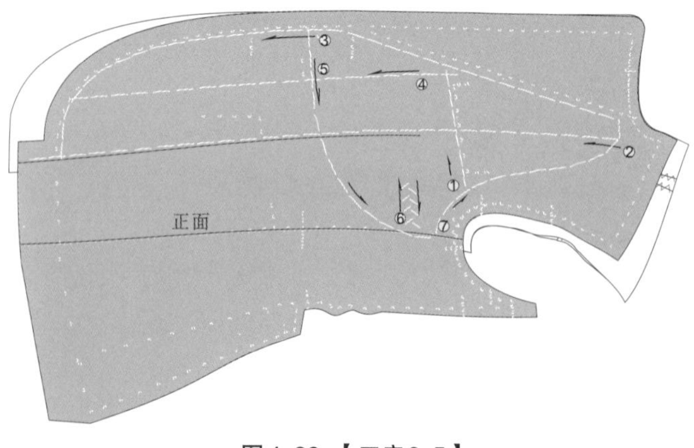

图4-29 【工序9-5】

顺沿着省位线向下绷缝。在腰节以下，边绷缝边将大身顺着省道的方向向下向后拼向底摆。

23.【工序9-3】(图4-27)

自②开始，向翻折线方向，用绷缝线距翻折线1~1.5cm用斜缝固定，边缝边按图方向拼，使面与毛衬服贴。

按③方向沿线钉绷缝前中，边绷缝边拼，使面与毛衬之间略有松量作为里外容量。

24.【工序9-4】(图4-28)

自④开始，向底摆再绷缝一道。

从腰节位置⑤开始向箭头方向绷缝至⑥位置止，⑥位置距袖窿约8cm，为了防止此位置袖窿下垂，用手掌向袖窿方向推出0.5cm左右的量，并用八字针固定。

25.【工序9-5】(图4-29)

从距离袖窿3cm左右的⑦开始向②方向进行绷缝。

斜向绷缝与袖窿产生距离，为绱袖和前肩活动凸势留出空间。

至此，前身敷衬绷缝完毕，然后用熨斗略为整理。

【工序10】纳缝驳头牵条

26.【工序10-1】(图4-30)

将白棉布裁成1.5cm宽的布条（直条）作牵条。

牵条的长度要保证从串口的裁边至驳头翻折过来时能盖住。

同时，距翻折线1.5cm的位置作为牵条的纵向中心线。

在①位置将棉线固定在毛衬上，将牵条拉长0.6cm固定在②的位置。

27.【工序10–2】(图4–31)

牵条两头固定后，开始绷缝，将归拢量主要放入胸凸部位。胸部有余量拱起，翻折线呈内弧状。此时的0.6cm归拢量不再是撇胸的造型量，因为撇胸造型量在敷毛衬之前已完成，这里的0.6cm起到拉紧的作用。

28.【工序10–3】(图4–32)

用熨斗将归拢量归拢，使直条与大身服贴，为下一步缭缝作基础。

29.【工序10–4】(图4–33)

用缝纫线或缲边线将牵条四周牢固地缭缝在毛衬上。

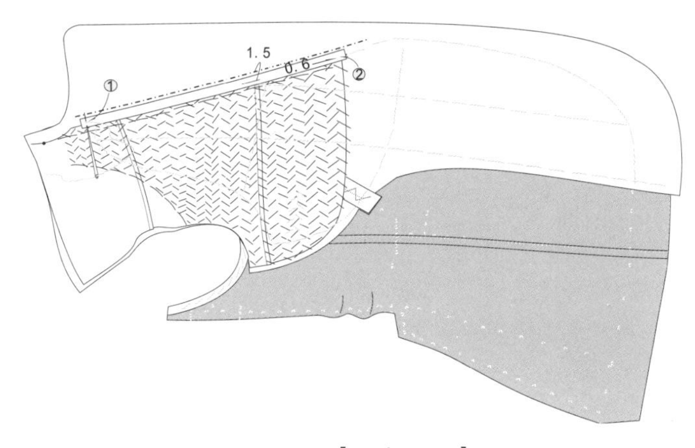

图4–30 【工序10–1】

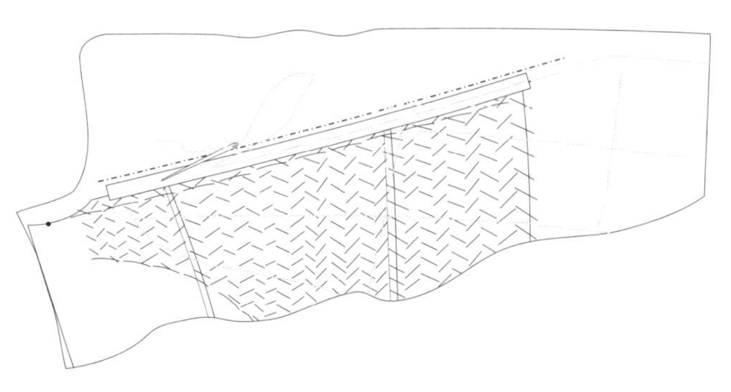

图4–31 【工序10–2】

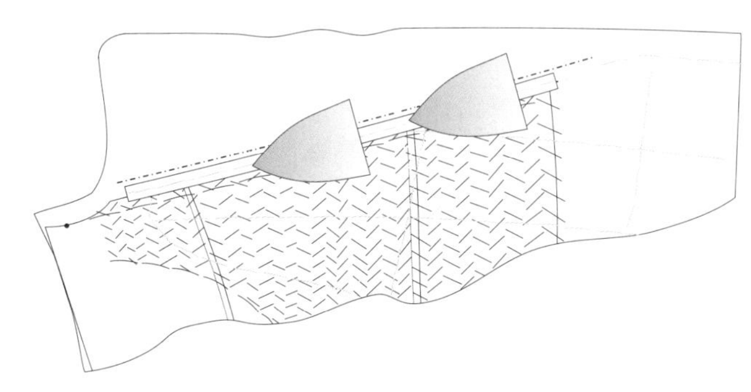

图4–32 【工序10–3】

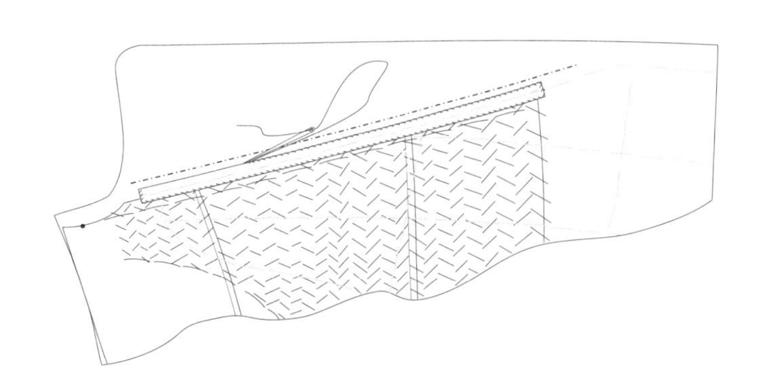

图4–33 【工序10–4】

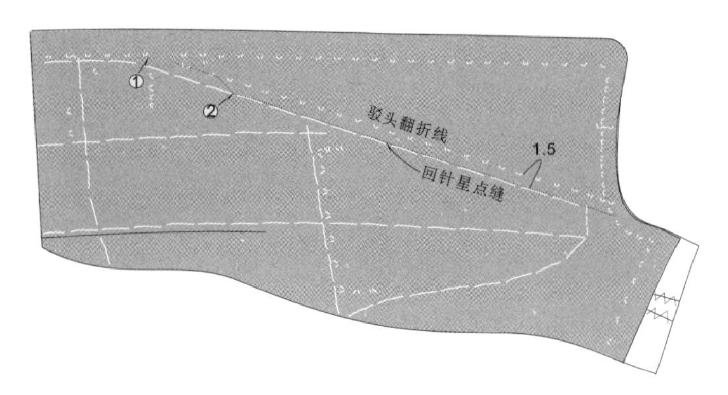

图4-34 【工序11-1】

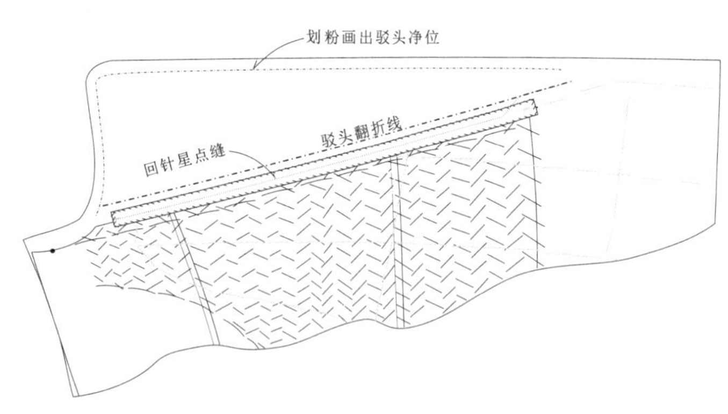

图4-35 【工序11-2】

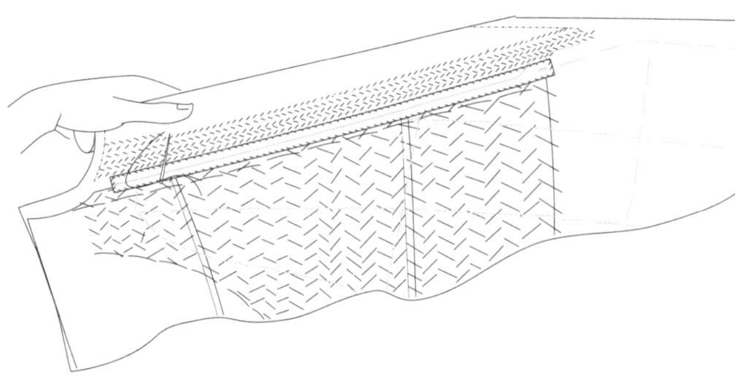

图4-36 【工序12-1】

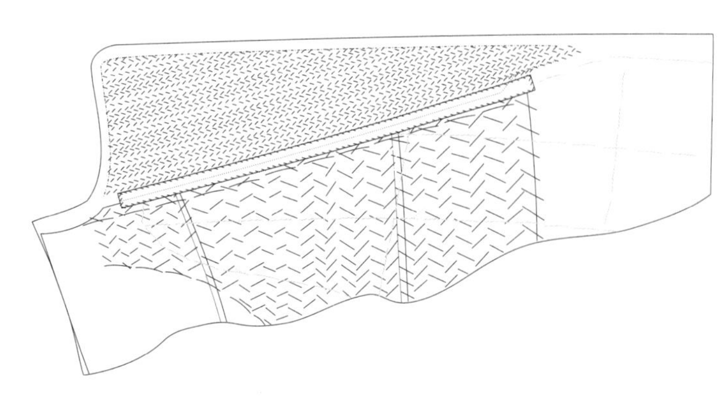

图4-37 【工序12-2】

【工序11】星点缝固定牵条

30.【工序11-1】(图4-34)

从前身的正面，用星点缝固定里侧缝的驳头翻折牵条。

星点缝线迹①-②距离约7cm，为了使驳头能盖住线迹，沿翻折线并从距翻驳点①的2cm开始，并在②处缝S形，之后在距翻折线1.5cm的位置进行固定。

31.【工序11-2】(图4-35)

从里侧看，可以看到驳头牵条已被星点缝固定。

然后可折去牵条绷线，并用划粉画出驳头净缝位置。

【工序12】纳驳头

32.【工序12-1】(图4-36)

如图卷曲驳头，以牵条为起始线，进行八字缝。

卷曲驳头的目的，一是使驳头衬与驳头面料产生里外厚度差，从而产生卷曲容量；二是可使卷曲驳头的左手中指可感受针尖位置：纳驳头要将衬与面料纳在一起，当针挑穿面料一两根布丝时即起针，这时的判断全凭中指的感觉。

纳驳头的线颜色与大身越接近越好。

33.【工序12-2】(图4-37)

将整个驳头全部纳缝满，并使表布与毛衬因纳缝而成为一体，驳头的八字纳缝在表布布面上呈星点线迹。

另外，八字针的缝线不可拉得太紧。

【工序13】贴袋制作

34.【工序13-1】(图4-38)

贴袋面布和里布沿净缝均打上线钉(里布样版比面布一周均小0.2cm),距袋口弧线约3cm处开始沿线钉进行折边(从正面折向反面)并用大针脚进行绷缝固定。

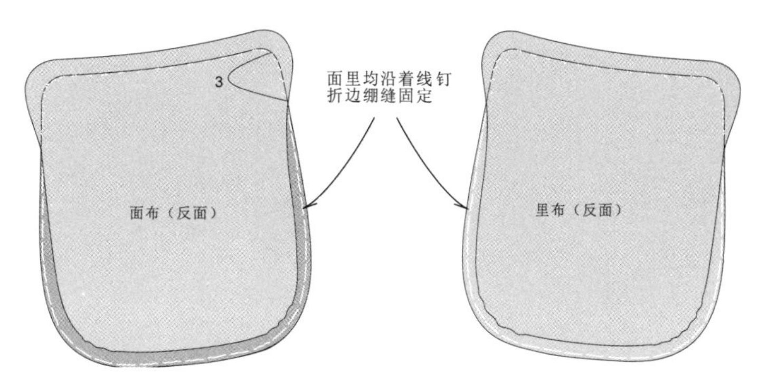

图4-38 【工序13-1】

35.【工序13-2】(图4-39)

将里布放在上面,面布放在下面,两者正面背靠一起,用大针脚绷缝固定。

距口袋弧线约2cm处开始车缝缝合上口边缘弧线,至另一边口袋弧线约2cm处止。

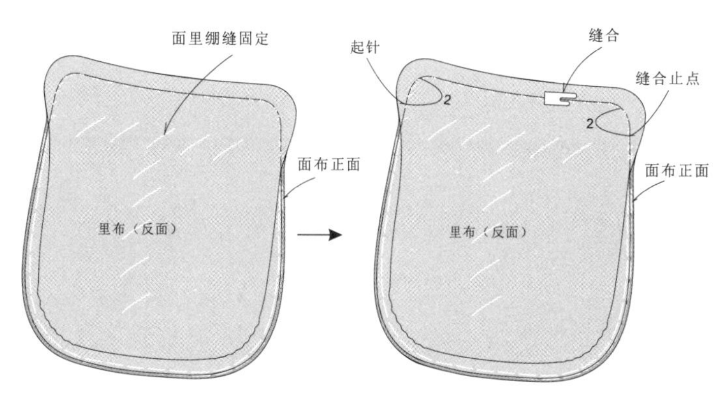

图4-39 【工序13-2】

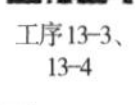

36.【工序13-3】(图4-40)

修剪上口缝头至0.5cm,拆去固定面里之间的绷线,翻折上止口使面和里呈反面对反面的状态。

扣烫车缝的上止口。

注意:止口不可反吐。

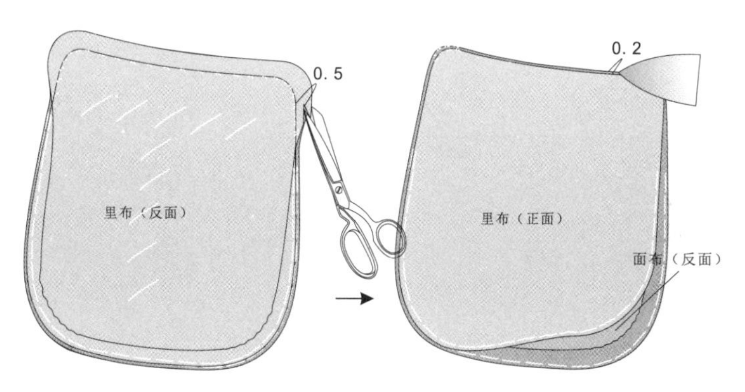

图4-40 【工序13-3】

37.【工序13-4】(图4-41)

扣烫完成后,在口袋中部绷线成"T"字形状以固定面和里。

然后用手工珠针距止口0.2cm固定口袋上口,范围基本上在面和里的车缝缝合位置。

至此,口袋制作完成,接下去将贴袋与前身缝合。

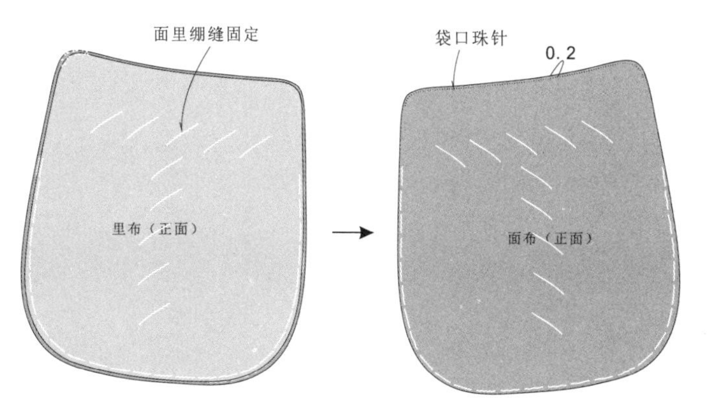

图4-41 【工序13-4】

【工序14】上贴袋

38.【工序14-1】(图4-42)

将口袋按原定位置安放在大身衣片上，距口袋边缘1cm左右用大针脚绷缝固定在衣身上。

在固定②和③时最好在衣身下垫个手针包，此处大身和贴袋均需有松量，以应对胯部的凸起和活动。

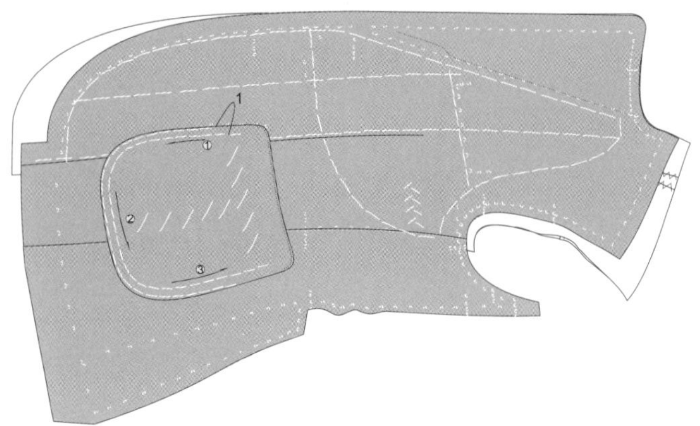

图4-42 【工序14-1】

39.【工序14-2】(图4-43)

因为有绷线的固定，因此，如图掀开口袋面布，露出口袋里布止口，沿止口0.1cm位置进行车缝固定。

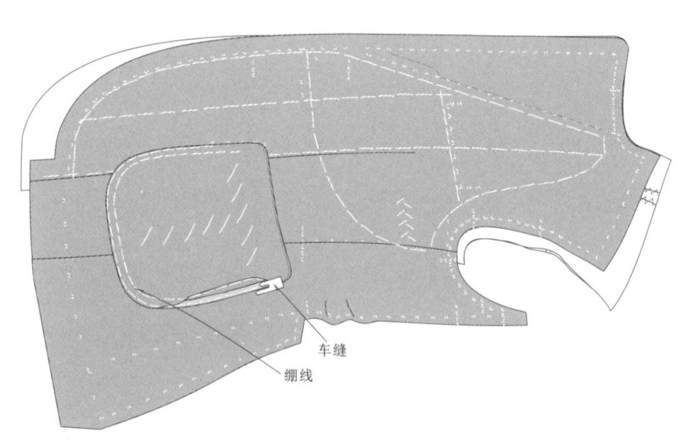

图4-43 【工序14-2】

40.【工序14-3】(图4-44)

车缝固定袋里布之后，沿止口0.1cm在正面用珠针固定袋布，并与距袋口0.2cm的珠针自然衔接。

在袋口转角处做套结封口。

拆去口袋所有绷缝线，略为整烫，并用白棉线八字针封口，使口袋在制作过程中不变形，上贴袋至此完成。

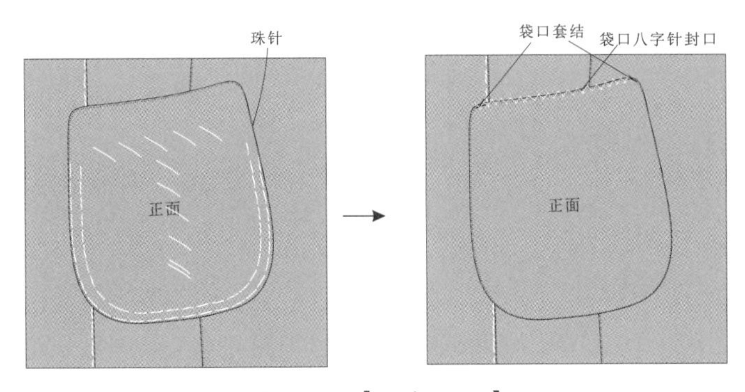

图4-44 【工序14-3】

【工序15】袋口套结

41.【工序15】(图4-45)

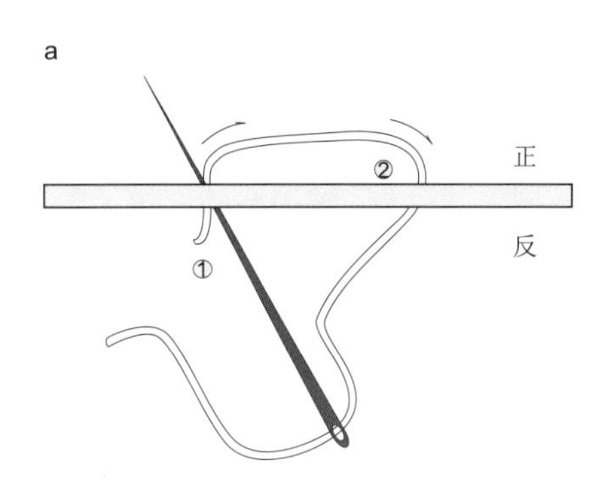

锁眼线尾不打结，从1位置将针穿出，从套结长度的2位置穿进。

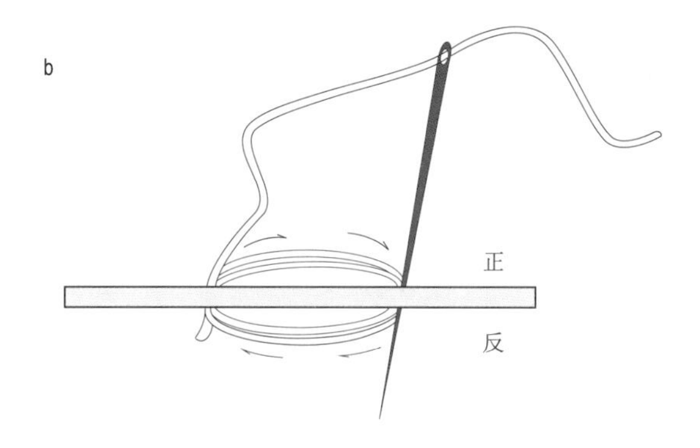

重复上述步骤穿针，当穿到正面的线有3~4条时，就可以作为封结的内芯。

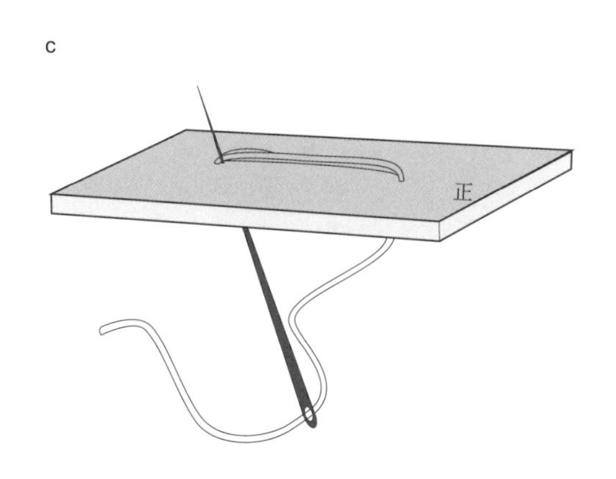

将针从芯线的旁边穿出，把芯线包起来缝，封结的立体感就显现出来了。

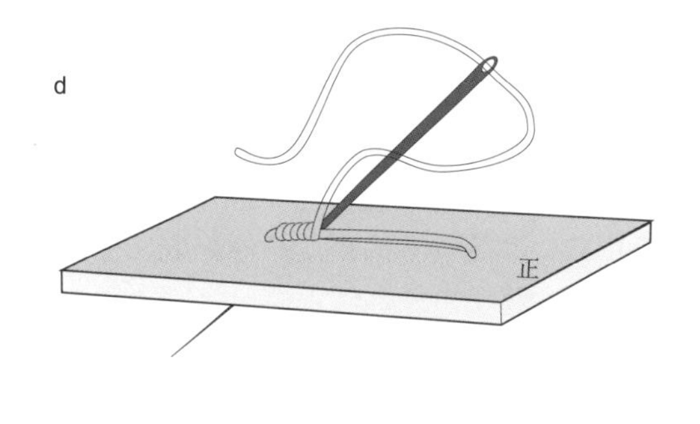

参照上述步骤，连续进行8字缝，形成如图所示的效果。

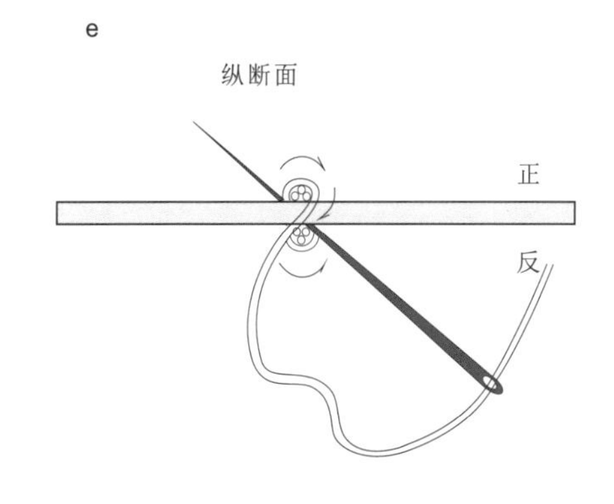

从封结的纵断面可以看到，缝线轨迹如同8字，注意松紧一致，保持均匀。

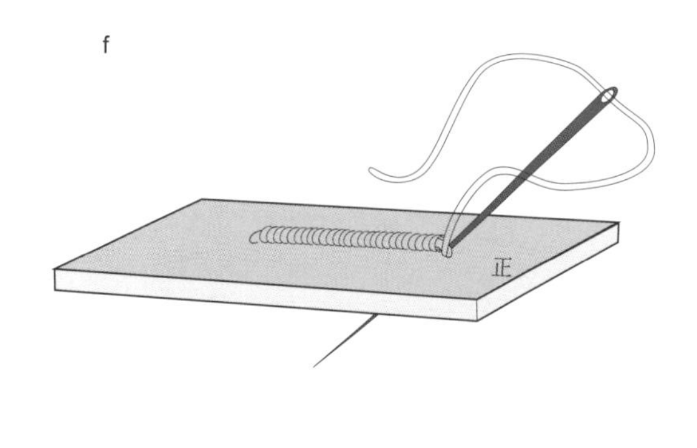

最后，把针穿到反面，将线缝2~3次回针即可结束。

图4-45 【工序15】

【工序16】手巾袋制作

42.【工序16-1】（图4-46）

在无胶硬衬上剪出手巾袋净样，放置在手巾袋表布背面，对准丝缕，留好缝位，用棉线将两者绷缝固定。

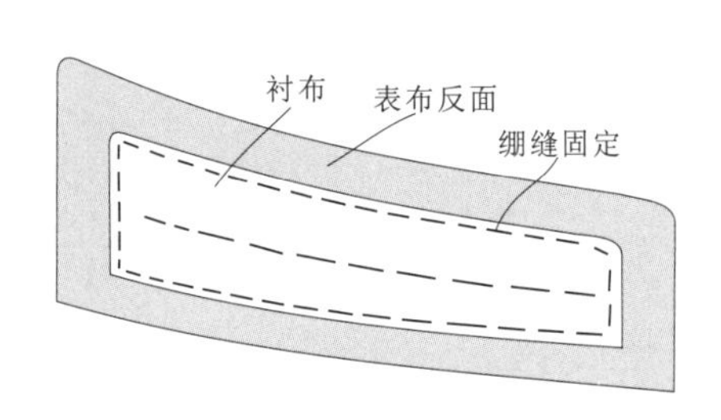

图4-46 【工序16-1】

43.【工序16-2】（图4-47）

取一袋布大小的表布直接代替垫布和袋里布，距衬位0.2cm从①至②车缝一周。

车缝上止口时，略带紧下布。

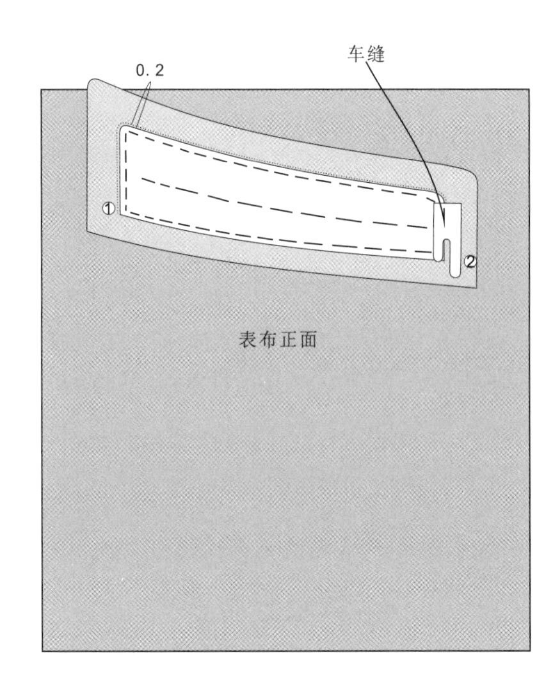

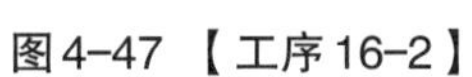
图4-47 【工序16-2】

44.【工序16-3】（图4-48）

修剪止口，车缝位置的止口均修剪成0.5cm。略为整烫，然后将手巾袋翻至正面。

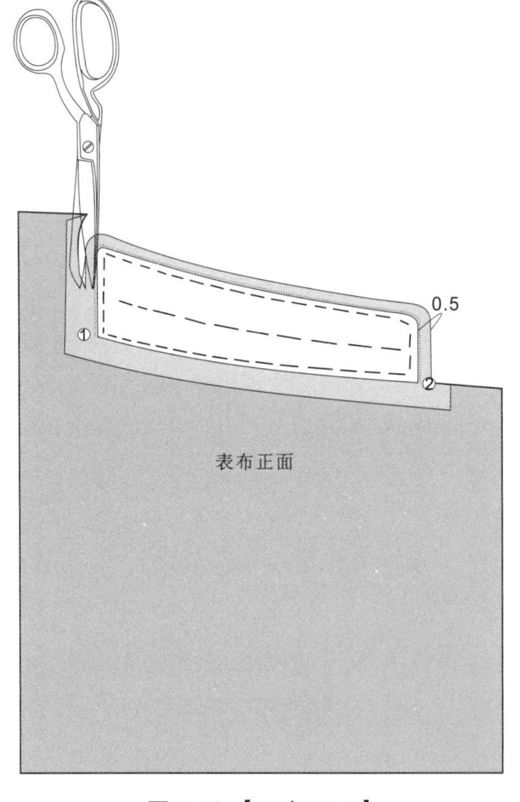

图4-48 【工序16-3】

45.【工序16-4】（图4-49）

手巾袋止口不可外吐，边烫边整理止口曲线。

然后沿着①至②一周距止口0.1cm进行珠针装饰。

图4-49 【工序16-4】

【工序17】安装手巾袋

46.【工序17】(图4-50)

按照大身手巾袋净样位置放置手巾袋下口，两者呈背靠背状态，掀开连着手巾袋内层的袋布，露出少许袋口衬以便于车缝操作，然后距袋口衬0.1cm车缝固定，即图中A线。车缝时上布略松。

口袋布按手巾袋的倾斜度进行裁剪，并根据手巾袋下口弧线车缝B线，注意留出0.4cm的距离打倒针，A、B线相距1.4cm。

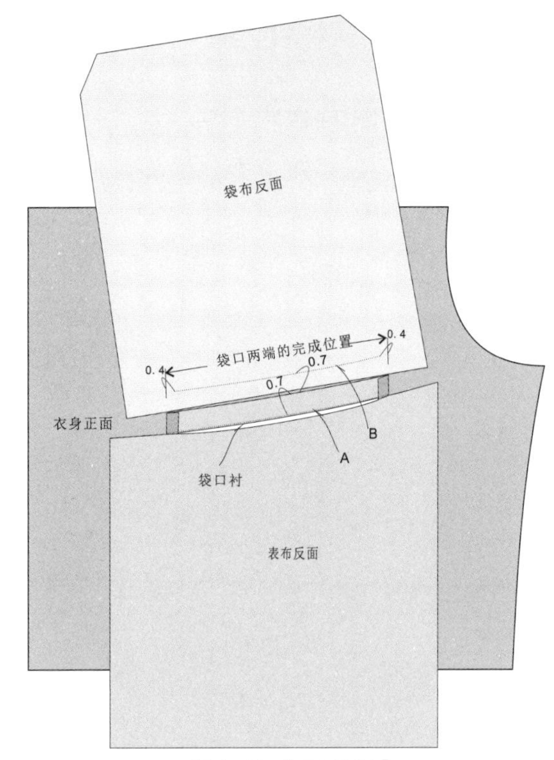

图4-50 【工序17】

【工序18】手巾袋口打箭羽剪口

47.【工序18】(图4-51)

为了看起来更易明白，图中未画零部件，只作箭羽剪口的图示。箭羽剪口不可超出缉缝止点位置及口袋完成位置。

打A剪口时只剪开前身片，剪到距袋口布底端缝线止点两条布丝位置为止，以防脱丝毛口。

打B剪口时要将袋布以及前身一起剪开，剪口打到缉缝线止点。

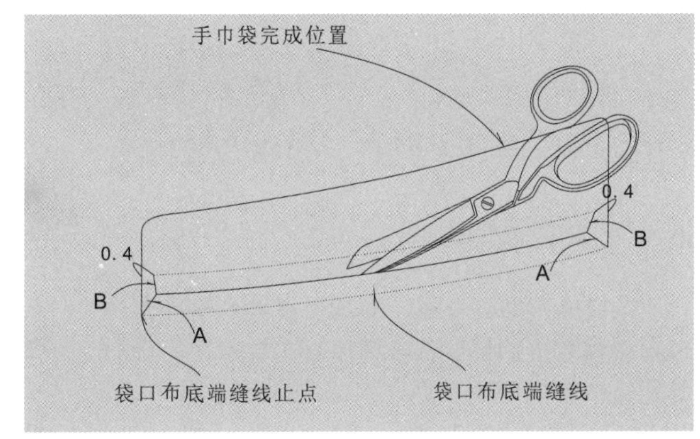

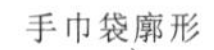

图4-51 【工序18】

【工序19】修剪手巾袋位的毛衬

48.【工序19】(图4-52)

为了劈缝更加平服，将箭羽和缝线内的毛衬修剪干净。像这样敷衬完后做胸袋只适合薄胸衬的设计，如果胸衬较厚并加胸棉，那么先做手巾袋再敷毛衬。

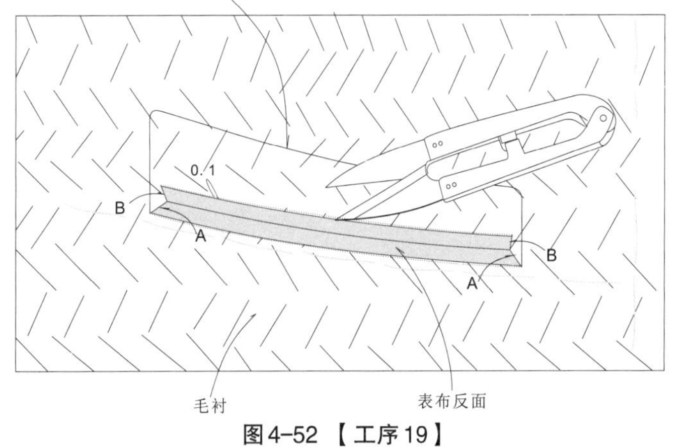

图4-52 【工序19】

【工序20】手巾袋缝头劈缝、熨烫

49.【工序20-1】(图4-53)

将口袋布翻到反面，劈缝、熨烫袋布与前身的缝份。

为减少面料的厚度，先将袋布前端的折边翻出折倒。

图4-53 【工序20-1】

50.【工序20-2】(图4-54)

在翻袋布之前，如图所示，将袋口布两端的袋布作约1.4cm的剪口。然后将袋布烫折后翻到反面。

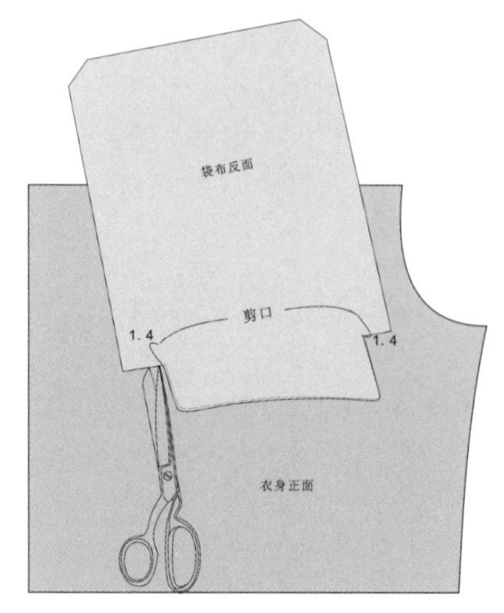

图4-54 【工序20-2】

【工序21】手巾袋袋口、里布劈缝熨烫

51.【工序21】(图4-55)

将袋里布翻到反面，劈缝熨烫。用熨斗劈缝时只烫需熨烫的部分，否则袋口布会出现变形的情况。

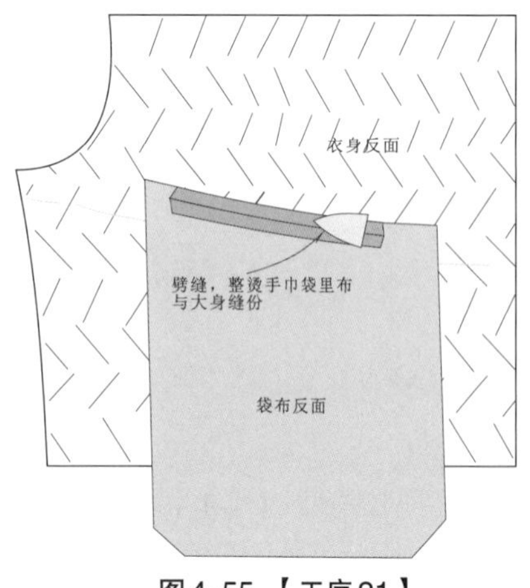

图4-55 【工序21】

【工序22】手巾袋缝合线做漏落缝

52.【工序22】(图4-56)

将上面的前身衣片折到下面，在手巾袋口底的缝缝内进行漏落缝。

漏落缝的起点和止点分别距口袋两端各0.5cm，不要打倒针，线头留长些挑到胸袋反面打结。

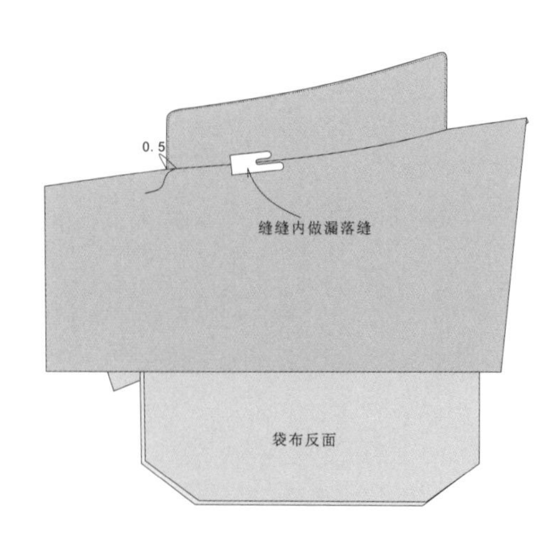

图4-56 【工序22】

【工序23】手巾袋里布分缝压线

53.【工序23】（图4-57）

袋里布的缝份劈开熨烫后，将前身正面朝上，在缝份的两侧缉0.1cm明线，明线的作用是压住缝份，防止浮起。

图4-57 【工序23】

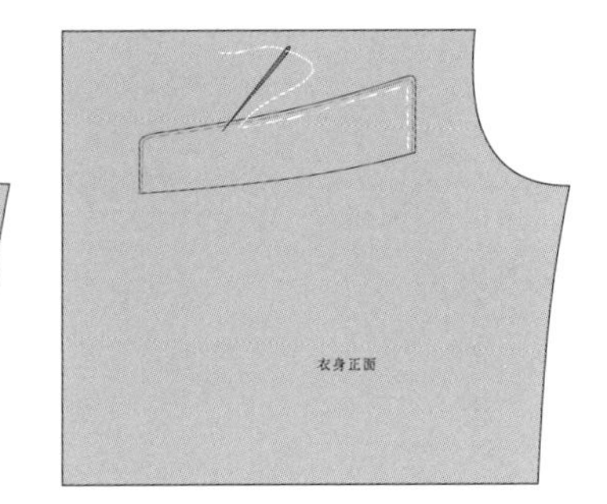

图4-58 【工序24】

【工序24】手巾袋口绷线固定

54.【工序24】（图4-58）

在做袋口布两端的暗缲缝之前，先用绷缝线将袋口周边固定。

同时，要确认袋口的两端与前身的经向平行。

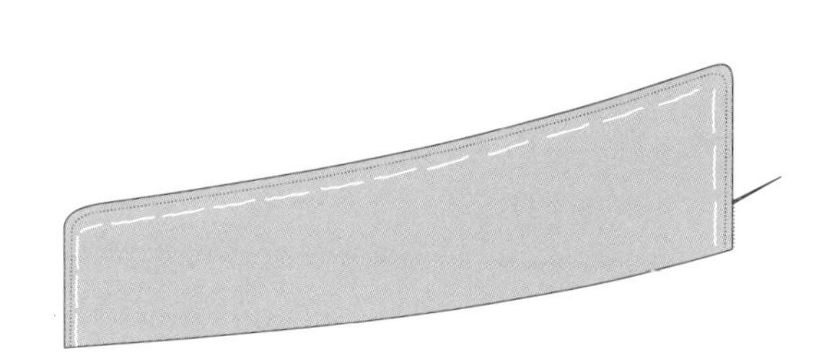

图4-59 【工序25】

【工序25】手巾袋两端暗缲固定

55.【工序25】（图4-59）

缲缝时，尽量不要使针脚露出，针脚间距0.2cm，缝线不可拉得太紧。

【工序26】袋布周围缉双重线

56.【工序26】（图4-60）

压箭羽时放一片承力衬布（口袋布）。

暗缲手巾袋两端后缝合袋布。

缝袋布时，将承力衬布一起缝上，并距袋口两端0.5cm缉缝双重线。

【工序27】三角针固定袋布

57.【工序27】（图4-61）

用细棉线或缝纫线将口袋用三角针固定在毛衬上，三角针线不可拉得太紧。

然后翻至正面，拆去袋口绷线，改用三角针固定，以防口袋变形。至此，手巾袋完成。

图4-60 【工序26】

图4-61 【工序27】

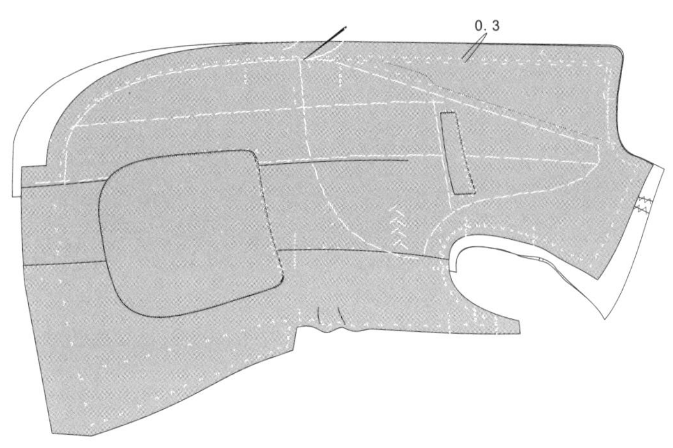

图4-62 【工序28-1】

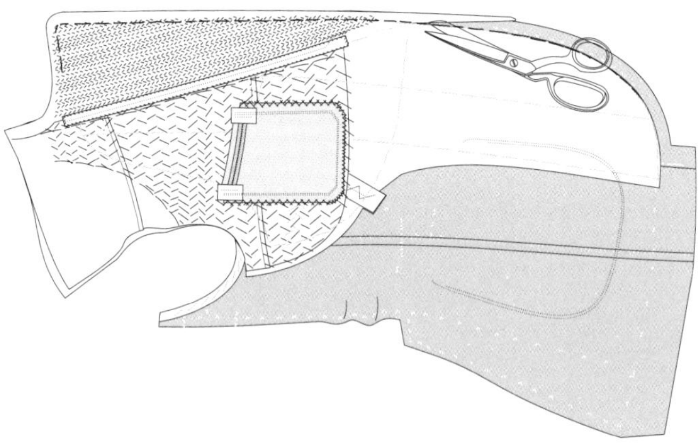

图4-63 【工序28-2】

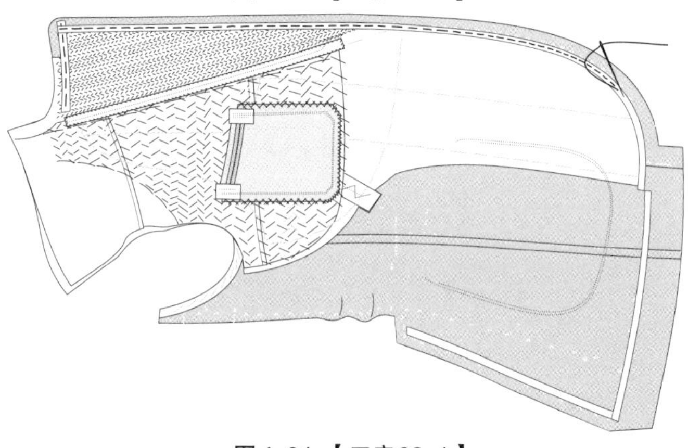

图4-64 【工序29-1】

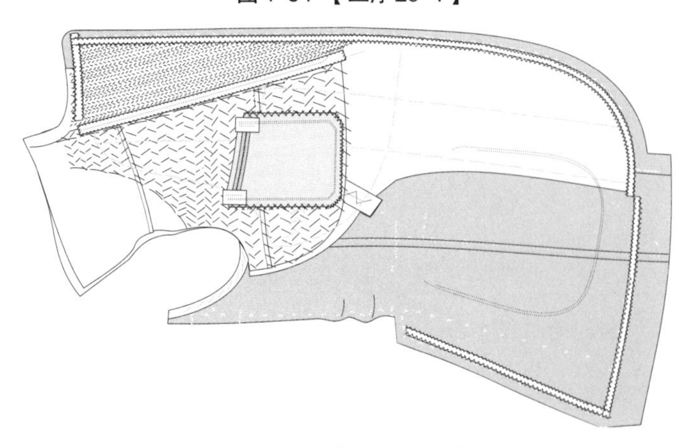

图4-65 【工序29-2】

【工序28】修剪大身前中毛衬

58.【工序28-1】(图4-62)

从领嘴开始，距止口线钉0.3cm用白棉线勾勒一道止口线，正面针脚短，毛衬面针脚长，至下摆毛衬处为止。

59.【工序28-2】(图4-63)

将大身翻至反面，紧挨着勾勒的白棉线(图中黑线表示)修剪毛衬，毛衬止口距线钉(止口净缝)约0.3cm，修剪至领嘴为止。

【工序29】敷止口牵条

60.【工序29-1】(图4-64)

如果没有专用的止口牵条，可用白棉布代替，从串口开始，沿着线钉盖住修剪的毛衬(厚的牵条距线钉0.2cm)，用大针脚先绷缝固定，大身圆摆地方可用斜料裁成的白棉条。

下摆和开衩的牵条摆放如图所示。

注意：绷牵条时应略带紧，尤其在圆摆处要融入一定吃量，更要带紧些。

61.【工序29-2】(图4-65)

将绷缝固定好的牵条用三角针仔细固定，固定止口时，只能缭起一两根布丝，不可挑穿。

也可采用缭缝的方式固定牵条。

敷止口牵条的目的是加固止口和固定毛衬与大身的结合。

【工序30】牵驳头加强衬

62.【工序30-1】(图4-66)

找一质地紧密、轻薄、挺括的麻衬作驳头加强衬，剪成如图示梯形，盖住驳头翻折线，粗针固定内缘。

加强衬的目的是让驳头更加挺括不变形。

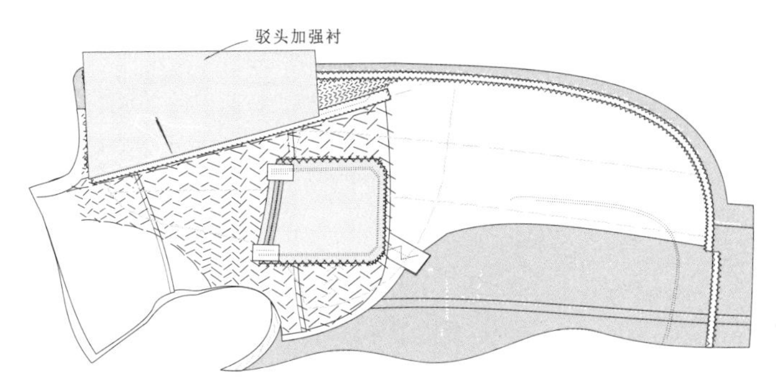

图4-66 【工序30-1】

63.【工序30-2】(图4-67)

图为纳驳头手势，右手窝起驳头，使表布与衬之间产生里外容量。

这次纳驳头加强衬更要使里外容量充足、使驳头更加自然翻卷。这次纳驳头较第一次容易，将加强衬和驳头衬纳在一起即可，无须纳穿表布。

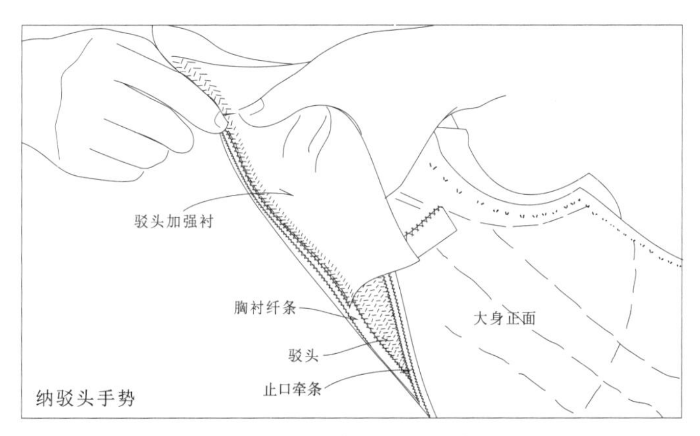

图4-67 【工序30-2】

64.【工序30-3】(图4-68)

纳驳头完毕后，沿止口牵条修剪加强衬，与止口牵条约0.5cm重叠即可。

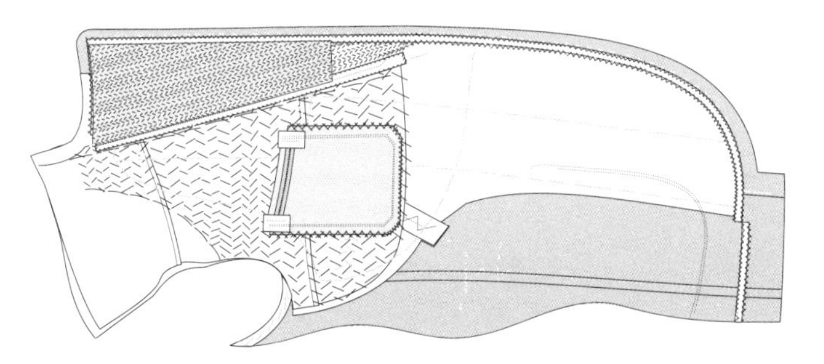

图4-68 【工序30-3】

【工序31】做摆衬

65.【工序31-1】(图4-69)

剪两块棉袋布作下摆和衩摆的衬布，下摆衬布宽7cm左右，衩摆衬布宽3cm左右。

各衬布盖过各自牵条摆放，用大针脚绷缝，先固定中间位置，再绷缝上下边缘，这样做不易走样。

66.【工序31-2】(图4-70)

绷缝固定衬布后，用三角针法固定衬布边缘，在固定大身时只能挑起一两根布丝。

完成后，去掉绷线。

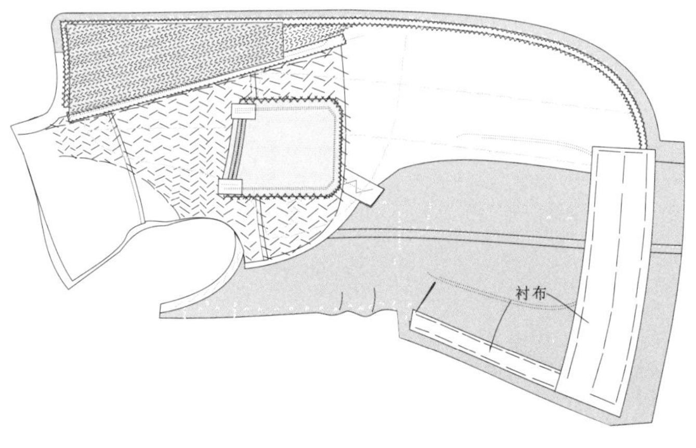

图4-69 【工序31-1】

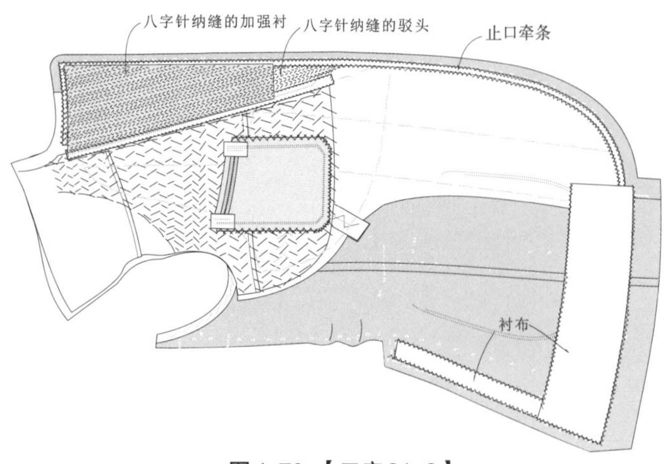

图4-70 【工序31-2】

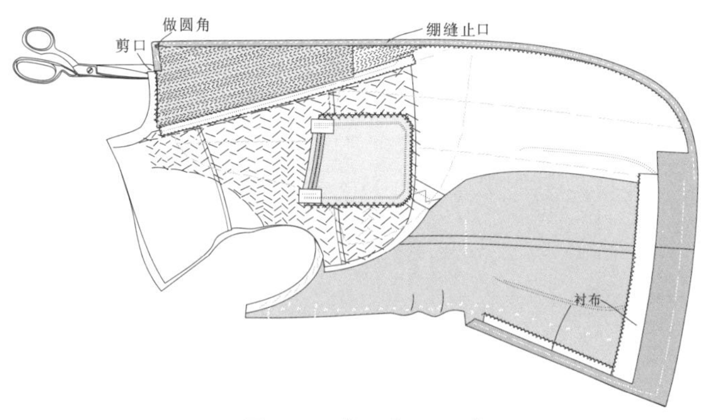

图4-71 【工序32-1】

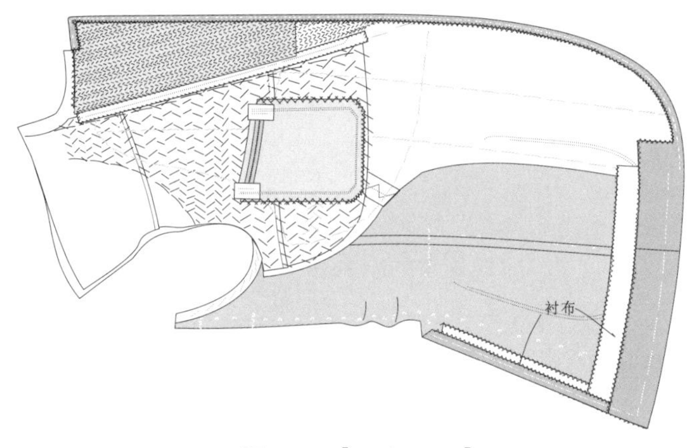

图4-72 【工序32-2】

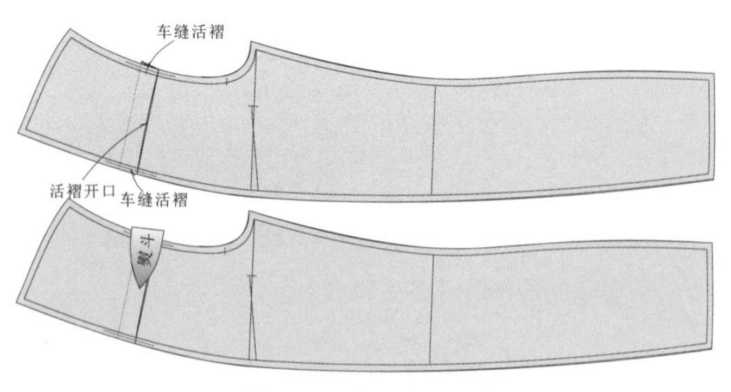

图4-73 【工序33-1】

【工序32】绷缝止口

工序32

67.【工序32-1】(图4-71)

在领嘴位置打一剪口，但要在距净缝位0.1~0.2cm的位置。

同时，领嘴位置要做小圆角时，可以如图用拱针法抽出归缩量，从而产生圆角。

沿线钉位置折边，让止口倒向大身，并用大针脚绷缝。下摆和摆衩位置做同样操作。

68.【工序32-2】(图4-72)

将门襟止口用三角针固定在大身毛衬上。将摆衩和下摆折边用三角针固定在衬布上。至此，前片大身工序完成。下一步，制作挂面。

【工序33】缉缝挂面与前、侧身里布

工序33

69.【工序33-1】(图4-73)

一般先做里布省道，考虑到人体活动量，一般车省大小要小于样版上设置的大小，如前腰腰省1cm，车缝0.6cm的省道即可。

此样版里布未做腰省，所以此工序省略。

固定里布前胸活褶，按定位将活褶量折叠倒向背面，活褶开口朝下。

车缝固定后再整烫。

70.【工序33-2】(图4-74)

先绷缝前身和侧身里布，再车缝固定，注意上下线的松紧。

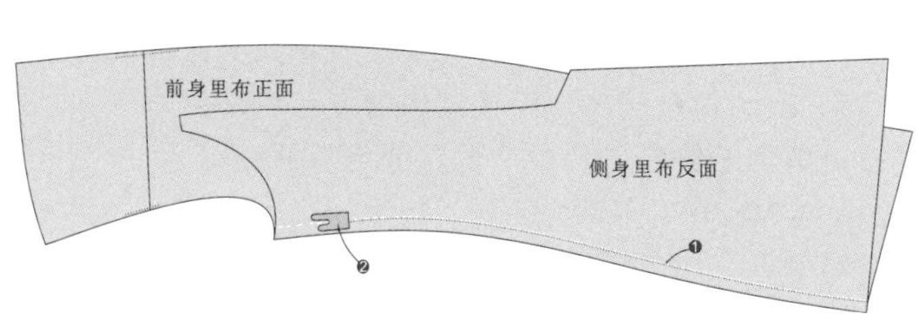

图4-74 【工序33-2】

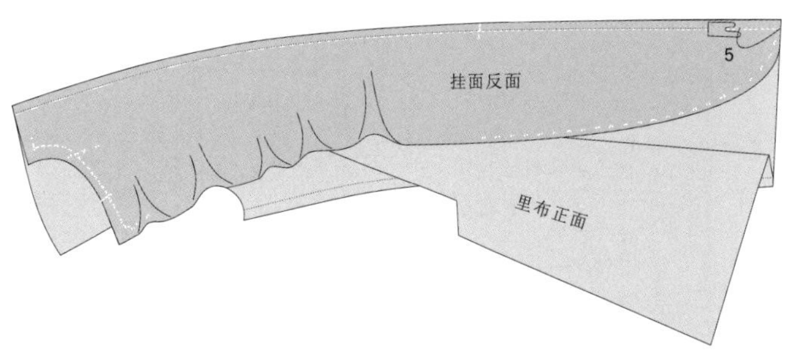

图4-75 【工序33-3】

71.【工序33-3】(图4-75)

前身里布和挂面正面对合并绷缝，从肩部开始向底边缝合，距底边约5cm处停止并打倒针。

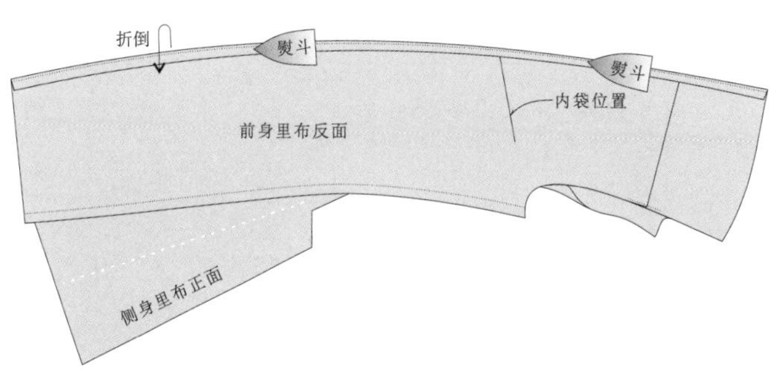

图4-76 【工序34-1】

【工序34】烫折活裥

72.【工序34-1】(图4-76)

将拆掉绷缝线的挂面和前里的缝份用熨斗向前里布一侧烫倒。该部分不用烫活裥，按缝合线烫倒即可。然后，从反面平摊挂面与前里，熨平折倒的缝份。

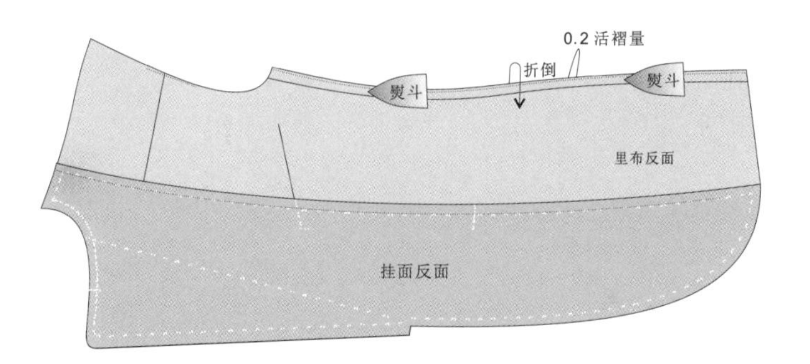

图4-77 【工序34-2】

73.【工序34-2】(图4-77)

将拆掉绷缝线的前里和侧里布的缝份向挂面方向烫倒，同时还要烫出均匀的0.2cm的活裥量。然后，从反面摊平挂面与前里，熨平折倒的缝份。

【工序35】里袋制作

74.【工序35-1】(图4-78)

用绷缝线将一片袋布绷缝在里布前身内袋的双嵌线袋口位置。

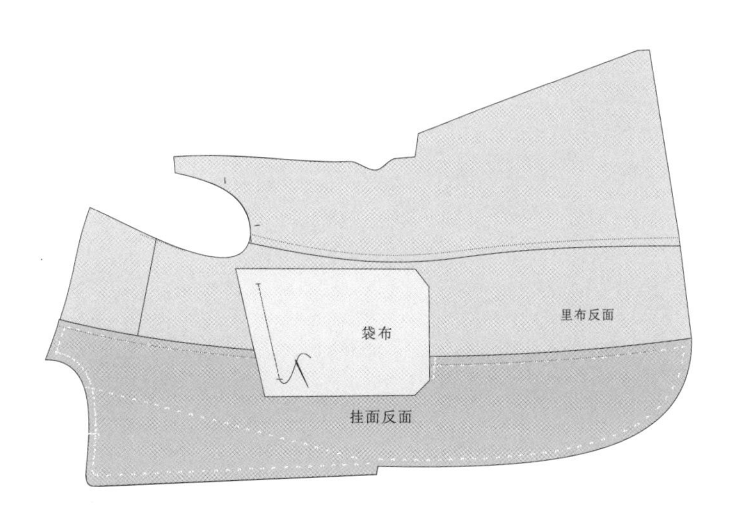

图4-78 【工序35-1】

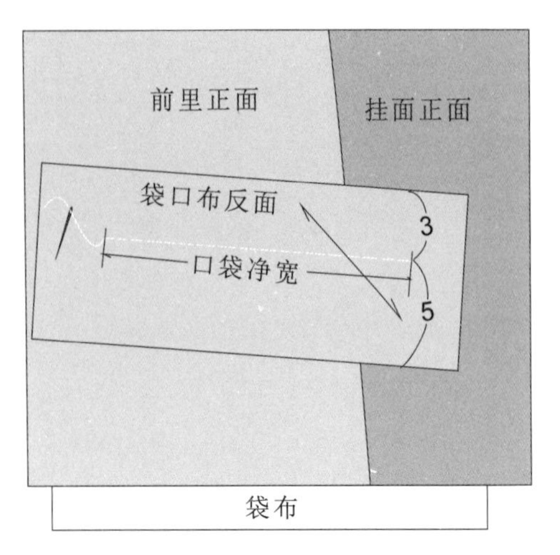

图4-79 【工序35-2】

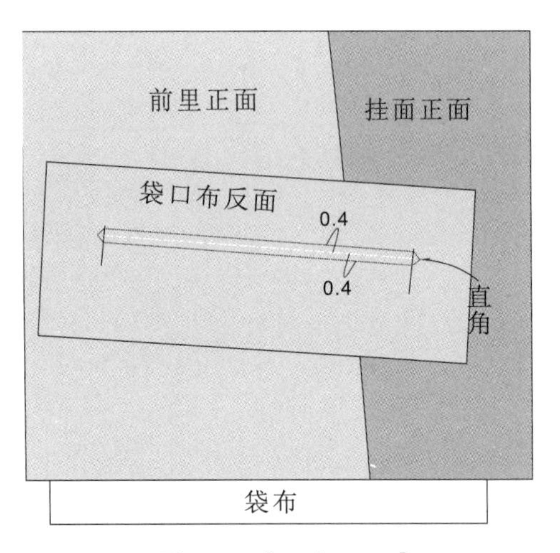

图4-80 【工序35-3】

75.【工序35-2】(图4-79)

西服内袋袋口一般为14cm宽，加放6cm。因此，准备20cm×8cm斜条里布。为了制作方便可烫薄衬。用绷线在折角双嵌线袋口的中心位置固定。从绷缝线到袋口布上端为3cm，下端为5cm。

76.【工序35-3】(图4-80)

如图，距袋口0.4cm缉线，并保持折角双嵌线袋口两端的角呈直角。起针不打倒针，结束时与起针缝线重叠1.5cm。

77.【工序35-4】(图4-81)

将双嵌线袋口的中心剪开，剪至距两角顶端0.1cm。

78.【工序35-5】(图4-82)

如图，袋口布两侧4个位置打剪口，起止点要分别与【工序35-4】中的剪口两端止点对齐，并分别与中心线相距0.8cm。

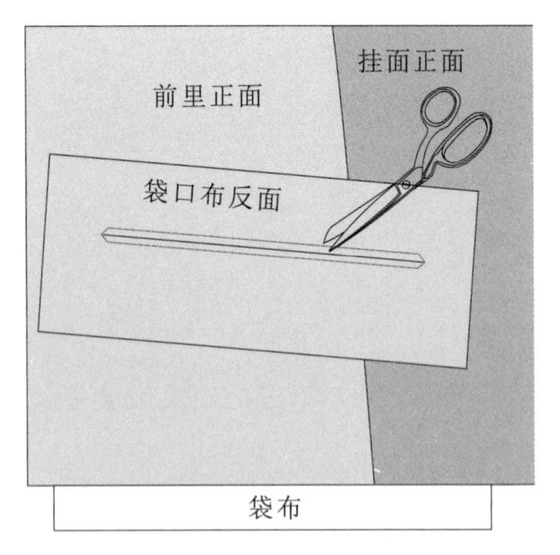

图4-81 【工序35-4】

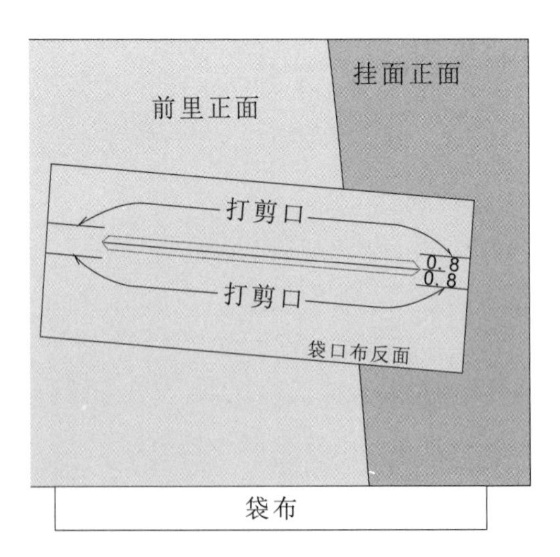

图4-82 【工序35-5】

79.【工序35-6】(图4-83)

【工序35-6】为【工序35-5】的一端放大图，双嵌线中心剪口止点与侧面剪口止点保持在同一竖线上。

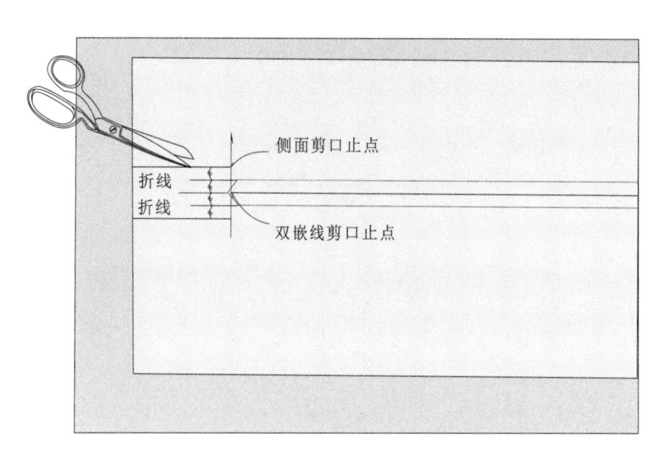

图4-83 【工序35-6】

80.【工序35-7】(图4-84)

如图烫出折线，先烫上侧，后烫下侧。

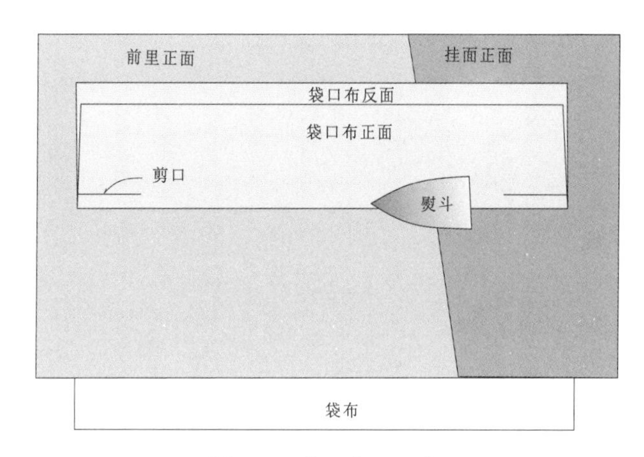

图4-84 【工序35-7】

81.【工序35-8】(图4-85)

将内袋口布翻到里布反面，同时一边将嵌线调整到预定宽度，一边用缝线把嵌线的边暂时绷缝固定。

82.【工序35-9】(图4-86)

用熨斗将上嵌线的一端向下折成直角，烫到双嵌线的中心为止。下嵌线也同样向上折成直角，烫到嵌线的中心为止。目的是为了做出漂亮的两端折角。

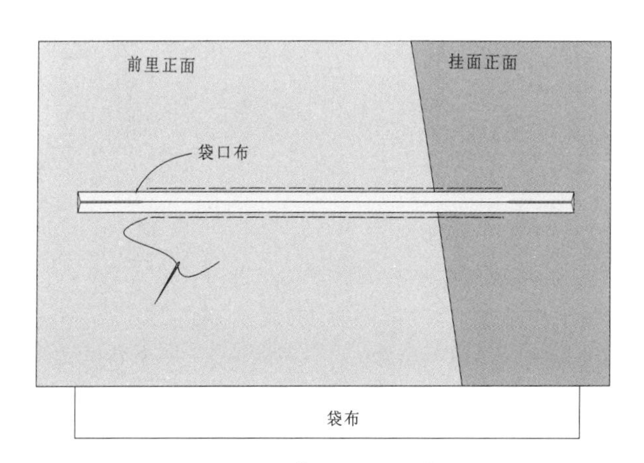

图4-85 【工序35-8】

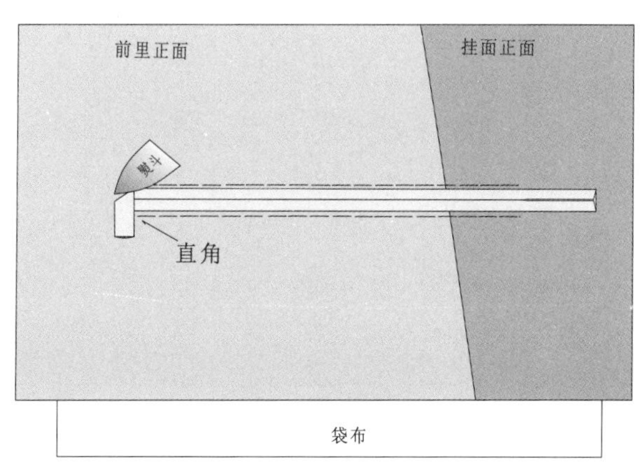

图4-86 【工序35-9】

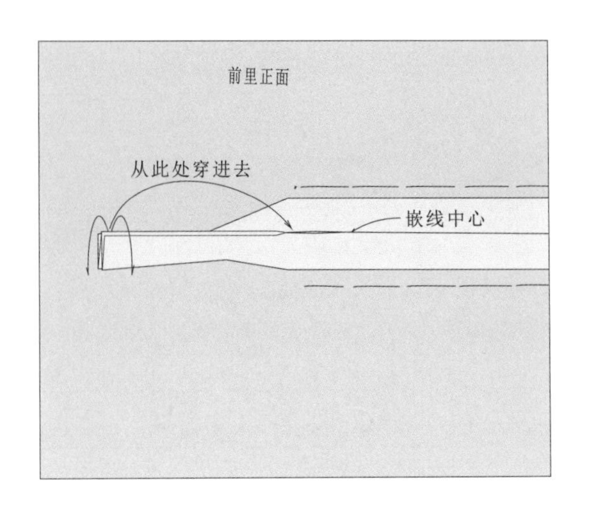

图4-87 【工序35-10】

83.【工序35-10】(图4-87)

如图，将两嵌线向嵌线的中心对折。这样袋口布端的宽度约为0.4cm。用手指捏住该袋口布端，从袋口将其穿向反面。

84.【工序35-11】(图4-88)

将袋口布端穿到反面，这时折角双嵌线内袋的顶端如图所示。检查折角的形状，保持上、下嵌线的宽度一致。

85.【工序35-12】(图4-89)

将穿到反面的袋口布端向嵌线的上方折倒，并用熨斗固定。

86.【工序35-13】(图4-90)

在内袋口下嵌线缉缝边线，不要打倒针，将线头留长些，从反面挑出打结。

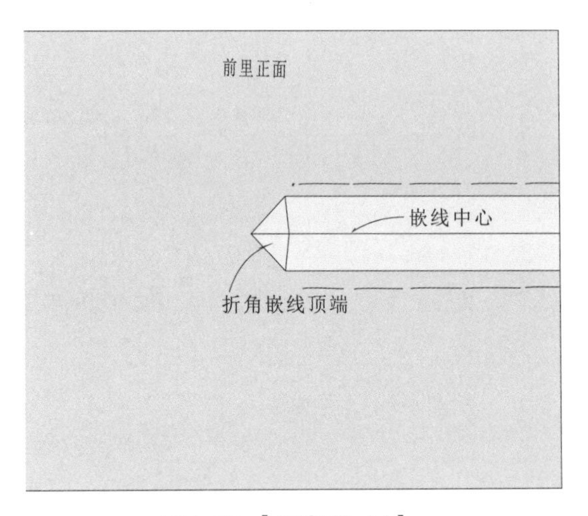

图4-88 【工序35-11】

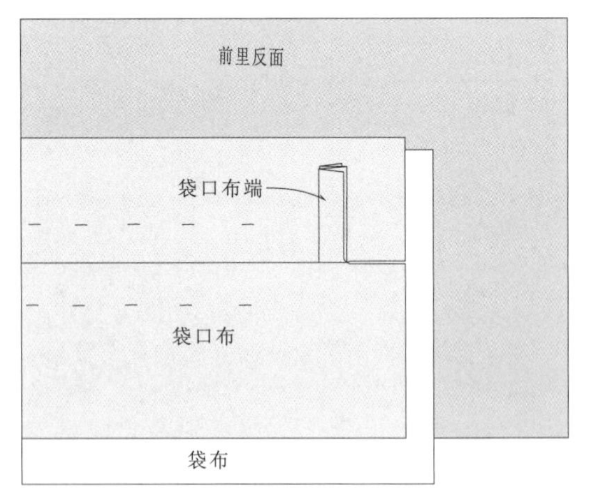

图4-89 【工序35-12】

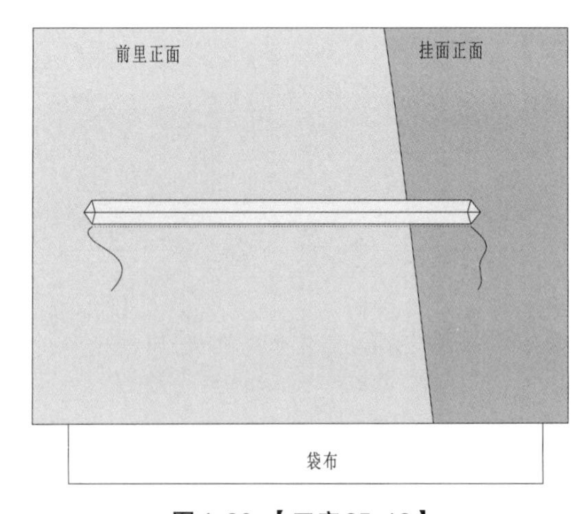

图4-90 【工序35-13】

87.【工序35-14】(图4-91)

用熨斗将内袋口布的下侧边折烫，再缉缝边线，将其固定在袋布上。

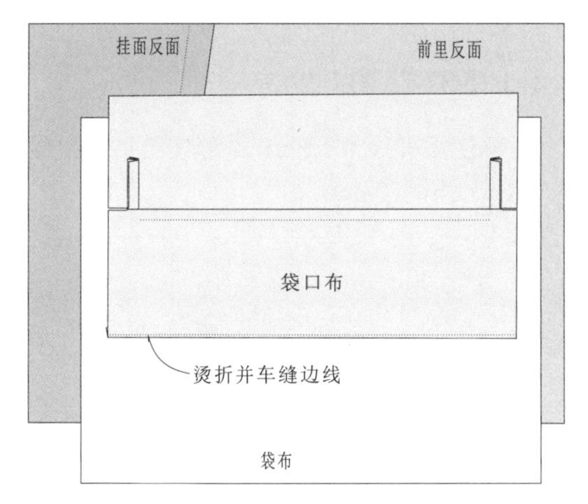

图4-91 【工序35-14】

88.【工序35-15】(图4-92)

用熨斗烫折垫袋布的下侧边。

89.【工序35-16】(图4-93)

可将垫袋布与袋布粗针绷缝固定，再缉缝边线，将其固定。

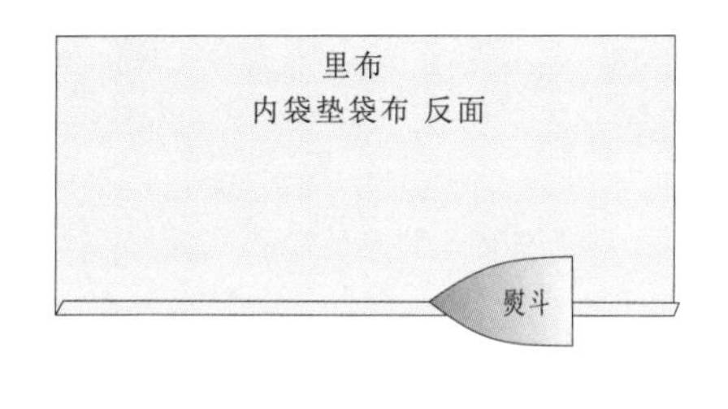

图4-92 【工序35-15】

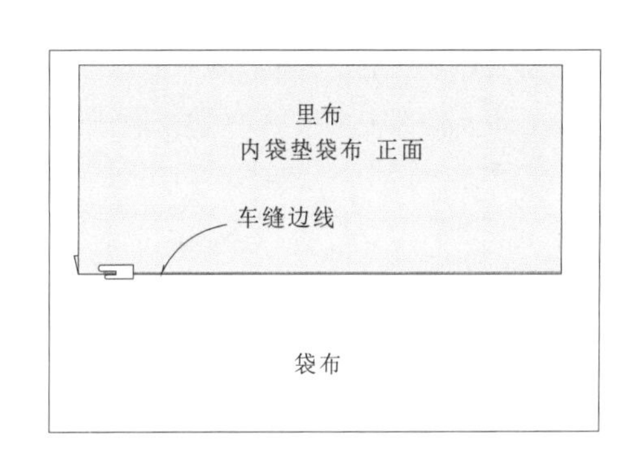

图4-93 【工序35-16】

90.【工序35-17】(图4-94)

如图放置缝有垫袋布的袋布，加上袋盖即可缝合口袋了。

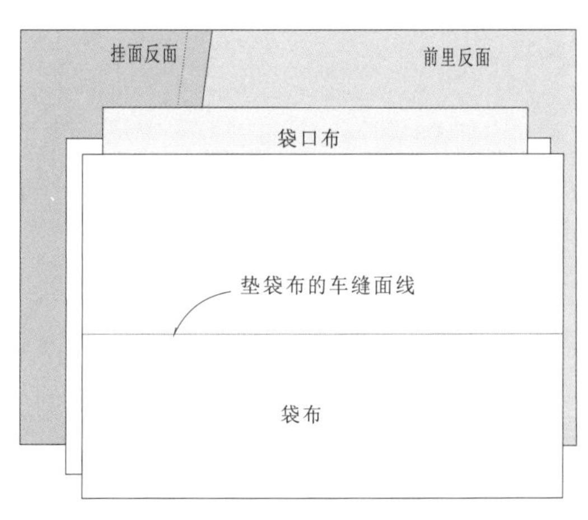

图4-94 【工序35-17】

【工序36】烫折内袋三角袋盖

91.【工序36】(图4-95)

用熨斗将一块边长为10cm的正方形里布对折熨烫。

【工序37】缉线、准备锁扣眼

92.【工序37】(图4-96)

如果使用直经为1.5cm的常规纽扣，扣眼的位置和尺寸如图所示。在扣眼位置的两侧缉缝两条平行线，两条线相距0.4cm。

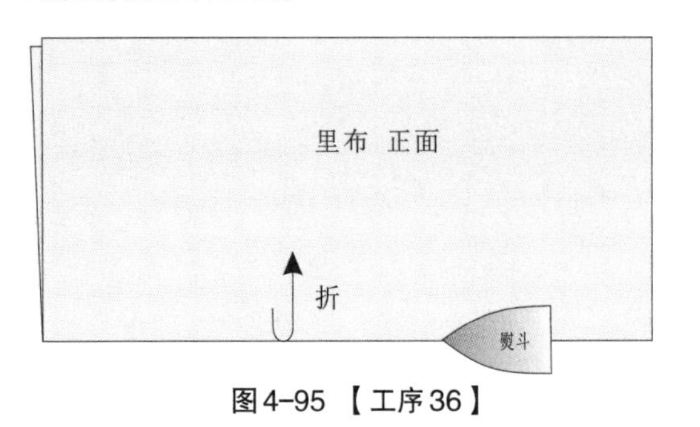

图4-95 【工序36】

里布 正面
1.8
0.4
1.5

图4-96 【工序37】

【工序38】锁扣眼

93.【工序38】(图4-97)

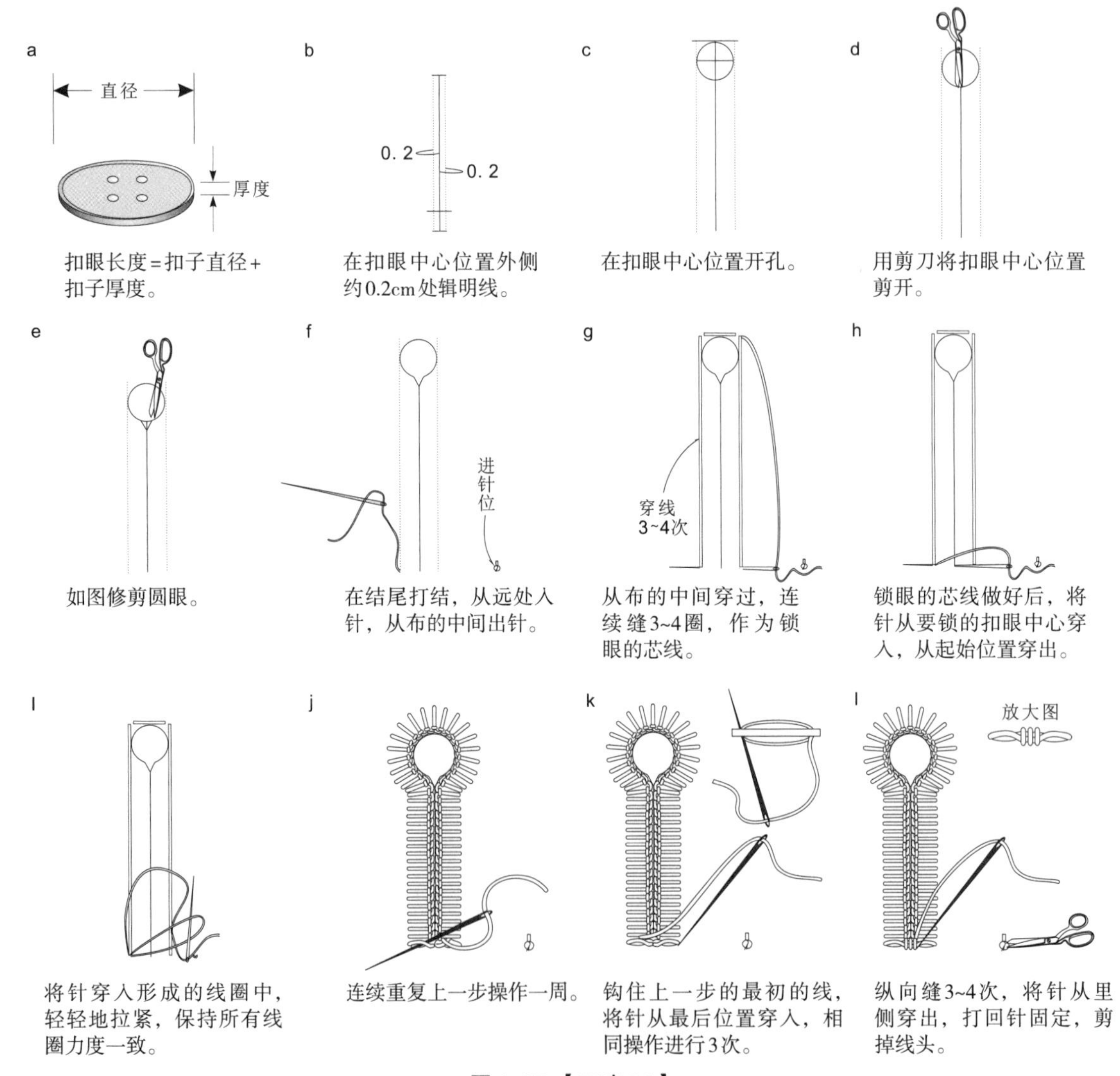

图4-97 【工序38】

【工序39】折叠里袋盖布

94.【工序39–1】（图4–98）

以下侧连折的中心为三角形顶点，将两边向中心折倒。

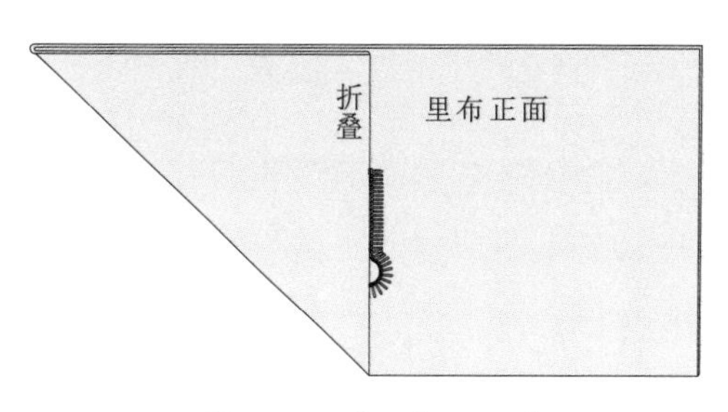

图4–98 【工序39–1】

95.【工序39–2】（图4–99）

将三角袋盖的上部用缝纫线绷缝固定。三角袋盖从嵌线的露出部分为4.5cm长。

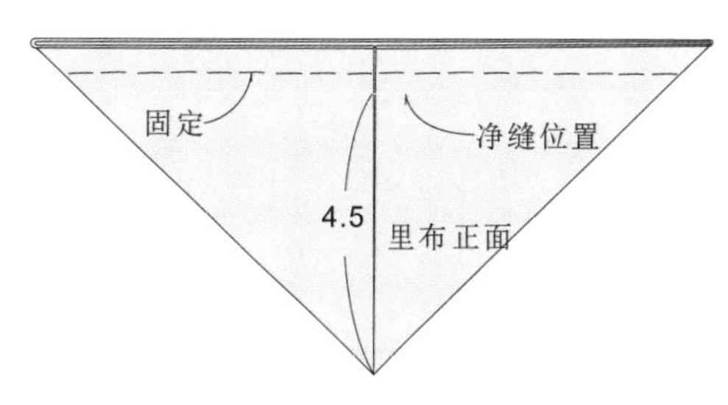

图4–99 【工序39–2】

【工序40】内袋口双嵌线上侧夹缝三角袋盖

96.【工序40】（图4–100）

在嵌线上侧缉明线之前，先将三角袋盖插入并用粗针脚手缝固定。

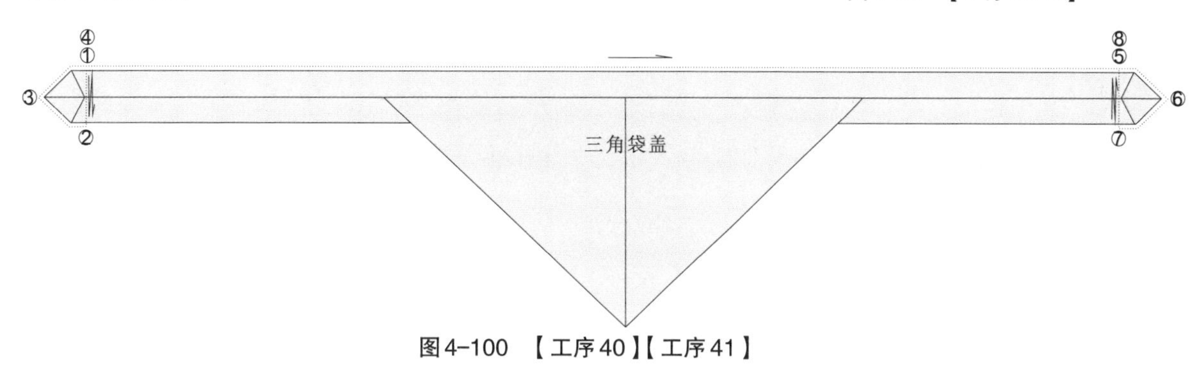

图4–100 【工序40】【工序41】

【工序41】内袋口双嵌线上侧缉缝边线

97.【工序41–1】（图4–101）

从①开始以倒针缉缝，完成三次倒针后，向②缉缝。从②开始沿嵌线边缘缉缝到③。再到④，从④再到⑤。从⑤开始沿嵌线边缘缉缝到⑥。从⑥再到⑦。从⑦开始，进行三次倒针，在⑧结束。一次完成。

如若是标准袋盖，则上侧缉双明线，顺序如图4–101所示。

另外，还有三角袋盖从中间拼接，留出扣眼位置的做法，也是很好的方法。

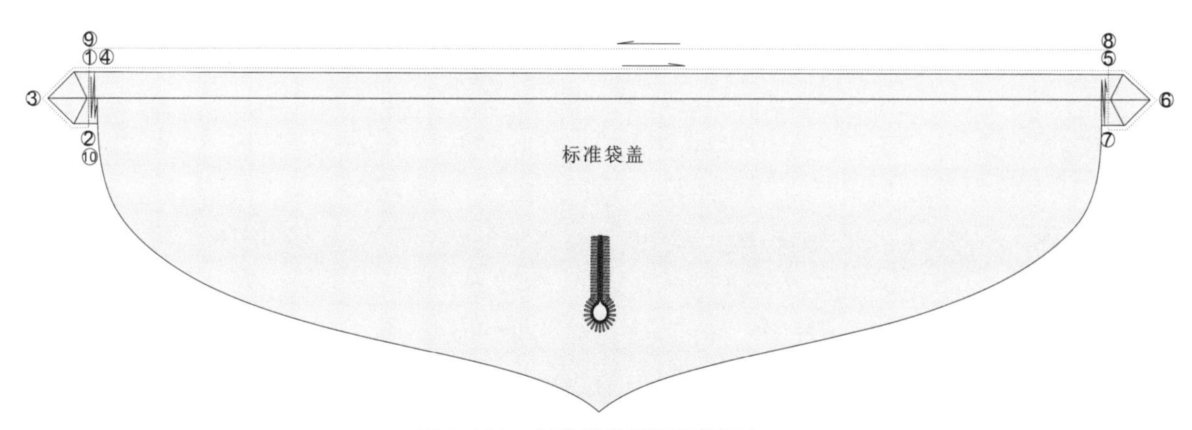

图4–101 标准袋盖缉双明线顺序

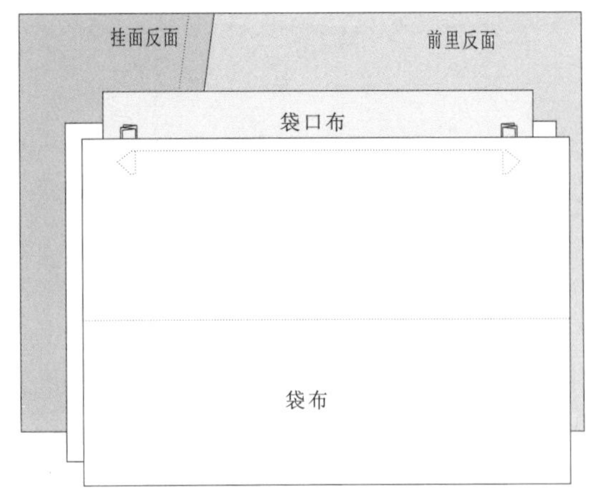

图4-102 【工序41-2】

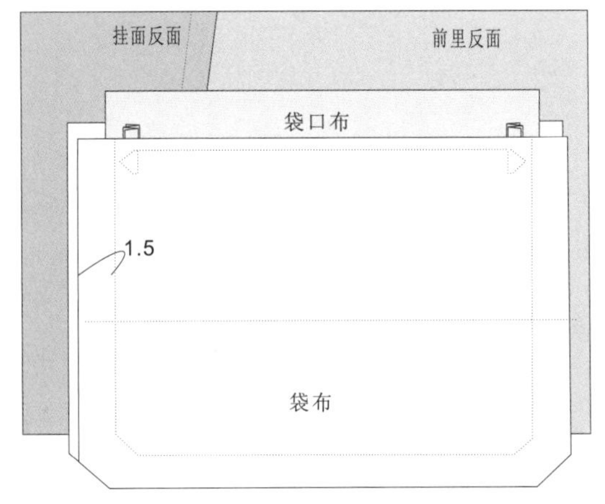

图4-103 【工序42】

98.【工序41-2】(图4-102)

如图所示为【工序41-1】从反面看到的状态。至此，折角双嵌线内袋就全部完成，其与袋盖成为一体。

【工序42】内袋布缉缝双重线

99.【工序42】(图4-103)

在袋布上缉双重线以固定口袋。

【工序43】内袋口两端打套结

100.【工序43-1】(图4-104)

在内袋两端打套结以加固袋口同时作为装饰。

101.【工序43-2】(图4-105)

此内袋做法比较传统，一般可按双嵌线的方法制作，一般服装工艺书籍均有涉及，这里不再作介绍。

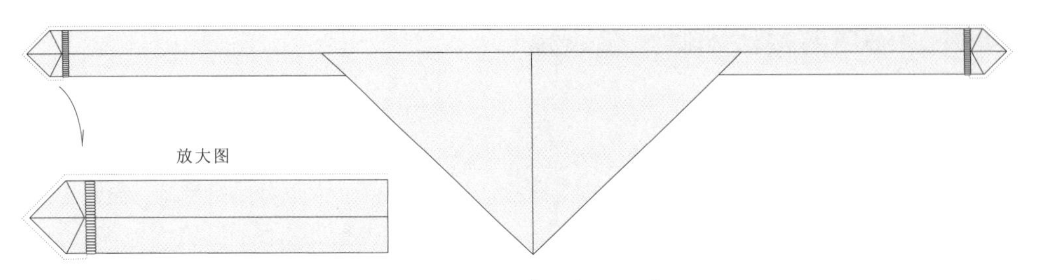

图4-104 【工序43-1】

a

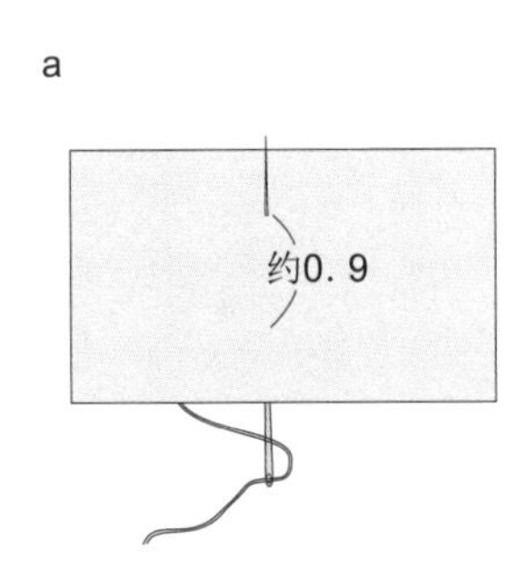

在线尾打结，将针从反面穿过套结的上端。

b

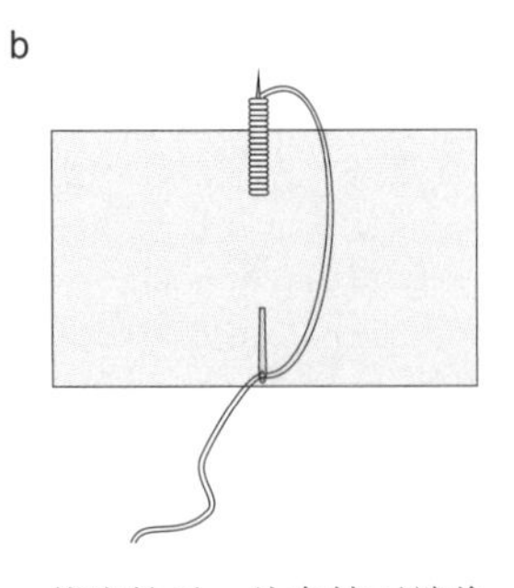

拔出针后，从套结下端将针穿入，针从线的根部穿出，将根部的线在针上绕数圈，达到所要长度为止。

c

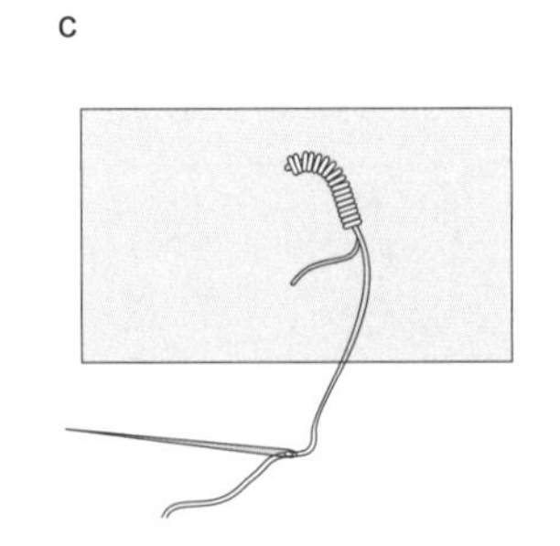

用拇指按住线圈，拔出针。

d

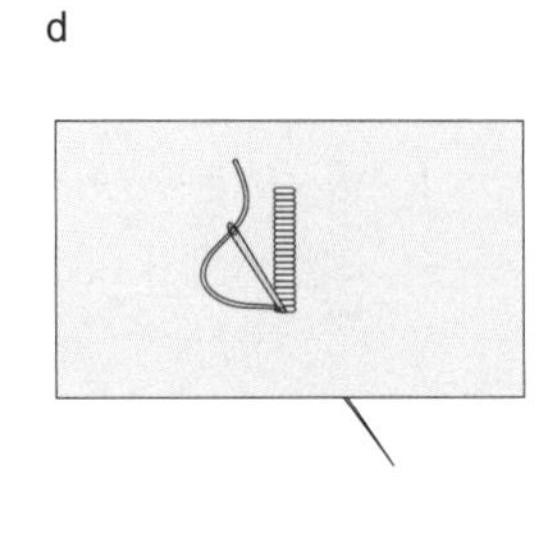

将针向下穿出，在反面缝回针固定。

图4-105 【工序43-2】

【工序44】绷缝挂面前中止口

工序44

102.【工序44】(图4-106)

用白棉线大针脚绷缝挂面前中止口，驳头角做圆角，以对应大身驳头。绷缝完毕整烫止口。

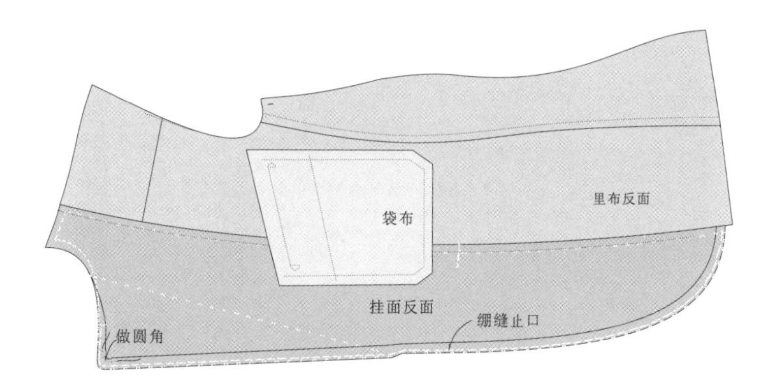

图4-106 【工序44】

【工序45】绷缝对合大身与挂面驳头止口

工序45

103.【工序45】(图4-107)

如图将挂面与大身里靠里放置。对位挂面和大身的翻驳点①点和两者的领嘴②点，挂面止口外吐0.1~0.2cm，从①至②大针将两者绷缝。绷缝完毕整烫止口。

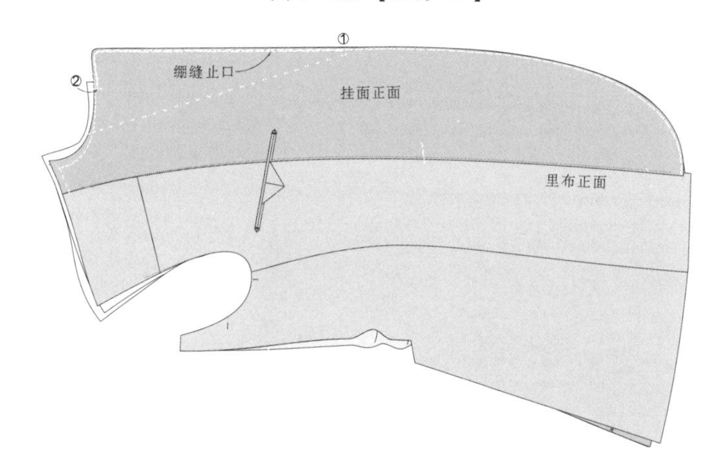

图4-107 【工序45】

【工序46】绷缝驳头窝势

工序46

104.【工序46】(图4-108)

如图将衣片翻至正面，驳头沿翻驳线折好，左手拿着驳头止口呈一定窝势，沿止口从③到④绷缝固定。

然后，再窝足翻量从⑤到⑥再绷缝一道棉线。绷缝完毕整烫止口。

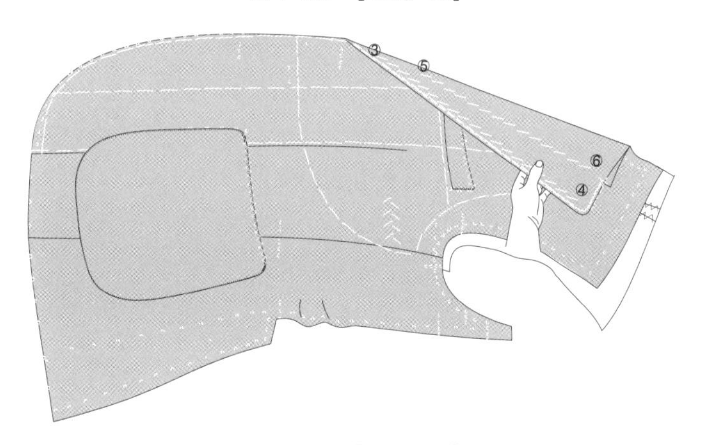

图4-108 【工序46】

【工序47】绷缝固定驳头翻折线位置

105.【工序47】(图4-109)

如图将衣身翻至反面，用手抚平挂面，使挂面与大身的翻折线两者之间完全贴合，无空隙。

然后，距翻折线1~2cm处从⑦到⑧绷线固定挂面与大身，但不要将驳头绷缝在一起。

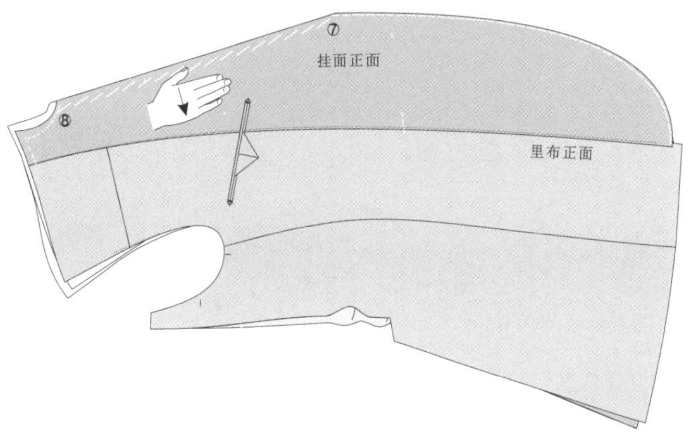

图4-109 【工序47】

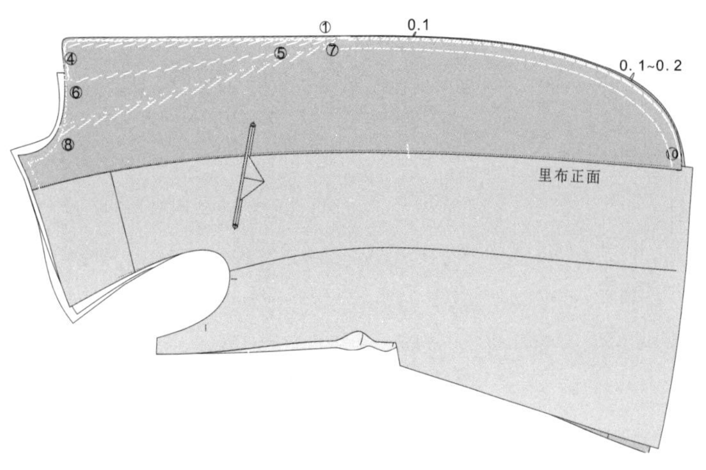

图4-110 【工序48】

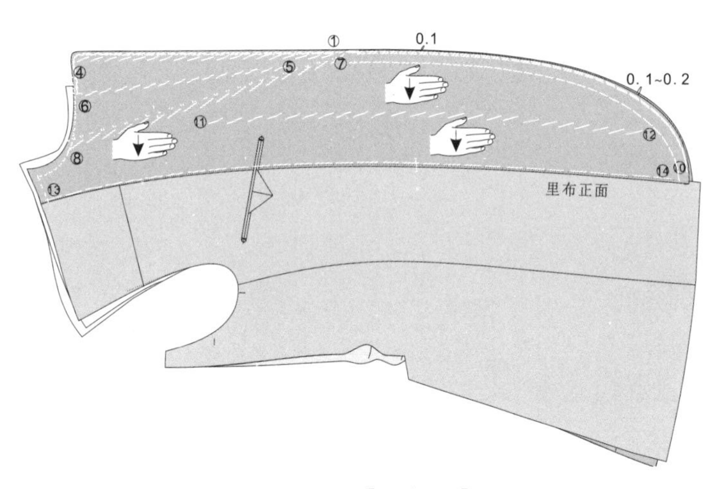

图4-111 【工序49】

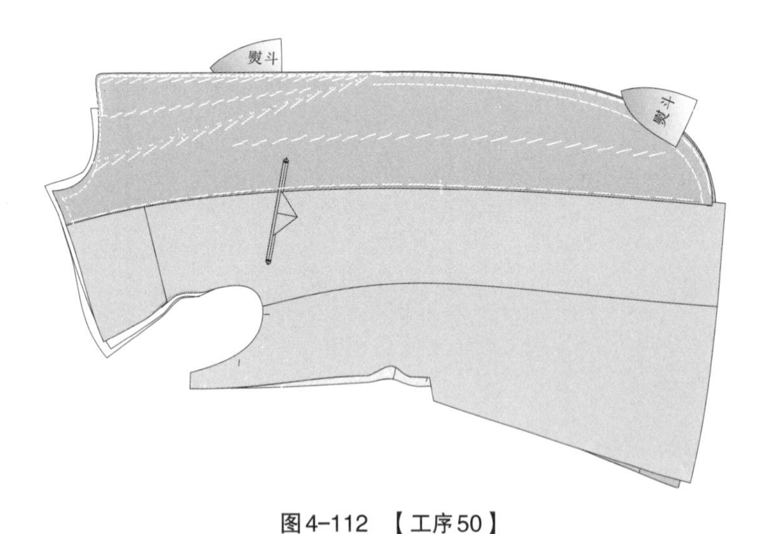

图4-112 【工序50】

【工序48】绷缝固定门襟止口

106.【工序48】(图4-110)

从翻驳点①开始，挂面止口缩进0.1cm，下摆圆角缩进0.1~0.2cm，自①到⑩进行止口绷缝。

绷缝结束后，距止口2~3cm，边做窝势边从⑦到⑩进行绷缝，尤其是下摆圆角，要求绷缝结束后，有向里方向的自然窝势。绷缝完毕整烫止口。

【工序49】绷缝固定挂面

工序49、
工序52

107.【工序49】(图4-111)

依止口窝势沿⑪到⑫进行绷缝，绷缝时用手从止口向里布方向抚平。

结束后，再用手将挂面向里布方向抚平，从⑬向⑭方向沿着挂面拼缝进行绷缝。至此，挂面与大身绷缝结束，挂面与大身完全贴合。要求驳头有窝势，门襟止口和下摆圆角有窝势。

【工序50】整烫门襟、挂面

108.【工序50】(图4-112)

完成挂面与大身的绷缝后，仔细熨烫驳头、门襟、下摆和挂面，使挂面和大身服贴，止口平服且具窝势。

【工序51】缲缝止口

109.【工序51-1】(图4-113)

熨烫完成后，将衣片翻至正面，自①至②进行缲缝。

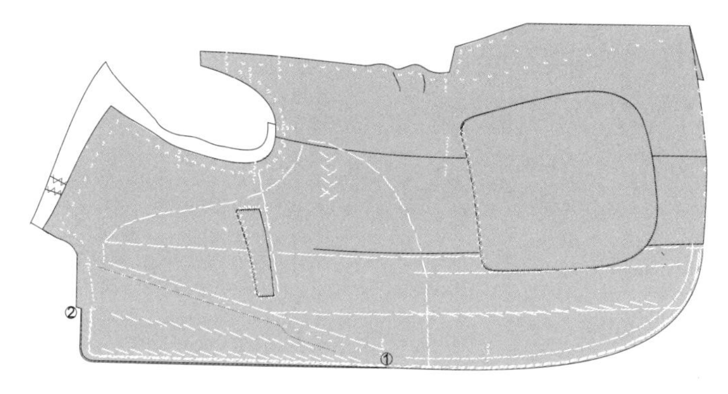

图4-113 【工序51-1】

110.【工序51-2】(图4-114)

①至②缲缝完成后，将衣片翻至反面，自③至①进行缲缝。

止口缲缝结束后，可以正面回针贯通星点缝加固和装饰，也可不再做明线珠针固定，依设计而定。

珠针装饰一般也可放在最后与领子回针贯通星点缝一起进行，见【工序126】。

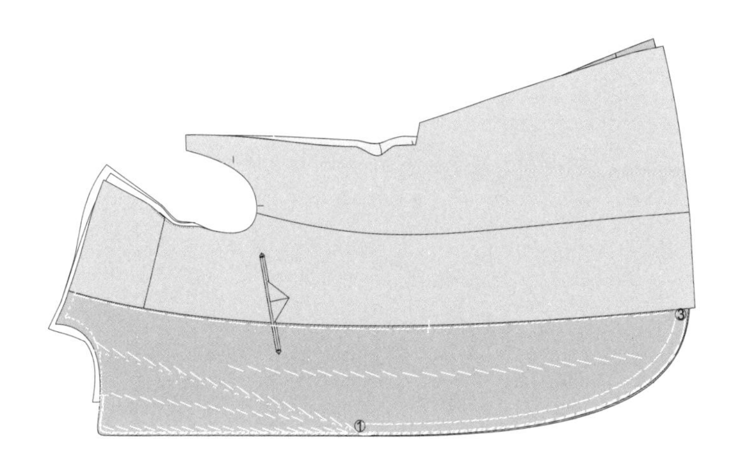

图4-114 【工序51-2】

附：暗缲缝方法（图4–115）

a

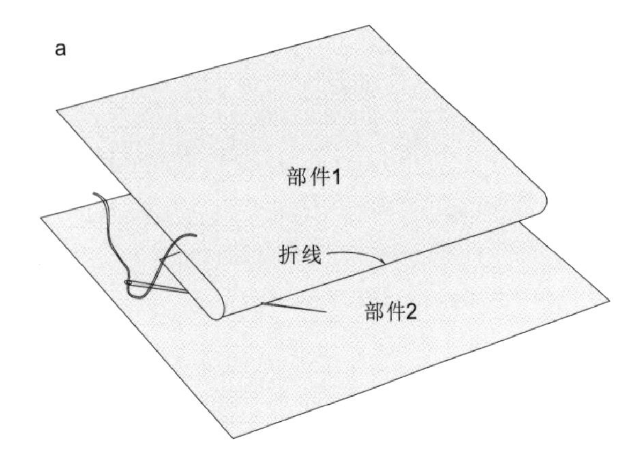

使用手缝线，为隐藏线尾，将针从部件中插入，从部件1的折线正中间穿出。

b

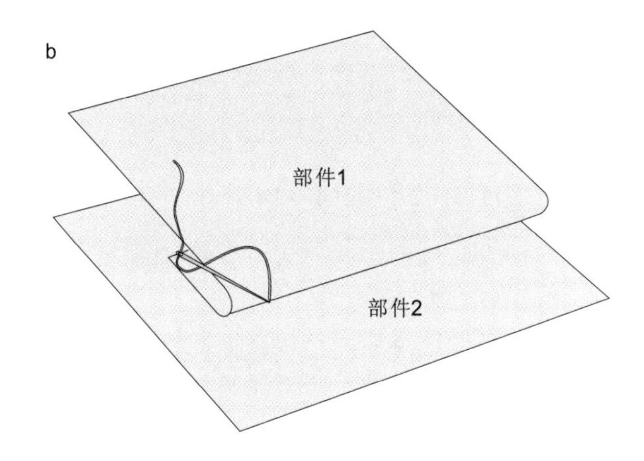

从部件1穿出针，插入其正下方的部件2。

c

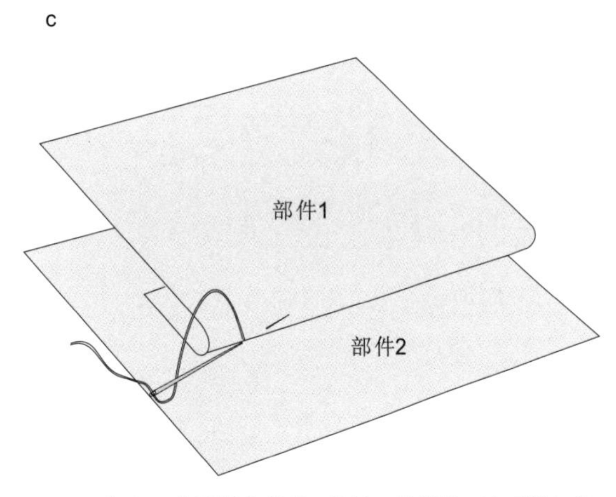

将上一步骤插入部件2的针，从部件2的下部向前插入部件1的折线正中间。

d

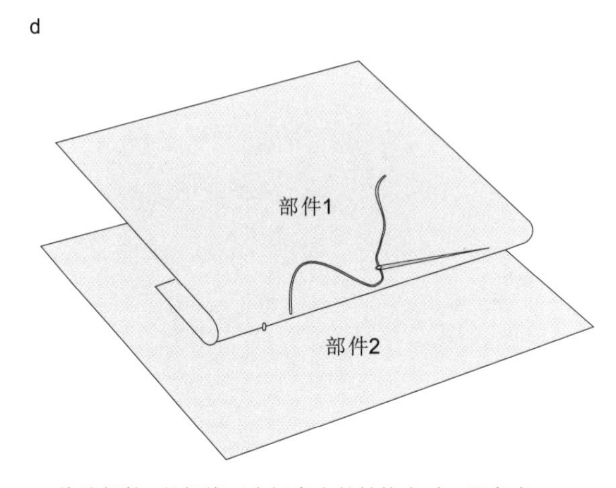

将从部件1的折线正中间穿出的针拔出时，即完成第一针暗缲缝。

e

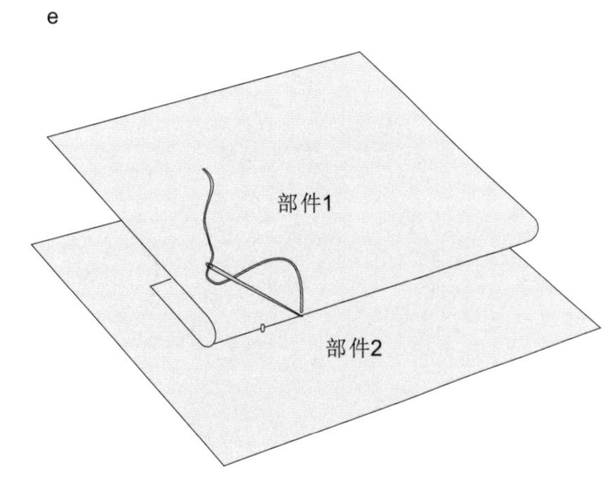

从部件1折线正中间穿出针插入其正下方的部件2，如此反复。

f

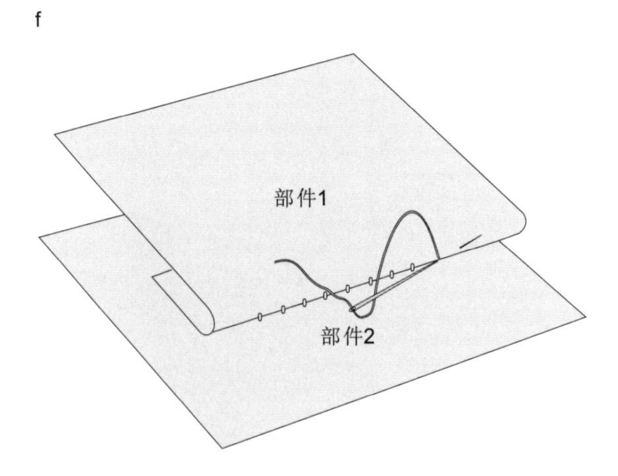

暗缲缝的针距要适当，以0.25~0.3cm为宜。要注意露出的针脚要短，短才漂亮。缲缝时，手缝线不宜拉得太紧。

图4–115 暗缲缝方法

【工序52】三角针固定挂面

111.【工序52】(图4-116)

止口缲缝结束后，将前身里布掀开，用三角针自④开始固定挂面到毛衬上，至⑤结束。再从⑥开始至⑦结束。④距肩缝约6cm，以留出位置拼合肩缝，⑦距下摆约6cm，以便给制作下摆里布留出位置。

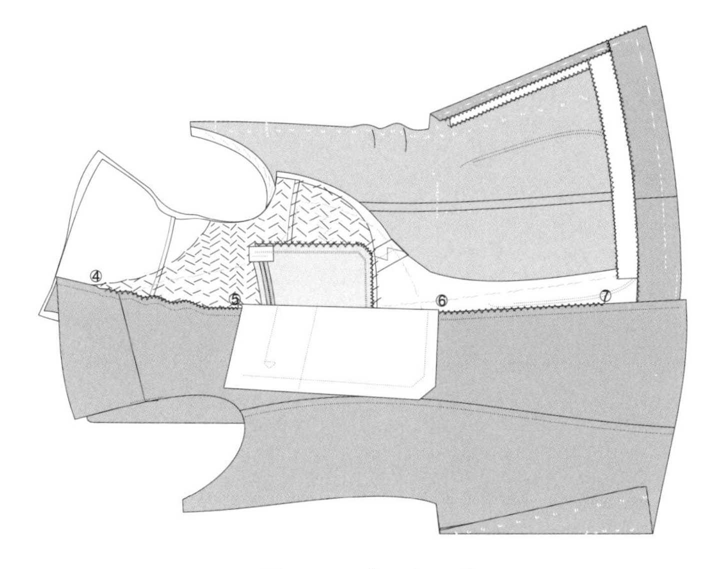

图4-116 【工序52】

【工序53】固定前里下摆和摆衩

工序53

112.【工序53-1】(图4-117)

沿侧衩净缝折边，自①向②与表布一起绷缝固定。

说明：在绷缝侧衩前可绷缝前身里布，从前向侧面、底摆抚平，边抚边绷。在此不再详细说明。

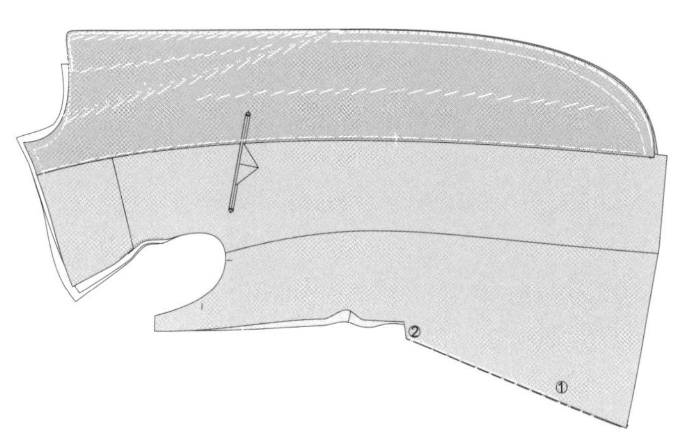

图4-117 【工序53-1】

113.【工序53-2】(图4-118)

下摆折边距底摆约2cm，自③向④绷缝固定。

然后，自④向②用珠针固定侧摆里布和表布。

使用珠针时里布侧衩固定在表布侧钗的缝份上，不挑穿表布。

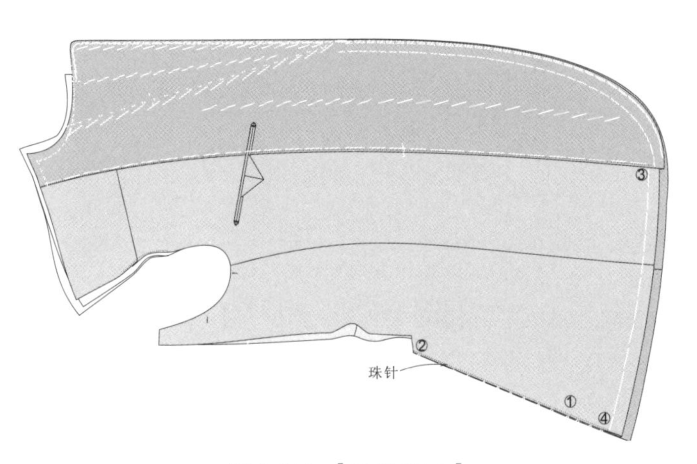

图4-118 【工序53-2】

【工序54】后身表布归拔

后身表布在合缝之前，必须做归拔处理，将样版上的吃量在这一步归拢，并且拔开腰节使腰部立体而吻合人体腰部造型。归拔时，两层表布正面相对，反面朝上，最好使用吸风烫台以利于归拔后的定型。

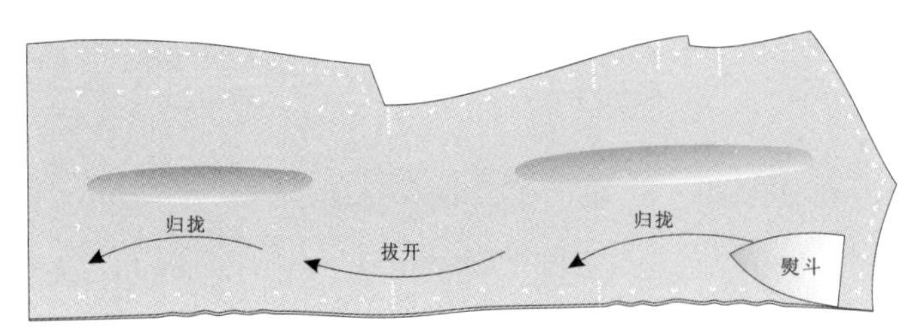

曲线及箭头为熨斗运行路径和方向

图4-119 【工序54-1】

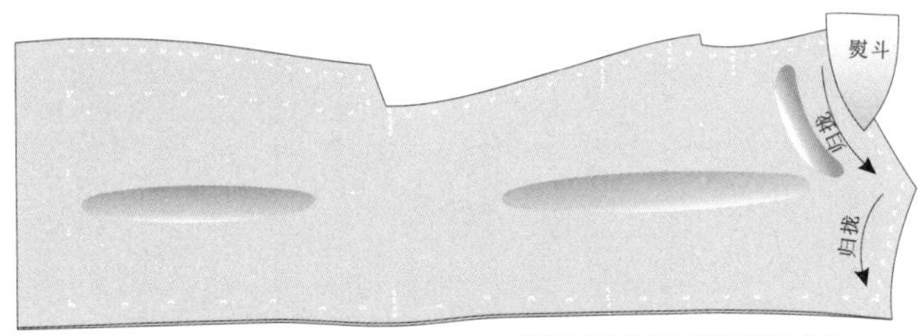

曲线及箭头为熨斗运行路径和方向

图4-120 【工序54-2】

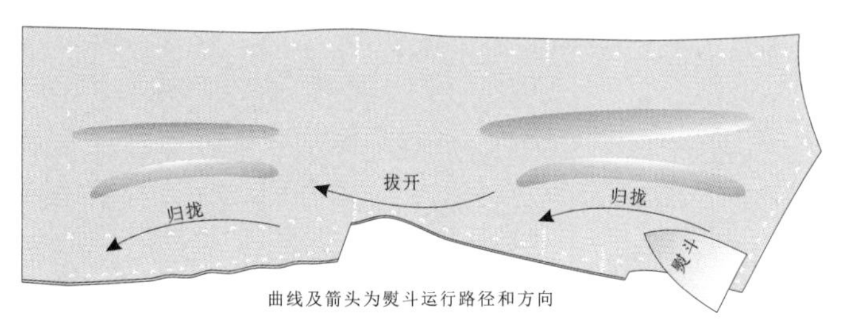

曲线及箭头为熨斗运行路径和方向

图4-121 【工序54-3】

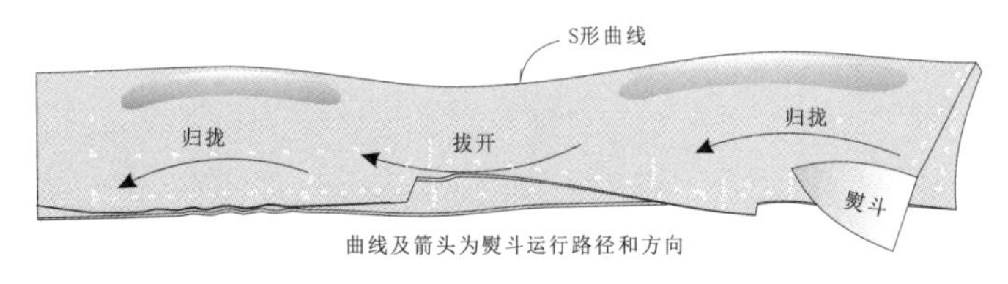

曲线及箭头为熨斗运行路径和方向

图4-122 【工序54-4】

工序54-1、54-2

114.【工序54-1】(图4-119)

归拔后背中缝，图中箭头为熨斗的运行方向。

后中凸起部分归拢，至少归成直线，反凹也可，在此处有近1cm的归拢量，归拢后肩胛骨区域才会有凸起效果。

115.【工序54-2】(图4-120)

归拢肩线和后领围，将凸起的肩线归成凹形肩线，后领围归拢0.3cm的设定量。

对比【工序54-1】和【工序54-3】图中的肩线形状。

工序54-3、54-4

116.【工序54-3】(图4-121)

后侧部归拢方式与后中一致，背宽部尽量多归些，腰节拔开量要大，臀围归拢量也要大。

后中、肩部、后侧三个方向归拔后，将后身表布两层一起翻至另一片朝上，继续以上【工序54-1】~【工序54-3】动作，以使后身左右均衡和塑型到位。

117.【工序54-4】(图4-122)

如图将后身衣身对折，将重叠在一起的背宽部和后中部一起归拢，后中腰节和侧腰节一起拔开，臀部四片一起归拢。

熨斗蒸汽加热加湿加压、归拢和拔开、吸风冷却三个动作同时进行，使对折线呈现S造型。后身S形曲线不是在后中缝，而是体现在自左右肩胛骨凸起的垂直线上。因此，通过归拔定型使肩胛骨区域凸起、中腰收进、臀部圆润（图中S形曲线）。平面样版的二维结构转化为表布的三维立体造型。在之后的工序中，包括小烫和大烫都在不断增强此塑型。

【工序55】拼缝后中线

118.【工序55】(图4-123)

沿线钉绷缝后衣身中缝，然后沿线钉车缝。注意上下线的松紧。

合缝后中时，首先要绷缝，尤其是需对条对格的面料，这一步极其重要。

另外，在车缝时，用100~150g/ m^2 牛皮纸剪一片2cm×15cm大小的纸皮，沿缝线压在压脚下，边车缝边用四指压住纸皮。一是起到对位作用：线不会车弯；二是因四指压住纸皮，上下衣片就不会因上下吃势不均而导致横丝走样，保证横条的对位。

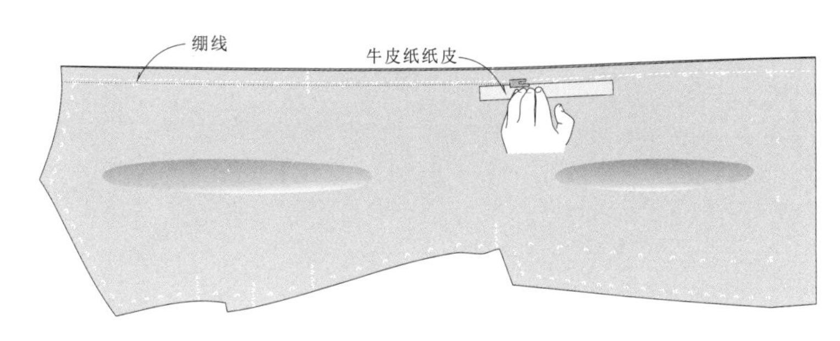

图4-123 【工序55】

【工序56】后中劈缝、熨烫处理

119.【工序56】(图4-124)

合缝后，去除绷线和线钉，分缝整烫，整烫时注意后中归拔部位的归和拔的工艺处理。

完毕后，再倒缝压烫，为下一步珠针作准备。

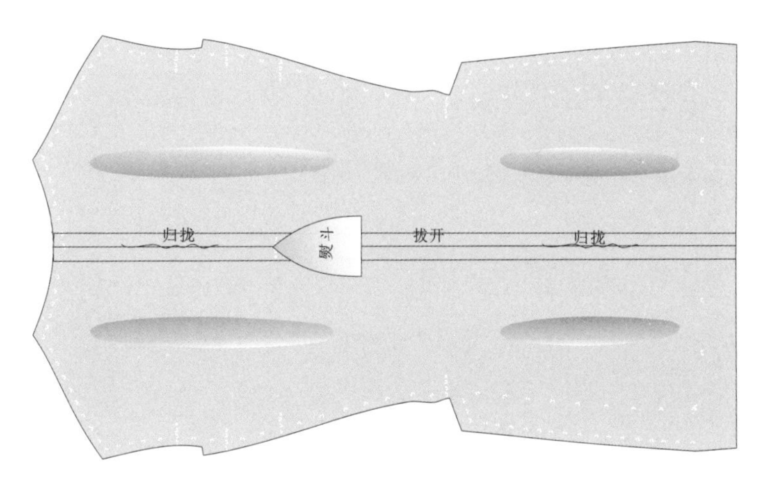

图4-124 【工序56】

【工序57】后中缝正面珠针

120.【工序57】(图4-125)

正面距后中缝0.1~0.15cm作珠针（星点缝），保持针距一致。

珠针方法可参照【工序4-3】。

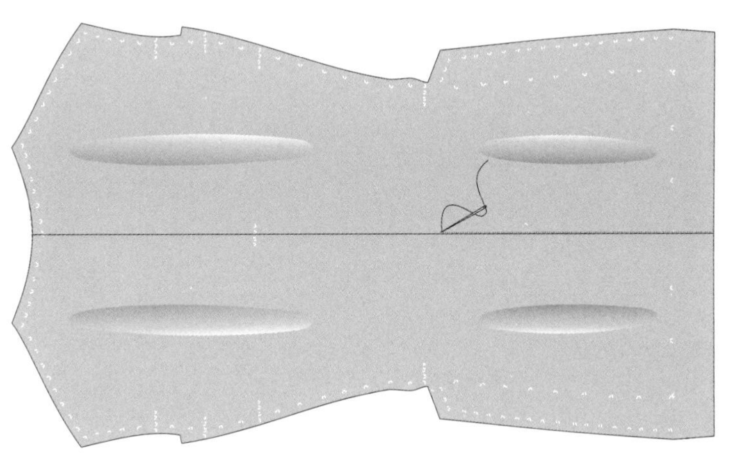

图4-125 【工序57】

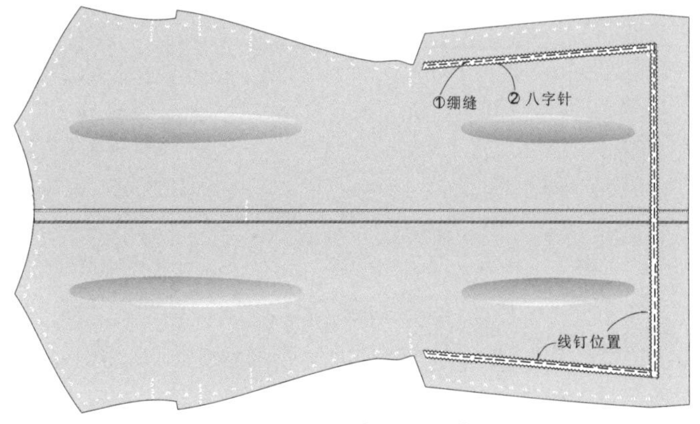

图4-126 【工序58】

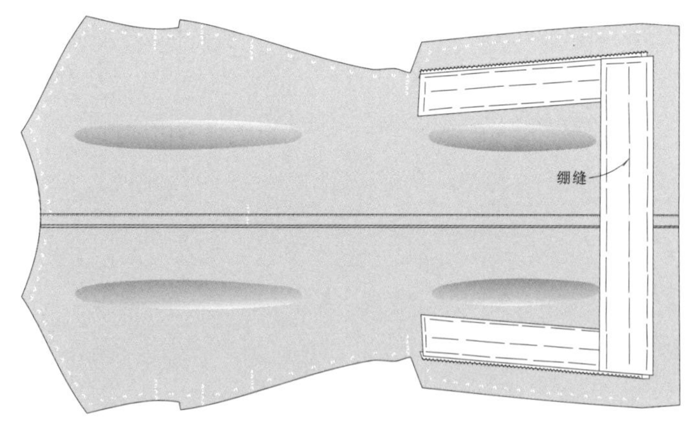

图4-127 【工序59-1】

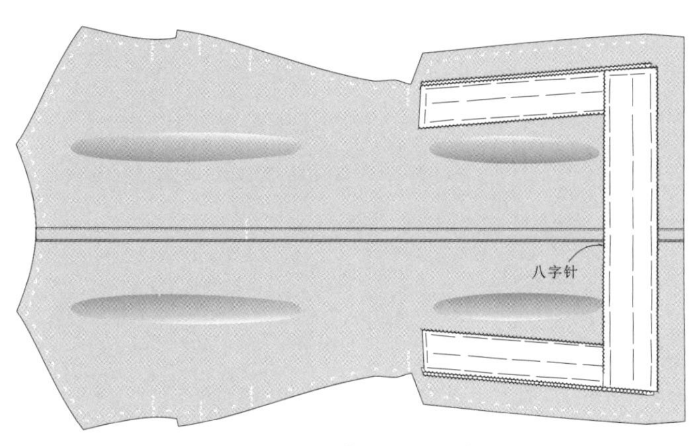

图4-128 【工序59-2】

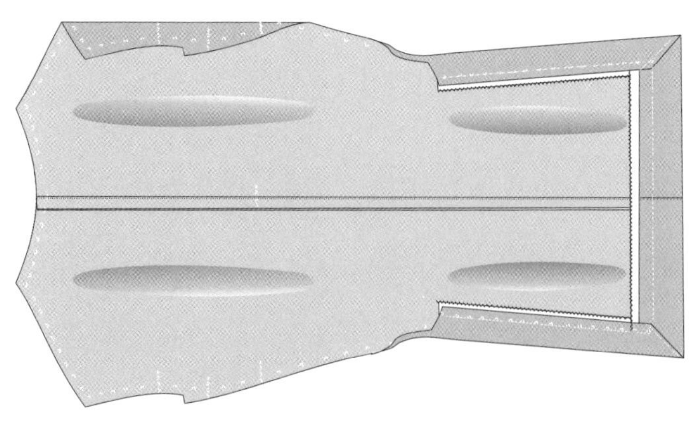

图4-129 【工序59-3】

【工序58】侧开衩和底边绷缝牵条

121.【工序58】(图4-126)

工序58包含两道工序，首先如①绷缝预缩好的牵条，牵条距开衩和下摆线钉外侧0.2cm放置固定。然后如②将牵条用八字针法固定在面布上，八字针缝时带住面料一两根布丝即可。

八字针结束，折去绷线。

【工序59】固定摆衩和下摆衬布

122.【工序59-1】(图4-127)

剪两块棉袋布作下摆和衩摆的衬布，衬布宽7cm左右。摆衩衬盖住牵条1/2，下摆衬完全盖住并超过牵条摆放。

用大针脚绷缝，先固定中间位置，再绷缝两边缘，这样不易走样。

123.【工序59-2】(图4-128)

绷缝固定衬布后，用三角针法固定衬布边缘，固定在大身时挑起一两根布丝。摆钗衬布外侧用八字针固定在牵条上。

完成后，去掉绷线。

124.【工序59-3】(图4-129)

沿线钉位置折边，让摆钗和下摆止口倒向大身，并用大针脚绷缝。

附：摆衩折角制作方法（图4-130）

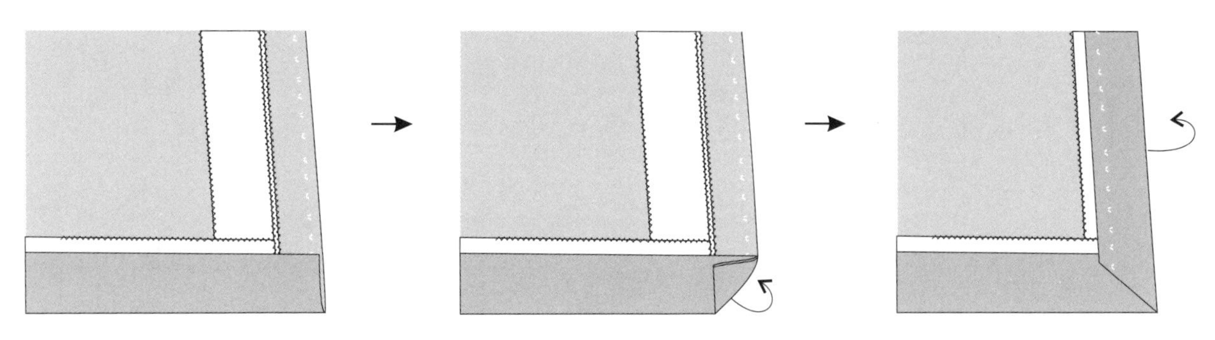

图4-130　摆衩折角制作方法

125.【工序59-4】（图4-131）

将摆衩和下摆折边用三角针固定在衬布上。

折角处暗缲缝后再用明线珠针。

然后拆去绷线，整烫摆衩。

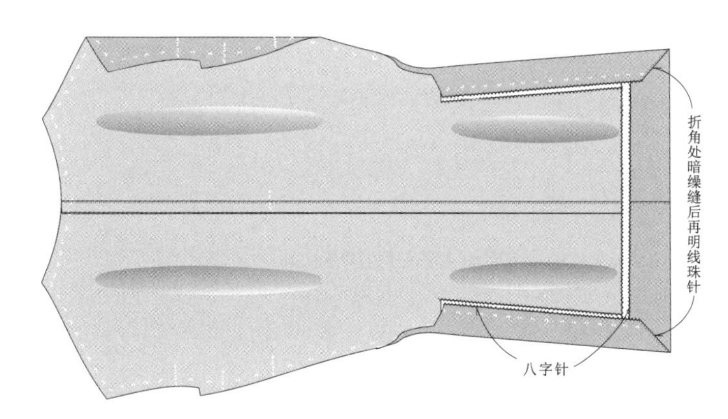

图4-131　【工序59-4】

【工序60】绷缝后领口承力垫布

126.【工序60】（图4-132）

后背麻衬与后领对合，先绷缝固定后中（图中①）。

然后从②开始绷缝固定肩线和领窝。

后背承力垫布（或称后领承力垫布）起到加固领圈和承受后背重力的作用。用大身麻衬可作后背的承力垫布，它比电光棉缎更合适，因为后背涉及肩胛骨凸起和运动变形，45° 斜裁麻衬更易应对变形，承受能力也更强。

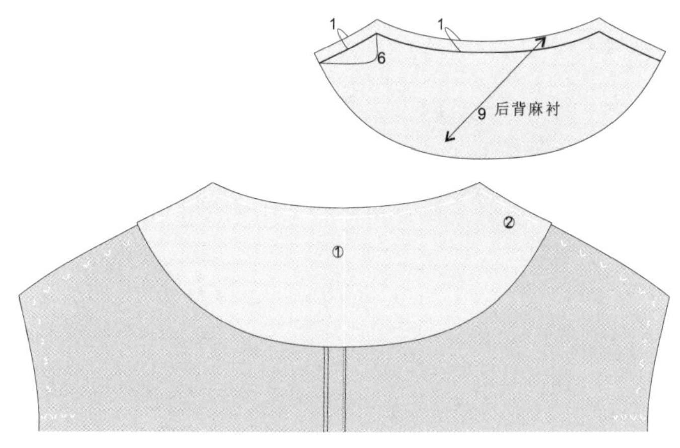

图4-132　【工序60】

【工序61】回针缝固定后领承力垫布

127.【工序61】（图4-133）

首先用回针缝固定承力垫布于表布后中的缝份，但不要缝穿表面。

然后，从距颈侧2~3cm开始固定领窝，都是固定在表布的缝份上，不可超过净缝位置。这样，既加固了领围、固定了衬布，又不影响其变形。

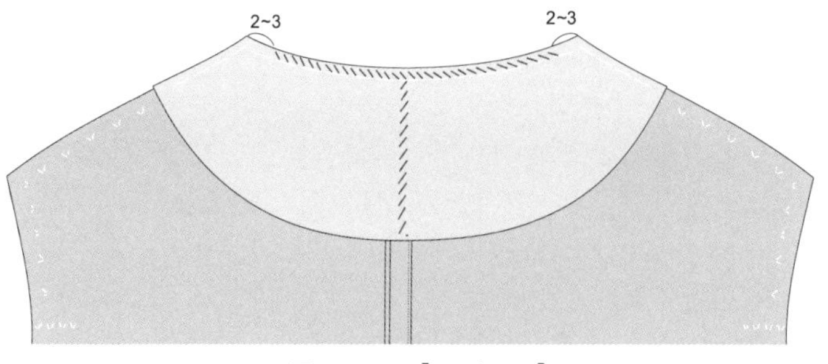

图4-133　【工序61】

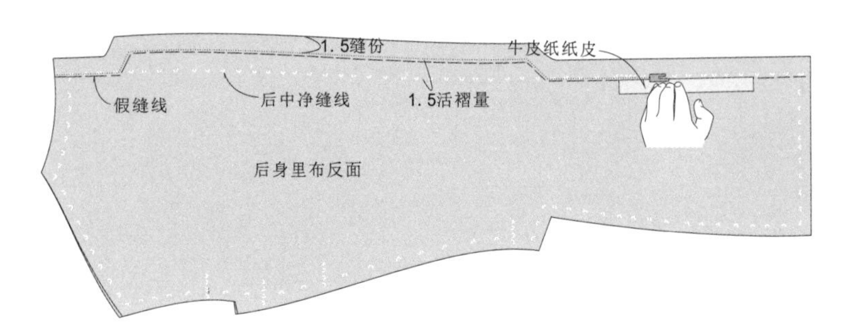

图4-134 【工序62】

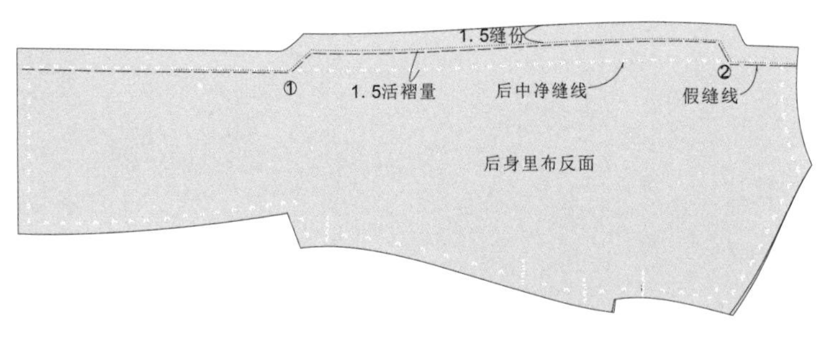

图4-135 【工序63】

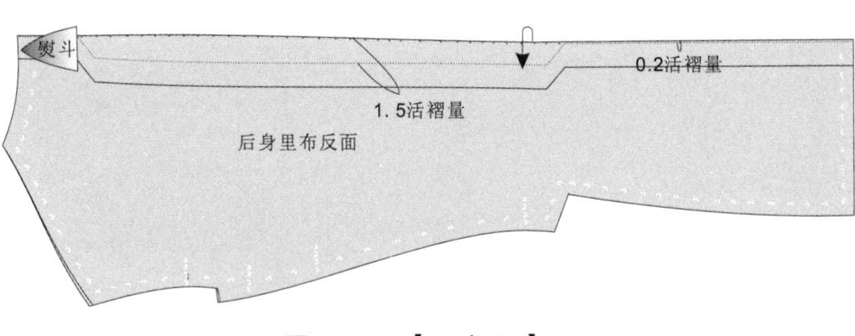

图4-136 【工序64】

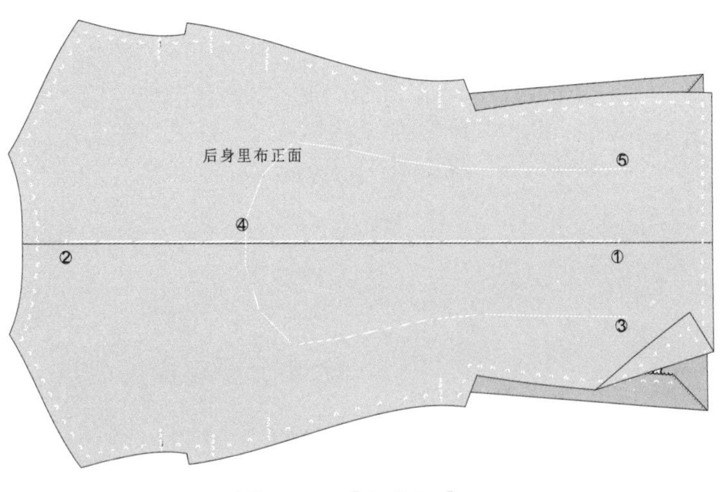

图4-137 【工序65】

【工序62】制作后身里布

工序62

128.【工序62】(图4-134)

后身两片对合先假缝固定，再如图使用纸皮工具对位车缝。

假缝线与车缝线错开一定距离。

【工序63】固定后身里布活褶

129.【工序63】(图4-135)

从①至②沿净缝线钉绷缝固定后身活褶。

【工序64】熨烫后身里布活褶

130.【工序64】(图4-136)

从底边开始向领口方向，一边折出距后中净缝线0.2cm的活褶，一边进行熨烫。

【工序65】绷缝固定里布

工序65

131.【工序65】(图4-137)

面布和里布相对如图放置，面布后中线对准里布后中线，自①向②绷缝。①距底摆约8cm，②距领窝约6cm。

然后，自③经过胸围区域至④再绷缝到⑤，这样利于下一步里布和面布的结合。

【工序66】固定里布摆钗和下摆

工序66-1

132.【工序66-1】(图4-138)

沿净缝线钉绷缝固定里布摆衩缝份，如图自①到②到③，自④到⑤到⑥，②位置和⑤位置打剪口，但剪口要距位置点0.2cm止。

另外，绷缝里布自身，不与面布一起绷缝。

图4-138 【工序66-1】

工序66-2

133.【工序66-2】(图4-139)

在下摆画出与前里位置等同的粉线，沿此线折进里布，自④到①与大身面布绷缝一起。

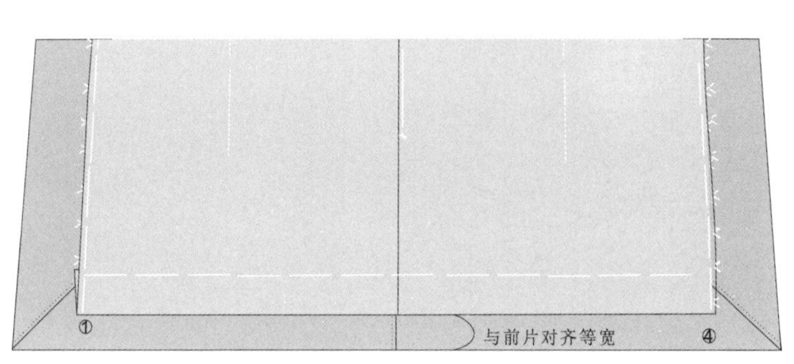

图4-139 【工序66-2】

【工序67】合摆衩

工序67

134.【工序67】(图4-140)

将前片摆衩叠放在后衩上，如图①②、④⑤位置并排放置，在②③和⑤⑥位置将前片放入后片的里布和表布之间并绷缝，将摆衩绷缝固定以便下一步操作。这一步骤绷缝时，均要绷穿所有表布，以在正面显示位置痕迹。

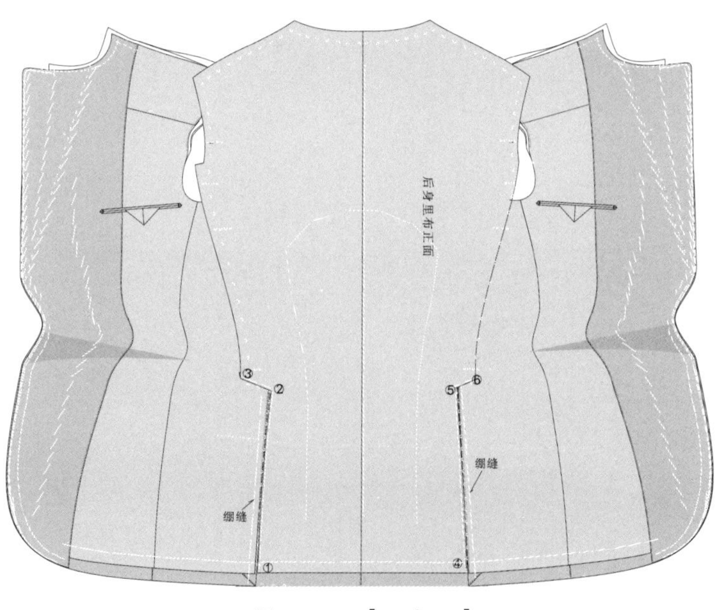

图4-140 【工序67】

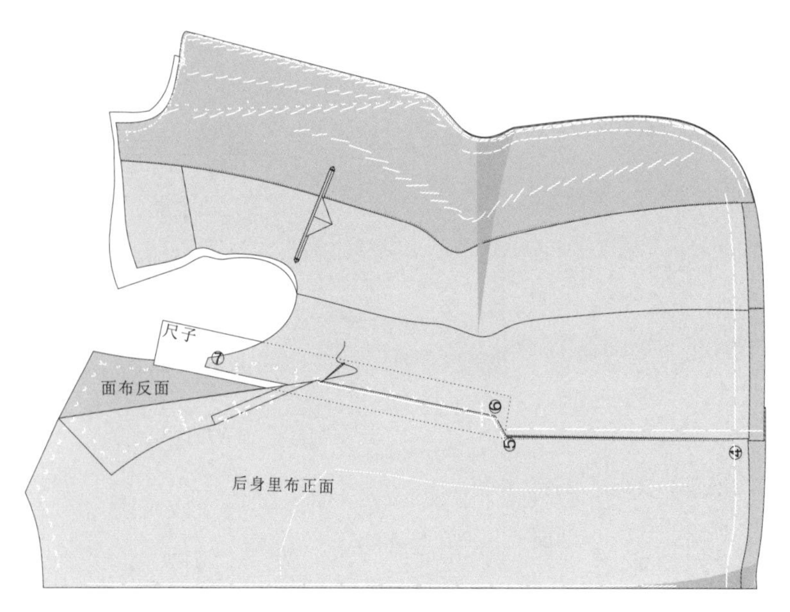

图4-141 【工序68】

【工序68】合里布侧缝

工序68

135.【工序68】(图4-141)

后身里布沿侧缝净缝折进，对着侧片侧缝的净位进行绷缝。

绷缝时在里布下垫一把尺子，这样利于操作，面布与里布之间不会有牵连。

绷缝后，自⑤至⑥再到⑦进行珠针固定，然后可拆去绷线。

【工序69】合表布侧缝

工序69

136.【工序69】(图4-142)

里布侧缝合缝结束后，将衣身翻至正面。沿线钉将后身侧缝的缝份折进并绷缝，按腰节和胸围线对位点与侧片对位并沿侧片线钉将两者绷缝固定。绷缝时在里布下垫直尺，以免绷住里布。

线尾不打结，从①反面入针，在反面同一位置反复珠针两三针，即可固定线尾，然后将针穿到正面珠针。自①到②再到③珠针将侧缝固定。操作时也需垫尺子。另一侧缝同样操作。

仔细整烫里外侧缝和开衩，开衩处的绷缝不要拆掉，保留至后整理阶段。

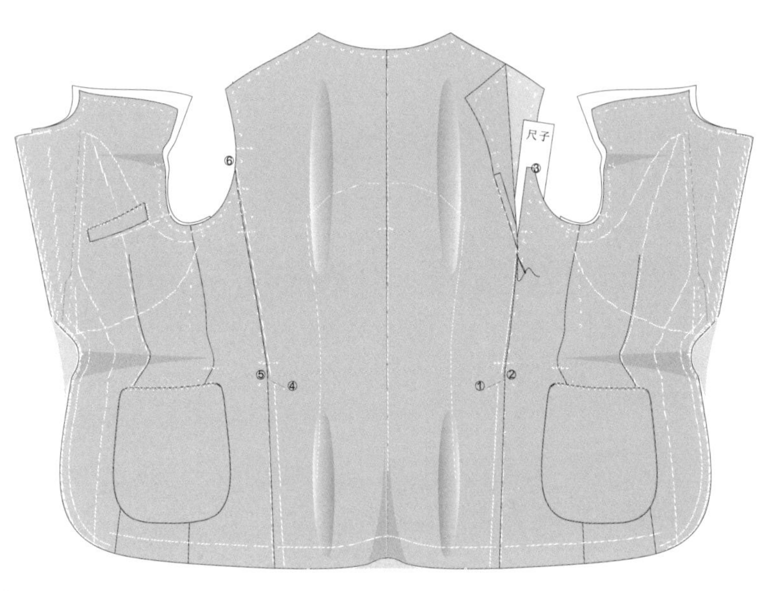

图4-142 【工序69】

【工序70】敷后身袖窿牵条

工序70

137.【工序70】(图4-143)

剪一条和【工序7】相同的正斜1.5cm宽的棉布条，将牵条重叠在侧片的牵条上，后宽部应归拢样版当中的肩胛骨凸起量，考虑到斜条和面料的回弹性，可以略多归拢些，但距肩头3cm的这一段不作归拢。

距边0.3~0.5cm车缝固定。

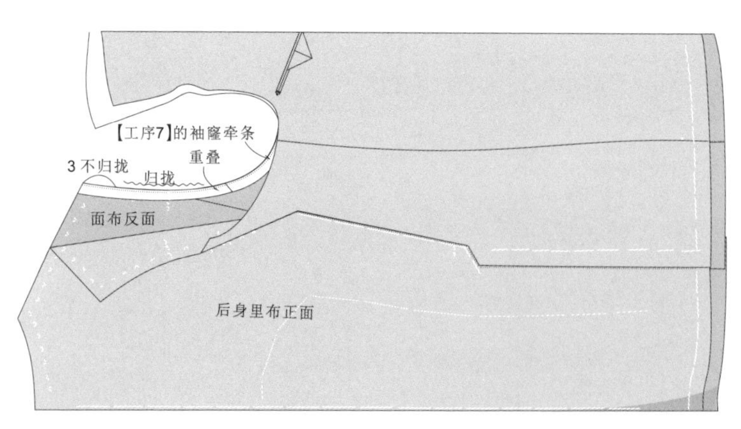

图4-143 【工序70】

附：三角针缝法（图4-144）

a

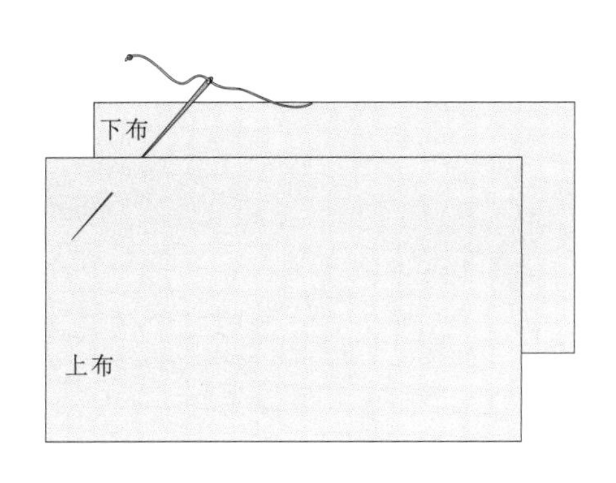

采用手缝线，从上布和下布中间进针，从上布穿出，使线结藏在里面。这时的进针位置决定三角针的大小。

b

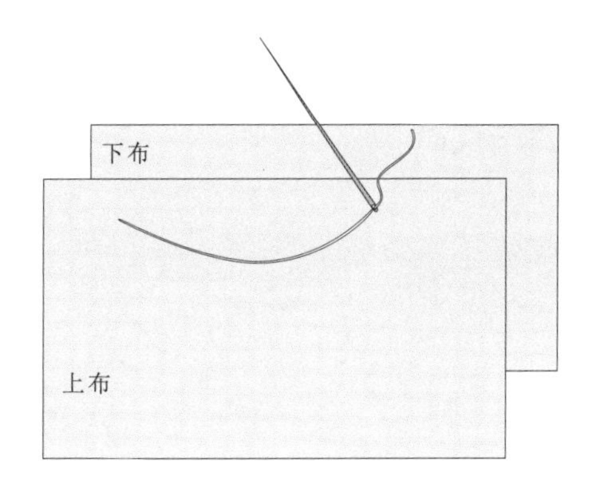

将针从上布中拔出，开始下一个动作。三角针的两缝线相交应成直角，这样更漂亮。

c

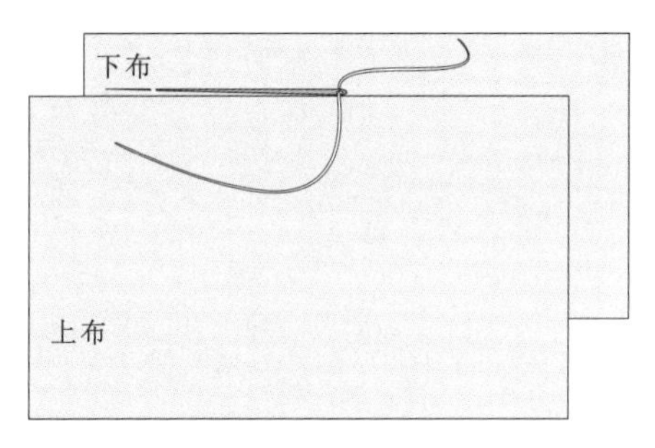

通常，下布的背面是布的正面。为了避免正面出现三角针的痕迹，用针只挑起一根布丝。还要注意缝线不要过紧。

d

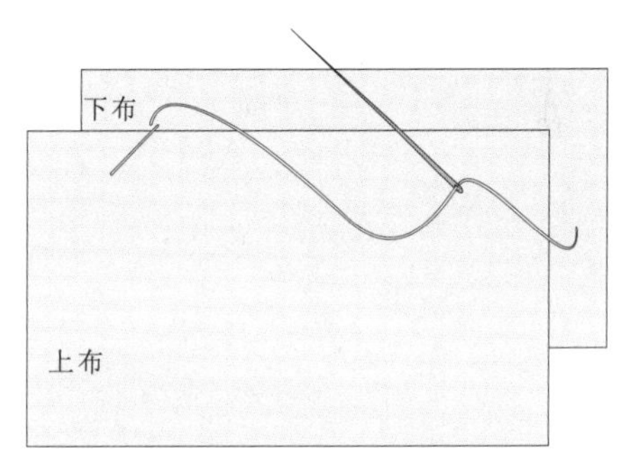

从下布将针拔出时，就缝好了三角针一半的斜线。

e

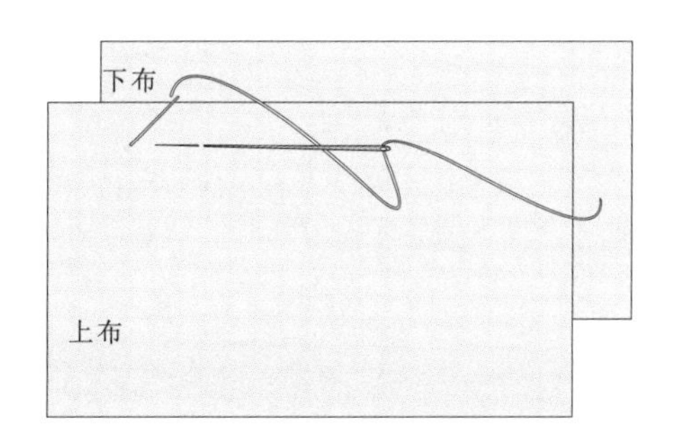

用针挑上布，挑缝上布时不必像对待下布那样小心，可以根据使用的部位来考量挑起布料的量。

f

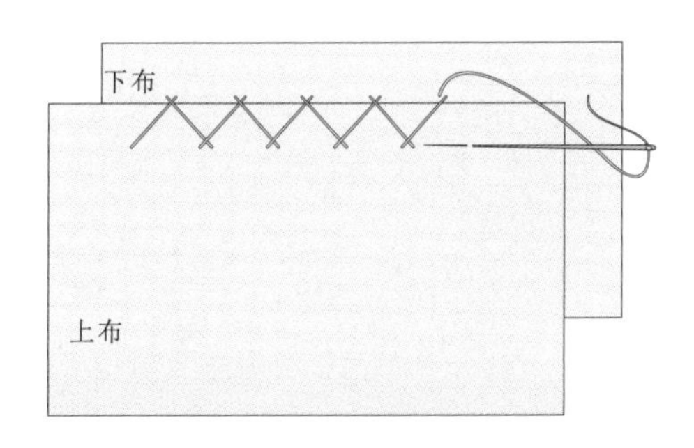

按照以上步骤连续挑缝，即形成如图所示的针迹，挑布时，针是向左穿出的，但是三角针的前进方向却是向右的。

图4-144　三角针缝法

附：斜缲针缝法（图4–145）

a

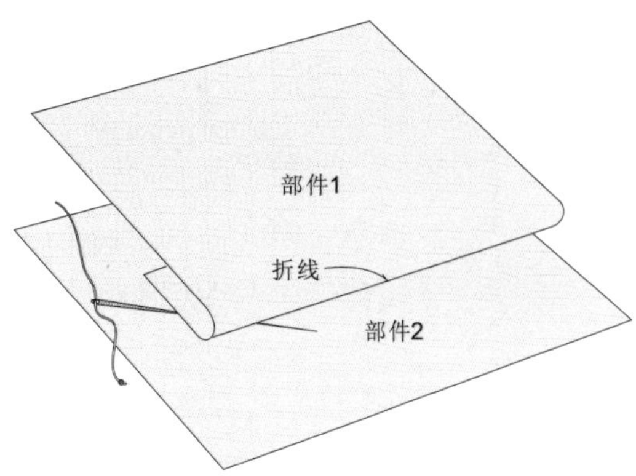

使用手缝线，为隐藏线尾，将针从部件中间插入，从部件1的折线正中间穿出。

b

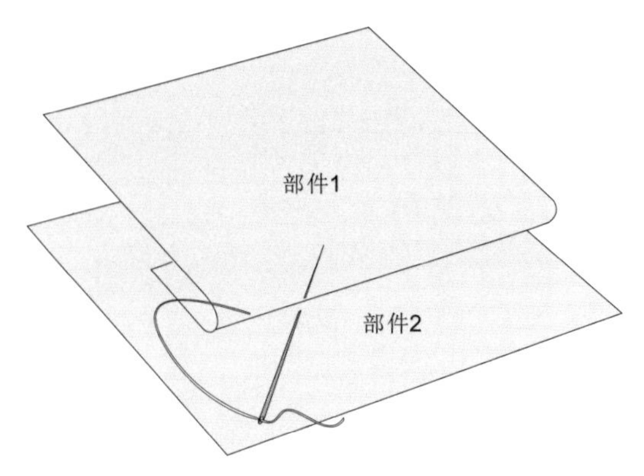

从部件1穿出针，将部件2和部件1一起挑缝。在挑缝部件2时，为了使缝线不露出衣身表面，只挑一根布丝。

c

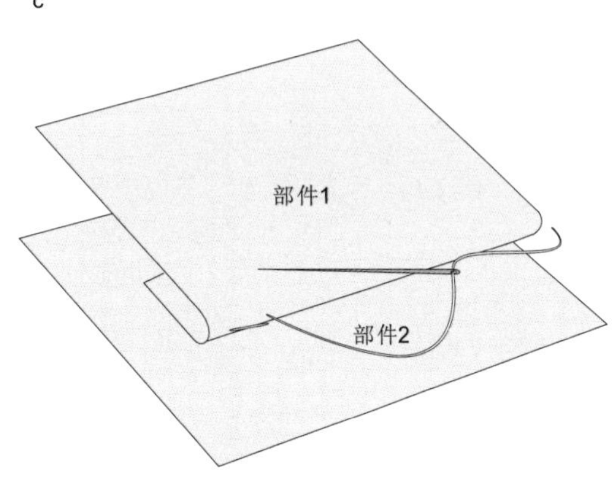

捏住针尖，将针从部件1的折线正中间拔出。这就完成了最初的斜缲缝，注意不要拉得过紧。

d

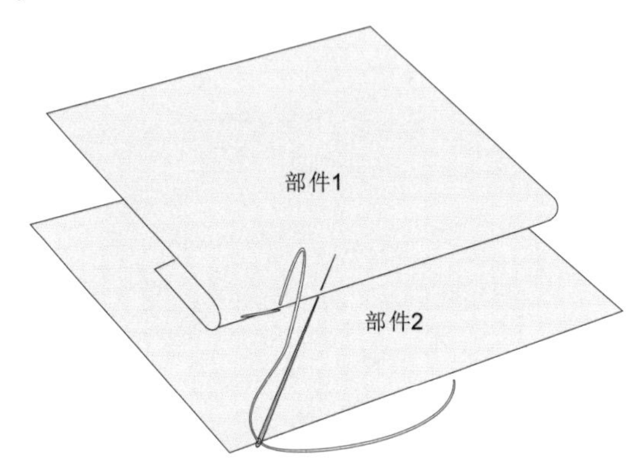

再向前挑缝部件2时，为了使缝线不露出衣身表面，仍只挑一根布丝。

e

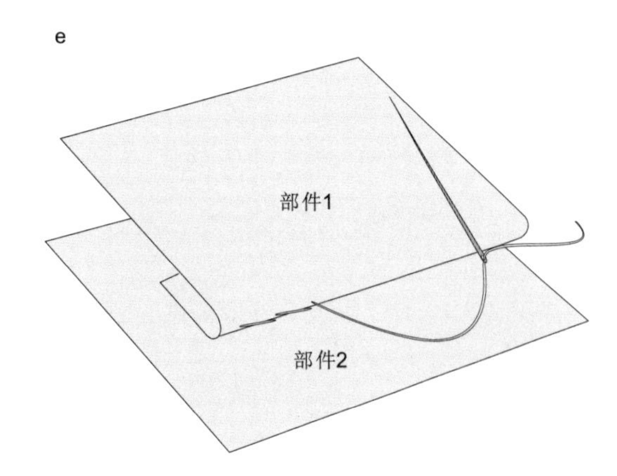

再次捏住针尖，将针从部件1的折线正中间拔出。这就完成了第二针的斜缲缝，同样要注意不要拉得过紧。

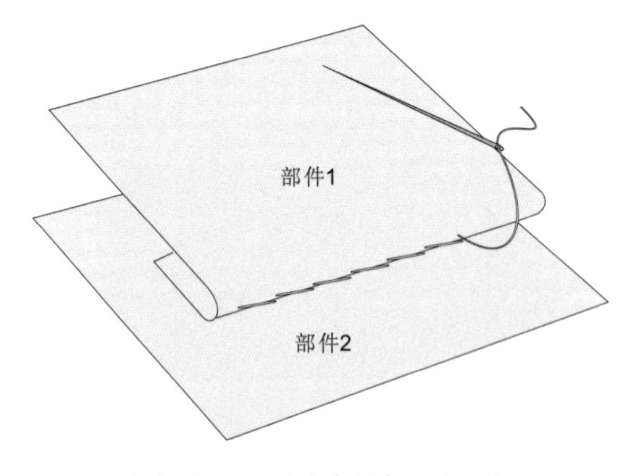

连续进行斜缲缝，两个部件被斜针脚缝在一起。注意，缲缝时必须根据所缝的部位来调整针脚的长短和针距的大小。斜缲缝能在一定程度上适应布料之间的活动。

图4–145　斜缲针缝法

【工序71】缭缝挂面内口线下侧，三角针固定里布下摆

将衣身反面平放，如图4-146所示铺平衣身下摆，然后缭缝挂面内口线下侧和固定里布下摆。

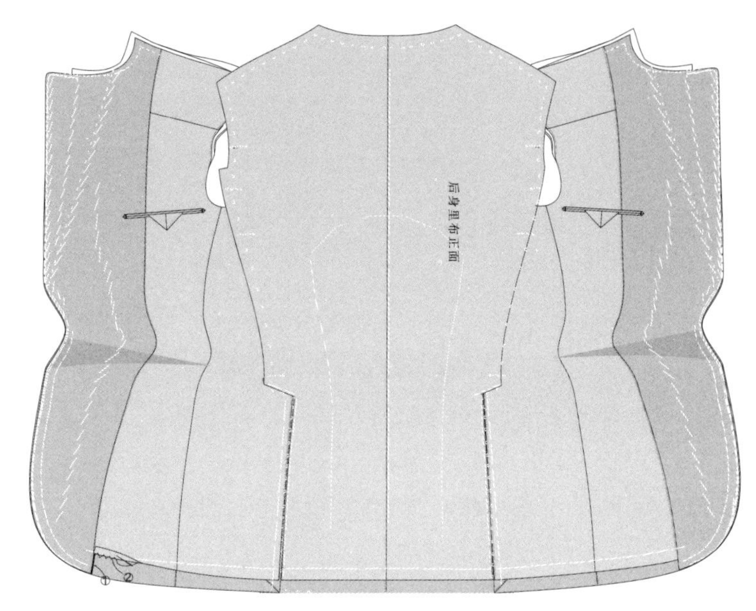

图4-146 【工序71】

138.【工序71-1】(图4-147)

如图所示为挂面内口下侧的局部放大图。

①的缭缝应在底边折边的三角针完成之后进行。

注意，缭缝的高度与底边折边的宽度要一致，缭缝的针脚要缝得一样长。

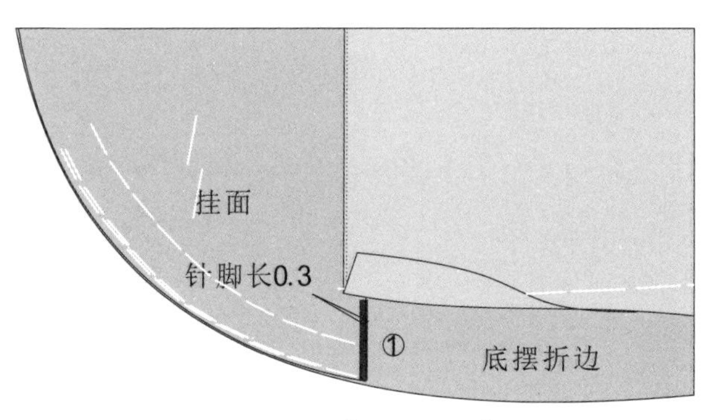

图4-147 【工序71-1】

139.【工序71-2】(图4-148)

里布下摆因有绷线的固定，因此，可以掀起里布"眼皮"，自左向右进行三角针固定里布下摆。

面布和里布正面均不可露出缝线痕迹，三角针要缝得松缓一些。

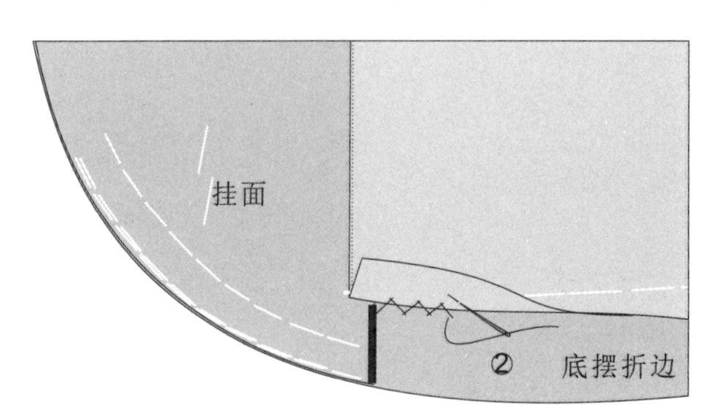

图4-148 【工序71-2】

【工序72】缩缝后身肩缝

140.【工序72】(图4-149)

如图所示为将后身的肩部放在铁凳上的形态。在制版时我们将大部分肩胛骨省量转移至肩线（约1.5cm左右，有的面料可放入1.8cm，视情况而定，工业样版转入1.2~1.5cm）。在做后片归拔时已作了肩部的归拢，但仅做归拢还不够。因此，在此还应做缩缝处理，以使服装肩部周围的形态与人体吻合。

用单股绷缝线（白棉线），在距肩缝裁边0.5cm的位置进行缩缝。但是，从肩端向内3cm以及从领口净缝线向内3cm的部位，请不要有吃量。缩缝的针距为1cm约4针比较合适。

缩缝后，在抽紧缝线时，要确认与之相缝合的前肩净缝线的长度。

为了使文字说明更容易理解，该图未将【工序61】中的领口承力麻衬画出。

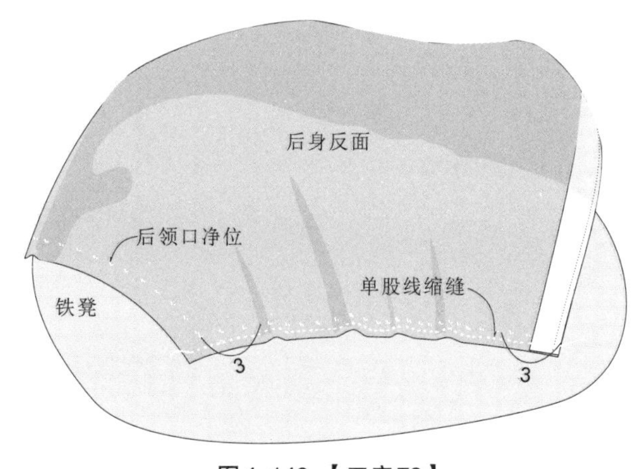

图4-149 【工序72】

【工序73】熨烫处理后肩吃量

工序73

141.【工序73-1】(图4-150)

将后身的肩胛骨部位置于铁凳的边缘。

不要将缩缝的线(白棉线)拆掉，保持原状。

要在铁凳的下端(肩胛骨位置)处理掉等同于肩部缩缝的吃量。

缩缝处理后，肩线尺寸会发生变化。

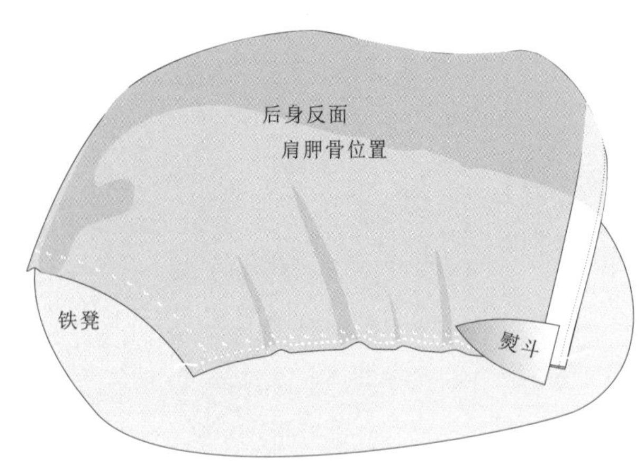

图4-150 【工序73-1】

142.【工序73-2】(图4-151)

将等同于肩线缩缝的量从袖窿侧和领口线侧沿白色箭头方向移动，这样就使得两侧面的衣身形状固定，保持不变形。

用5根手指保持住这个形状，用熨斗对肩部的吃量进行归拢处理。

为避免吃量跑掉，将熨斗的左侧底部稍微抬起，向肩胛骨位置推进。

要特别注意布丝线不要歪扭。尤其是布丝线看起来很明显的条纹等面料。

将样版肩线凸出的形状归拢成凹陷的弧线，将多余的量推向肩胛骨，以满足肩胛骨的凸起。

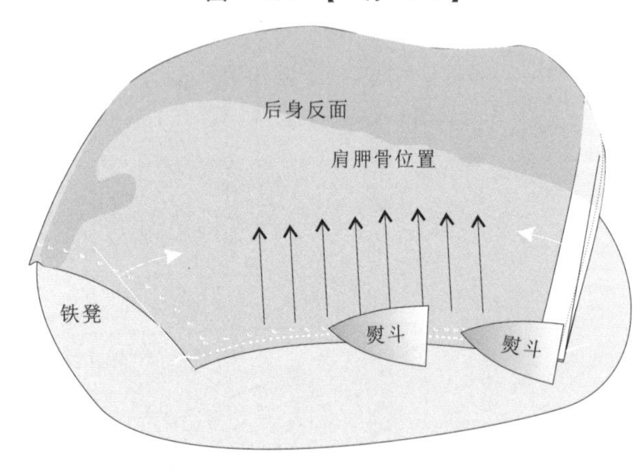

图4-151 【工序73-2】

【工序74】缝合前后肩缝

工序74

143.【工序74-1】(图4-152)

如图将后肩缝份沿肩线净缝(线钉)折边并进行绷缝。

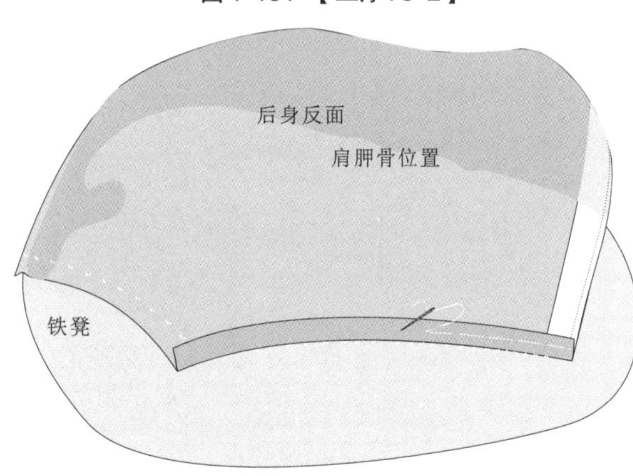

图4-152 【工序74-1】

144.【工序74-2】(图4-153)

如图将绷缝好缝份的后肩沿前肩线线钉进行绷缝固定。

如后肩仍比前肩线长，则在绷缝时归拢，至领口净线3cm和距肩点3cm处不放吃量。

绷缝完毕即在正面用珠针法正式合肩缝。针距0.2~0.3cm。

此处略去珠针图示。

珠针完毕用熨斗整理，保持肩线凹形弧线和前肩翘势。

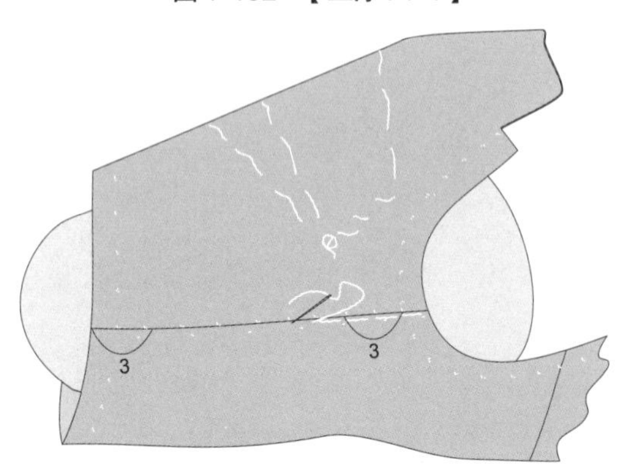

图4-153 【工序74-2】

【工序75】缝合前后里布肩缝

145.【工序75】（图4-154）

如图将绷缝好缝份的里布后肩沿前肩线净位进行绷缝固定。

如后肩比前肩线长，在绷缝时归拢，称为松量，从肩头3cm开始直到②为止，②到③不加松量。

处理松量时，遵循开始从少到多、结束从多到少的原则，用手一边调节一边绷缝。

绷缝完毕即用珠针法正式合里布肩缝。针距0.2~0.3cm。

珠针完毕用熨斗整理。

整个操作过程中在里布下垫尺子，以便与面布隔开。

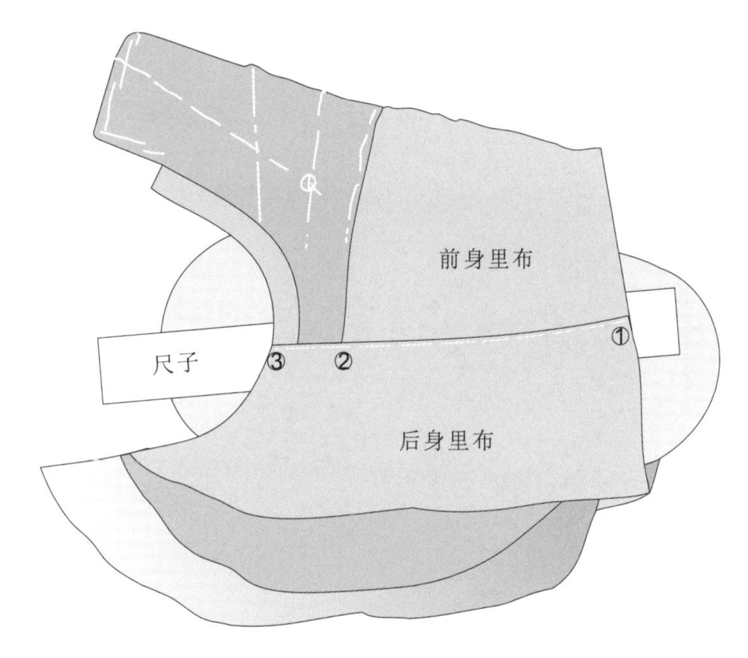

图4-154 【工序75】

【工序76】绷缝前身领口线和肩线

146.【工序76】（图4-155）

绷缝固定前身领口线的目的是为了防止前身和毛衬歪扭。

在绷缝之前，要对毛衬进行调整。要使前身与毛衬之间达到最服贴的良好状态。

从肩头向内7~8cm的①开始，向②进行绷缝。

确认②③之间的衣身领口是否伸长，绷缝的同时也要注意不要使其伸长。②③之间长约6cm。

绷缝③④⑤时，要用斜针脚进行绷缝。这样可以使前身表布和毛衬牢固地固定在一起。

为了防止肩线伸长，在后身肩线附近用斜针脚绷缝。

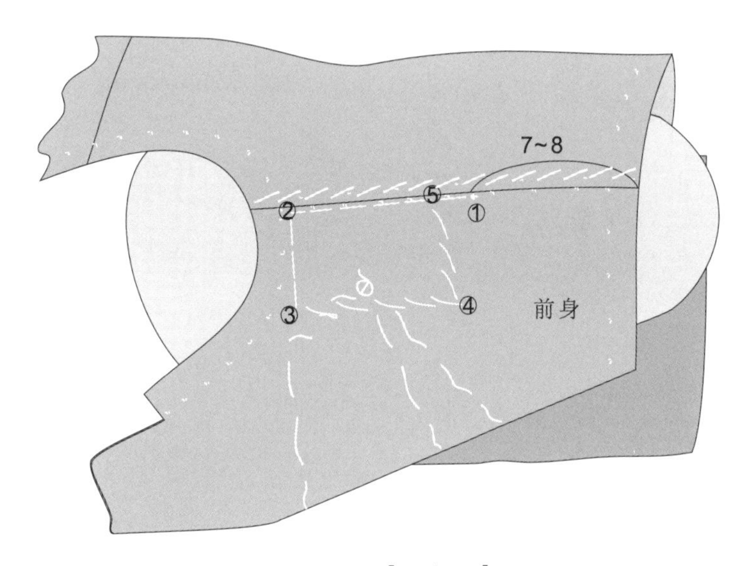

图4-155 【工序76】

【工序77】绷缝里布袖窿

147.【工序77】(图4-156)

将衣身里侧向外翻出，在该状态下，确认里布袖窿周围的松量是否均匀。

从①开始，向箭头的方向斜针绷缝固定前身里布。这道工序也可在合肩缝前完成。

从②开始，向肩线方向绷缝。

注意，为了不影响绱袖子，应在距袖窿裁边6~7cm的位置进行绷缝。

绷缝后身里布袖窿时，应向后中轻推里布，边推边绷缝，使里布在后宽部位有活动松量。

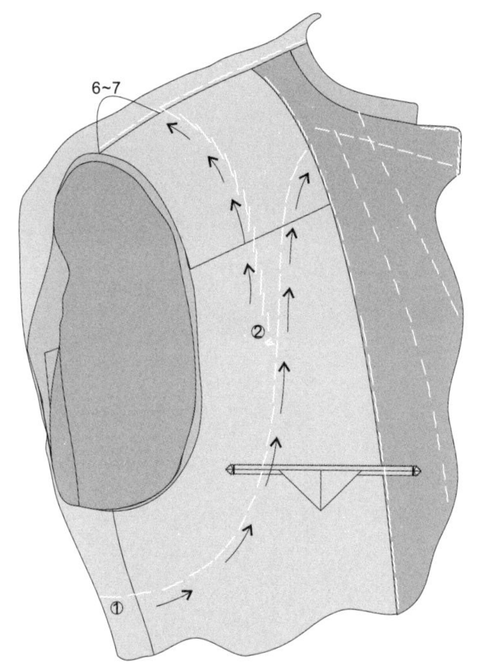

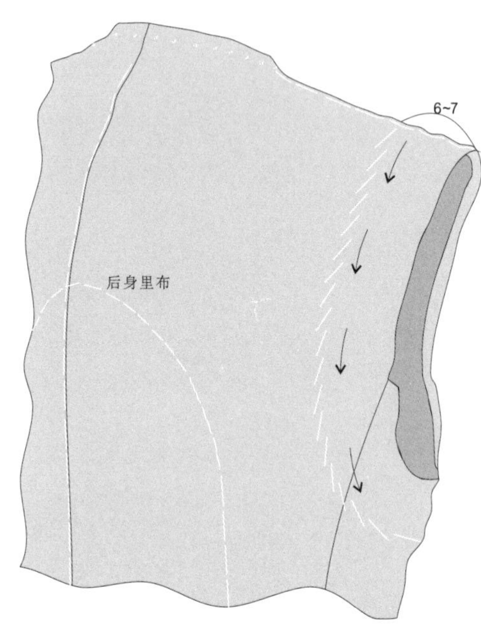

图4-156 【工序77】

【工序78】回针绷缝领口缝份

工序78

148.【工序78】(图4-157)

这里的绷缝线使用双股线，在距领口净缝线的线钉外侧0.3cm的缝份上，进行回针绷缝。

回针缝的针尖方向与箭头方向相反。从衣身①开始，一边缝领口线，一边向箭头方向前身(正)倒退，回针绷缝到②为止。

这一操作的目的是为了防止领口线伸长，同时也使从前身到后身的毛衬、挂面和里布固定成一体。

还要确认样版和领口线是否一致。

【工序79】画领口净缝线

工序79

149.【工序79】(图4-158)

用划粉在领口净缝线(打线钉的位置)上仔细画线。

画好划粉线后，将领口线上的线钉拔掉。

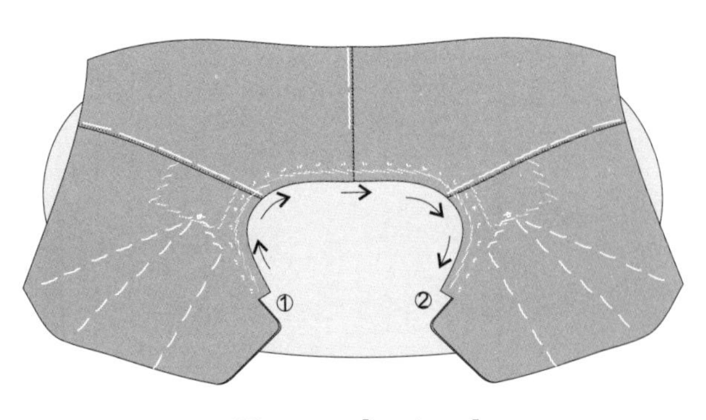

图4-157 【工序78】

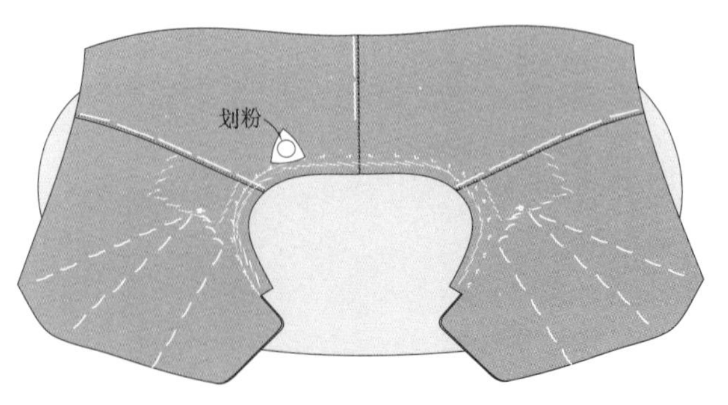

图4-158 【工序79】

【工序80】裁剪底领衬

150.【工序80】(图4-159)

底领衬使用最初绘制的领子样版。

裁剪底领时，与样版不同的地方是要将领嘴线延长1cm。其他部分完全按照样版裁剪。

将划粉削尖或用B3的铅笔，将底领的样版画在领衬上。同时把领子的翻折线和串口线也一并画出。

领衬的种类有很多，根据所要完成的软硬效果来选择。缝制经验少的人，应使用硬一些的衬，这样可以防止变形。

领衬没有正反之分。

串口净缝线与纵向的经向线平行或45°方向斜裁。

注意不要拉长底领衬。

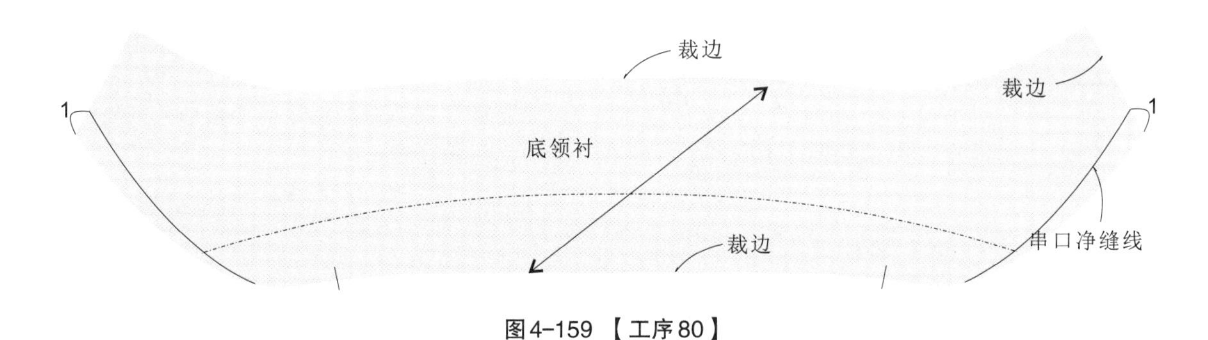

图4-159 【工序80】

【工序81】绷缝领底绒布和底领衬

151.【工序81】(图4-160)

在进行纳缝之前，先用绷缝线将其固定，先固定中间位置，再固定四周。如图所示，领嘴和领外口的绷缝位置距裁边1cm。

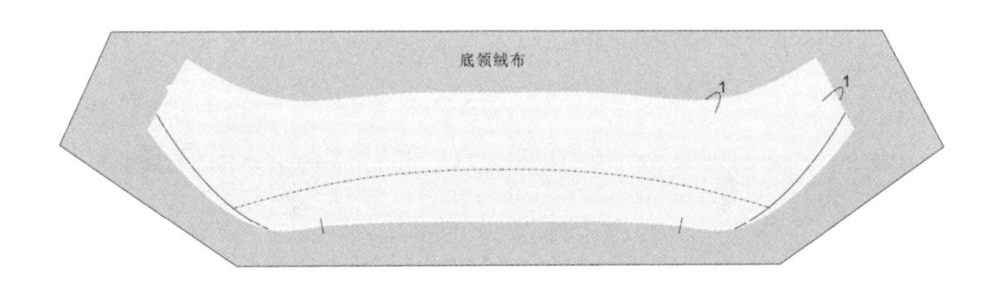

图4-160 【工序81】

【工序82】八字针纳缝领衬

152.【工序82】(图4-161)

如图所示，在底领衬上进行纳缝，即八字缝。纳缝位置要在【工序81】图中距裁边1cm的绷缝线内侧。纳缝时，缝线不要拉紧，纳缝线采用缝纫机用的真丝线。

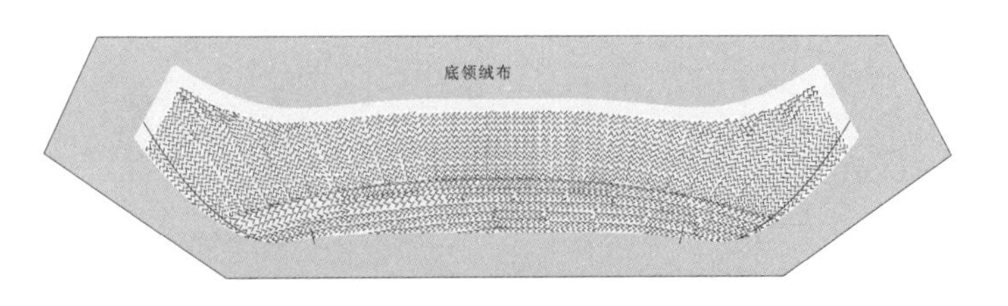

图4-161 【工序82】

【工序83】裁出底领

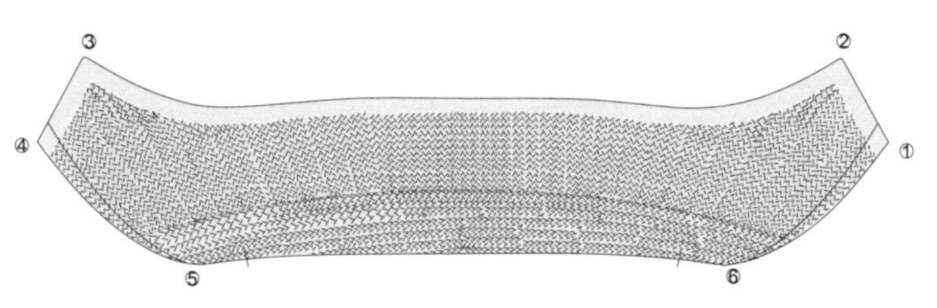

图4-162 【工序83】

153.【工序83】(图4-162)

底领绒布的剪裁：①②③④按照底领衬进行裁剪；④⑤⑥①则按照超出底领衬约0.1cm，以能盖住底领为准进行裁剪。底领绒布裁好后，将绷缝线拆掉。

【工序84】星点缝缩缝底领翻折线

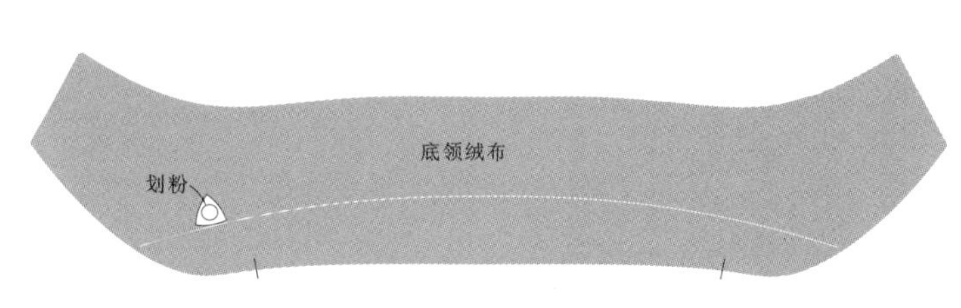

图4-163 【工序84-1】

154.【工序84-1】(图4-163)

在开始对领翻折线进行回针星点缝缩缝之前，先用白色划粉在底领绒布的领翻折位置画出翻折线。然后，沿着白色划粉线进行回针星点缝。

155.【工序84-2】(图4-164)

使用真丝锁眼线进行回针星点缝，回针星点缝缝法如图所示。

a

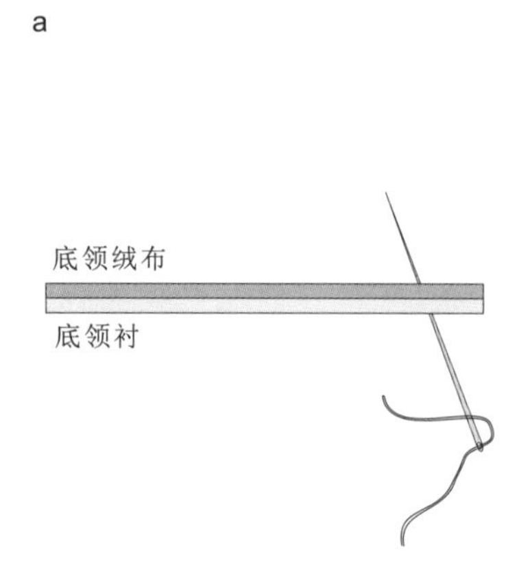

从底领衬进针，从底领绒布穿出。

b

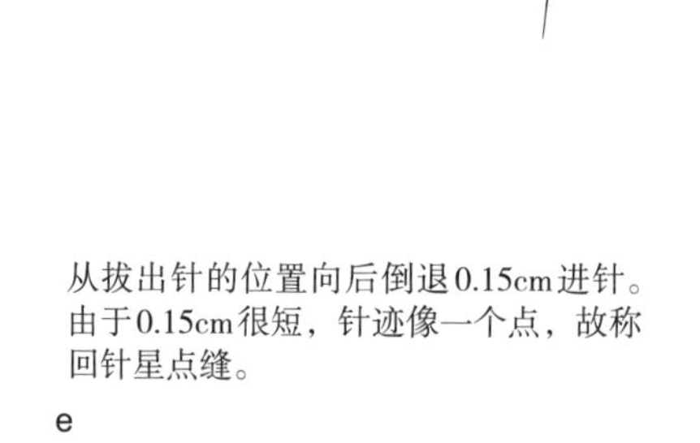

从拔出针的位置向后倒退0.15cm进针。由于0.15cm很短，针迹像一个点，故称回针星点缝。

c

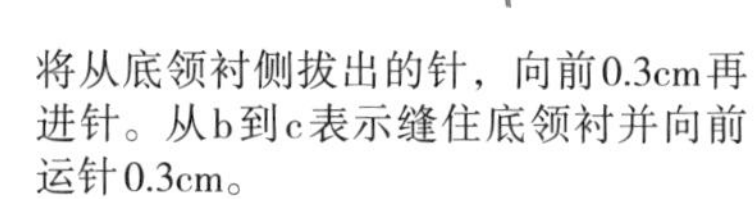

将从底领衬侧拔出的针，向前0.3cm再进针。从b到c表示缝住底领衬并向前运针0.3cm。

d

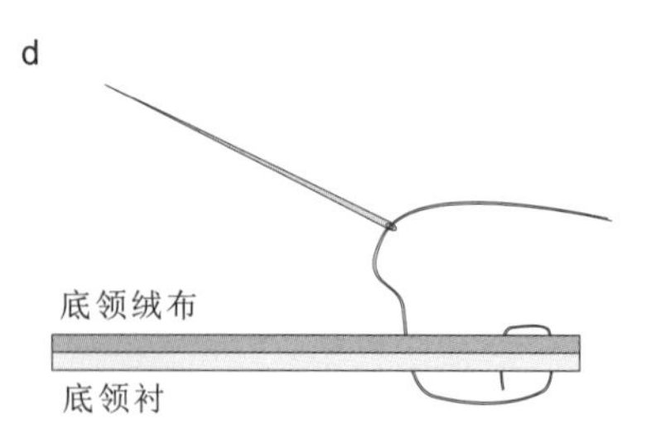

将针从底领绒布一侧拔出后，为了收缩吃量，要拉紧缝线。

e

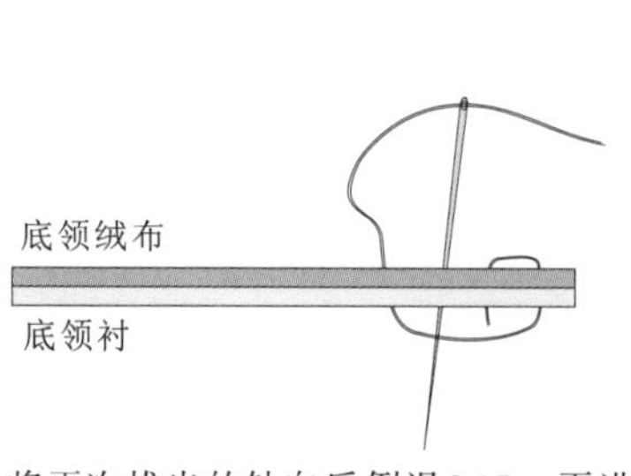

将再次拔出的针向后倒退0.15cm再进针，然后从底领穿出，再向前0.3cm进针。

f

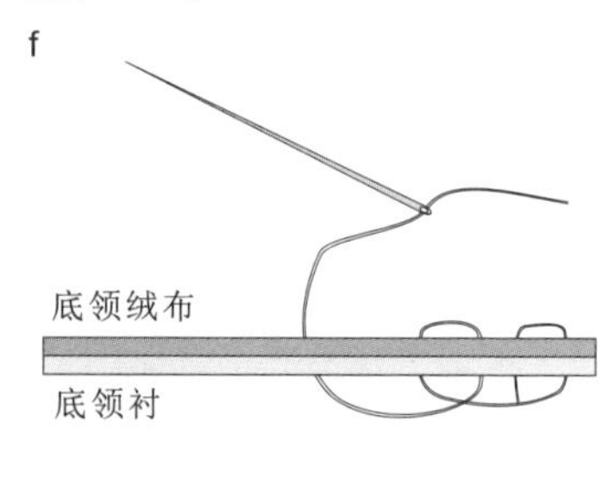

将缝住底领衬的针拔出，拉紧缝线，将吃量缩进。

图4-164 【工序84-2】

156.【工序84-3】(图4-165)

按照之前所画的划粉线做回针星点缝。在翻折线弯曲度大的部位，拉紧缝线，将吃量抽缩进去，这时应小心不要把缝线拉断；而在翻折线弯曲度不大的部位则不要拉紧缝线。

将领腰侧放平时，翻折线如果像右图所示的那样接近直线，则表明用缝线缩缝的吃量比较理想。

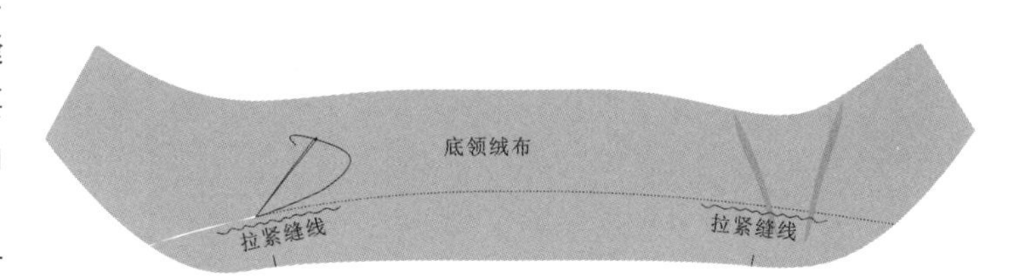

图4-165 【工序84-3】

【工序85】熨烫底领

157.【工序85-1】(图4-166)

完成回针星点缝后，将底领翻到底领衬一侧进行熨烫处理。在用熨斗熨烫翻折线的吃量时注意不要使底领腰裁边侧伸长。图中所示波形线处的翻折线要处理成直线。

如果在熨烫处理时，翻折线不能成为直线的话，则可在翻折线上刷一点水，再用熨斗一边归拢吃量，一边处理。这时也要注意底领腰裁边侧不能被拉长。

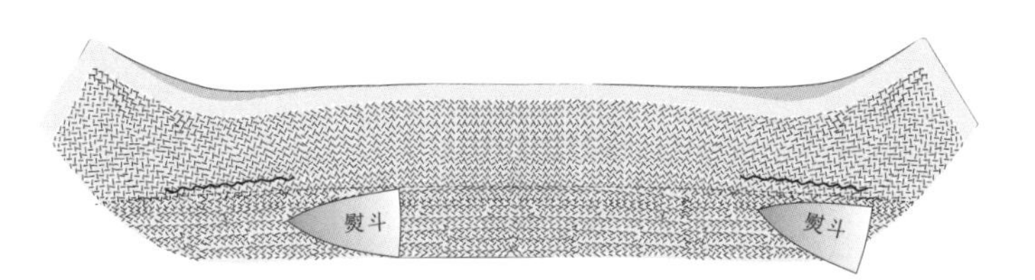

图4-166 【工序85-1】

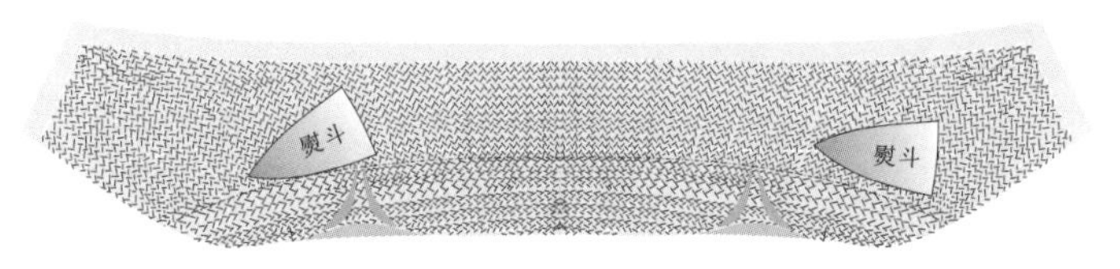

图4-167 【工序85-2】

158.【工序85-2】(图4-167)

在【工序85-1】中完成领腰侧翻折线的熨烫处理后，对其相对的一面也要进行熨烫处理。这是因为领腰侧翻折线处理后，其相对的一面的领衬仍然是浮起的，所以这部分也要用熨斗处理。

熨烫处理后的翻折线不能起波浪，领衬不能有细碎的褶，要仔细地以翻折线为中心进行熨烫处理。

【工序86】绷缝底领

159.【工序86-1】(图4-168)

注意，要用双股绷缝线进行绷缝。

在衣身串口净缝线位置，将底领翻折线与衣身驳头翻折线对合，并进行绷缝固定。

图中所示为绷缝完成的左前身串口的状态。

衣身与底领的翻折线必须要对合。

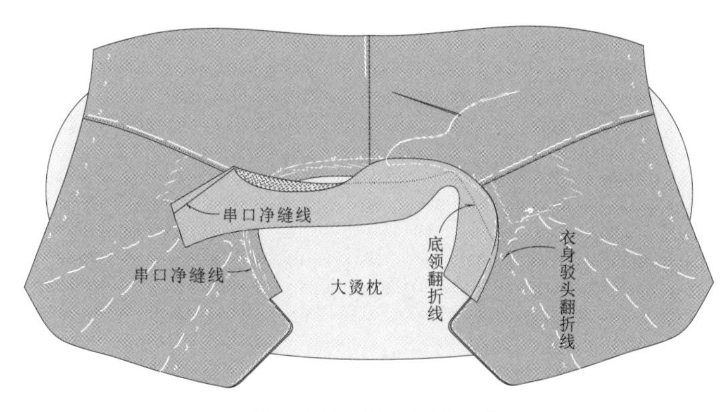

图4-168 【工序86-1】

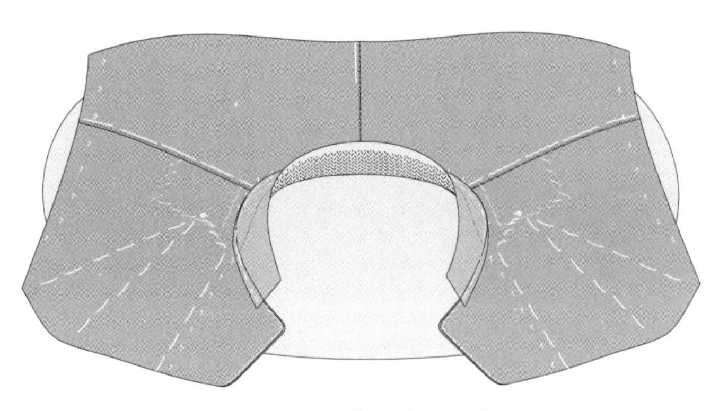

图4-169 【工序86-2】

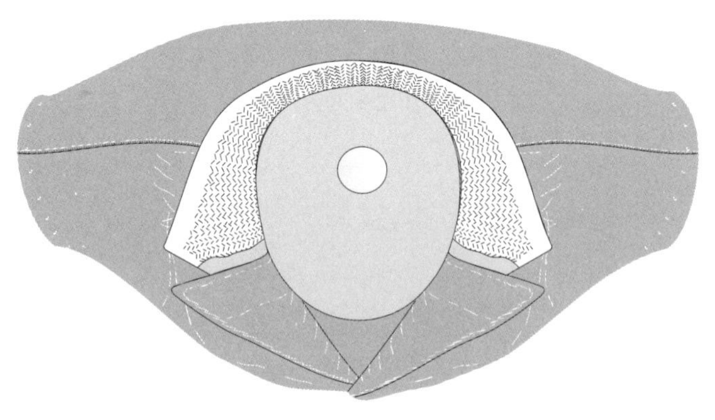

图4-170 【工序86-3】

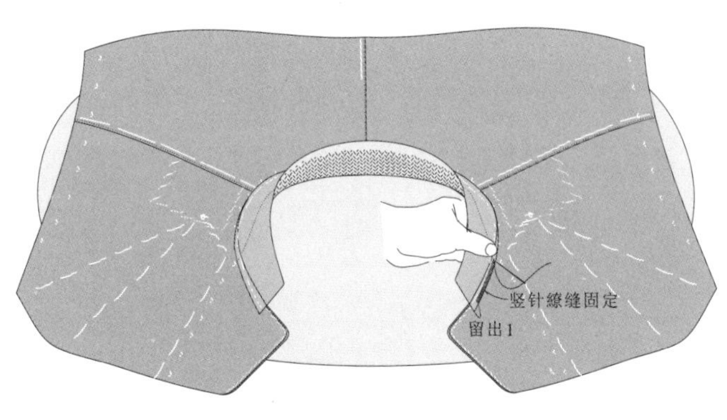

图4-171 【工序87-1】

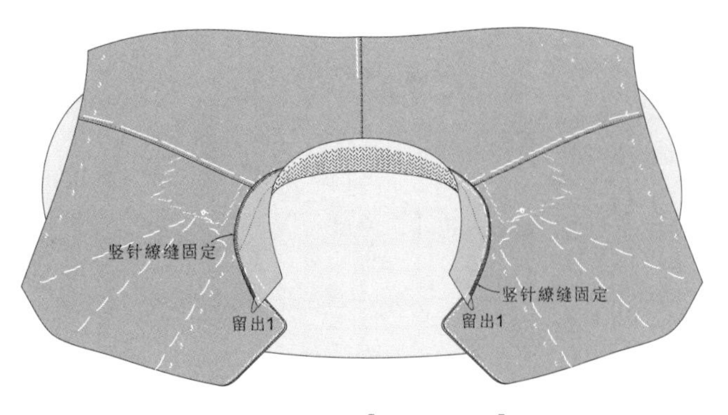

图4-172 【工序87-2】

160.【工序86-2】(图4-169)

绷缝底领时，有时会出现衣身领口线与底领下口线的长度合不上的情况，其原因多为衣身领口线伸长了。半成品的领口线容易被拉长。

绷缝固定好的底领，左、右身必须对称。

当衣身的翻折位置与底领的翻折位置没有对合上时，左、右身的驳头宽度及领嘴形状就会不同。

161.【工序86-3】(图4-170)

如图所示为从上往下看的穿在人台上的衣服状态。当底领如图所示那样翻折过来时，如果底领的外口线过紧或过松都会使纽扣位置的驳头翻折止点出现过紧或过松的现象。该部分的缝制相当重要，操作时，要十分注意领口线及底领不要被拉长。

如果领嘴形状、底领外口曲线出现左右不对称的情况，则要马上进行修正。

【工序87】缭缝底领绒布

162.【工序87-1】(图4-171)

如图所示用手缝线竖针缭缝固定底领绒布。缝线的颜色要与底领绒布的颜色相同。

竖缭缝的针距为一条或一条半缝线的宽度，针脚长度为0.3~0.4cm。

在之后的工序中，要将表领夹在领衬和底领绒布之间，所以缭缝要从距领嘴约1cm处开始，并在距另一侧领嘴约1cm处结束。

163.【工序87-2】(图4-172)

缭缝的要点是缝线的松紧要适度，针脚的长短和针距要一致。缝线不能过密，不然会增加厚度。

图示为衣身和底领绒布缭缝完成后的状态。在绷缝固定完成的时候，要确认左、右是否对称。当然，驳头的翻折位置和底领的翻折位置必须要对合上。

为了下一道工序，要在底领绒布的前面两端各留出1cm左右不要缭缝。

【工序88】三角针固定衣身里布和领衬

164.【工序88】(图4-173)

在进行三角针固定之前，如果前身领口线的缝份和毛衬重叠的话，就会增加领口厚度，故需将其剪出0.3~0.5cm宽的段差。

图示为从里侧看到的部分衣身状态。为了增加领子的牢度，在这里用手缝线将底领和衣身里布进行三角针固定。用三角针固定的地方为从左侧的领嘴开始到右侧的领嘴为止。针脚不用太密，针距约0.8cm。

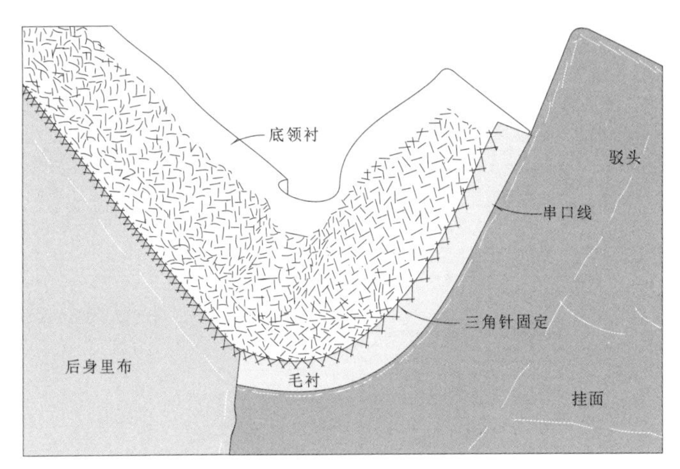

图4-173 【工序88】

【工序89】确定表领经向线

165.【工序89】(图4-174)

当表布有光泽或有毛向时，应按图中所示的方法放置样版裁剪。箭头所指的方向为顺毛方向。

如是条纹面料。表领后中线处的条纹要与后身中线的净缝线对合，从而确保从领子到后身中线的条纹可以对合。

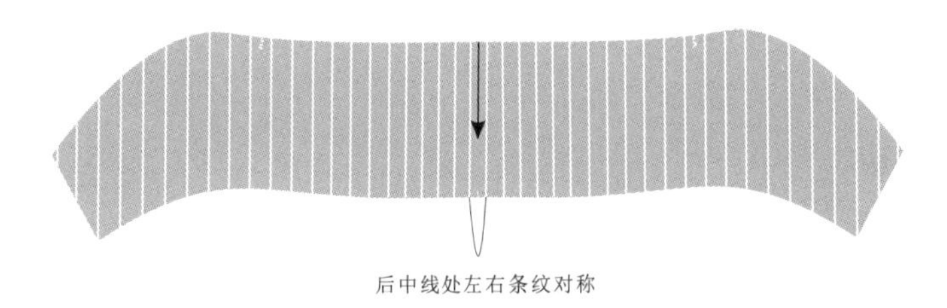

图4-174 【工序89】

【工序90】做对位点

166.【工序90】(图4-175)

对位点对缝制过程非常重要。因此，要在颈侧点（NP）、后中点（CB）以及肩点（SP）打6个线钉作为对位点。

特别是在使用条纹面料时，对位点对于从领子到后身的条纹对接起着非常关键的作用。

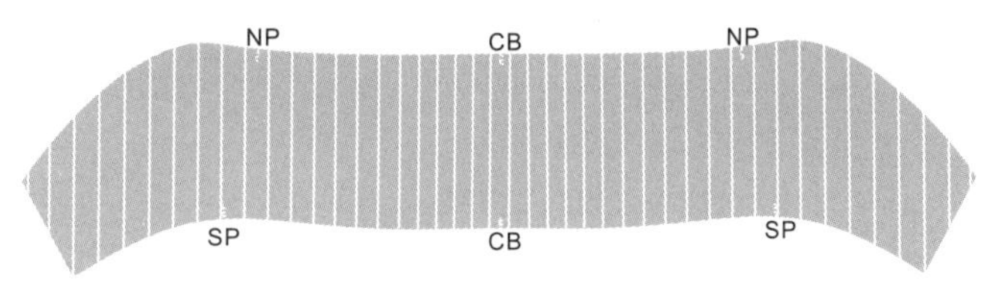

图4-175 【工序90】

【工序91】熨烫处理表领

167.【工序91-1】(图4-176)

用划粉在表领反面的翻折位置画一条线以作参考。

熨烫处理时，根据划粉线的形态变化来确认处理的程度。

熨烫处理表领的目的是为了让表领与底领的曲面吻合。

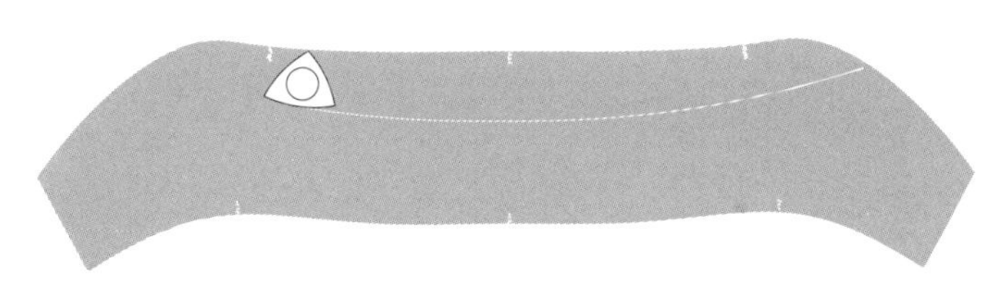

图4-176 【工序91-1】

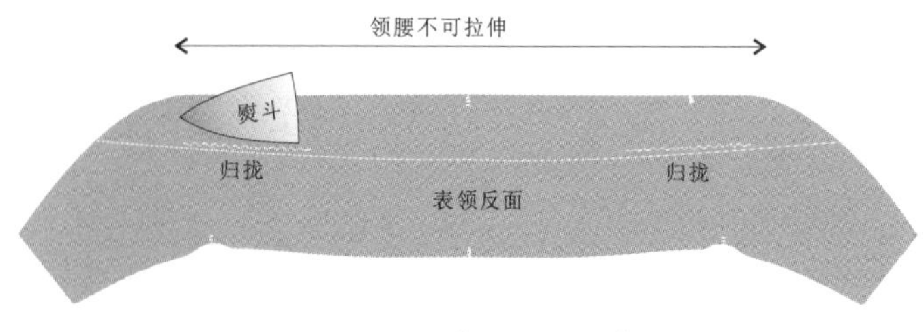

图4-177 【工序91-2】

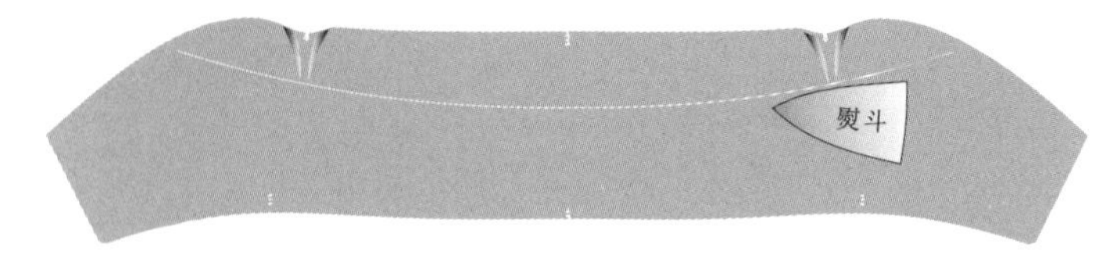

图4-178 【工序91-3】

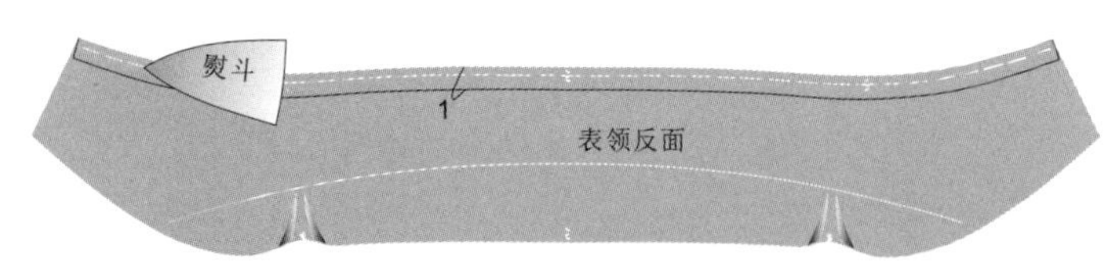

图4-179 【工序92】

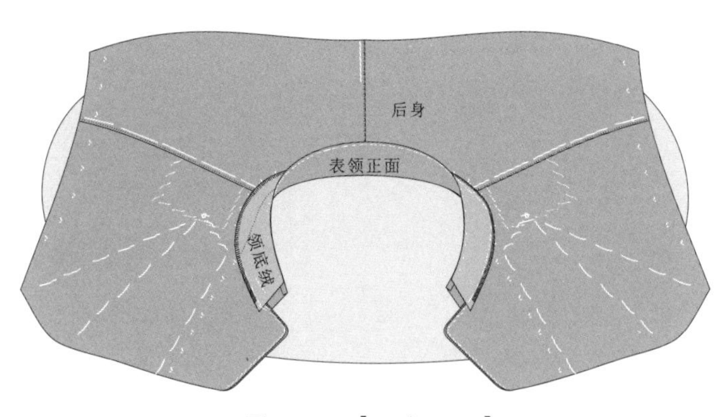

图4-180 【工序93-1】

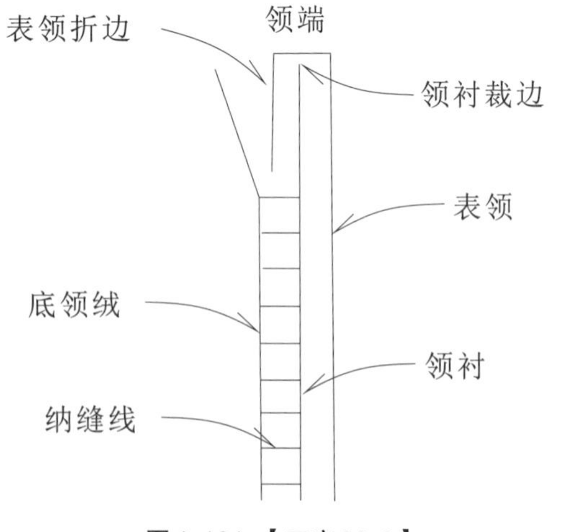

图4-181 【工序93-2】

168.【工序91-2】(图4-177)

在归拢的部位用手指收进缩量并进行熨烫处理，使原本为曲线的翻折线接近为直线。

熨烫处理时要注意：绝对不能把领腰拉长，因为表领的领腰处于领子的内侧，如果被拉长，就会出现多余褶皱。

169.【工序91-3】(图4-178)

【工序91-2】完成后，将处理后所出现的余量放到领腰一侧。

将翻领一侧放平时，如果翻领的翻折线附近有未处理的余量，用熨斗将其完全烫平。

【工序92】绷缝固定表领外止口

170.【工序92】(图4-179)

将翻领一侧的边折返1cm并用棉线绷缝，然后用熨斗固定折边，烫压止口折边后拆去绷线。

折边的宽度要相等。如果宽度不等，翻领处会出现微妙的不稳定。绷缝折边的理由也在于此。

【工序93】绷缝固定表领

171.【工序93-1】(图4-180)

将表领的折边夹在底领衬和底领绒布之间。从后中线开始分别向左、右两侧进行绷缝，因为将左、右分开进行操作，比较容易保证左右平衡。同时，从后中线到肩点（SP）之间拉伸0.2~0.25cm，在肩点（SP）至领尖之间吃进同等的量（0.2~0.25cm）。底领和表领的肩点（SP）的差异，要在制版时就进行标注。

172.【工序93-2】(图4-181)

左图所示为底领绒布、领衬及表领的断面图。从领端开始，表领的折边被夹在底领衬和底领绒布之间，从表领一侧对其进行绷缝固定。绷缝时，要使表领的领端沿着领衬裁边进行绷缝，不要有空隙。

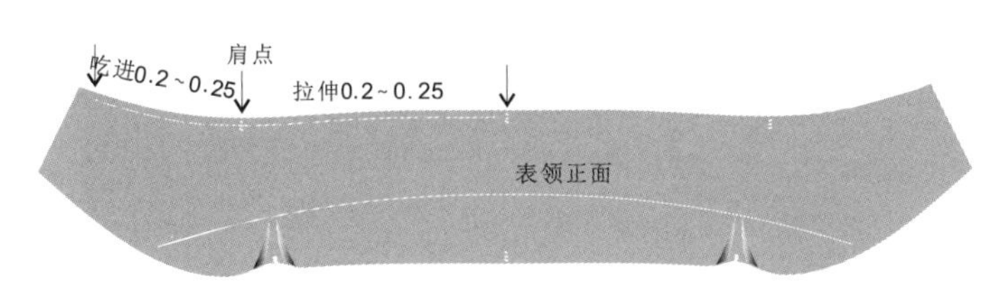

图4-182 【工序93-3】

173.【工序93-3】（图4-182）

如图，从后中线开始至肩点（SP）进行拉伸，从肩点（SP）至领尖则应将拉伸的量吃进。当然，面料不同，拉伸和吃进的量也有所不同。

【工序94】绷缝固定表领后中线

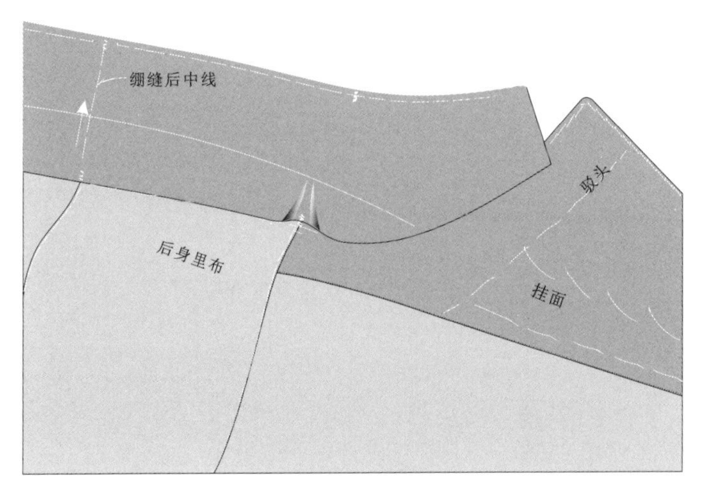

图4-183 【工序94】

174.【工序94】（图4-183）

绷缝完表领的外止口后，再绷缝固定表领的后中线。

将表领后中线的领腰侧线钉（对位点）与衣身的后中线对合，并确认没有错位。用左手垫在底领绒布一侧，对后领中线进行绷缝。

因为领腰侧要在之后进行折边绷缝，所以对后中线的绷缝，不能从领腰的裁边附近开始，而要留出折边的量，按箭头所示的方向进行绷缝。

【工序95】绷缝固定表领翻折线

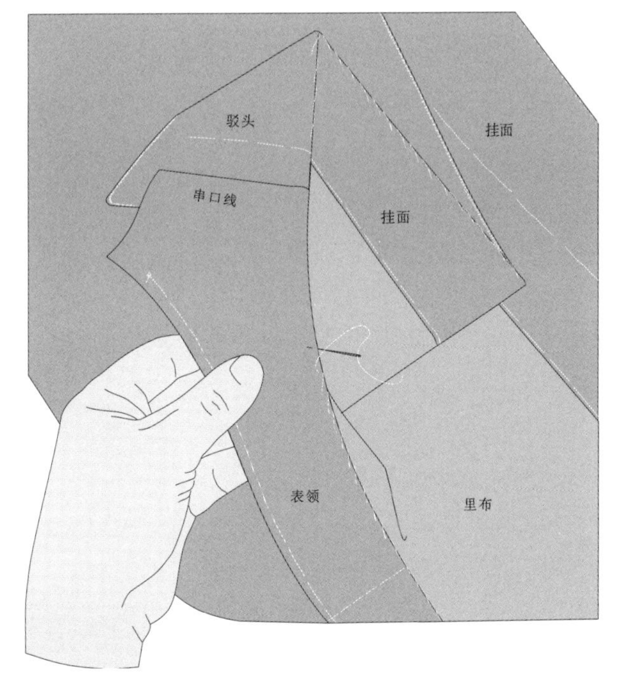

图4-184 【工序95】

175.【工序95】（图4-184）

从后中线开始绷缝，分别向左右两侧进行操作较好。

如图所示，用左手持翻领，用右手一边确认翻折的外口量，一边在翻折的位置进行斜针绷缝。

因为串口线位置的表领裁边要折边后进行对边缝，所以绷缝要在稍微离开串口线的位置停止。

这时，要仔细确认表领是否有歪斜、错位现象。特别是表领的前侧，因为此处非常显眼，请一定要注意。

为了下一道工序能够顺利进行，不要绷缝到串口线的位置。

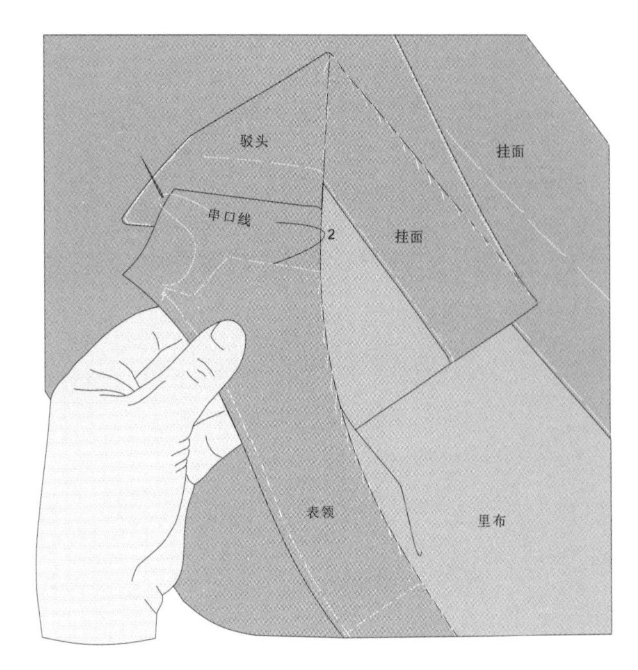

图4-185 【工序96】

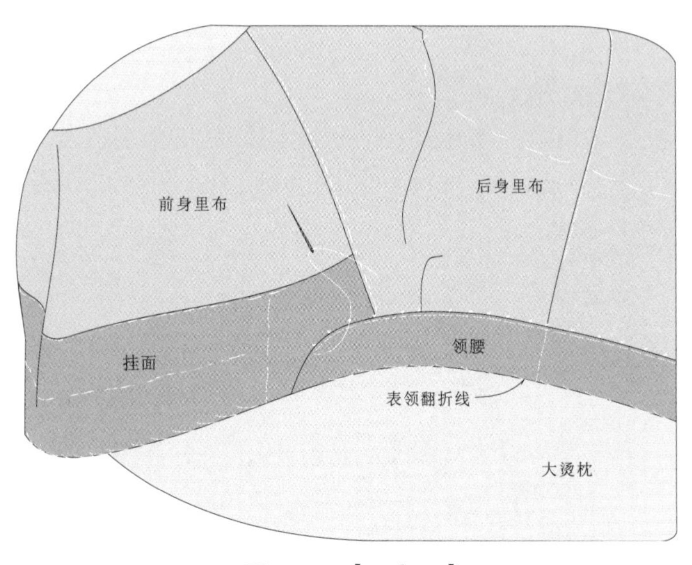

图4-186 【工序97】

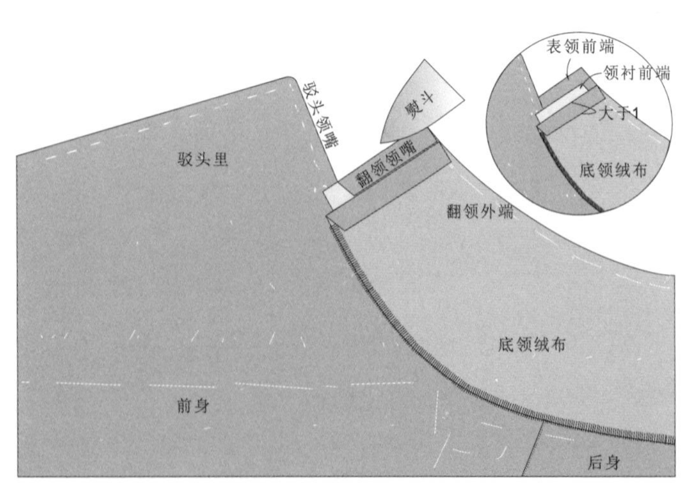

图4-187 【工序98-1】

【工序96】绷缝固定表领前侧

176.【工序96】(图4-185)

如图所示，在距表领前侧的串口和领尖2cm左右的位置进行绷缝固定。

这个位置的操作，必须非常精细。要仔细确认经向线是否歪斜、底领和表领是否贴合等。用手一边进行调整一边对左右表领领尖进行绷缝。

这里是穿着时非常显眼的位置，故一定要制作完成得漂亮工整。

【工序97】绷缝固定表领领腰

177.【工序97】(图4-186)

绷缝固定表领领腰需放在大烫枕上进行操作，也可以采用其他可以替代的设备工具。将领腰的缝份折好后，进行绷缝。

此时，如果左、右两侧挂面的颈侧点到表领翻折线的距离能与领腰的宽度相等的话，会是比较理想的状态。

串口线位置也要绷缝。

【工序98】绷缝固定表领前端折边

178.【工序98-1】(图4-187)

如圈中小图所示，将纳缝线剪断，使底领绒布的前端打开约1cm 多的量。注意表领前端的折边折进时不要碰到纳缝线。

在用熨斗对表领前端进行折边之前，要先确认左、右领嘴的角度和长度是否相同。如不同，应修剪领衬，调整驳头领嘴和翻领领嘴的角度和长度。

在熨烫表领前端的翻领领嘴时，因驳头一侧及翻领外端缝份有一定厚度，容易使其成为内弧曲线，所以要有意识地将其熨烫成直线。

179.【工序98-2】(图4-188)

驳头领嘴前端是小圆角，因此，也要考虑翻领领嘴与驳头的平衡关系。用锥子将翻领领嘴的圆角制作得比驳头领嘴前端的圆角稍微小一点。

用锥子将翻领领嘴前端的角向内推进，用指尖固定并进行熨烫，对圆角进行一点一点的整理。

圆角完成后，用锥子尖蘸上少许糨糊，将翻领前端粘住，不让其恢复原状，然后用熨斗将其固定。

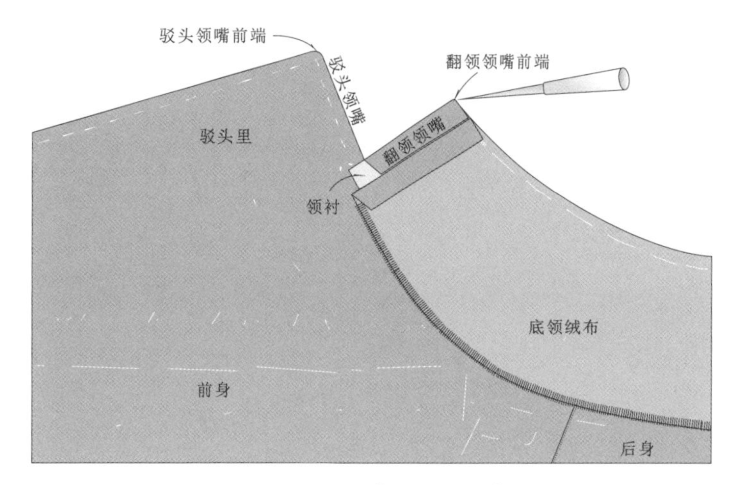

图4-188 【工序98-2】

180.【工序98-3】(图4-189)

将底领绒布覆盖在翻领前端在距边缘0.6~0.7cm的位置进行绷缝固定。

因为这个部分要用丝线进行0.3~0.4cm长的竖缭缝，所以绷缝线要距翻领外端约0.6~0.7cm。

因为翻领内侧的底领绒布要进行竖缭缝，所以除了领腰以外，要在底领绒布距翻领外端内侧约0.1cm的位置，把多余的部分剪掉。然后，在翻领的底领绒布一侧进行竖缭缝。

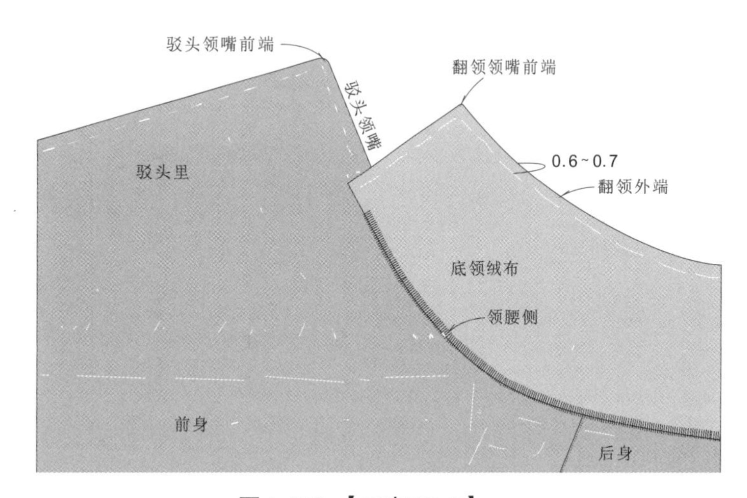

图4-189 【工序98-3】

【工序99】固定表领串口

181.【工序99】(图4-190)

①-②为串口线，是表领和驳头双方对齐的状态，所以使用对边缝处理。缝制针距约为0.2cm。注意缝线不要拉得过紧，不然串口线会变得弯曲。

表领串口线对边缝方法如下。

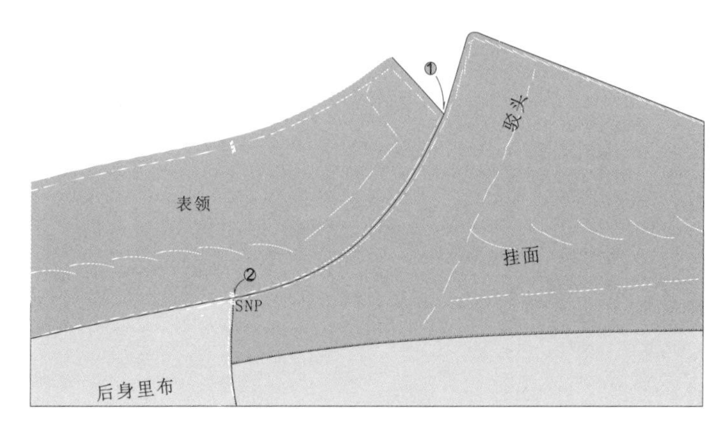

图4-190 【工序99】

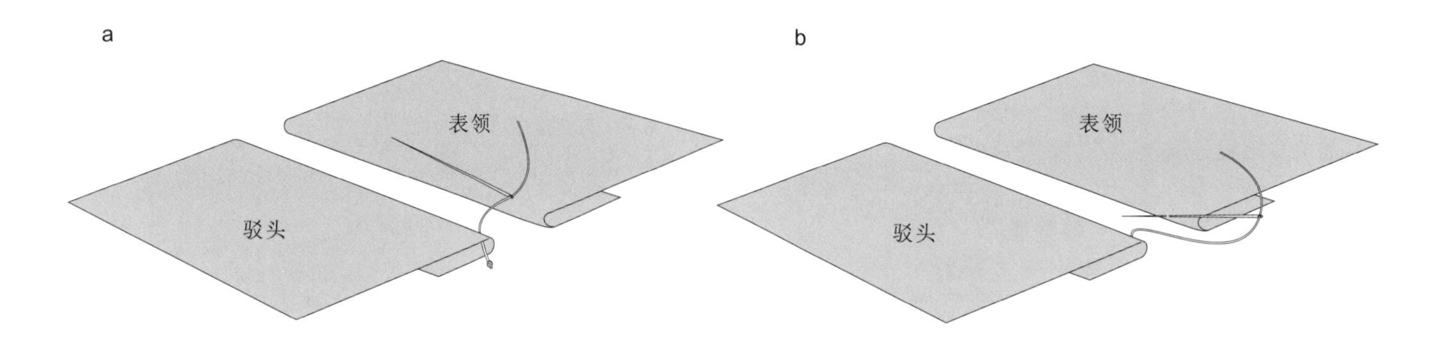

将手缝线的线头打结，缝第一针时将线结藏在正面看不到的地方。

当线从驳头穿出后，再将针以稍微向下斜的角度，从表领折线处穿进。

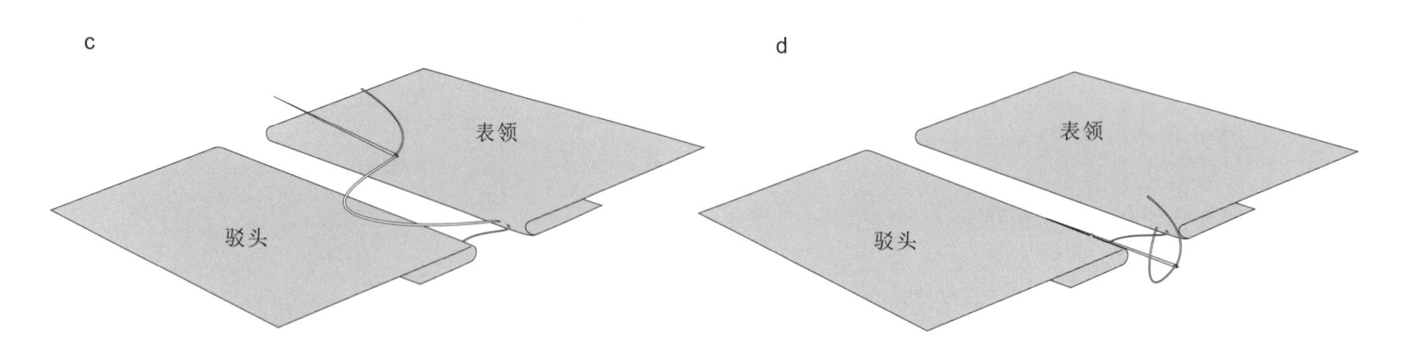

将穿进表领的针拔出，稍拉紧缝线。

将针以稍微向上斜的角度，从驳头折线处穿进。

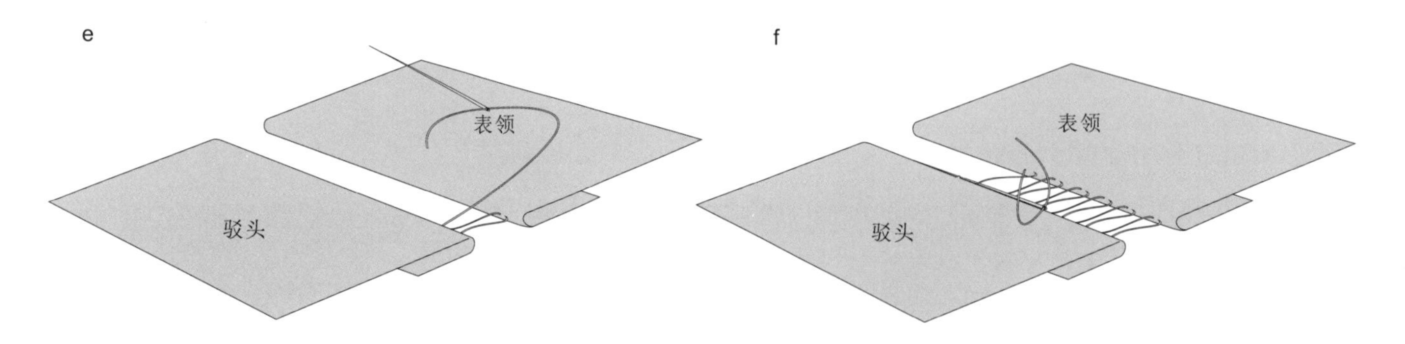

将穿进驳头的针拔出，稍拉紧缝线。

连续缝下去就形成如图的线迹,实际上驳头和表领是紧贴在一起的，图中间隔是为了看清线迹。

图4-191　串口线对边缝方法

【工序100】暗缲固定表领领腰

工序100

182.【工序100】(图4–192)

表领领腰的缲缝为暗缲缝。

请参照附于【工序51–2】后的暗缲缝方法。

再次确认左右领腰的宽度是否均等，然后从右颈侧点(SNP)开始到左颈侧点(SNP)为止，以0.2~0.3cm的针距进行暗缲缝。

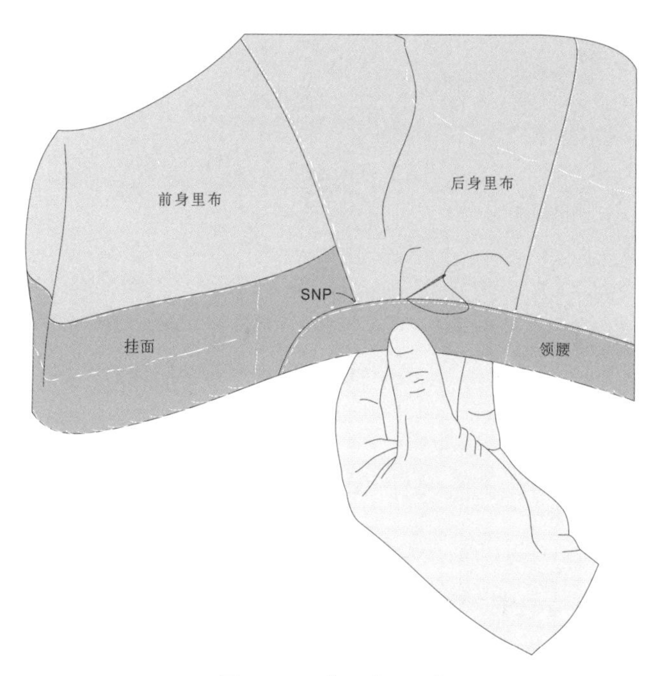

图4–192 【工序100】

【工序101】竖缭缝翻领内侧的外周边

工序101

183.【工序101】(图4–193)

该道工序是【工序93】的继续。

竖缭缝的针距为一根线或一根半线的宽度，针脚长度为0.3~0.4cm，这样完成的效果会比较漂亮。

善用右手的人从①(右身)开始，请按照②③④的顺序进行竖缭缝。

因为在④之后底领绒布的竖缭缝已经在前面【工序93】中完成，所以操作时要注意使之前和现在所做的竖缭缝形成一个整体。

缝制领子这只是其中一种方法，还有分割领座、无样版现配表领等各种方法。

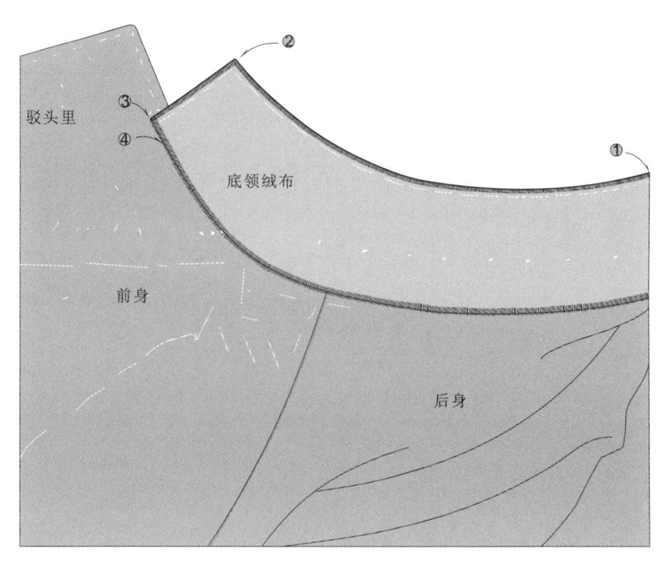

图4–193 【工序101】

【工序102】绷缝袖前侧缝

工序102

184.【工序102】(图4–194)

如图所示放置袖片，在缝份处稍微离开净缝线的位置进行绷缝。

因大袖的两个对位点之间的长度比小袖的短0.3cm，所以要将大袖拉长0.3cm再进行绷缝。

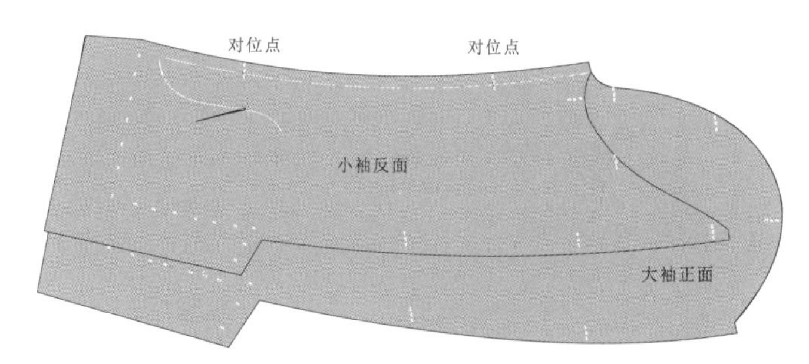

图4–194 【工序102】

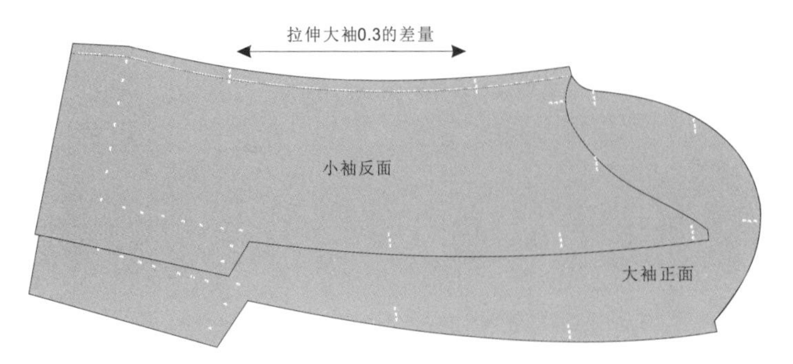

图4-195 【工序103-1】

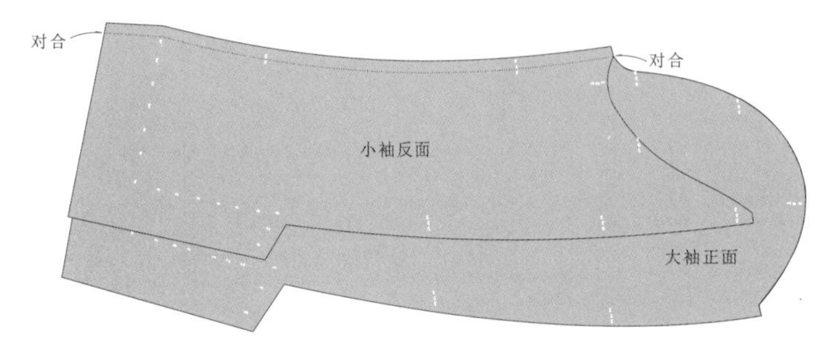

图4-196 【工序103-2】

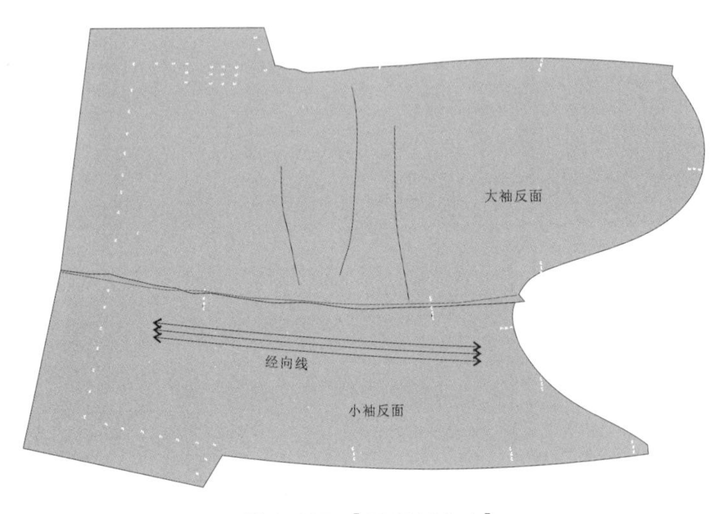

图4-197 【工序104-1】

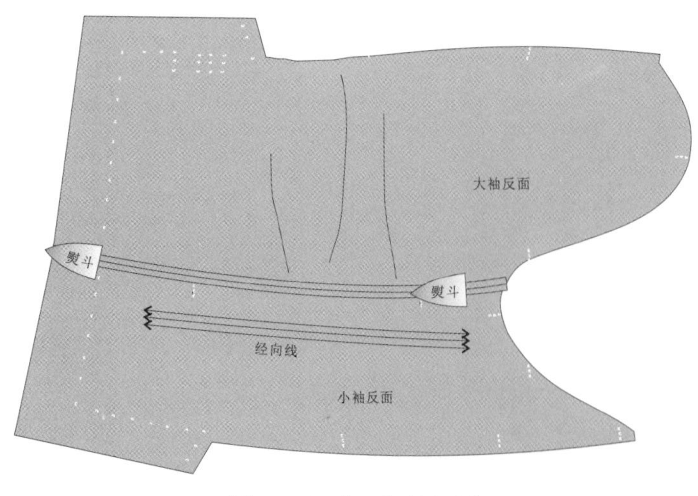

图4-198 【工序104-2】

【工序103】缉缝袖前侧缝

185.【工序103-1】(图4-195)

如图所示的缉缝方向是从袖口开始的，当缉缝到下部对位点时，用手捏住袖口前侧缝份和上部对位点，一边拉紧大袖使其没有松弛量，一边缉缝到上部的对位点，之后按照大、小袖的净缝线缉缝到终点，即完成该大、小袖前侧缝的缉缝。按同样方法完成另一只袖子。

186.【工序103-2】(图4-196)

拆掉绷缝线，为劈缝及熨烫处理作准备。同时，还要确认大袖和小袖的两个对位点是否对合。

【工序104】劈缝及熨烫袖前侧缝

187.【工序104-1】(图4-197)

在进行缝合及熨烫处理之前，如图所示将袖片展开，以小袖为基准调整经向线。将经向线调整为比直线稍微弯一点的曲线。

如图所示用手指将缝合线调整为圆顺的曲线，并将大袖上出现的褶皱分散到3个位置。

188.【工序104-2】(图4-198)

熨烫处理时，用熨斗从袖子的上部开始向袖口方向轻轻地将缝份劈开。这时，为了使缝合线成为漂亮的曲线，要一边用手指调整，一边进行劈缝。熨烫时，应防止最初定型的小袖变形。

189.【工序104-3】(图4-199)

从袖子的上部开始一直到对位点，用手指收拢布料的松弛量并用熨斗将其归拢0.2cm左右。

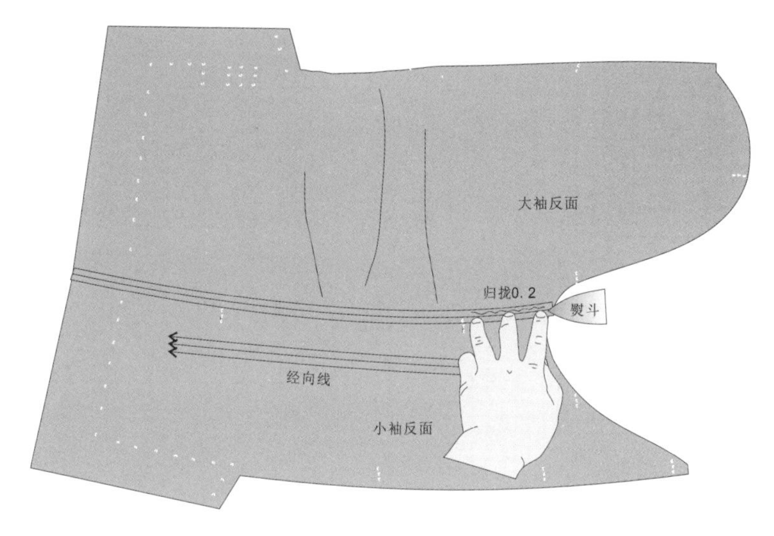

图4-199 【工序104-3】

190.【工序104-4】(图4-200)

如不使用蒸汽熨斗则要为进行熨烫的部位刷上少许水。手持大袖的后端，一边分散从缝合线出来的褶皱，一边稍微抬起正在前行的熨斗的左侧，将褶皱均匀地放入熨斗的底部施压。当有处理不到位的情况时，要再刷水熨烫，直到将布完全熨平为止。注意：向斜丝方向处理布料效果比较好。

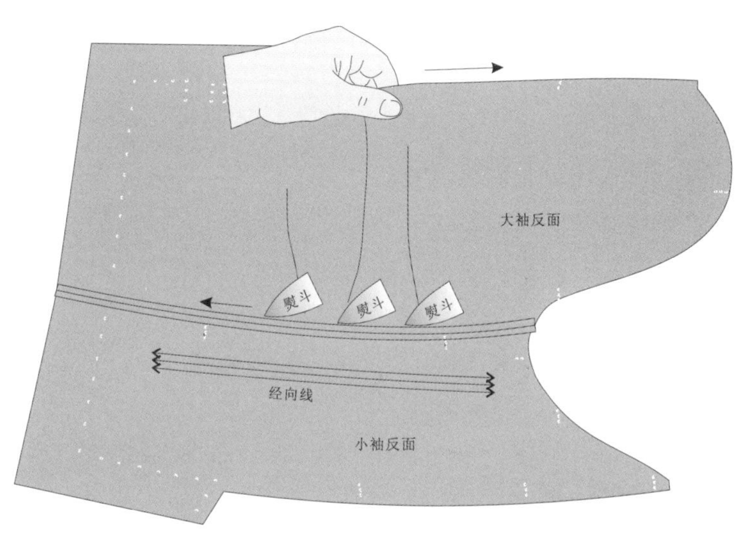

图4-200 【工序104-4】

191.【工序104-5】(图4-201)

熨烫方向与【工序104-4】的操作方向相反。持大袖的手势方向也与熨斗的熨烫方向相反。直到从缝合线分散出来的褶皱距缝合线4~5cm为止。

192.【工序104-6】(图4-202)

如图所示，用手捏住大袖的上部向自身的方向拽，直到大袖后侧的褶皱消失为止。在【工序104-5】中进行拔开的对应侧出现了多余的褶皱，用手指将这个褶皱固定住，刷上少许水，向箭头所示的方向移动熨斗进行处理。不要在没有必要刷水的部位刷水，不然熨烫处理过的部位就会恢复原状。

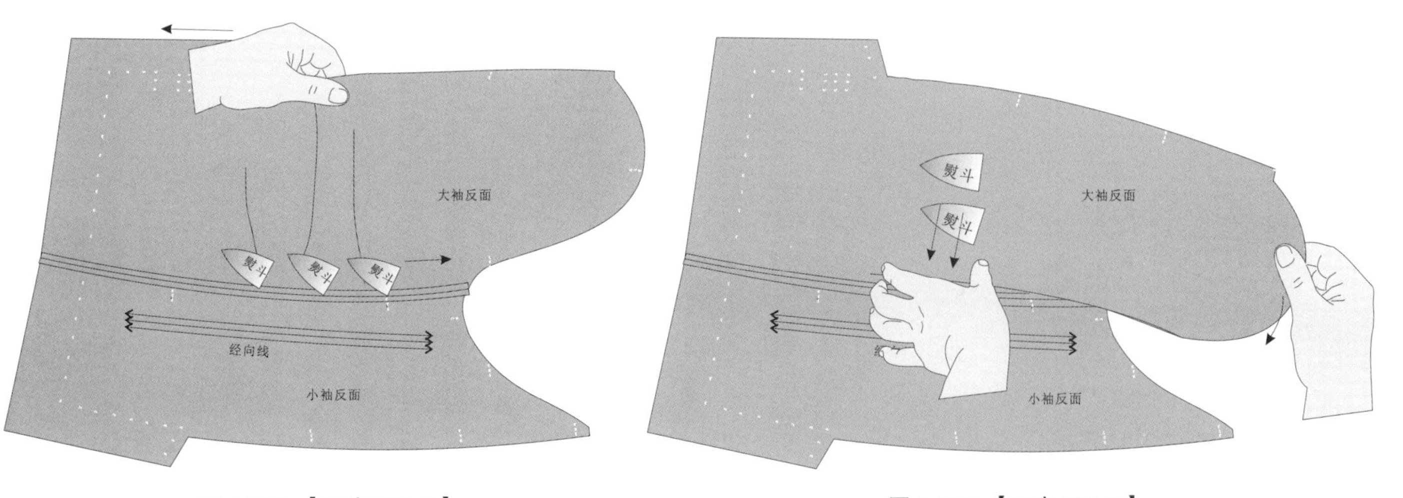

图4-201 【工序104-5】

图4-202 【工序104-6】

【工序105】绷缝袖口衬

193.【工序105-1】(图4-203)

袖口衬采用电光棉缎。衬布的大小根据袖衩所缝纽扣的个数而定。袖口衬的宽度为盖住袖口净缝线1cm开始到袖衩裁边的角为止，袖口衬的上、下边要平行裁剪。因为袖口呈“へ”形，所以袖口衬也要裁成“へ”形。

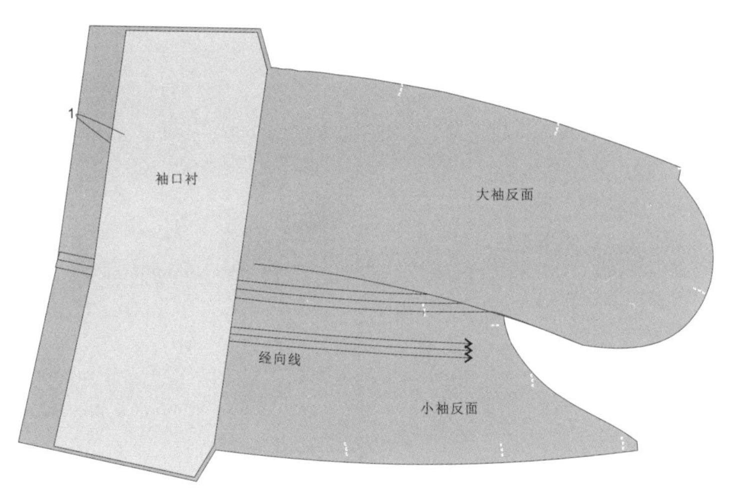

图4-203 【工序105-1】

194.【工序105-2】(图4-204)

第一道绷线从袖口衬中间位置开始，然后再绷缝袖中缝位置。

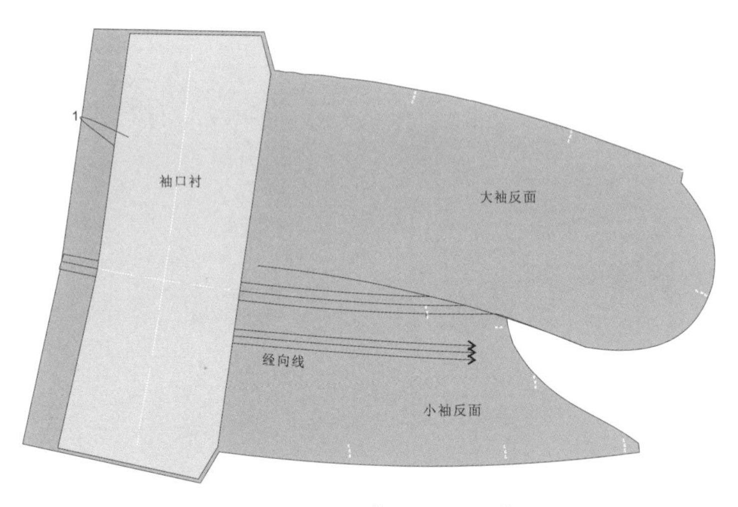

图4-204 【工序105-2】

195.【工序105-3】(图4-205)

从袖口衬进针，挑住前袖缝缝份进行纳缝。纳缝线要松缓，不要拉紧。为了使正面不露出缝线可以将尺子放在缝份下面，这样比较容易纳缝。

196.【工序105-4】(图4-206)

距袖口衬四周1cm位置绷缝，并定出袖衩净缝位置。袖口衬可以用电光棉缎，也可用里布或全棉袋里布。所有用衬根据外观及性能来选择。

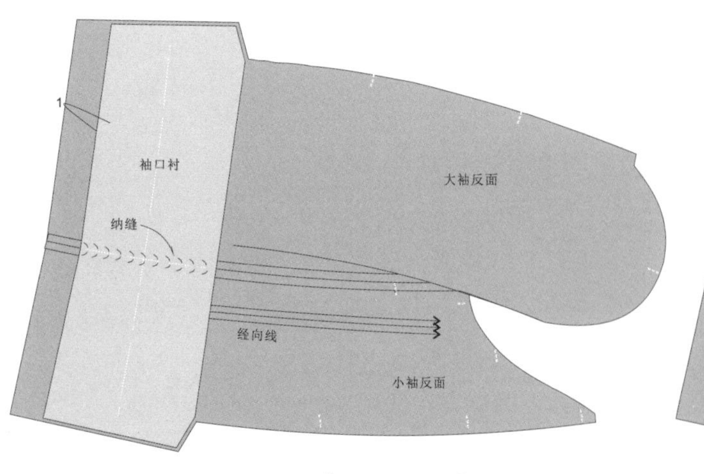

图4-205 【工序105-3】

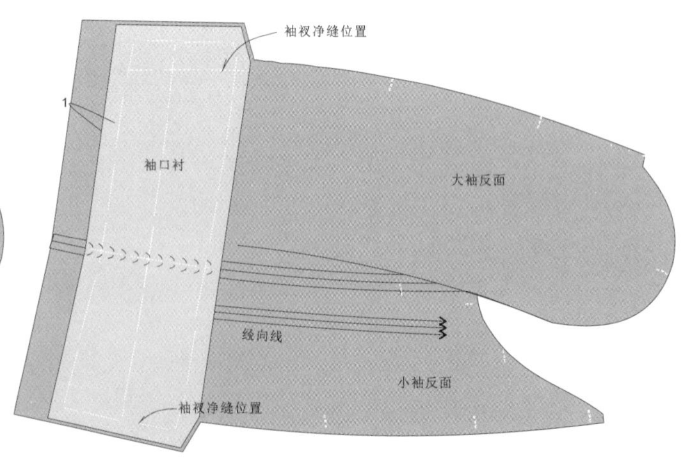

图4-206 【工序105-4】

【工序106】三角针固定袖口衬

工序106

197.【工序106】(图4-207)

袖口衬的一周用三角针固定。三角针的针距不要缝得太密，要使缝线松松地浮在上面。缝时每次只能挑住面料一根纱线的量。

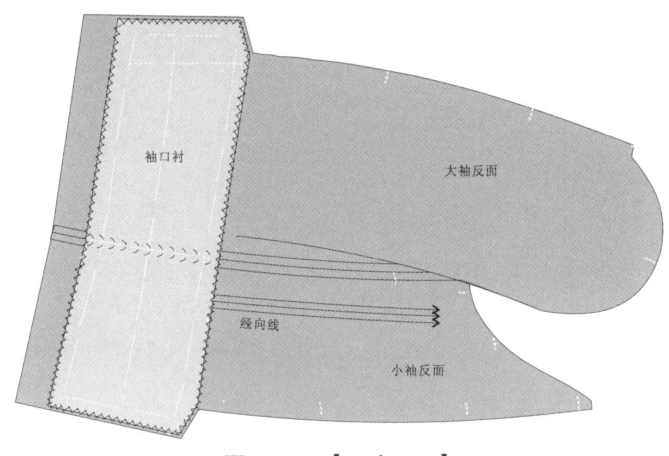

图4-207 【工序106】

【工序107】绷缝袖口牵条

198.【工序107】(图4-208)

使用无黏合剂的0.5~1cm宽的牵条，放置在袖衩外侧和袖口净缝外侧，如图所示。用棉线绷缝固定，图中为了示意，特地用了黑线。牵条起到加固止口的作用。因此，也可用坯布自制。

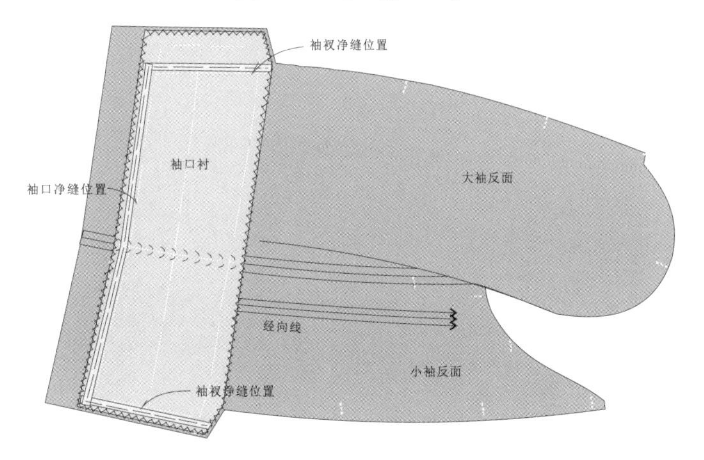

图4-208 【工序107】

【工序108】缭缝袖口牵条

199.【工序108】(图4-209)

缭缝牵条时，要挑住袖表布的一根布丝后与牵条缭缝在一起。不要用力拉缝线，特别是袖口处，以免影响表面的美观。缭缝完毕，拆去绷线。也可像大身摆衩一样，先缝牵条后缝衬布。

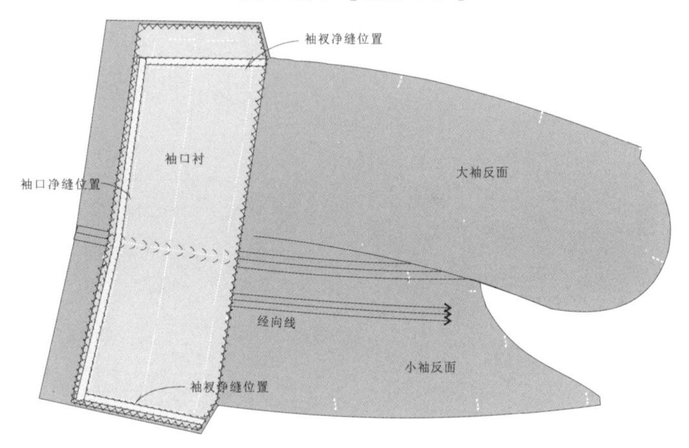

图4-209 【工序108】

【工序109】绷缝固定袖口、袖衩折边

工序109

200.【工序109-1】(图4-210)

将小袖衩按净缝位折边(1cm)，用棉线绷缝，然后如图用三角针缲边固定。

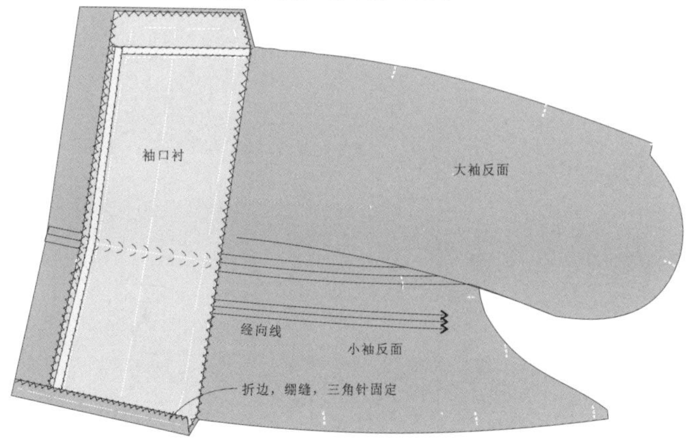

图4-210 【工序109-1】

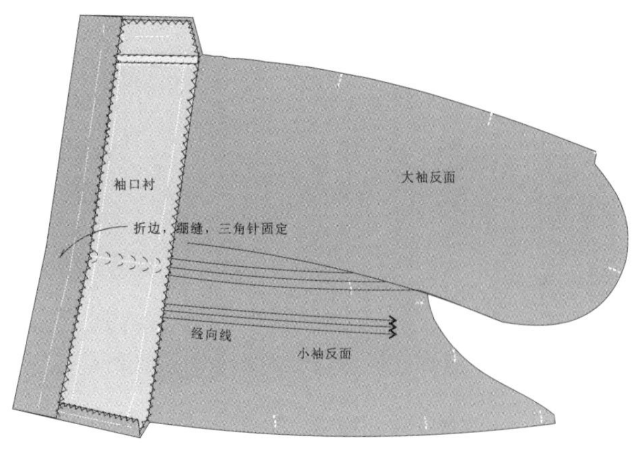

图4-211 【工序109-2】

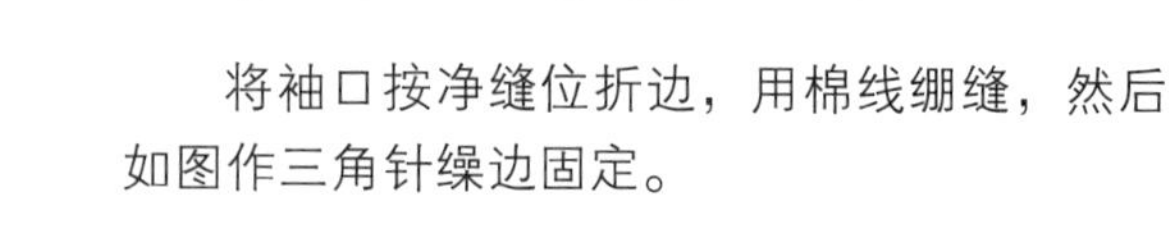

201.【工序109-2】(图4-211)

将袖口按净缝位折边，用棉线绷缝，然后如图作三角针缲边固定。

202.【工序109-3】(图4-212)

将大袖衩按净缝位折边，用棉线绷缝，然后如图用三角针缲边固定。注意袖衩与袖口交叉处折出三角。

袖衩的制作方法与大身摆衩制作方法相同。接下去制作袖里布，袖里布与袖衩的拼接也与大身摆衩及里布的拼接方法相同。当然，这也仅是其中的一种方法而已。

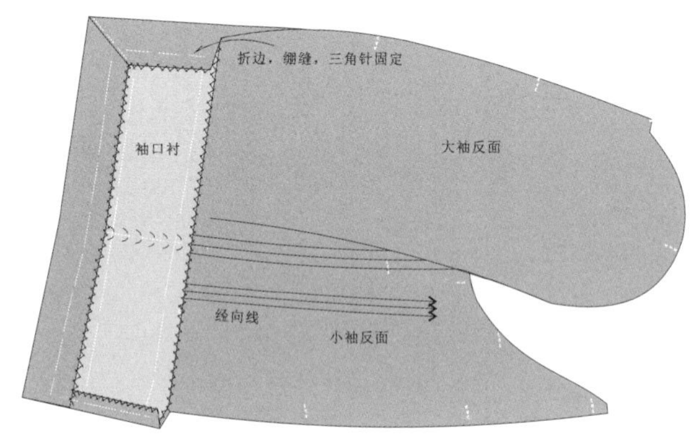

图4-212 【工序109-3】

【工序110】袖里布拼前侧缝

203.【工序110-1】(图4-213)

如图车缝拼接大小袖里布前侧缝，车缝之前可大针脚绷缝。

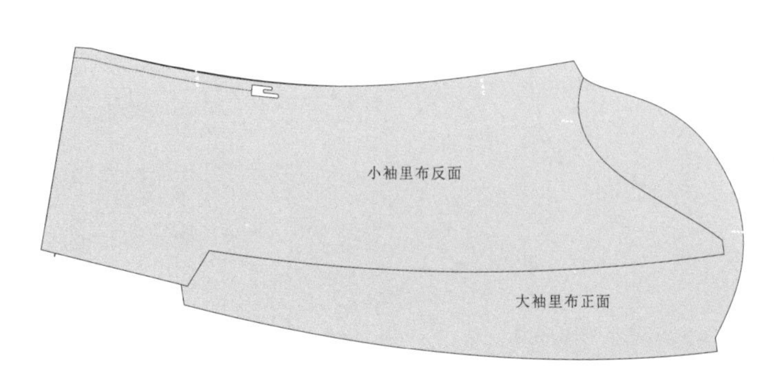

图4-213 【工序110-1】

204.【工序110-2】(图4-214)

如图熨烫车缝线迹。所有需倒缝或分缝的缝份都应在倒缝和分缝之前熨烫车缝线迹，使其平顺。

205.【工序110-3】(图4-215)

如图用熨斗将缝份折向里布大袖，并留出0.2cm的“眼皮”量，以备活动松量。

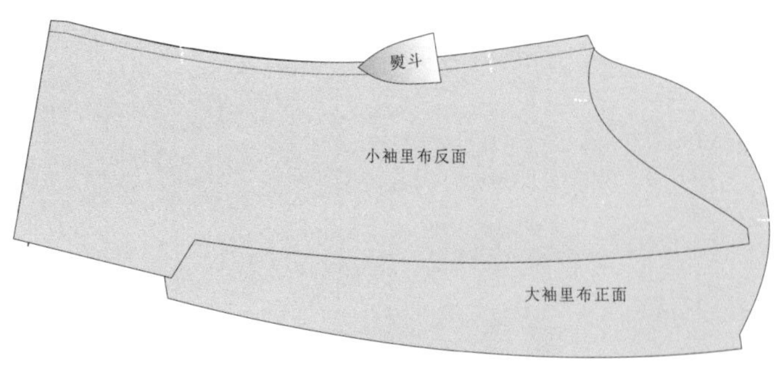

图4-214 【工序110-2】

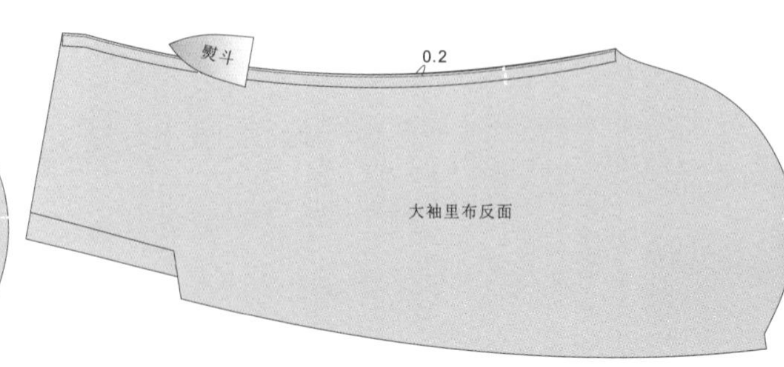

图4-215 【工序110-3】

【工序111】固定袖里布前侧缝

工序111

206.【工序111-1】(图4-216)

如图放置袖里布，底摆比表布袖口长1cm（样版设置），小袖衩长出1cm（表布已折进缝份），里布前侧缝对应表布前侧缝放置并以大针脚绷缝。

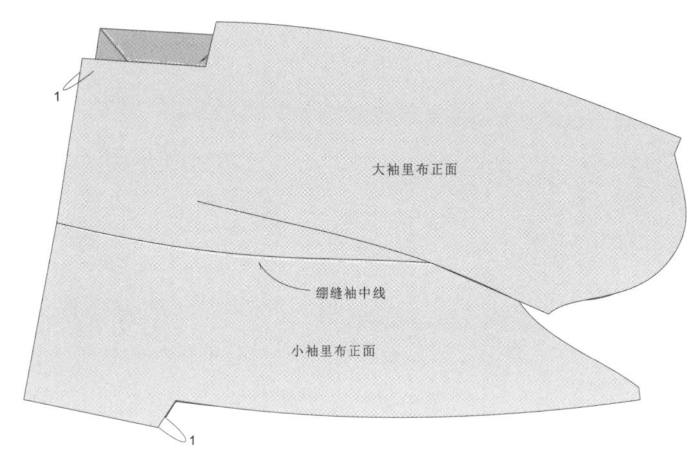

图4-216 【工序111-1】

207.【工序111-2】(图4-217)

如图翻开大袖里布，将里布前侧缝份与表布前侧缝份绷缝一起，绷缝长度基本上在前袖两个对位点之间即可。

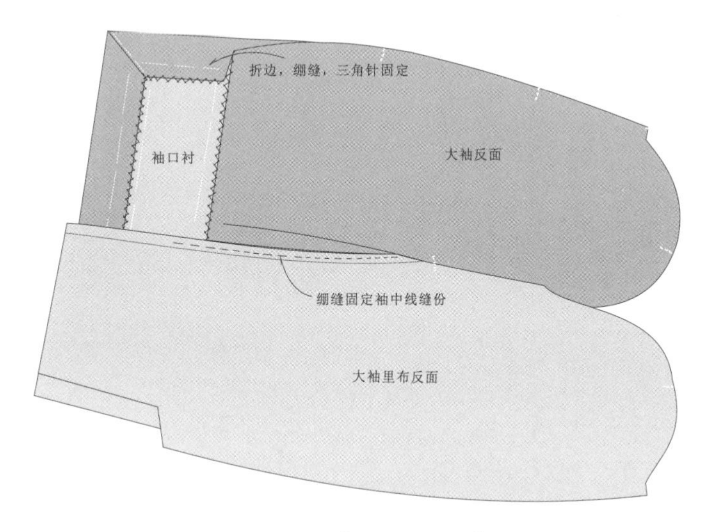

图4-217 【工序111-2】

【工序112】绷缝固定小袖衩

工序112

208.【工序112-1】(图4-218)

如图绷缝里布止口。①-②折进1cm并绷缝在表布上，将②-③折进3cm并绷缝在表布上，③-④折进1cm并绷缝在表布上，④位置要打剪口才能折进。④-⑤-⑥折进1cm绷缝，但不与表布绷在一起。按上述尺寸也可以从①-⑥折进绷缝，然后再从①-④与表布绷缝在一起。

209.【工序112-2】(图4-219)

如图掀起②-③，用三角针把里布底边与表布底边固定在一起，注意缭缝一层里布，里布正面不要露出针脚。

从①到②用珠针法固定小袖衩，至②时掀起里布折边，从②到⑦则继续用珠针法固定袖口折边。

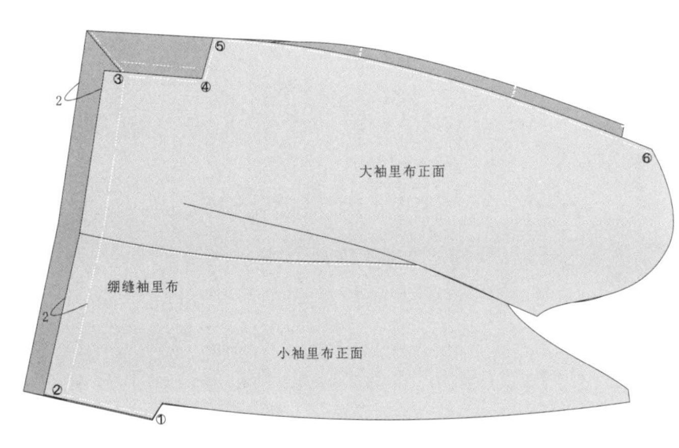

图4-218 【工序112-1】

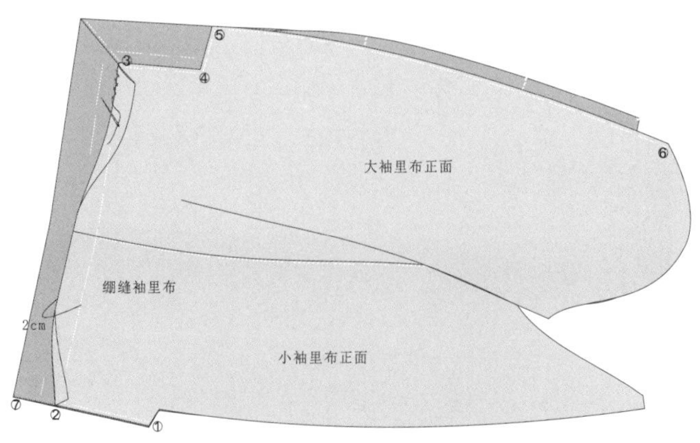

图4-219 【工序112-2】

【工序113】制作袖衩

工序113

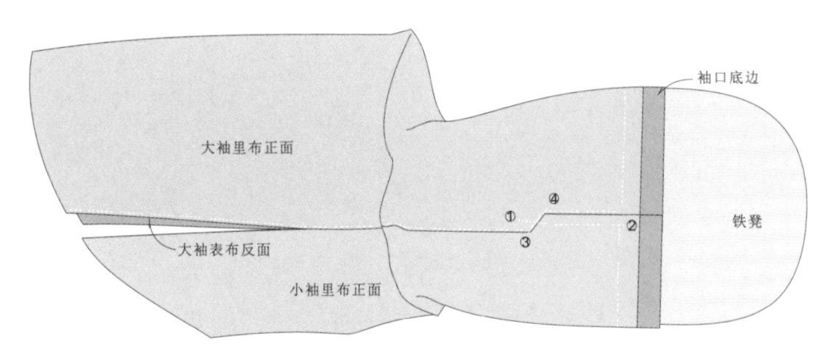

图4-220 【工序113-1】

210.【工序113-1】(图4-220)

如图将袖口套在铁凳上，底边对齐，里外大袖缝对齐，将小袖衩插入大袖衩的表布与里布之间，大小袖衩止口对齐。绷缝固定袖衩①-②位置和③-④位置。

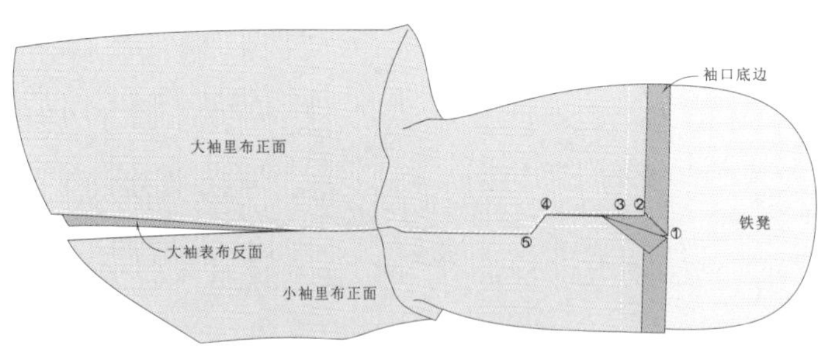

图4-221 【工序113-2】

211.【工序113-2】(图4-221)

如图掀起小袖衩，用珠针固定①-②大袖衩折角，然后从③开始用珠针固定大袖衩里布与表布至④，从④开始将大袖衩里布与插入其中的小袖衩一并用珠针固定至⑤，但不穿过大袖衩的表布。

【工序114】制作大袖缝

工序114

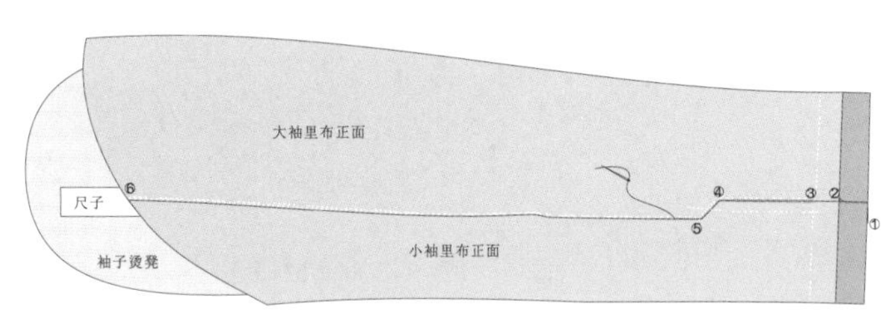

图4-222 【工序114-1】

212.【工序114-1】(图4-222)

如图沿着小袖后缝的净缝位置将已折边的大袖后缝绷缝在小袖上，故⑤-⑥有2道绷缝线。绷缝结束后，沿⑤-⑥用珠针固定里布后袖缝。当绷缝和珠针时在里布和表布之间垫一尺子便于操作。

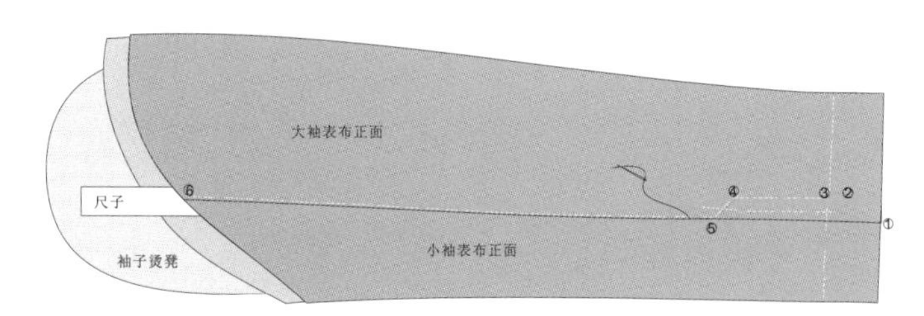

图4-223 【工序114-2】

213.【工序114-2】(图4-223)

如图将袖子翻至正面，沿着小袖后缝的净缝位置将大袖后缝折边绷缝在小袖上，即⑤-⑥位置。绷缝固定后，从④位置开始至⑤珠针明线，此位置珠针要钉穿大小袖衩，起到加固作用。然后自⑤至⑥珠针明线并下垫尺子，以免缝到里布。

【工序115】缩缝袖山

工序115

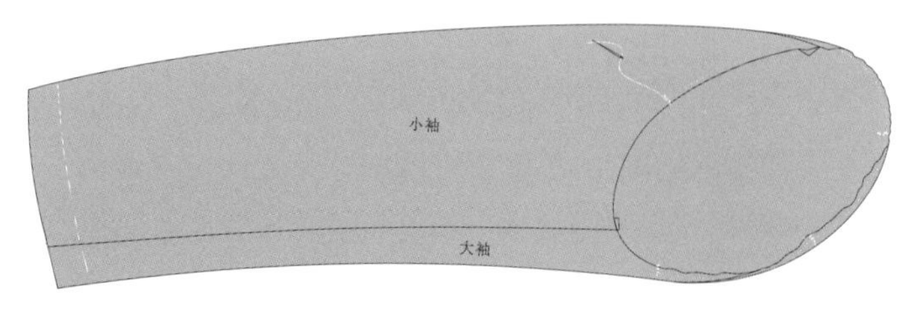

图4-224 【工序115】

214.【工序115】(图4-224)

缩缝是针脚极小的平针缝法，其针脚越小，效果越好。当进行双排缩缝时，第一行以0.4cm为一个针脚，缝第二行时从0.4cm的两个针脚之间入针和出针，是针脚极小的效果。缩缝是将平面的布进行立体化的操作。

从大袖前侧的对位点开始，向小袖后侧的对位点进行缩缝。这是因为后侧的吃量比前侧多的缘故。

【工序116】熨烫处理缩缝线

215.【工序116-1】(图4-225)

使用铁凳等熨烫工具，将袖山放置在其曲线部位。在袖山缩缝的部位刷上少许水（用无蒸汽熨斗熨烫的情况下），用熨斗向箭头方向进行归拢处理。如图所示为从袖前侧下部开始进行熨烫处理。

216.【工序116-2】(图4-226)

这是接近前侧上部袖山点的位置，由于宽度变窄，所以要用铁凳较窄的部位进行熨烫处理。

217.【工序116-3】(图4-227)

这是袖后侧的袖山上部。从这里开始向下，是吃量最多的部位。在该处刷上少量水（用无蒸汽熨斗熨烫的情况下），然后仔细进行熨烫处理。此处熨烫归拢后，将袖后侧的袖山下部和袖底部放置在铁凳上熨烫。

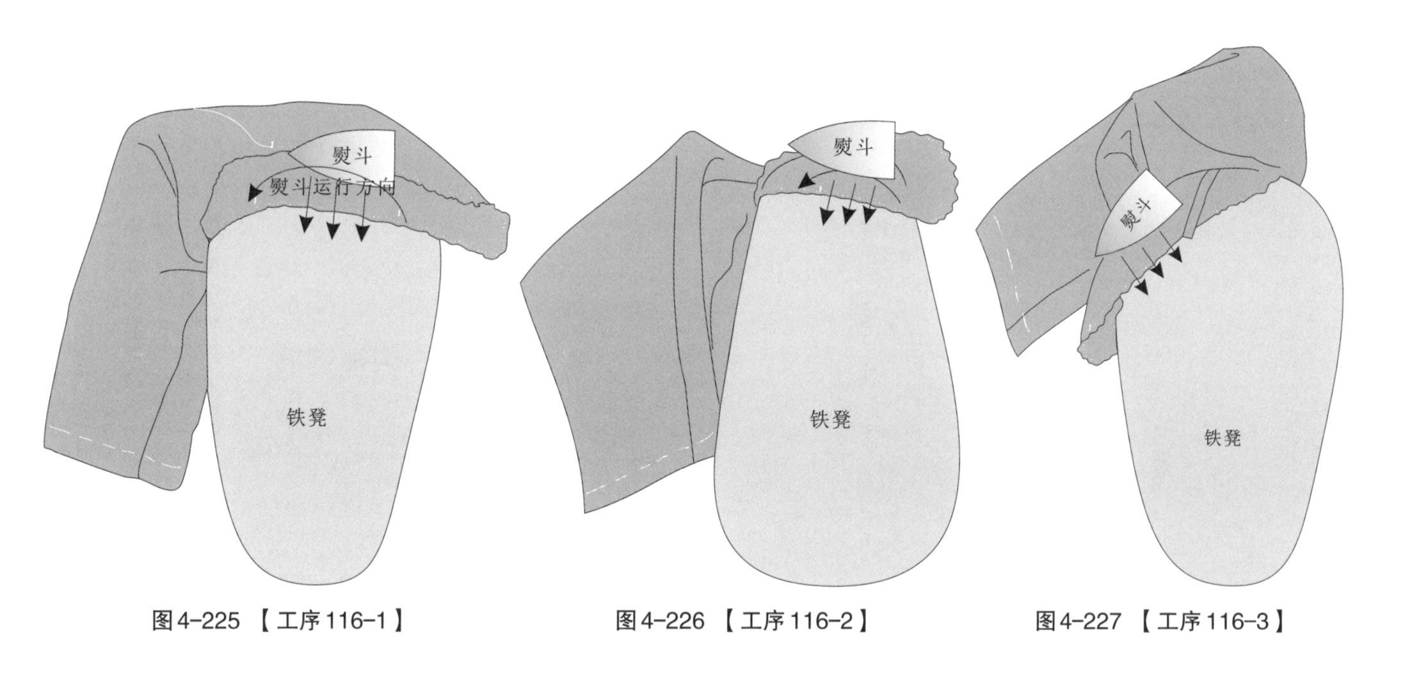

图4-225 【工序116-1】　图4-226 【工序116-2】　图4-227 【工序116-3】

【工序117】袖窿周围熨烫整理

工序117

218.【工序117-1】(图4-228)

如图所示为从正上方看到的龟背烫凳。

把袖子绷缝到衣身上之前，要将袖窿周围进行熨烫处理。熨烫前，将侧身放在龟背烫凳上，使袖窿置于烫凳的大头一侧（图示的左侧），这样可以利用烫凳形状来处理后侧身腋下趋向前身的胸量。

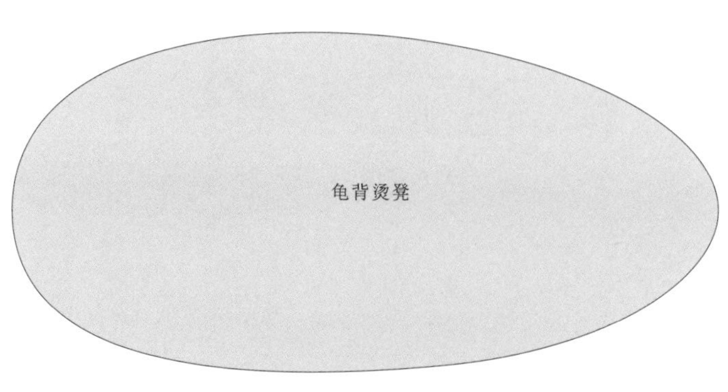

图4-228 【工序117-1】

219.【工序117-2】(图4-229)

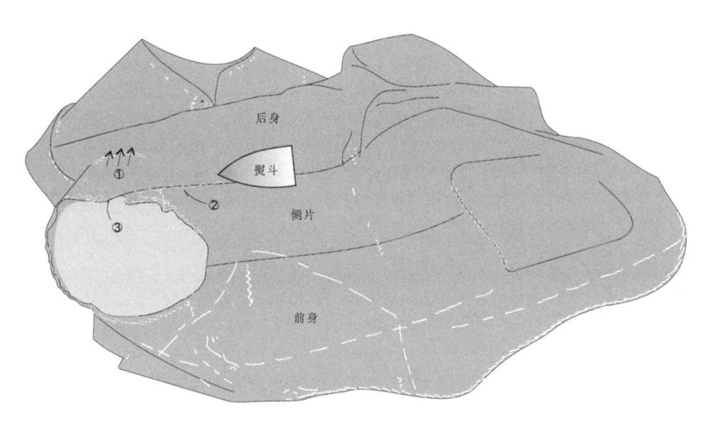

图4-229 【工序117-2】

将衣身放置在龟背烫凳上时，就呈现出立体的形态。

如果将①向箭头方向推赶，拔出肩胛骨的量，那么就要对②进行归拢。在此案例中，已将后肩胛区加入0.5cm的量（背长+0.5），因此，对于标准体无须对①进行拔开，但对于后背饱满者仍需操作此步骤。

由于对①进行了归拔处理，因此导致③的后袖窿变得松弛。可以将缩缝线适当抽紧，再进行熨烫归拢处理。

220.【工序117-3】(图4-230)

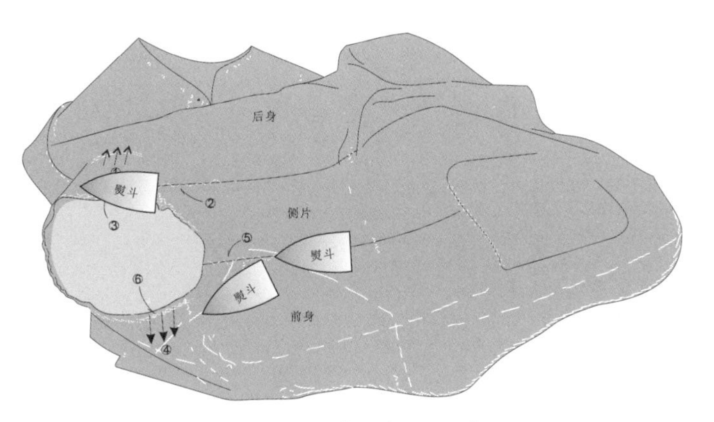

图4-230 【工序117-3】

为了塑造前身的胸量也要对④的胸部进行归拔处理，这样袖窿就变得松弛了，操作时要用熨斗对⑥进行归拢处理。

前身和侧身的缝份⑤，因收腰使得其横向的纬纱线呈“へ”形。如果不进行处理就绱袖子的话，小袖和衣身则不能完美结合，所以要对⑤进行归拢处理，消除纬纱的“へ”形，从而使操作效果达到完美。熨烫处理时，请使用垫布。

【工序118】绱袖绷缝

工序118

221.【工序118-1】(图4-231)

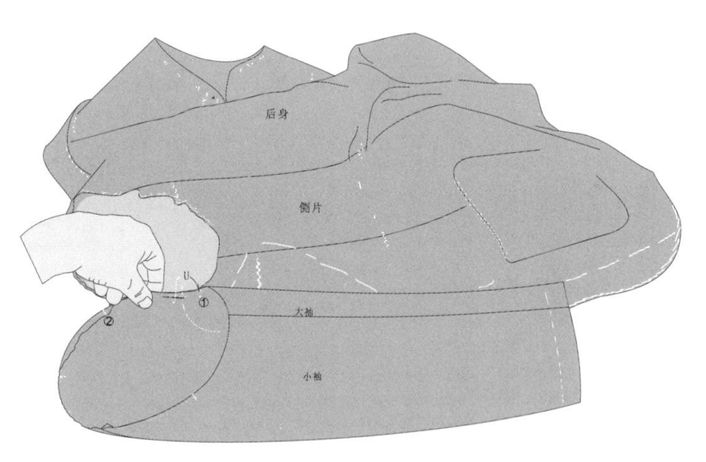

图4-231 【工序118-1】

在用缝纫机缉缝绱袖之前，要先将袖子绷缝固定在衣身上。

从U点开始绷缝。这时，一定要将衣身和U点处的内弧线对合。如果对位点和弧线没有对合，那么从前面看到的袖子U点位置就会出现酒窝或松弛。所以，一定要注意。

对合衣身正面，从①开始向对位点②的方向，将袖子绷缝6cm左右。绷缝位置要在缝份一侧且稍微离开缉缝线的地方。

222.【工序118-2】(图4-232)

在衣身正面，从①的U点开始，绷缝6cm左右，然后将衣身的里面向外翻出。这时，就成了衣身反面在外，袖子套在衣身的状态。用左手一边将袖窿与袖山的圆势对合，一边进行绷缝，一直绷缝到②为止。根据样版上设定的吃势，点对点绷缝，自②到③、到④、到⑤，最后回到U点。

当吃量不够时，可以在不影响表面效果的前提下用手指进行调整。注意，袖底也是有吃势的。

采用单线进行绷缝，绷缝袖子时针脚越小，效果越好。或者进行双行绷缝，第一行以0.5cm为一个针脚，缝第二行时从0.5cm的两个针脚之间入针和出针，这样的效果也是针脚极小且吃势均匀。

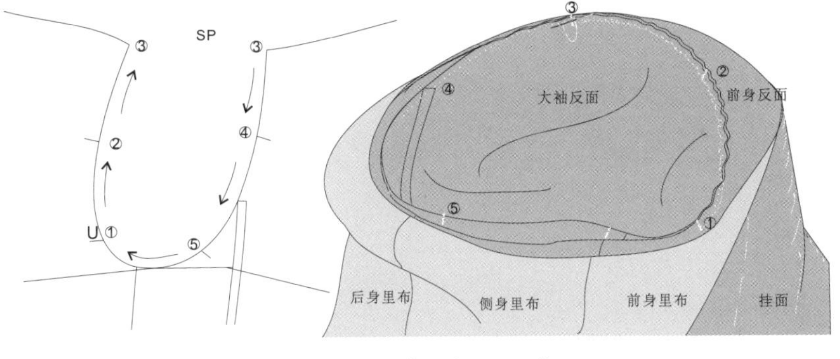

图4-232 【工序118-2】

【工序119】缉缝绱袖

223.【工序119-1】(图4-233)

缉缝绱袖时，将袖子置于下面，衣身在上面，然后进行缉缝。

袖子处有吃量，将袖子置于缝纫机的送布牙一侧，从而使吃量分配均匀、稳定。

左上前身，从①（U点）开始向②进行缉缝。因为要在距③的肩点（SP）6cm的部位加劈缝布，所以应在距肩点7cm的位置停止缉缝。

事先把缝纫机的上、下线松紧度调好，不然合缝时会出现缝缩褶皱现象。

缉缝时，请不要将曲线部分拉成直线缉缝。要尽可能按照袖窿各曲线部分的形状进行缉缝。

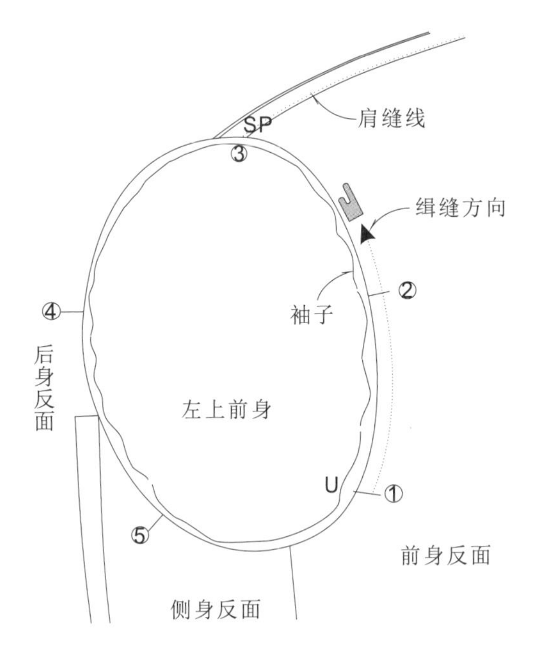

图4-233 【工序119-1】

224.【工序119-2】(图4-234)

一般袖子需准备劈缝布。用表布正斜裁剪2.5cm宽、12cm长的劈缝布。当然，劈的长度因设计而不同。需强调的是，本书的例子不用劈缝布。

将劈缝布置于肩头，以肩缝线为中心，前后各6cm的位置，布边与衣身和袖子的裁边对齐，一起按箭头所示方向进行缉缝。

高袖山的肩头因为不劈缝，所以不用劈缝布。

袖子的吃量，要在绷缝绱袖之前熨烫处理好。

在缉缝绱袖时，不能因为有难度就将袖窿拉成直线缝。要尽可能按照袖窿的形状进行缉缝。

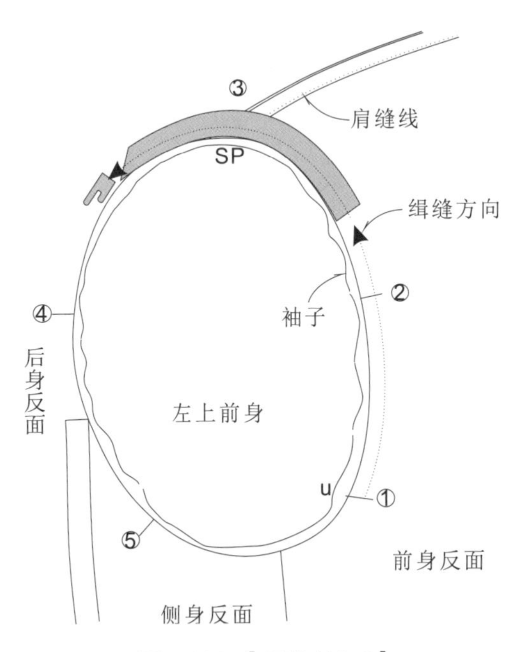

图4-234 【工序119-2】

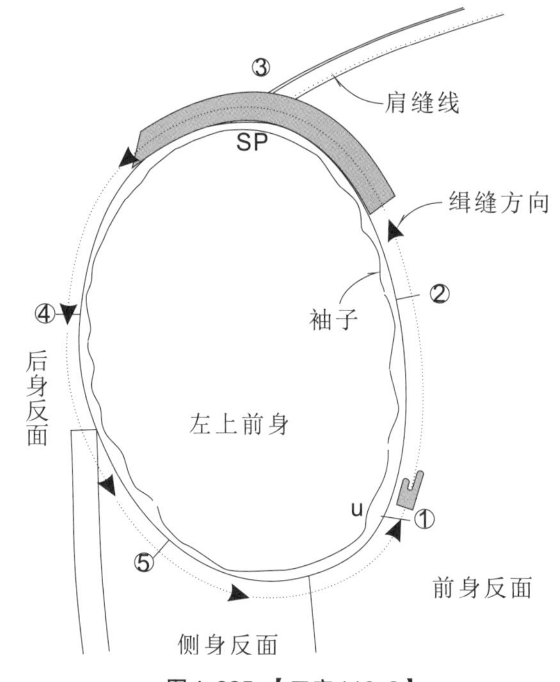

图4-235 【工序119-3】

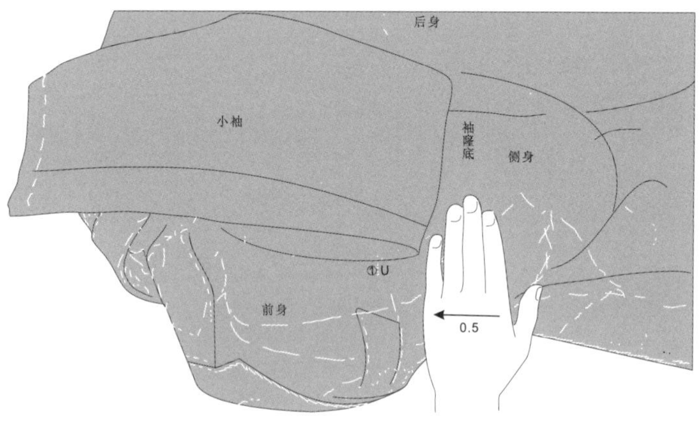

图4-236 【工序120-1】

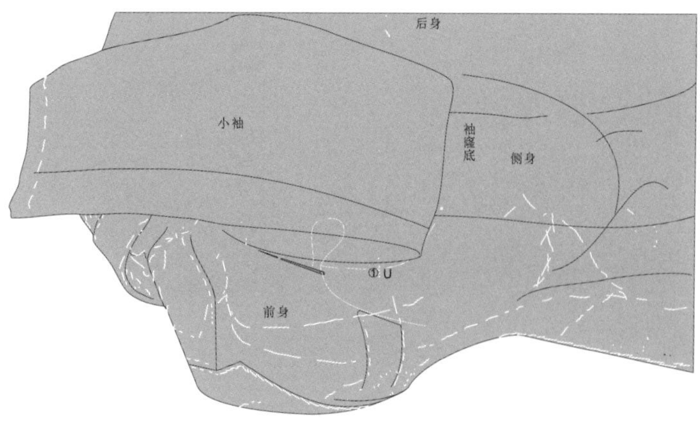

图4-237 【工序120-2】

225.【工序119-3】(图4-235)

按箭头所示方向进行缉缝，从①出发回到①（U点）是袖窿的一周，在这里结束时不要倒针，要与开始缉缝的部位重叠缝2cm左右再结束。

右下前身与左上前身的方向呈现相反的状态。要从1（U点）开始向⑤进行缉缝一周。

缉缝时，不要把曲线部分拉成直线缉缝。要尽可能使袖窿各曲线部分的形状保持不变。

在完成缉缝绱袖时，要再进行一次熨烫，使衣身和袖子的结合更自然。

不仅高袖山不要劈缝布，倒向大身的倒缝也不要劈缝布。本书所举的例子是意式的那不勒斯风格的瀑布袖，大身和袖身缝头均倒向大身方向。因此，正常的袖山吃势量也会导致出现袖山褶皱。同时，没有设定垫肩，因此也少了装垫肩步骤。

【工序120】从衣身正面绷缝袖窿

226.【工序120-1】(图4-236)

将袖窿置于铁凳上，手按照箭头的方向，将衣身的袖窿底向上捋0.5cm左右。这里是按照0.5cm进行说明的，但操作时还要根据具体情况与袖窿底的横纱向来调整。

一定要特别注意检查从①（U点）开始到袖窿底的经、纬纱向是否垂直、水平，如果有歪斜，要进行调整。

前身因为有毛衬在里面，所以这是一步特别关键的操作。将衣身的袖窿底向上捋，其结果等同于增加了袖山高。

227.【工序120-2】(图4-237)

将经纱和纬纱调整到垂直、水平状态后，从衣身的正面开始对袖窿的一周进行绷缝固定。

这是将衣身的表布、毛衬以及里布一体化的操作。衣身和毛衬要非常服贴，这很关键。

从前身有毛衬的袖窿底部开始，向①（U点）的方向，一边确认对位点并修正纱向，一边进行绷缝。

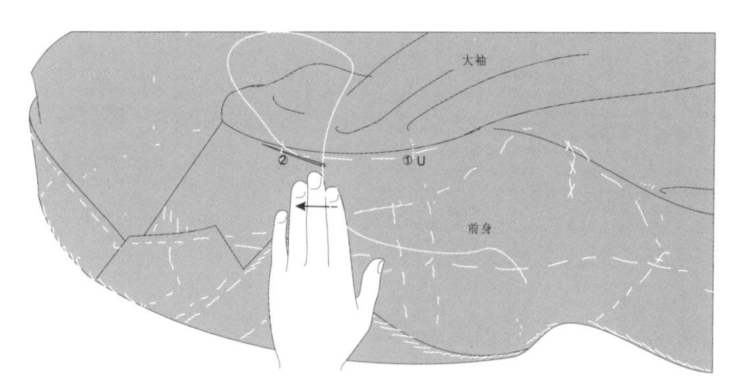

图4-238 【工序120-3】

228.【工序120-3】（图4-238）

保证从①（U点）-②之间的纵纱向顺直很关键。这个部位因为袖山吃量的关系，使衣身袖窿侧边的横纱容易出现向下垂落的现象。因此，为了避免出现横纱向下垂落的现象，要用指尖将横纱向上推。

横纱水平或者袖窿一侧稍微向上是比较好的状态。要在这样的状态下进行绷缝，一直到②的位置停止。

从②开始到肩是前肩的领域。在这个部分要加入适应前肩机能的松量，所以前身的绷缝暂时到②为止。

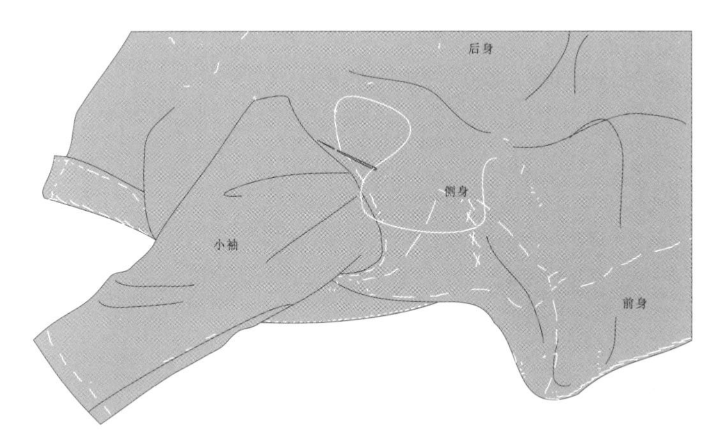

图4-239 【工序120-4】

229.【工序120-4】（图4-239）

回到开始绷缝的位置，向反方向的后身进行绷缝固定。进行这一操作时，必须要检查里布是否有扭转或者折叠的现象。

另外，还要检查横纱的纱向是否有弯曲。如果有弯曲，则要用手将其调整顺直，再进行绷缝。

这个位置只有衣身的表布和里布，绷缝要点是为了使两者成为一体。

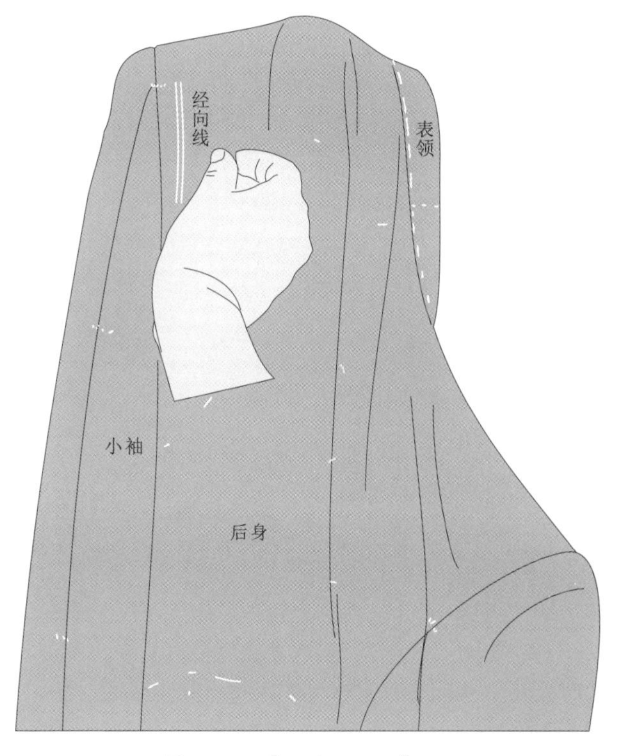

图4-240 【工序120-5】

230.【工序120-5】（图4-240）

将手伸入衣身，到达肩点，撑吊起衣身。用另一只手检查后身袖窿的经向线是否呈现向后中线方向稍微弯曲下垂的状态。

后袖窿侧的经向线是特别关键的地方。如果经向线是向外侧弯曲的，则要用手指捏住衣身，移动经向线或者用手指捋衣身，以调整经向线。

然后，在绱袖线的旁边进行绷缝。这时也要注意衣身的表布和里布不要错位。

后身袖窿的纱向应呈现向后中线方向稍微弯曲下垂的状态，旨在塑造后身与侧面转折处的量。后身的袖窿因归拔处理，从而达到与身体的曲面相吻合，且后袖窿背侧稳定、不易下垂，后侧面的轮廓看起来也更美。

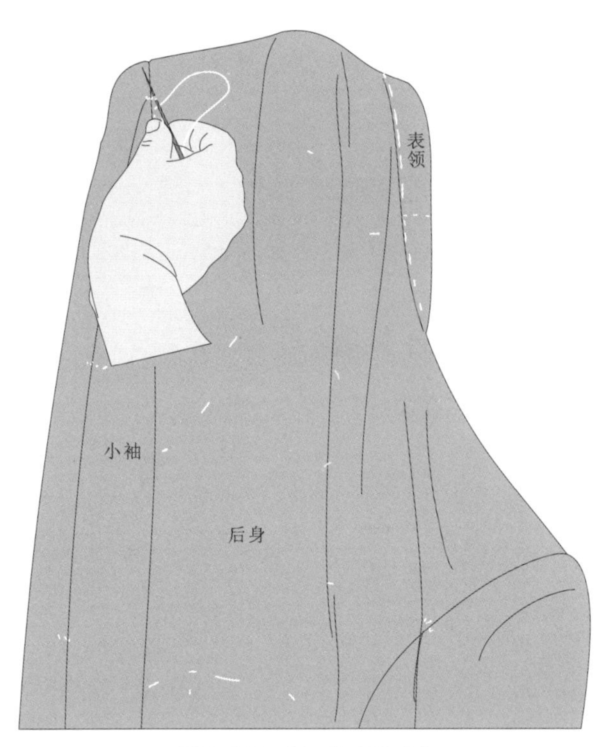

图4-241 【工序120-6】

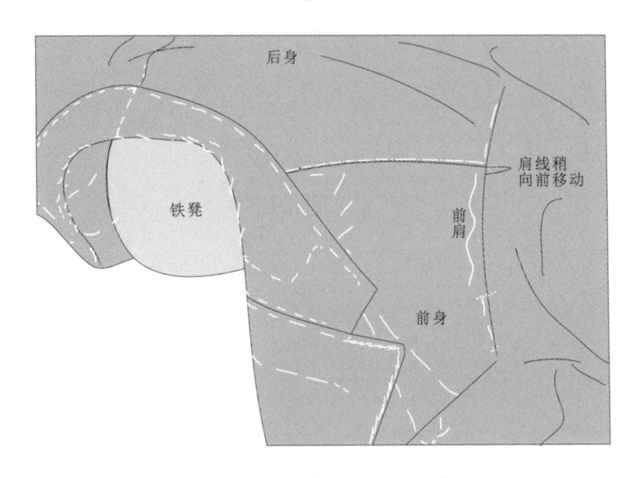

图4-242 【工序120-7】

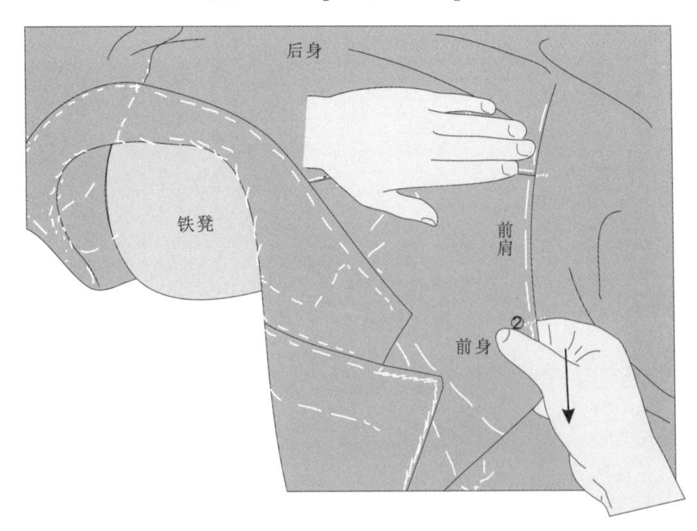

图4-243 【工序120-8】

231.【工序120-6】(图4-241)

在【工序120-5】中对经向线进行调整后，接着【工序120-6】继续进行绷缝。绷缝时要顺着衣身和袖子的缝线，保持其顺美的形态。

将手伸入衣身，到达肩的里侧，并在衣身被撑吊起来的状态下，再次调整经向线。因为是在不稳定的状态下进行操作，所以要十分用心，绷缝进行到肩线时停止。

该图是以左身为例进行说明的。支撑后身里侧的是伸进衣身里侧的左手手背。当左手伸进对侧的右身时，就要用手心支撑衣身。绷缝时，一般要用习惯的手进行操作，因此制作左、右身时，手的操作会不同，故需要加以训练，确保左、右身达到相同的品质要求。

注意，应使纬纱呈水平状态或袖窿侧稍微向上吊起，这很重要，关系到下一道工序的肩部。

232.【工序120-7】(图4-242)

继续【工序120-6】的说明，使纬纱纱向水平，或将袖窿侧稍微向上吊起的纱线再向上移动，同时将肩线等量向前移动。

肩线向前移动的量，就是前肩的松量。

这个部位是必须具备前肩机能活动量的部位，也是西服最关键的部位。前肩的活动量和舒适性由这个部位决定。

233.【工序120-8】(图4-243)

在【工序120-7】中将肩头部分的肩线向前稍微移动后，前肩位置就出现了些微的余量。

该余量是前肩所需要的量，要进行以下的处理。

用一只手按住肩不要动，用另一只手握住②的位置向前拉伸。

在这里要注意的是拉伸的量。如果肩线的移动量较多，就不能拉伸太多，所以要根据体型加以判断、调整。

【工序121】回针绷缝袖窿里布

工序121

234.【工序121-1】(图4-244)

在从正面对袖窿进行绷缝的工序中，如果里布发生错位，要将错位部分的缝线剪断，一边修正，一边进行回针绷缝。

从衣身的里面对袖窿缝份进行回针细缝固定。

进行绷缝时，采用双股细缝线，从侧身开始绷缝。

从袖子反面进针，穿到衣身里布一侧，进针的位置在袖窿裁边侧、稍微离开绱袖缉缝线的位置。将穿到衣身里布一侧的针拔出，向前进一针距，从衣身里布一侧进针，从袖子反面将针拔出，倒退0.5cm左右，将针再穿到衣身里布一侧。

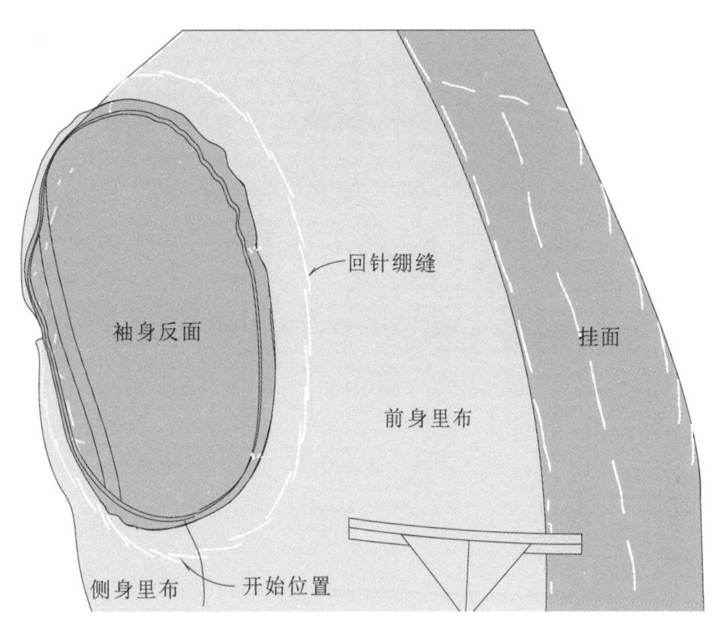

图4-244 【工序121-1】

235.【工序121-2】(图4-245)

要注意，绷缝线不要拉得太紧。如果拉得过紧，袖窿会出现波形皱褶。

后身里布的肩背部在制作样版时打开了0.4~0.6cm，该松量要在这一道工序中加进去。

如图所示，将衣身翻出来时，里布应自然服贴，没有奇怪的皱褶，这是比较理想的状态。

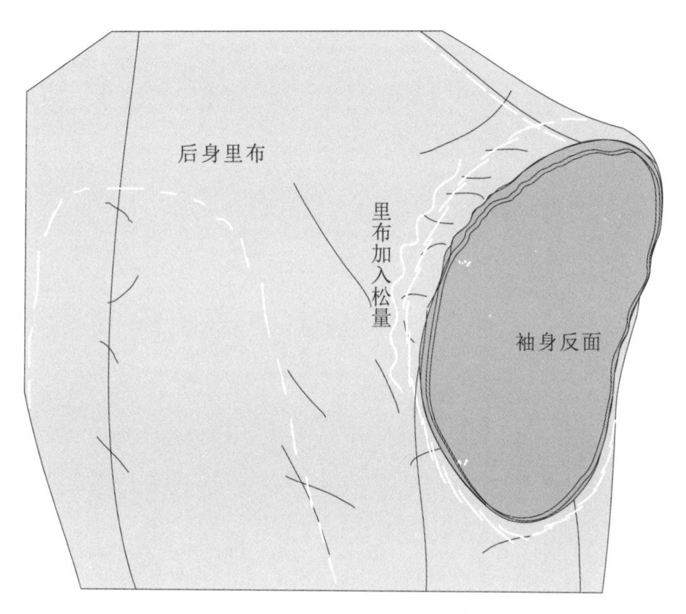

图4-245 【工序121-2】

【工序122】回针星点缝缝袖山棉条

236.【工序122-1】(图4-246)

右图是接近袖山形状的棉条，棉条的中部呈弧形，其下部的内弧没有余量。因为其上部的前后弧线是与衣身袖窿的形状相对合的，所以就增加了袖山棉条本身所具备的支撑袖子的力度。

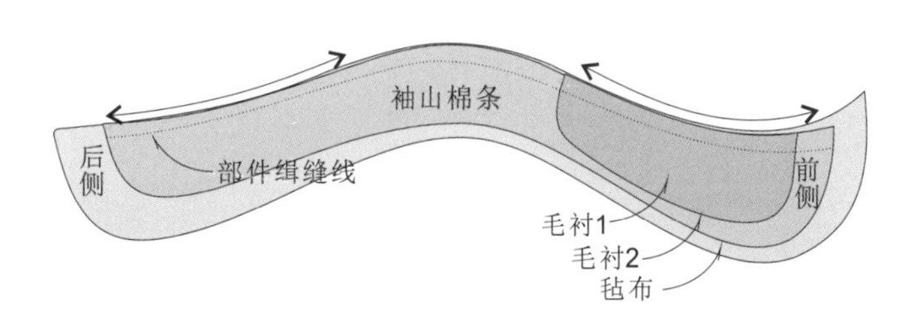

图4-246 【工序122-1】

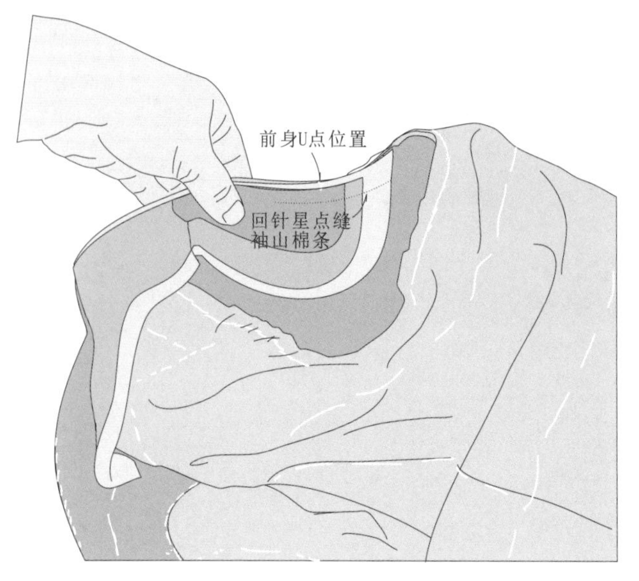

图4-247 【工序122-2】

237.【工序122-2】(图4-247)

将前身的U点与袖山棉条的内弧线对合。

采用手缝线，从与前身袖窿对合上的袖山棉条的毡布部分开始，进行回针星点缝缝袖山棉条。

做回针星点缝时，要注意缝线不要从衣身和袖子的缉缝线处露出表面。

这里用的袖山棉条其上部的前后弧线是与衣身袖窿的形状相对合的，所以没有必要对棉条进行拉伸及收缩处理。只需自然地进行回针星点缝，一直到袖山棉条的最后结束。

袖山棉条星点缝结束后，在前后宽对位点附近的袖山和袖窿错位各打一剪口，剪口宽约0.7cm，并与袖山棉条进行分缝熨烫，然后将袖山和袖窿缝头倒向大身方向。

【工序123】绷缝固定袖里布

238.【工序123】(图4-248)

在绷缝袖里布之前，要先用棉线将袖山一周的缝份进行折边绷缝。

在表袖的对位点及缝合线的位置，用针插到里面，并用划粉做标记。这是该道工序最关键的步骤。

用划粉所做的标记必须与袖里布的对应位置对合。

因为在衣身里布的袖窿上绷缝袖里布时，是在以肩点（SP）为中心，前后各8~9cm的位置，所以要对袖里布的这个部分进行少许归拢处理。

如图所示绷缝袖里布时，从肩点（SP）到D点位置，对袖里布进行少许归拢处理；从D点到C点，由于这一部分是平服状态，因此自然绷缝就可以了；从C点到U点，要对袖里布进行少许归拢；从U点到距肩点（SP）8~9cm的位置，如同从D点到C点，自然绷缝；最后到肩点（SP）位置，进行少许归拢处理。

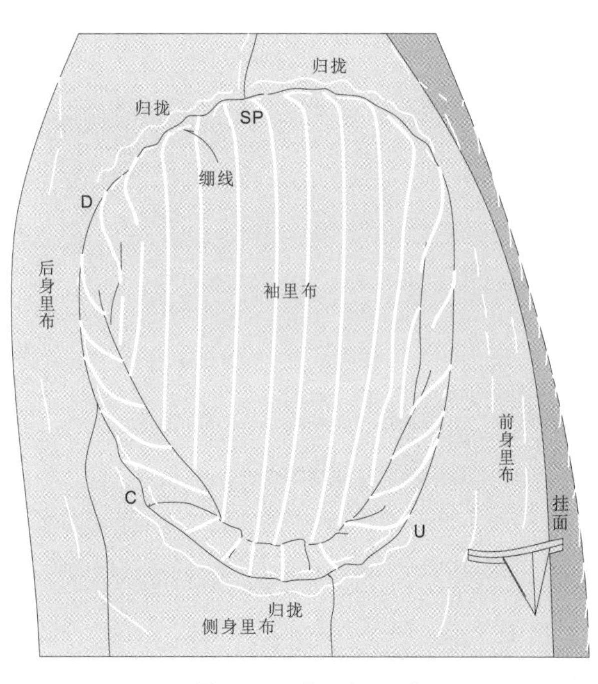

图4-248 【工序123】

【工序124】暗缲缝袖里布与衣身里布袖窿

239.【工序124】(图4-249)

将衣身里侧向外翻，将袖里布暗缲缝到衣身

里布的袖窿上。如图所示为从上往下看到的操作状态。

使用真丝手缝线进行暗缲缝，针距约为0.2cm宽。

如果缲缝的线迹有弯曲的话，要将前道工序的绷缝线拆掉一部分，一边调整线迹使其流畅，一边进行暗缲缝。

特别是袖窿底的袖里布部分，因为是有意识地加入了吃量，所以在进行暗缲缝时要注意不能出现大的歪斜现象。

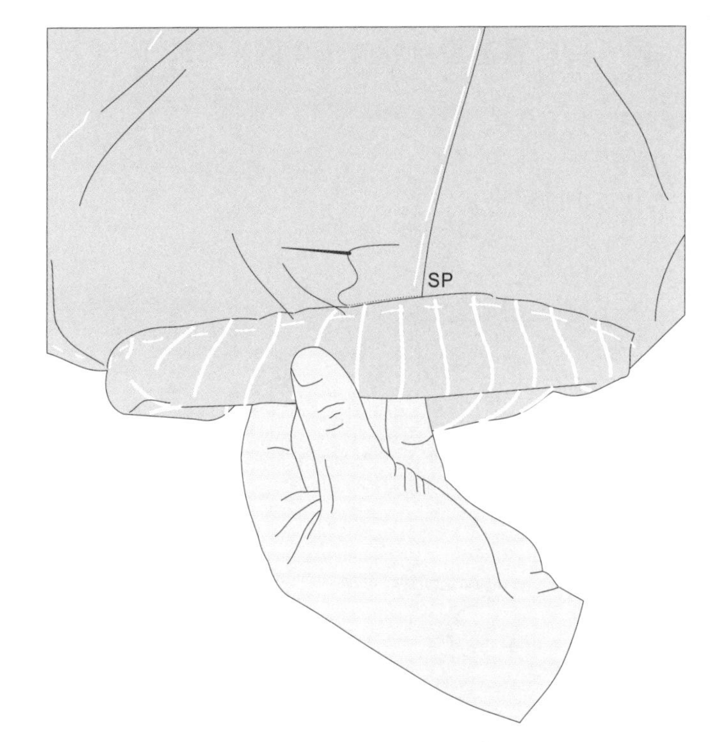

图4-249 【工序124】

【工序125】袖窿底部做回针星点缝

240.【工序125】(图4-250)

做完袖里袖窿一周的暗缲缝后，从C点至U点，在距暗缲缝完成线约0.5cm的位置做回针星点缝。

回针星点缝与装袖山棉条的制作方法相同，由于露在表面上的缝线看起来像点一样，所以被称为星点缝。

回针星点缝的针距为0.2~0.3cm。因为此处位于腋下，摩擦会使布料产生错位，所以用回针星点缝固定，从而将布料错位的现象降到最低。

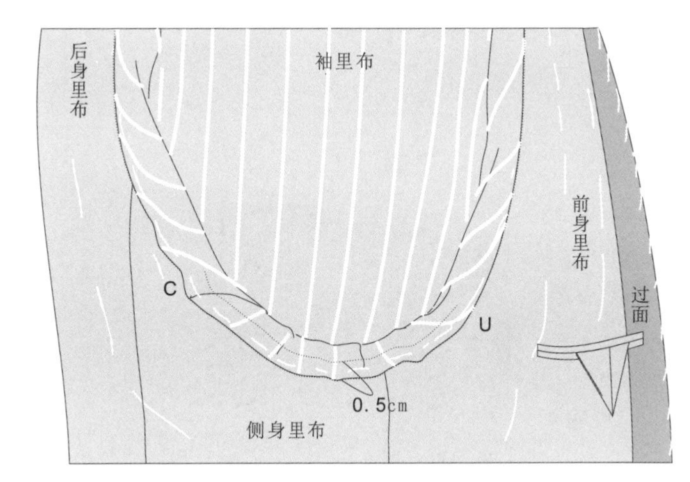

图4-250 【工序125】

【工序126】前止口、驳头与领外口做回针贯通星点缝

241.【工序126】(图4-251)

回针贯通星点缝是因缝制每一针时都要将针拔出来，正、反面都为点状线迹而得名的。进行贯通星点缝、针距约为0.3cm的部位是有挂面的部位和领子，在距边缘0.3cm的位置进行缝制。

从挂面的完成位置①开始，通过驳头翻折止点②，到领嘴③，再到后中线的④为止，这只是全部过程的二分之一。因此，还要继续缝完另外二分之一。

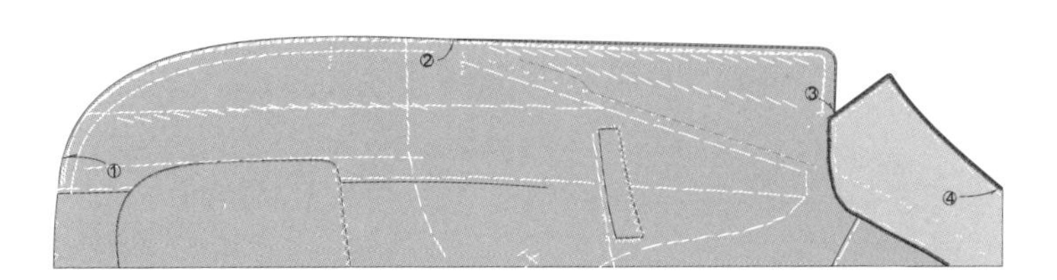

图4-251 【工序126】

附：回针贯通星点缝方法（图4–252）

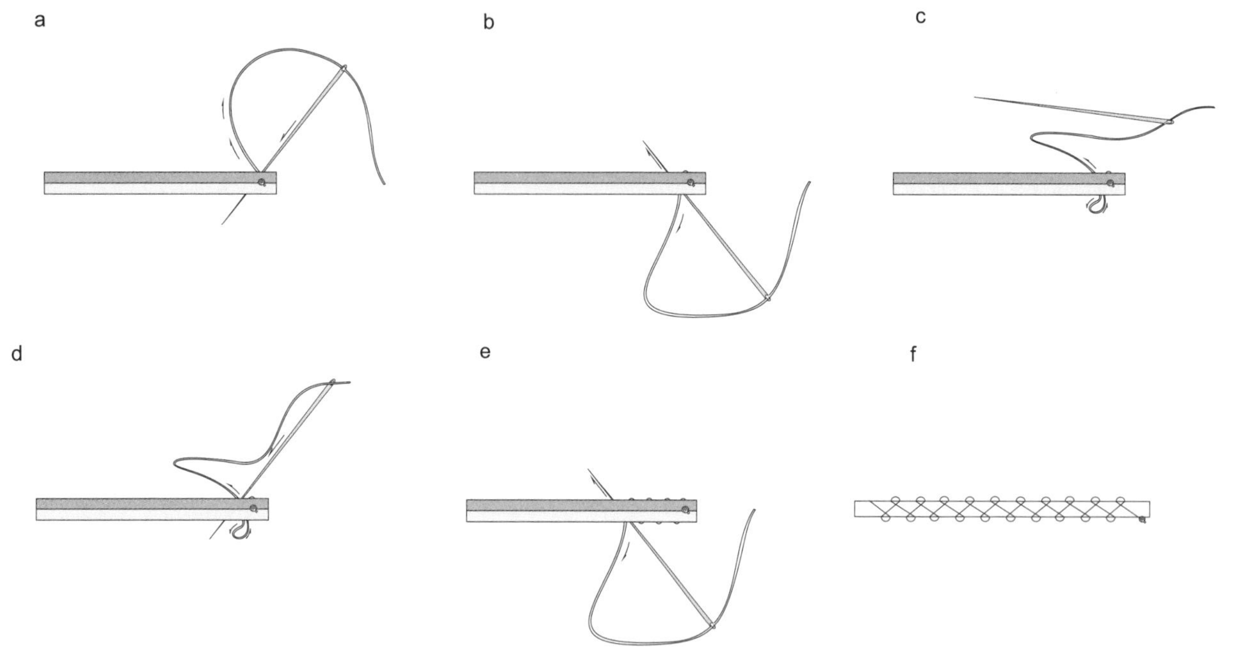

图4–252　回针贯通星点缝方法

图4–253　【工序127】

【工序127】挂面侧做珠针

242.【工序127】（图4–253）

与前道工序的回针贯通星点缝一样，为了防止衣身及挂面浮起，将其与内部缝份固定。这样，可以避免挂面反吐，防止从表面看到挂面。珠针（回针星点缝）只需要缝住前身缝份即可。

珠针（回针星点缝）的位置在距前止口0.5cm的挂面一侧，从挂面的底边①开始，一直缝到驳头翻折止点②为止。注意缝线不要拉得过紧。

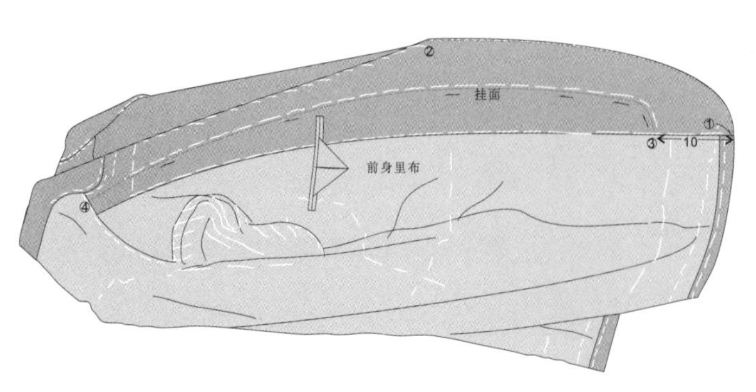

图4–254　【工序128】

【工序128】挂面中线处做回针星点缝与毛衬固定

243.【工序128】（图4–254）

在这道工序中，采用回针星点缝将内部的毛衬和挂面进行固定。请注意缝针不要插得过深，否则线迹会露出表面。

进行回针星点缝应使用手缝真丝线或

真丝缲边线，从距衣身底边约10cm的③处开始缝制。

以0.3cm 的针距沿着箭头方向进行回针星点缝，线迹位于挂面中线处。之前已经对挂面进行了绷缝固定，现在绷缝线的旁边进行回针星点缝。

按照图中所示方向进行回针星点缝，一直缝到④处为止。

【工序129】在挂面和里布拼接缝的挂面一侧做回针星点缝

244.【工序129】(图4-255)

在完成前片时如果已在挂面内侧和毛衬做三角针的固定，同时也做了挂面和里布拼接缝的珠针，那么这道工序将省略。如仅作拼缝而未做珠针，那么这道回针星点缝能提高成衣的品质感。

用与前道工序相同的回针星点缝，在挂面和前身里布拼接缝的里布一侧将挂面与内部的毛衬固定。从前身里布底边的⑤处开始，一直缝到⑥为止。进行回针星点缝请使用真丝手缝线或真丝缲边线，针距为0.3cm。

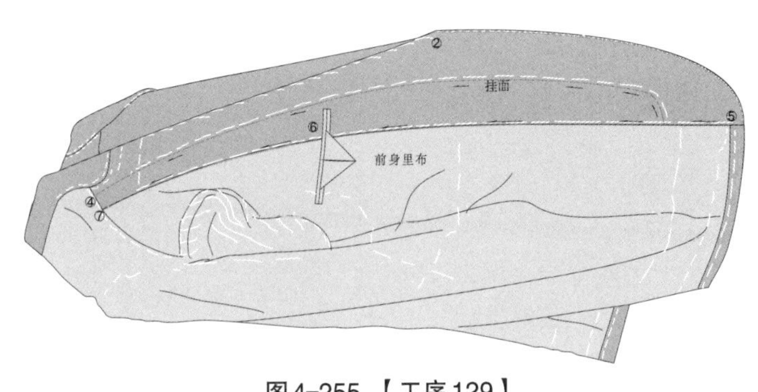

图4-255 【工序129】

因为有袋布在里面，为了使回针星点缝只缝住挂面一侧的袋布，故将尺子从袋口插进口袋内，这样操作起来会容易很多。

进行回针星点缝时，要在内袋口的位置⑥断开。再从⑥开始，一直缝到⑦为止。将毛衬与挂面固定，可以起到防止变形的目的，但要注意不能将缝线拉紧。特别是从⑥到⑦的挂面位置，因为加入了衬托衣身的松量，所以将其松缓地固定在毛衬上比较好。

【工序130】锁前中和袖衩扣眼

245.【工序130】(图4-256~图4-258)

a

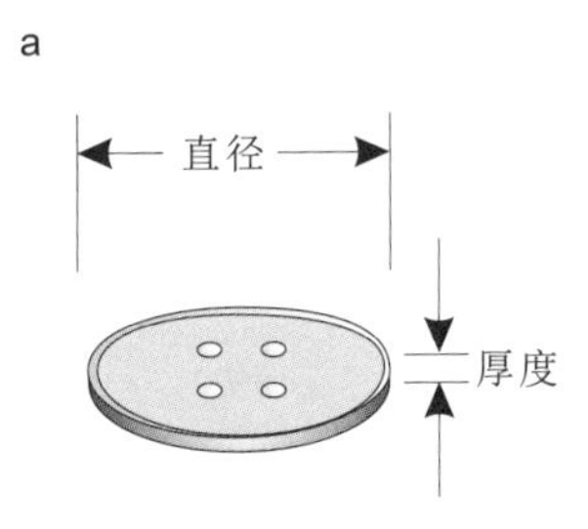

扣眼大小根据纽扣的直径加上纽扣的厚度来决定。

b

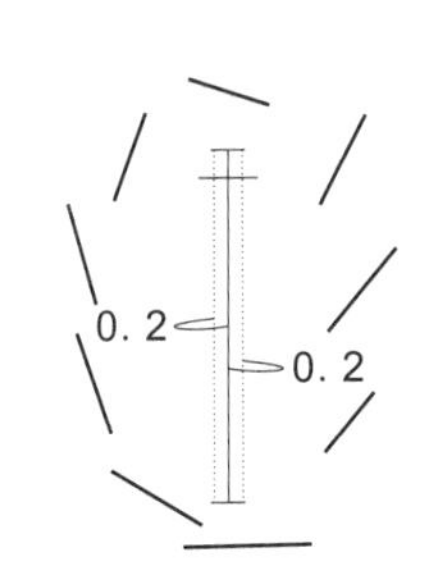

在锁扣眼之前，要将扣眼周围进行绷缝，以防止其周围的布料歪斜。然后用划粉在锁扣眼的位置做标记。用缝纫机在扣眼两侧，距扣眼中心线0.2cm的位置缉缝线。这样可以使锁扣眼的针脚一样长。

c

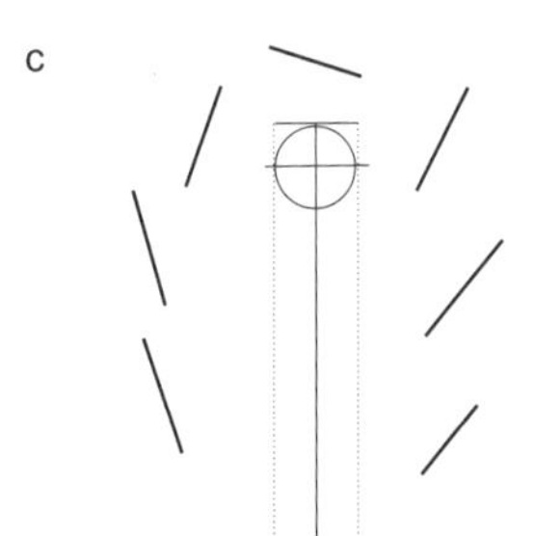

用圆眼挖孔刀或打孔器打孔。前中扣眼的圆孔直径为0.4cm。

d

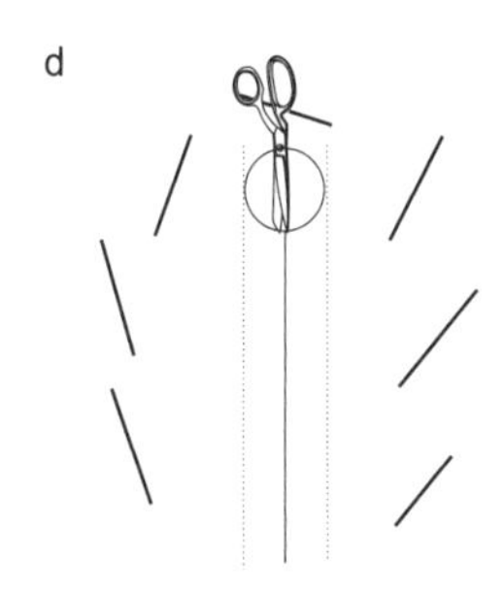

用剪刀将扣眼的中心线剪开。一定要在两条缉缝线的正中位置剪开。

图4-256 【工序130】(a–d)

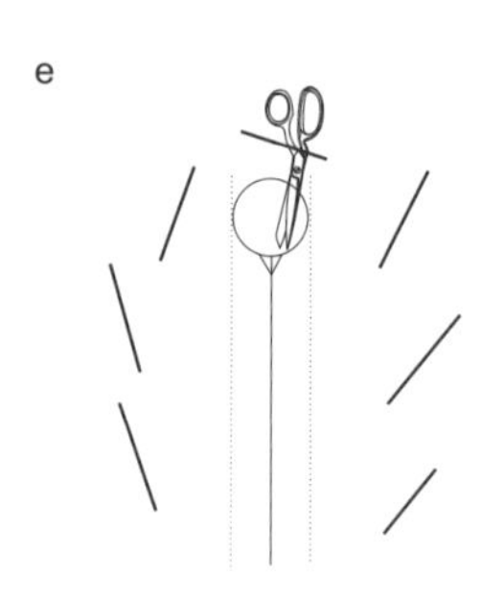

用剪刀将角剪掉，使直线和圆孔连接起来。注意：左、右要对称。

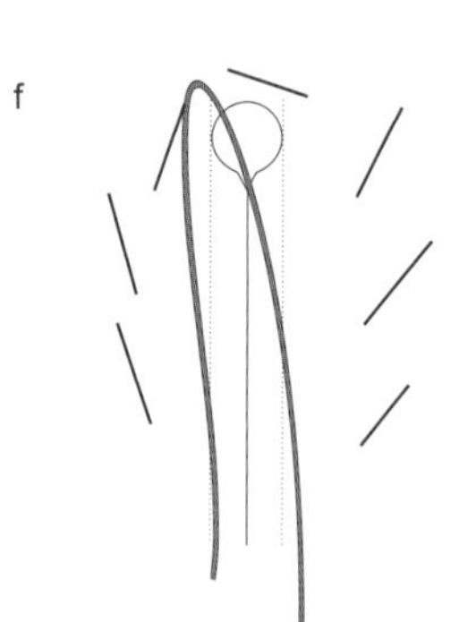

在锁扣眼之前，将芯线靠0.2cm明线的内侧放置。

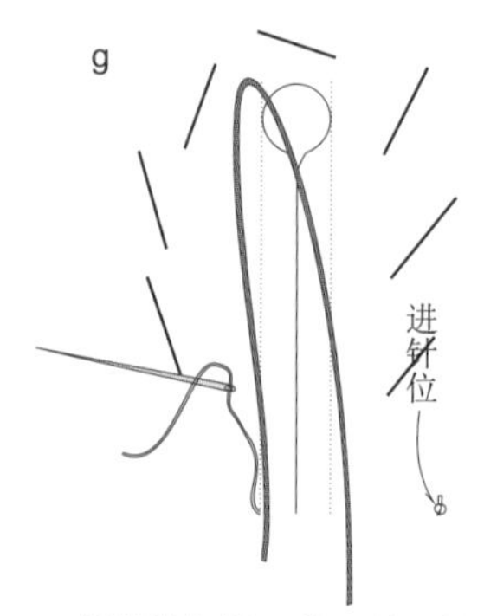

锁眼线打结，从远处入针，从芯线外侧拔出。

拔出的针从正中的剪口中穿入，再从缉缝线的外侧穿出，使锁眼线成为环状。

图4-257 【工序130】(e–h)

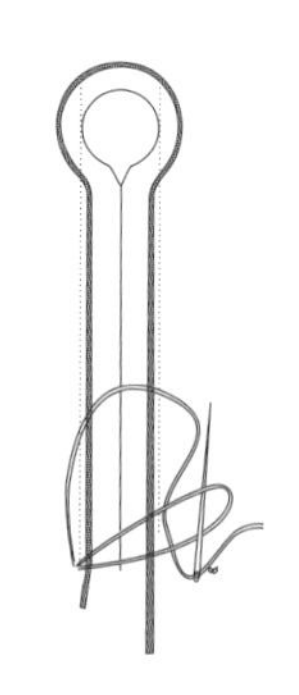

将针从锁眼线环中穿过，抽紧缝线。这里的操作要点是抽锁眼线的力度要自始至终保持一致。实际操作中，芯线并非如图一样保持静止状态，而是需要一边锁眼一边将其调整摆放到合适的位置。

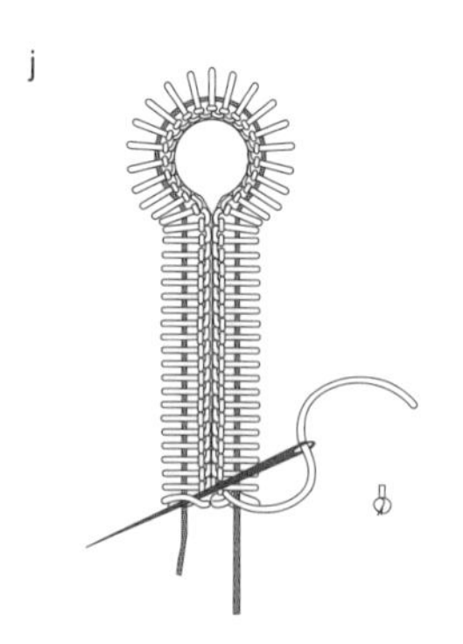

连续进行锁眼一直到最后，将针从开始的缝线下穿过并拔出。锁眼的要领是入针时与上一针的间距和长度保持一致，从线环拉出的力度保持一致，才能做出均匀、平整的锁眼。

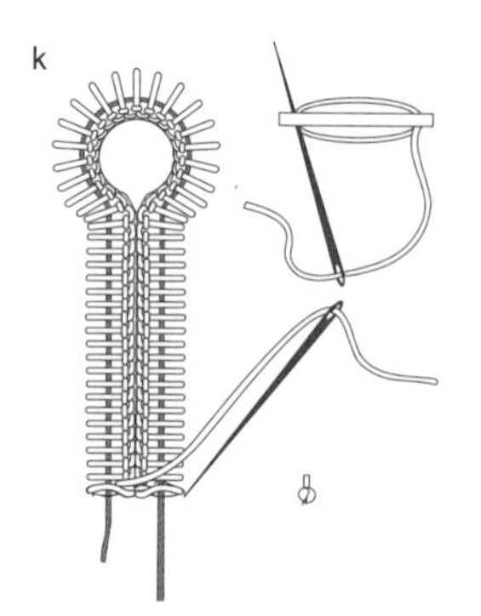

将拔出的针从对侧最后的位置插入，再将从下面拔出的针从开始的位置穿出。如此重复操作2~3次。

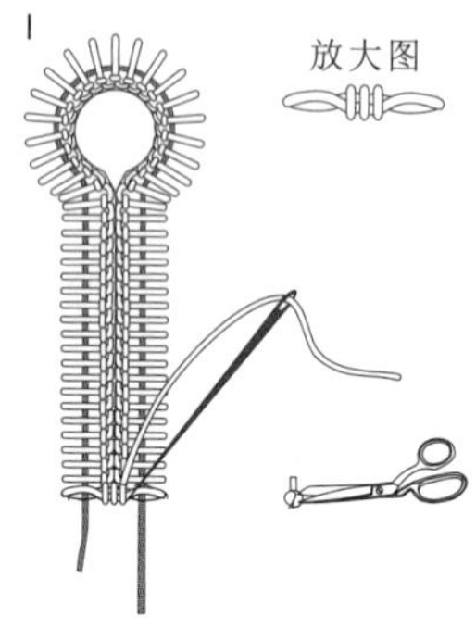

纵向缝3~4次（见图右上放大图），用剩余的线，在里侧约做3次回针星点缝，扣眼就锁完了。表侧的线结请用剪刀剪掉。最后用锥子等对锁眼线进行整理。多余长出的芯线通过大眼针穿到反面即可，或齐根剪掉。

图4-258 【工序130】(i–l)

【工序131】各部位整烫

工序131（后片） 工序131（领） 工序131（前片）

246.【工序131–1】(图4–259)

整烫之前，请用锥子或镊子把所有的绷缝线、线钉的线头全部拆掉。

先整烫领子、串口和驳头位置。整理从领子到驳头的翻折线，要从里侧进行整烫。有需要时可以喷上一点水进行整烫。

串口线是领子与驳头的缝合线，要在不出烫痕的前提下，好好进行整烫。从正面进行熨烫时，请一定要用垫布。

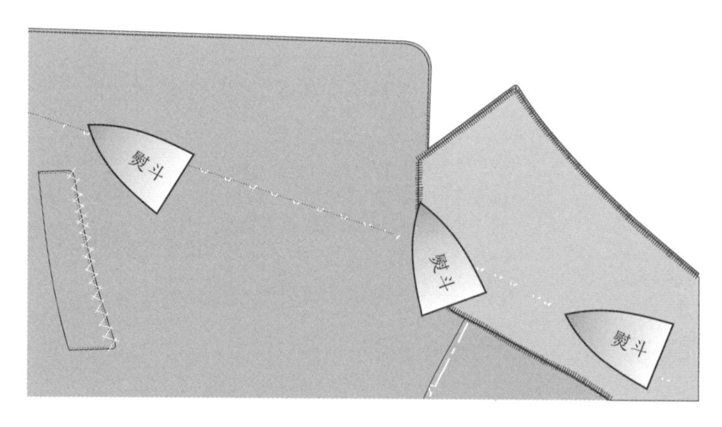

图4-259 【工序131-1】

247.【工序131-2】(图4-260)

进行肩周围的熨烫，请按照箭头所示方向，如同将前肩推出一样熨烫肩线，但要注意的是肩线不能拉长。肩是身体中最能感受衣服穿着舒适度的部位，我们在制作过程中已经考虑了穿着的舒适度问题，但是最后的整烫也要注意，这是非常关键的操作步骤。

因肩周围的熨烫是从正面进行的，故一定要使用垫布。

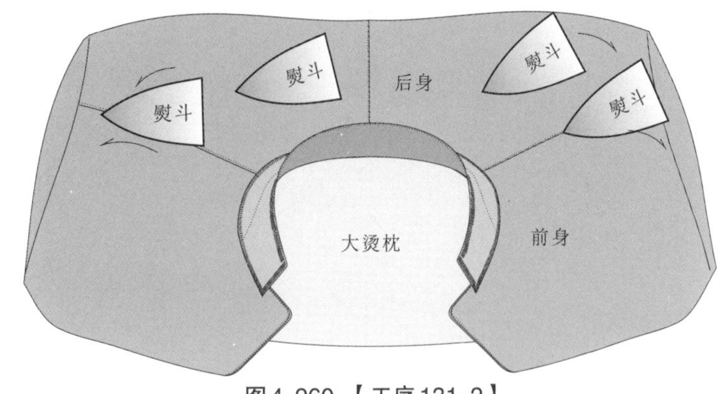

图4-260 【工序131-2】

248.【工序131-3】(图4-261)

为了保持领子造型，要对领口线周围进行熨烫。熨烫至领腰宽大约中间的部位。

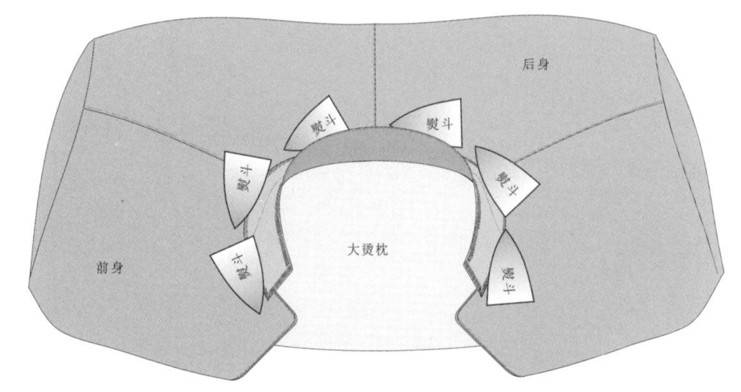

图4-261 【工序131-3】

249.【工序131-4】(图4-262)

接下来整烫后身中线。请先检查经纱是否垂直、纬纱是否水平。如果是，就可以保证下摆左右对称、漂亮。

检查完毕后，可以对后中线进行熨烫。将肩胛骨的位置略微进行归拢，因人体两肩胛骨的中间部位是凹下去的，对衣服后中线肩胛骨位置进行归拢时，其量就转移到肩胛骨了，后中线位置也就凹下去了。

请使用垫布从正面进行熨烫。熨烫时可以喷上少量水，这样定型效果会更好。

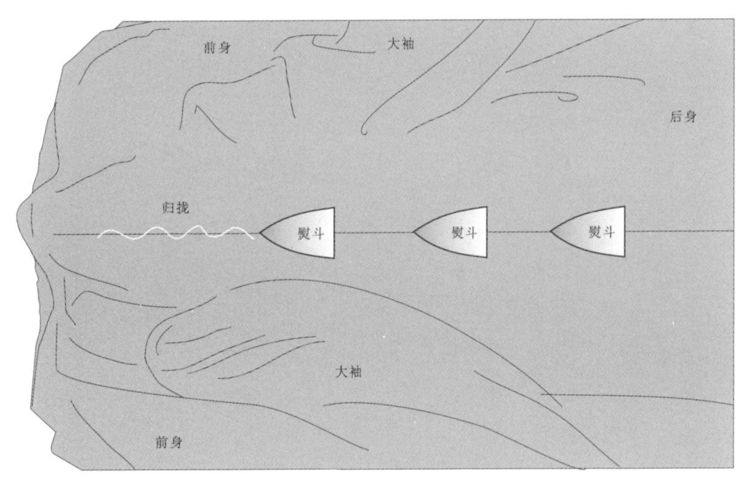

图4-262 【工序131-4】

250.【工序131-5】(图4-263)

进行肋腰围以下的整烫处理。对于后肋的熨烫处理来说，经向线的状态非常重要。请将后身腰围以下的经向线熨烫顺直。如果是曲线的话，熨烫时要进行少许归拢处理。请喷上少量水，使用垫布从正面进行熨烫。

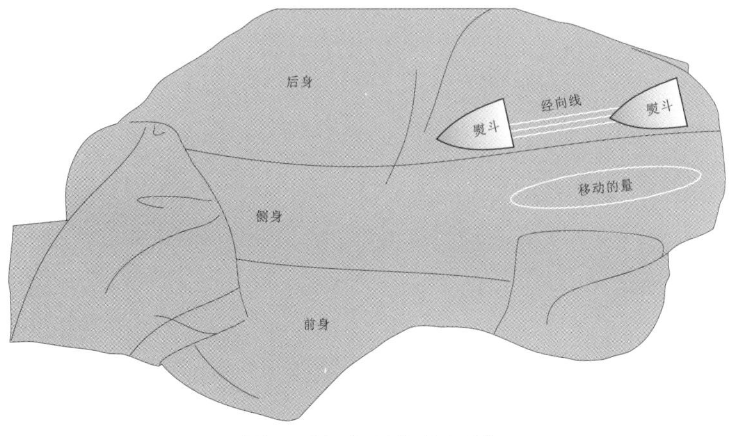

图4-263 【工序131-5】

251.【工序131-6】(图4-264)

进行后身腰围的整烫处理。请将侧身后肋腰围以上的经向线烫顺直，然后，一边用手将后身的垂量分散，

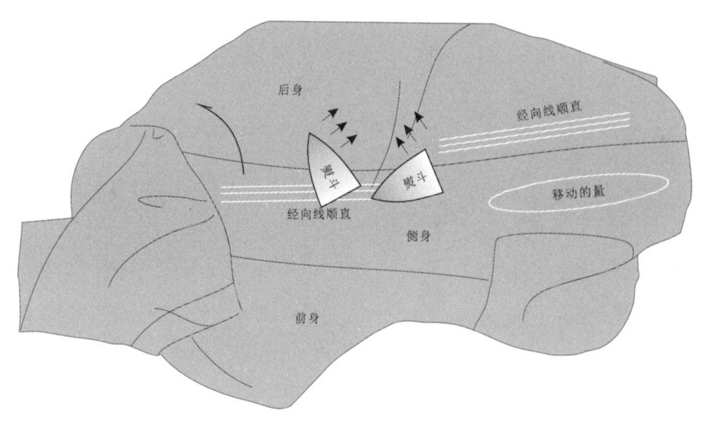

图4-264 【工序131-6】

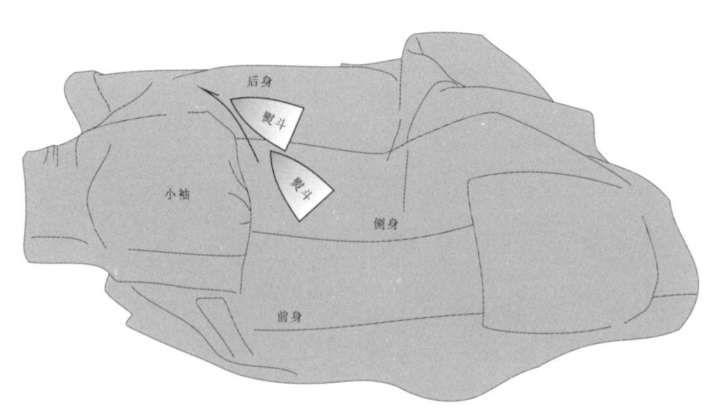

图4-265 【工序131-7】

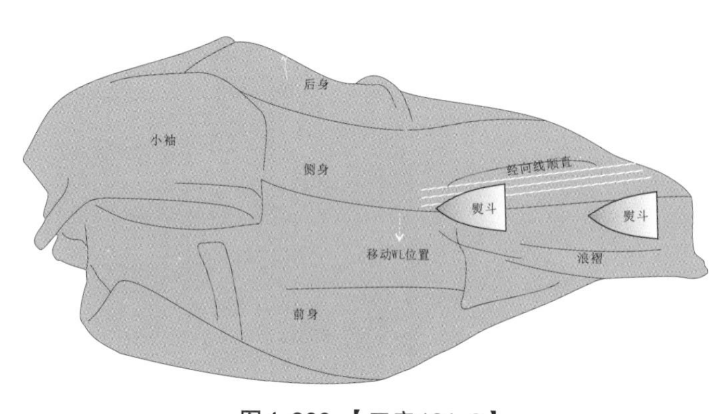

图4-266 【工序131-8】

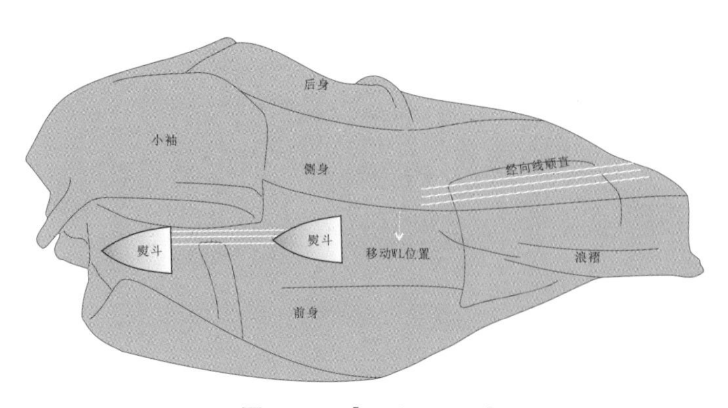

图4-267 【工序131-9】

一边沿着箭头方向（斜丝方向）移动熨斗，同时请将箭头方向的熨斗底稍微抬起进行熨烫处理。如果能将距后侧缝合线3~4cm的部分作归拢处理的话，后身的腰围线就会成为立体的内弧线。

喷上少量水，使用垫布从正面进行熨烫。

252.【工序131-7】（图4-265）

进行从侧身到后身肋下的整烫处理。从侧身到后身的肋下是后背侧的部分，为了使袖子稳定和后背侧不下垂，要进行熨烫处理。将袖窿撑开放在龟背烫凳宽的一侧上面，这时后侧缝线的纵向就会有褶皱出现。向箭头方向移动熨斗，一边将这个褶皱归拢，一边向肩胛骨上推赶多出来的量。

这时，从腰围到袖窿底的经向线要熨烫成与侧身后肋的经向线方向一致。因为是从正面熨烫的，所以要使用垫布。如果喷上少量水或蒸汽熨斗进行熨烫，效果会更好。

253.【工序131-8】（图4-266）

进行前肋腰围以下的整烫处理。前侧缝合线腰围以下的经向线，要按照侧身的经向线方向烫直。侧身呈现的是将前身推出的状态。这里处理的关键是将外弧线作归拢。因为腰部的浪褶是从腰部缝合线的内弧开始的，所以如同前面工序所说的那样，沿斜丝方向移动熨斗，将从腰部缝合线内弧出来的浮起部分的根部，处理成从缝合线离开的样子。这里的浪褶即腹侧大转子的活动松量，这在第二章已作讨论。

254.【工序131-9】（图4-267）

进行前肋腰围以上的整烫处理。在这里，为了使前肋的浪褶流畅、漂亮，要将前肋的经向线烫顺直，并用熨斗将其牢牢地固定住。

因为这里与袖子是紧连在一起的，所以熨烫时要格外小心，不要烫到袖子。如果万一不小心烫到袖子，要将袖里布的缲缝线拆开，从里面进行补正熨烫。

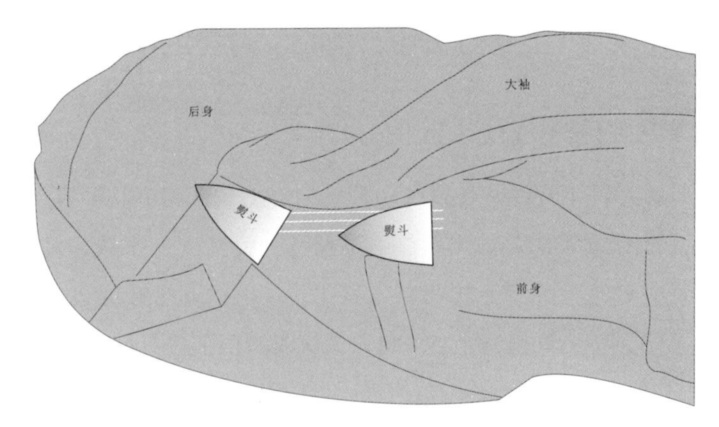

图4-268 【工序131-10】

255.【工序131-10】(图4-268)

进行衣身袖窿的整烫处理。使用铁凳整理绱袖线周围衣身的经向线。前身袖窿的经向线要烫笔直，后身则因为有肩胛骨所以可将后身袖窿的经向线处理成向后中线平缓过渡的曲线。

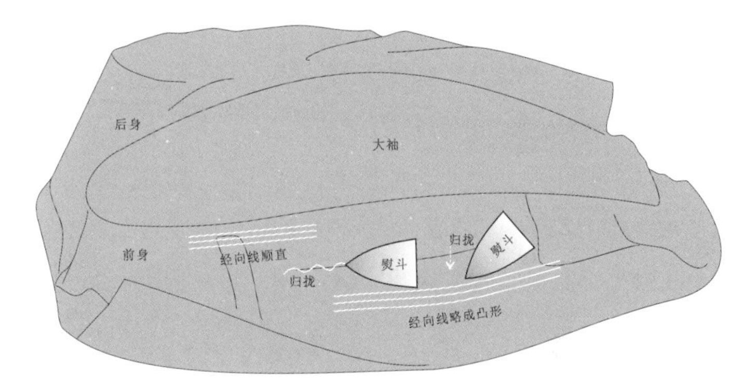

图4-269 【工序131-11】

256.【工序131-11】(图4-269)

进行前身省道腰围位置的整烫处理。箭头所示位置是在腰围位置，因为省道的作用，在缝制时会稍微收腰，所以有一点被拉向侧身的倾向，由此前止口会出现S形的波状浮起。为了防止出现这种现象，要将在腰围位置的省道用熨斗处理，即向前止口方向推出，经向线略呈“<”字形。这时，在用手推出去的反方向会有少许的余量出来，故用熨斗沿斜丝的方向进行归拢处理，归拢后前腰尺寸改小，起到收腰作用。同时这样纱线就不容易恢复原状了。距胸省尖点约3cm处要作归拢处理。

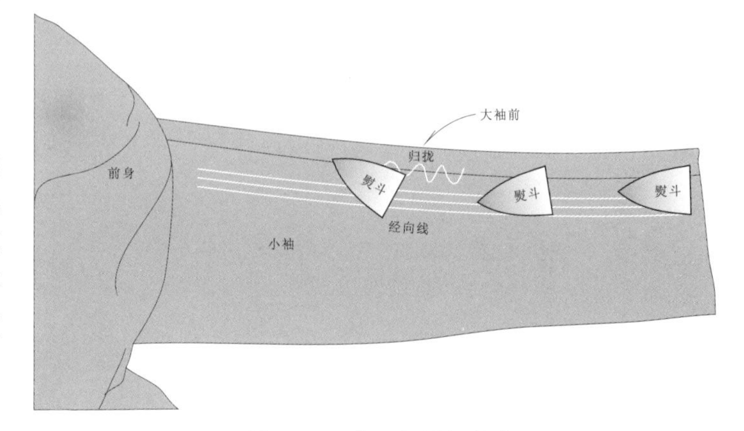

图4-270 【工序131-12】

257.【工序131-12】(图4-270)

小袖的整烫处理。注意，在进行袖子的熨烫时，要优先处理小袖的经向线。请将小袖的经向线熨成比直线略弯的曲线，同时要使前袖缝线稍微离开大袖前一点距离。请将前面的内弧部分喷上少量水，然后用熨斗熨烫，作少许归拢处理。

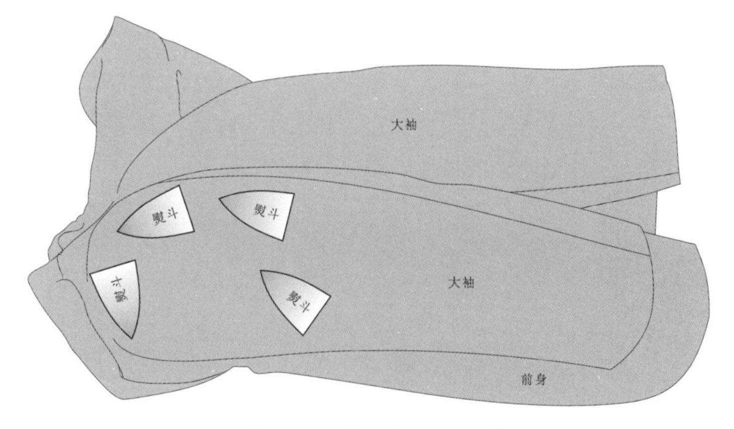

图4-271 【工序131-13】

258.【工序131-13】(图4-271)

如果袖子绱得如同吸附在衣身的袖窿上，那么就是比较不错的状态，这与样版制作的效果有直接关系。将袖山置于铁凳宽的一侧，对衣身袖窿底和小袖进行调整并作熨烫处理。

进行袖子上部的整烫。保持袖山饱满和圆润。

【工序132】钉前中、袖衩、内袋纽扣

259.【工序132-1】(图4-272)

针上穿线，在线的一端打结。①在钉前中、袖衩纽扣的位置将针从正面穿入反面；②再将针从反面穿到正面并拔出；③穿过纽孔，钉“二”字线，注意留出线脚。然后再将针从正面穿到反面；④将针从反面穿到正面穿过纽孔并拔出；⑤将针穿过纽孔。将针从正面穿到反面，再穿到正面；⑥从上到下、在线脚上绕4圈；⑦从线脚根部进针，挑住布穿到对侧根部，再拔出针；⑧在线脚根部系线结。针从线脚根部穿到反面并拔出，缝回针；⑨在相距1.5cm左右的位置拔出针，将线剪断。

260.【工序132-2】(图4-273)

针上穿双线，在双线头上打结。①在钉内袋纽扣的位置将针从正面穿入反面；②再将针从反面穿到正面并拔出；③穿过纽孔，钉“二”字线，注意留出线脚。然后再将针从正面穿到反面；④将针从反面穿到正面穿过纽孔并拔出；⑤将针穿过纽孔。将针从正面穿到反面，再穿到正面；⑥从上到下、在线脚上绕4圈；⑦从线脚根部进针，挑住布穿到对侧根部，再拔出针；⑧在线脚根部系线结。针从线脚根部穿到反面并拔出，缝回针；⑨在相距1.5cm左右的位置拔出针，将线剪断。

a

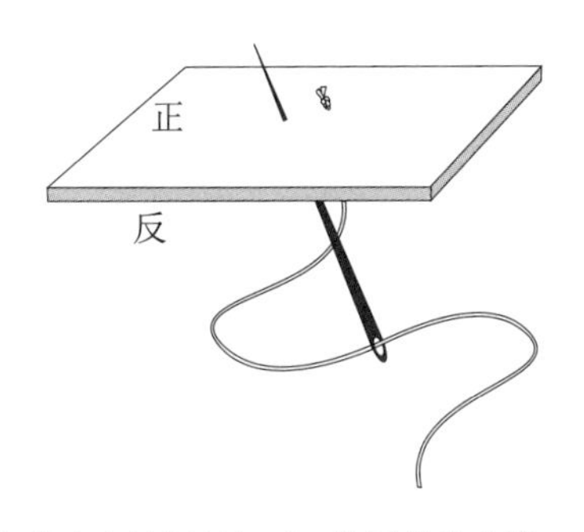

钉前中和袖衩纽扣时，使用单股麻线。将线穿入针孔，一端打结。在钉纽扣的位置，将针从布的正面穿到反面，拔出后再从反面向正面进针。

b

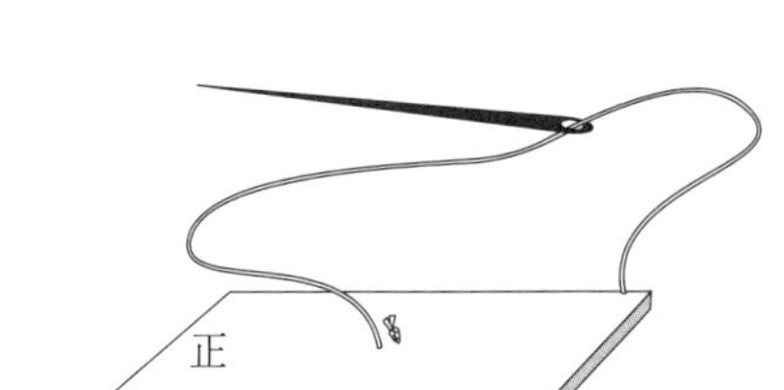

在线结旁边将针拔出。

c

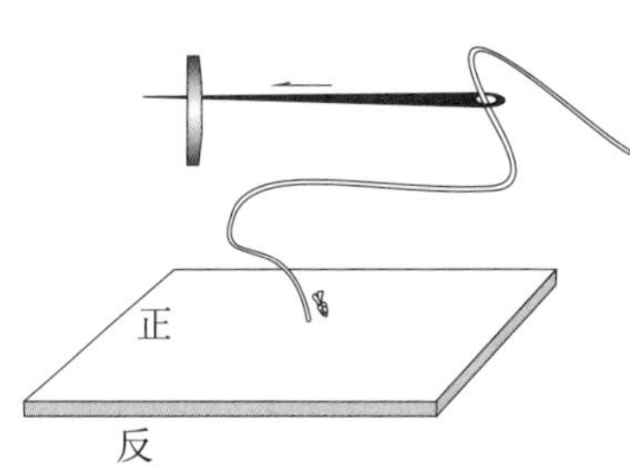

将针从纽扣的背面穿入纽孔到正面，再从旁边的纽孔穿到纽扣背面，钉“二”字线，注意留出线脚。

d

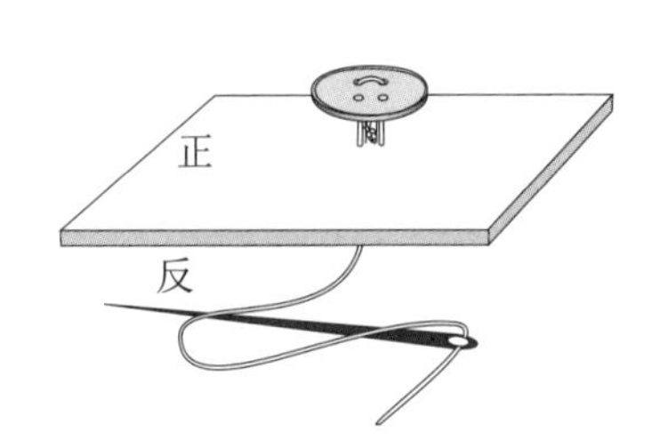

将针从布的正面穿到反面，再从反面穿到布的正面，穿过纽孔后拔出。重复以上步骤，如同将线结包起来一样，进行3~4次纽孔穿线。

e

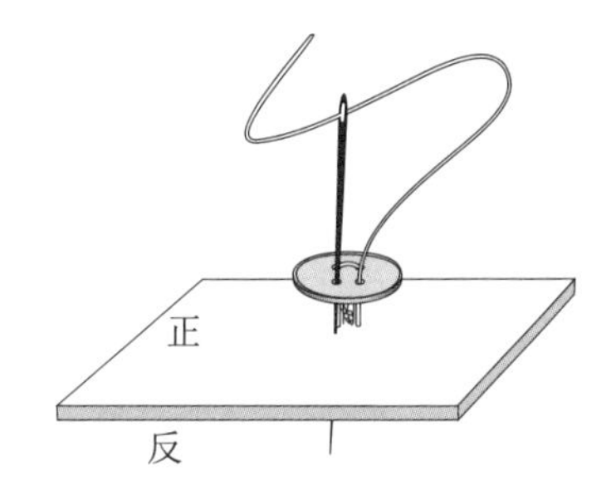

另一对纽孔，也进行3~4次穿钉扣线。

f

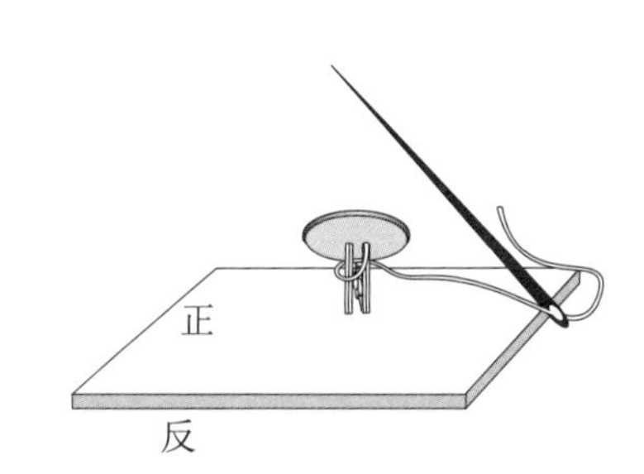

纽孔内“二”字线穿好后，从上到下在线脚上绕4圈，要将线脚绕硬实，使其能立起来。

g

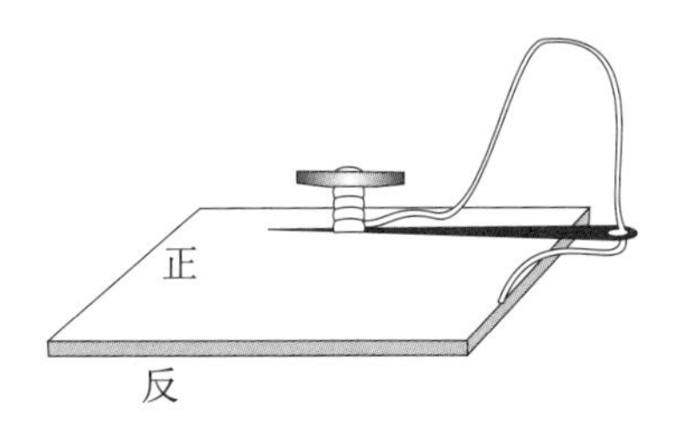

绕好线脚后，从线脚根部进针，挑住线脚下的布，将针穿到对侧根部并拔出。

h

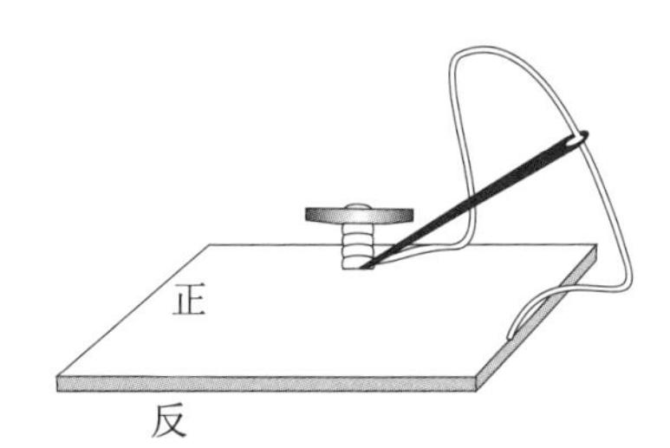

在线脚根部系线结。将针从线脚根部穿到布的反面并拔出。

I

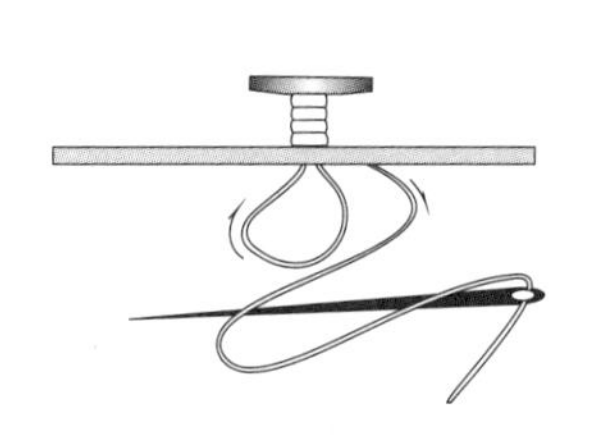

在反面回一针，在相距1.5cm左右的位置拔出针，将线剪断。

图4-272 【工序132-1】

a

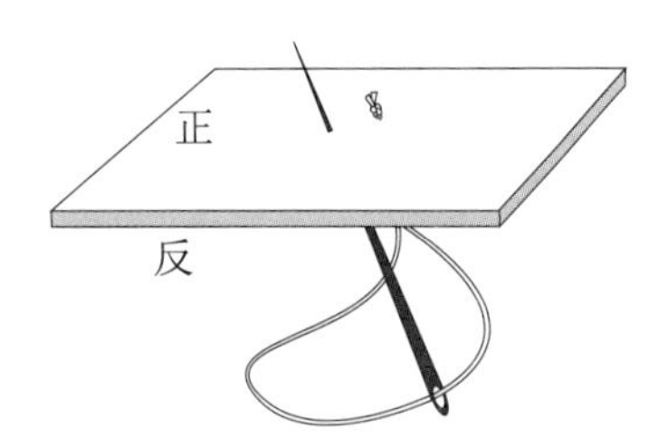

钉内袋纽扣时，使用双股真丝线。将线穿入针孔，一端打结。在钉纽扣的位置，将针从布的正面穿到反面，拔出后再从反面向正面进针。

b

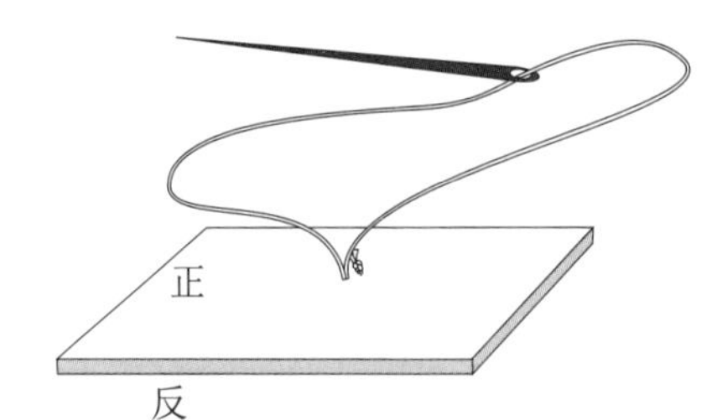

在线结旁边将针拔出。

c

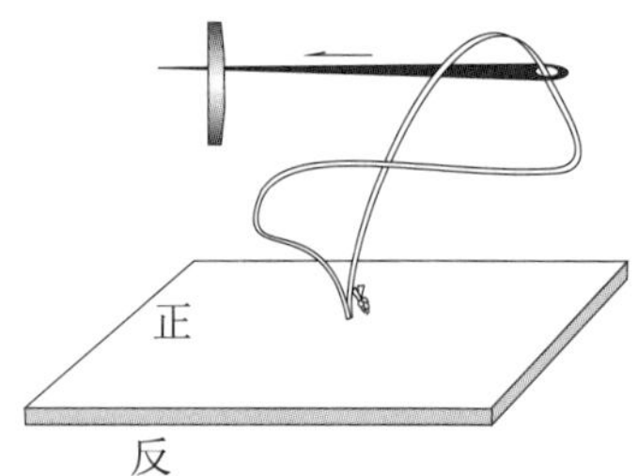

将针从纽扣的背面穿入纽孔到正面，再从旁边的纽孔穿到纽扣背面，钉“二”字线，注意留出线脚。

d

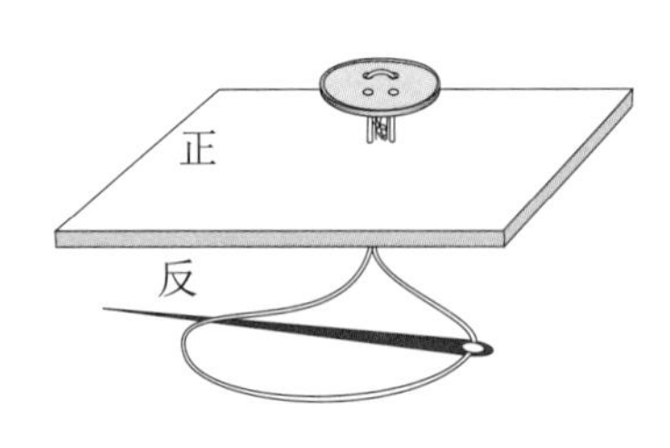

将针从布的正面穿到反面，再从反面穿到布的正面，穿过纽孔后拔出。重复以上步骤，如同将线结包起来一样，进行2次纽孔穿线。

e

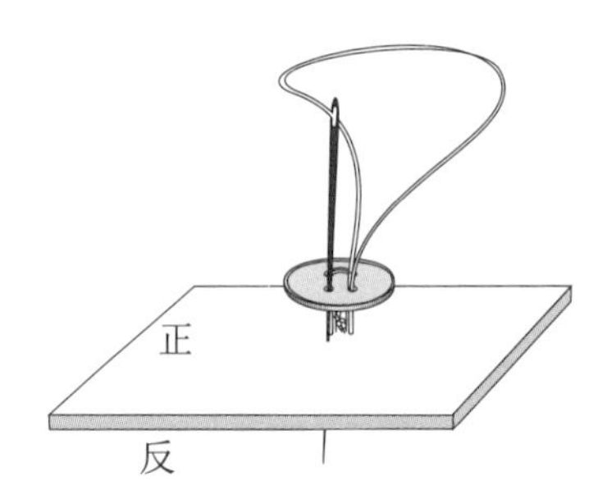

另一对纽孔，也进行2次穿钉扣线。

f

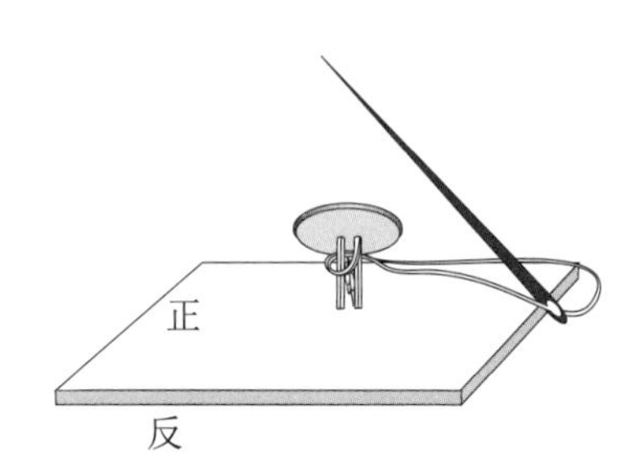

纽孔内“二”字线穿好后，从上到下在线脚上绕4圈，要将线脚绕硬实，使其能立起来。

g

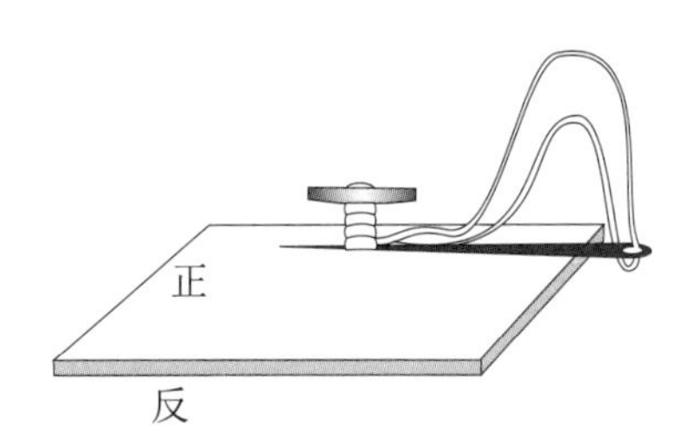

绕好线脚后，从线脚根部进针，挑住线脚下的布，将针穿到对侧根部并拔出。

h

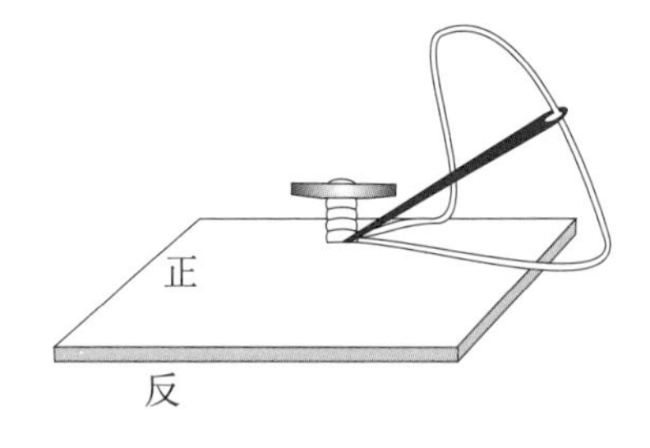

在线脚根部系线结。将针从线脚根部穿到布的反面并拔出。

i

在反面回一针，在相距1.5cm左右的位置拔出针，将线剪断。

图4-273 【工序132-2】

至此，西服的工艺制作告一段落。

第五章

西服定制流程

随着现代工业生产的不断发展，男装高级定制早已脱离了技术层面，现代定制所传承的是一种绅士文化，一种对优雅、风度的坚持，一种对彬彬有礼、得体装扮的生活方式的传承。说服装文化具备物质和精神双重属性，其缘由即在于此。

随着生活节奏的加快，在着装简化的大趋势下，礼服的需求量和定制量逐年减少，而处于礼服与休闲服之间的西服，以其服装功效性和职场主导性在现代男士定制市场中仍占有一定的份额。西服作为日常生活中最广泛、最常用的国际通用服成为男士高级定制体系的核心。

西服定制除了要洞悉时代的审美变迁、客人的体型变化和舒适性要求以及精工细作的工艺之外，还需熟知其背后所隐藏的文化和礼仪原则。西服定制不仅是定制一件衣服，而且是通过一件衣服传递一种文化、一种生活方式，是对绅士般的优雅、阳光、魁梧、严谨、彬彬有礼的得体举止的推崇。

定制流程首先从体验式环境开始，然后通过沟通了解客户需求以明确定制方案，在确定款式、搭配和面辅料的前提下，对客户进行量体和体型判断，再进行制版、裁剪、扎壳，最后通过2~4次的试样和评估修正最后缝制成型。

第一节　西服高级定制流程

在西方服装高级定制行业，对男女高级定制服装的定义和称谓是有所区别的。在女装领域，高级定制服装叫高级女装（Haute Couture），多指法国高级时装；在男装领域，高级定制服装则是英国萨维尔街出品的全定制（Fully Bespoke），即英式高级定制，是全球政要、皇室成员、各界明星定制服装的首选。当然，现在意大利的定制市场有超越英国之势，本书研究的也正是意式高级定制工艺。意式全定制也称为Bespoke，与英式全定制相比，两者无工艺高低之分，只是风格不同，进而产生面辅料选择和定制工艺的差异。

西服高级定制是采用专业技术对顾客进行一对一服务的过程。以一套西服为例，从开始到完成，整个流程一般需要花费2~3个月的时间，经过2~4次试样，包括下单后1个月左右第一次试样，2个月左右第二次试样（特体一般会多次试样），然后再过1个月左右完成。

整个定制流程如下：

① 与顾客首次会面。了解顾客的需求，明确定制服装使用的目的、场合和时间等，协助顾客确定面辅料、款式、风格、搭配等定制方案的内容。

② 量体。记录静体尺寸和描述动态要求。

③ 订购面辅料。订购期一般需要2~3周时间，在此期间可以进行一对一的制版。

④ 毛样制作。根据纸样裁剪面料和配备辅料，然后进行毛样假缝，红帮师傅称扎壳。扎壳不上领面，并且只缝合一只袖子，全手工制作，大约需花费20小时。

⑤ 第一次试样。此次试样是毛样试穿，主要观察毛样在人体静、动状态下的平衡度，整体与局部的比例，以及评价顾客穿着的舒适性以及风格调性，并给出技术修正方案。

⑥ 技术方案优化和实施。先在纸样上实施可行性操作修正技术方案，然后将毛样拆开，采用修正后的方案对衣片进行修正和再缝合。假如对修正方案没有把握，则此次仍为假缝，并增加一次试衣，如有把握则净样缝合。

⑦ 缝制净样。缝制净样需花费大约30小时手工工时，此阶段也可只缝合一只袖子。

⑧ 第二次试样。观察顾客的穿着效果和听取顾客意见后，给出细节调整技术方案。

⑨ 调整净样。调整纸样或直接调整裁片。

⑩ 精工艺制作。再次通过归拔熨烫和辅料定型来加强衣片的立体造型。然后，使用手缝针对不同裁片进行正式缝合。从手工缝制到熨烫定型、冷却保型一般大约需花费50~60小时。趟袖部分一般用机缝较美观。

⑪ 交货。协助顾客最后一次试衣，观察穿着效果并作局部熨烫调整。告诉顾客相关搭配和保养事宜，以及日后可以修改等增值服务。

第二节　前期服务

经营高级定制服装业务是一项高度社会化的工作，与经营艺术品不同，它不仅用于市场交易，还可以让人在其中获得满足感。经营高级定制服装需要整合各种社会资源来助其发展，包括人力、财力、物力、市场、技术、人脉和客户等多种资源。这些资源对于高级定制服装业务的发展至关重要，合理利用这些资源可以事半功倍，对公司和品牌的发展起着巨大推动作用。

一、体验式环境

门店是顾客与企业产品即服装发生实际接触的主要区域，是实现定制行为的终端之一。定制的门店终端与成衣的销售终端的功能是有区别的，其除了销售、展示功能以外，还兼有定制业务接洽的功能。店面形象的好坏会直接影响定制业务的开展，好的店面形象及内部环境可以营造出良好的氛围，会引起新顾客的注意，可以将其吸引进入，并长时间逗留，增大了定制几率。

店面空间设计是品牌的视觉外观和品牌形象的体现，能直观地传达店铺所经营的定制服装类别、服装风格、服务理念等品牌个性，影响着顾客对品牌认识的第一印象，是品牌形象的一个重要组成部分。同时店面设计也是静止的街头广告，具有让消费者有效识别、传播品牌文化等重要作用。通过店铺的外观和内部设计，可美化店铺环境并为消费者提供舒适的定制环境，令消费者形成美好的消费体验（图5-1）。

定制过程是一种顾客享受尊贵服务的过程，高档的消费环境既衬托了高端的定制服装，同时也迎合了高端顾客前来定制服装所要追求的社会认同心理。

二、文化情感沟通

对于服务型的高级定制服装店来说，待客之道，既是礼仪，也是经营之道。热情、舒适、体贴的服务可以给顾客留下深刻的印象，有利于提升品牌的形象和声誉，进而提升顾客的品牌忠诚度。在高级定制服装经营活动中，相关业务人员需要用良好的形象、体态、举止、语言、业务能力来为顾客服务。

自顾客进入店堂，服务就已开始，百分之百满足顾客的要求是高级定制服务的宗旨和最终目标。定制业务人员在整个接待过程中都要细心聆听顾客的定制要求，竭尽全力满足顾客的要求。高级西服定制经营活动中与顾客洽谈业务的相关人员需要熟悉企业文化，具备良好的审美素养，以及掌握定制服装的专业知识，包括高级定制服装的设计知识、面料知识、制作工艺等。业务人员在接洽定制业务时，要能够快速准确地捕捉、领会、判断顾客的定制要求，迅速为顾客的定制决策提供具有导向性的参考意见，让顾客在较短时间内了解定制产品的雏形及整体搭配方案等。业务人员的专业技能和专业素养会直接影响顾客对该定制品牌的整体印象和品牌信任感。

因此，高级定制品牌的业务人员在接待顾客时，应注意：

① 创造和谐的交流氛围。营造轻松愉快的谈话气氛将有助于定制业务的最终实现。

图5-1　COSMOTAILOR瑰世高级定制北京三里屯店（COSMOTAILOR瑰世高级定制供图）

② 善于倾听、分析和判断。认真倾听，既便于正确领会顾客定制的意图和要求，也是对顾客的尊重。

③ 要有缜密的逻辑思维和举重若轻的谈判艺术。谈判过程中业务人员要从容应对顾客的各种问题和要求，既要以客为尊，也要不卑不亢。

④ 要权衡业务谈判中的让步和坚持。对于顾客的过度要求，需要把握好处理的分寸。

第三节　西服定制方案

在西服定制中除了考虑时代审美和个人喜好、穿着场合、穿戴者的体型及舒适性要求之外，还要考虑西服各品类的礼仪属性。

一、西服品类

我们平常所称的西服包括三大品类：西服套装、布雷泽西服和夹克西服。

1. 西服套装

西服套装是西服中的最高级别，是指由相同材质、相同颜色的上衣，马夹和裤子组成的三件套或两件套西服（上衣和西裤），标准色为鼠灰色。在着装规范原则要求下，它属于西服中的正统装束，既可以作为常服也可以作为准礼服，因此它有“万能西服”之称。当它采用黑色或深蓝色调时便升格为与黑色套装相同的级别，可视为准礼服；如果采用两件套、浅色调的编组，便成为有个性的西服；如果采用花式面料，就意味着西服套装便装化的倾向，我们可以称之为调和西服，但这与具有便装风格的布雷泽西服、休闲西服仍有区别。由此可见，西服套装可以划分出三种基本格式，即黑（蓝）色调的礼服套装格式、灰色调的标准套装格式和可以自由编组的花式色调套装格式（图5-2）。西服套装的常用面料为精纺毛织物，夏季采用精纺薄型织物。

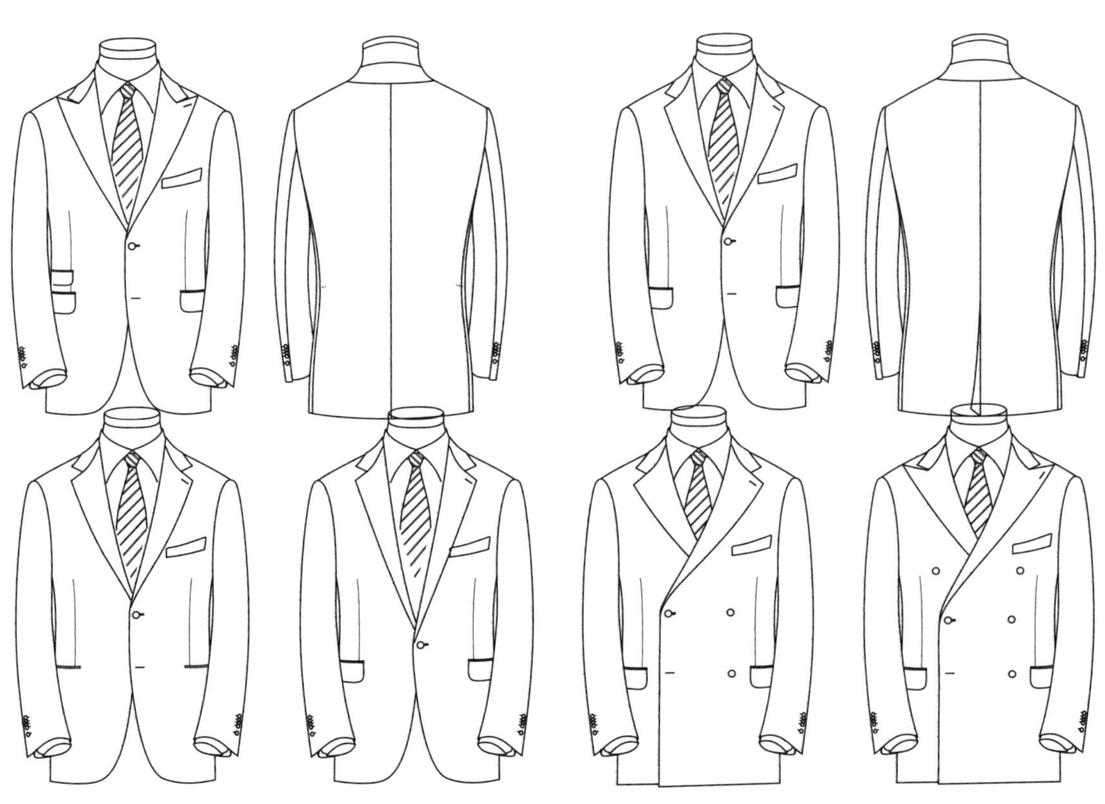

图5-2　西服套装上衣的款式变化

2. 布雷泽西服

布雷泽西服被国内有些学者称为运动西服，这是不正确的。虽然布雷泽西服作为运动俱乐部的制服，但其实它与运动一点关系都没有。布雷泽西服由军服发展而来，是现代各大团体标准制服的来源，包括军服、运动俱乐部的团体服（很多国家的奥运会入场服装就延续了传统布雷泽西服的设计路线）及银行、公安、学校、航空、地铁等团体制服（图5-3）。因此，布雷泽西服要翻译成中文的话，团体制服是最能充分体现其含义的。正因为其军服的出身和团体制服的身份，所以布雷泽西服的礼仪级别相对于夹克西服要高得多。布雷泽西服的典型特征是：配以徽章、金属扣和上深下浅的不同材质的混搭。

根据不同的场合，布雷泽有着不同的搭配风格。通过搭配具有礼仪级别的衬衣、裤子和配饰，布雷泽就步入到了礼服的行列。根据具体搭配的不同，礼仪级别可分别等同于塔士多、装饰塔士多、黑色套装等，亦可变身为日间礼服、晚礼服和全天候礼服。在西服套装盛行的公务商务穿着中，搭配合理的布雷泽就成为标准的商务装，较西服套装显得别具一格而又不失庄重。校园本是布雷泽的诞生地，丰富的社团生活和各种校园运动比赛赋予了布雷泽无限的活力和朝气，搭配浅口休闲鞋、牛仔裤、亮色毛衣等足以彰显年轻绅士的活力；如果搭配短裤、T恤等休闲单品，就意味着走进了轻松诙谐的休闲娱乐社交场合。

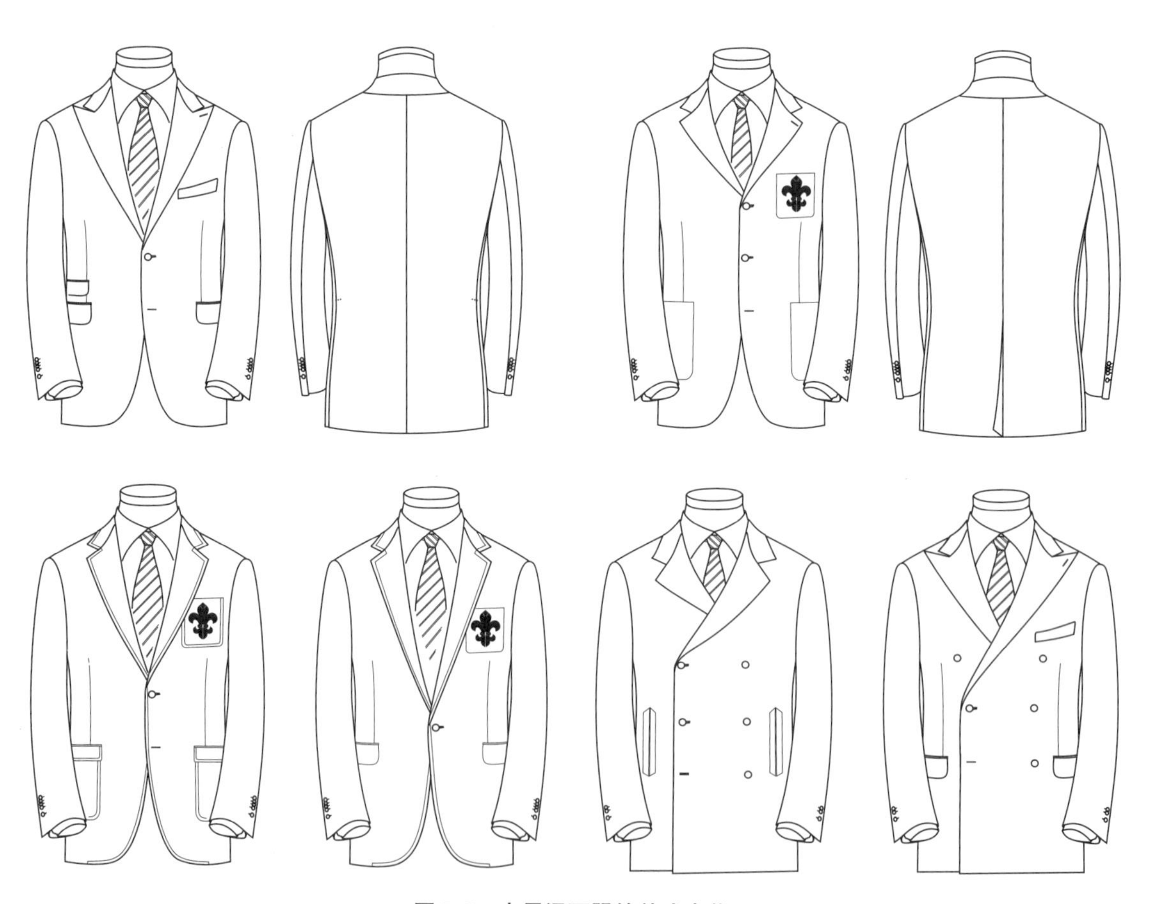

图5-3　布雷泽西服的款式变化

3. 夹克西服

夹克西服即国内所称的休闲西服，最开始是贵族狩猎运动时所穿的服装，即猎装。它最具苏格兰传统风格，因此以苏格兰人字呢或格呢为特色。通常它的上衣为蓝色或以浅褐色为主色调，下装为自由组合的休闲裤。历史上休闲西服主体上属于便装，它一般不接受礼服的元素，因此它和西服套装、布雷泽西服不同，它是完全运动和休闲化的。这是它成为纯粹意义上的休闲西服的重要原因（图5–4）。

图5–4 夹克西服的款式变化

4. 西服的礼仪级别

服装是具有礼仪级别的，西服三大品类的礼仪级别如图5–5所示：

礼服 ← | 升级版西服套装 | 标准版西服套装 | 降级版西服套装 |

| 升级版布雷泽西服 | 标准版布雷泽西服 | 降级布雷泽西服 |

| 升级版休闲西服 | 标准版休闲西服 | 降级版休闲西服 |

→户外服

图5–5 西服品类礼仪级别

越靠近礼服，西服的礼仪级别越高；反之，越靠近户外服则礼仪级别越低。礼服发展至今，男式礼服已逐渐退出人们的视线，仅出现于国家级的重大典礼场合，同时西服套装升格成为礼仪级别最高的服装之一，普通的夹克西服也升格并具一定的礼仪级别。最为典型的例子是，在世界各大男装品牌2021秋冬发布会上已找不到一条领带了。这是时尚文化发展的结果，也是运动和休闲风潮对时尚的影响，更是时尚民主化的重要表现。所以，西服的礼仪属性是随着时代的变化而变化的。

二、定制方案

在目前的高级定制中，最适合男装定制的品类是礼服、西服、外套三大类。礼服为礼仪级别最高的装束，在礼节规范和形式上，具有很强的规定性，并形成受到TPO（时间、地点、场合）条件强制约束的礼服系统，包括公事化礼服、正式礼服和准礼服。西服不同于礼服，在穿用时间、地点、场合上没有严格的划分，为日常、外出、商务和公务的基本选项，亦可称作国际服。外套就其性质而言，强调更有品味的生活方式，其礼仪性虽不太严格，但是从正式场合到非正式场合保留着甚至比西服更古老而传统的经典，是当今男装类别中最能显示绅士品味的着装。

图5-6为男装高级定制的基本品类，本书只涉及西服中西服套装、布雷泽西服和夹克西服的定制方案。各品类的定制流程基本一致。

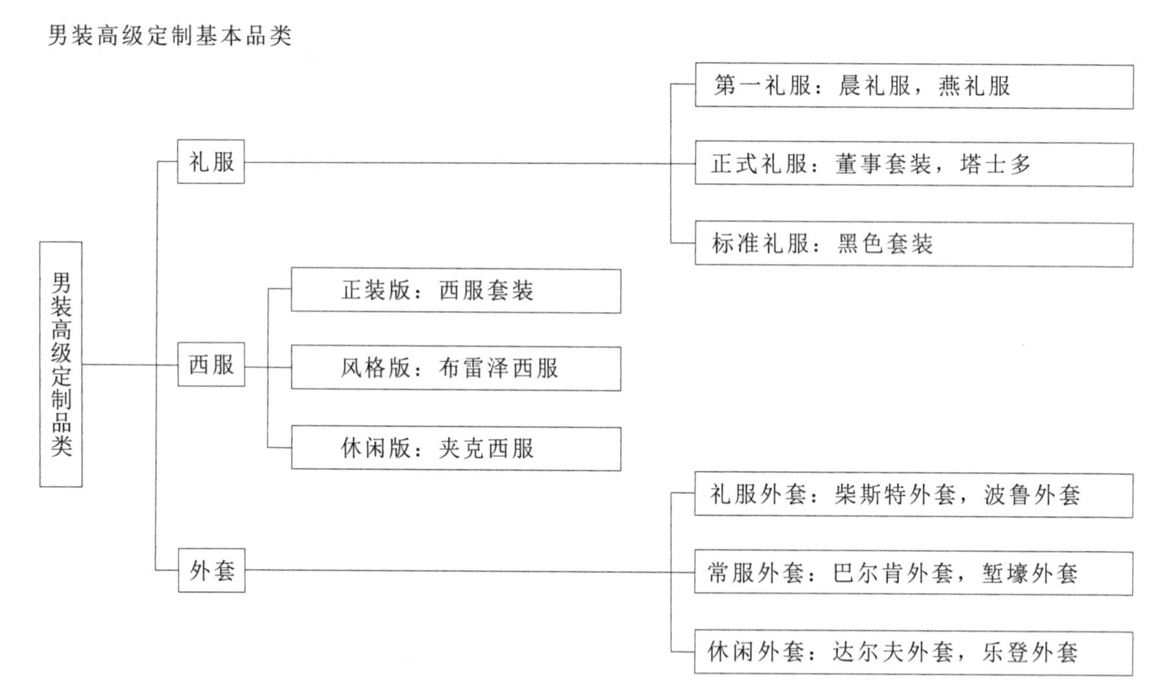

图5-6　男装高级定制品类

1. 西服套装的定制方案

西服套装的搭配必须符合上衣与裤子同质、同色的组合，较布雷泽西服和休闲西服而言，其在搭配准则上更为苛刻和严谨。在构成形式上，由上衣、马夹、裤子组成的西服套装称为三件套，由上衣和裤子组成的称为两件套。

西服套装的“黄金组合”要求顾客特别关注服装效果的整体面貌和每个细节的准确表达。西服套装作为日常的正统装束其标准色为鼠灰色，有两件套和三件套两种组成形式，并且采用同一西服面料。主服的标准款式为单排两粒扣、平驳领、双开线夹袋盖口袋、袖口四粒扣，左胸有手巾袋。西服套装相较于礼服而言，强调简练和实用性，配饰只有必需的穿用，装饰性的搭配基本没有。西服套装的配服、配饰包括企领衬衣、马夹、条纹领带、黑色袜子、黑色皮鞋等（图5-7）。

（1）西服套装定制中的上衣款式指导方案

提供款式指导性方案的主要目的是为了在国际着装惯例的提示下，为顾客定制提供更多适合个性发挥的款式选择，以满足顾客多样性的社交需求。对于礼仪级别高的礼服而言，可变换的外在款式和内部结构相应受到的限制更多，若出现较大程度的改变，那么其对应的着装场合的礼仪级别也会下降。这正是设计西服套装款式指导性方案的初衷。

我们需要熟知每个服装元素的内在含义，当将“黄金组合”打散重组时，有可能使服装的礼仪级别从经典变为“异类”，甚至被视为禁忌。以提供程式范围内的可行性变化为前提为顾客提供每类服装，能避免出现有违国际着装惯例的原则性的低级错误，同时也能在根据顾客的个人喜好进行元素设计或重组时，有据可循，有据可考。

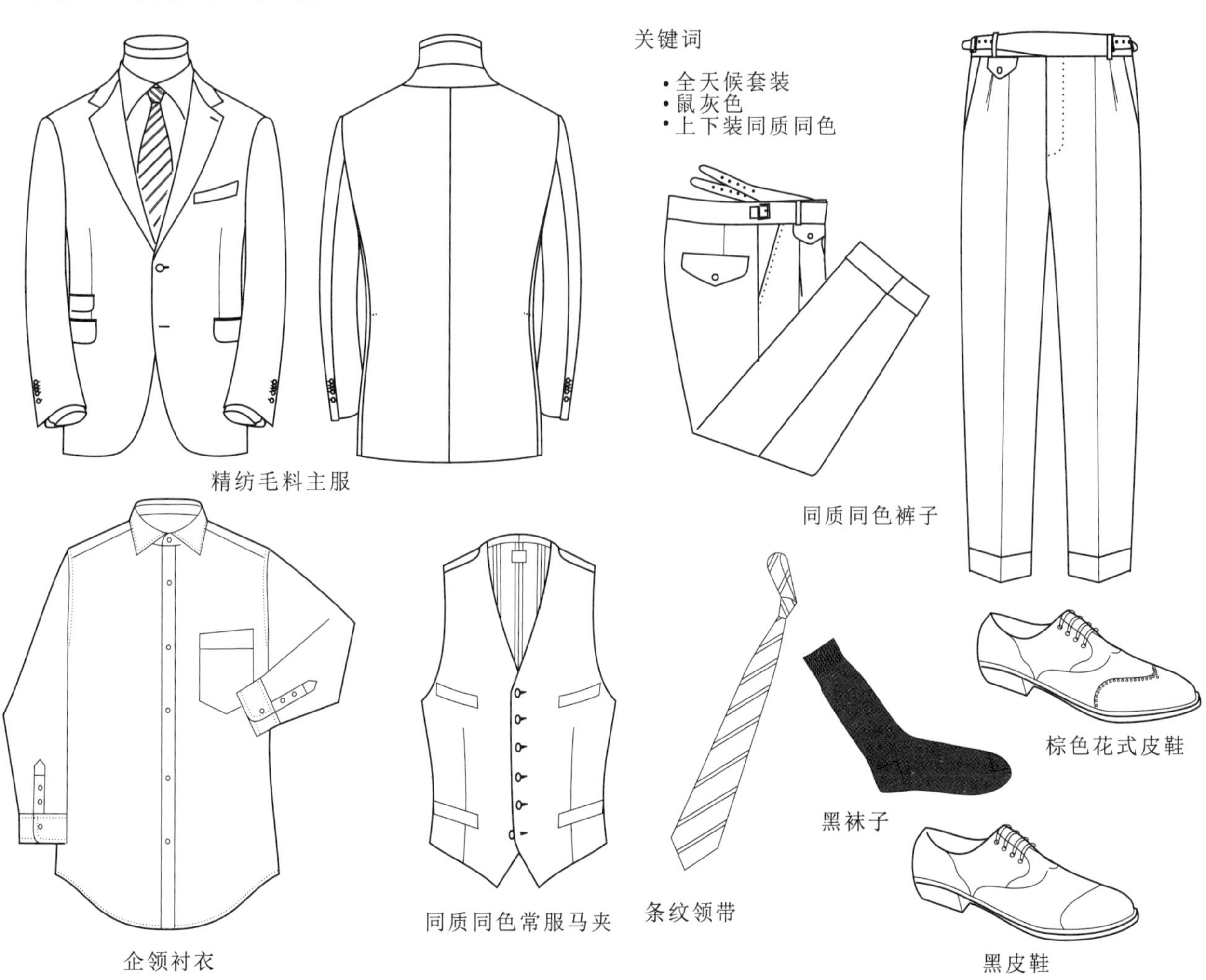

图5-7　西服套装的定制方案

无论是西服还是礼服，既定的款式细节都会有社交取向的暗示（图5-8）。

① 领型

按照礼仪级别高低排序依次为戗驳领、青果领、半戗驳领、平驳领或其他变异领型。戗驳领因年代久远，其营造的氛围也更为传统和庄重，因此礼仪级别最高，它是礼服的标志性元素；青果领原属于吸烟服的领型，主要适用于晚礼服的塔士多；平驳领源于散步服，显现较休闲的风格，是西服的经典领型。通常一种服装可以通过改它的领型来改变它的礼仪级别或着装风格，例如将西服套装的平驳领改为戗驳领，那么整个服装的风格基调就会偏向礼服的传统与考究，有脱离西服套装本身所携带的休闲气息的倾向。

② 门襟

西服套装的门襟可以为双排扣和单排扣，以及弧形下摆和直下摆。双排扣的礼仪级别较高，形制更为精致规整且暗含历史感。传统双排扣一般配直下摆，近年迪奥品牌也推出了不少圆摆双排扣西服。无论是单排还是双排扣，翻驳点的高低也影响门襟的形制与整件服装的风格倾向。一般而言翻驳点越高越传统，越透露出怀旧的气息；翻驳点越低则越现代，越传递出休闲随性的格调。

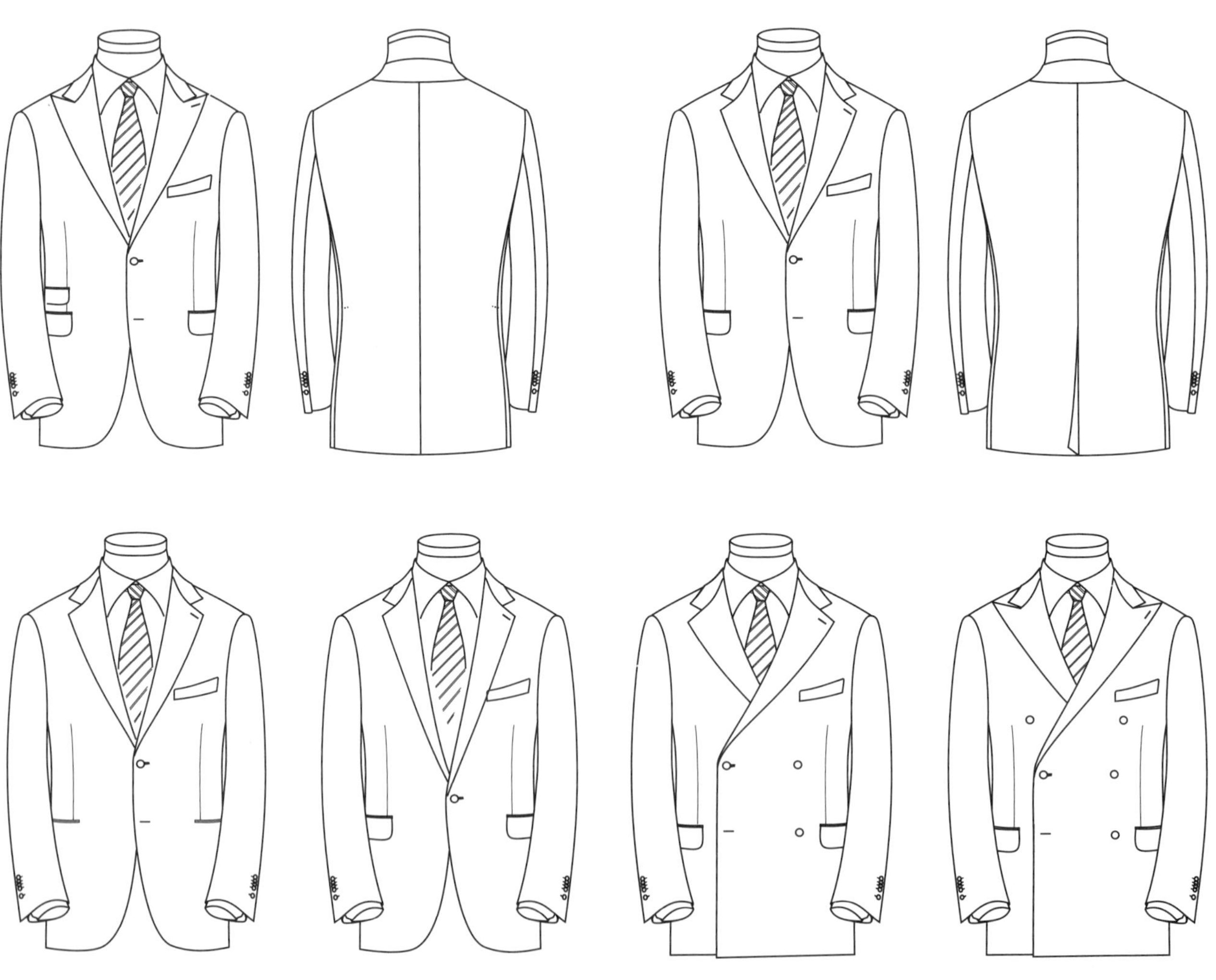

图5-8 西服套装主服的款式变化

③ 其他细节

细节包括袖扣数量、衣袋袋型和局部衬里里料的设计等。通常，袖扣越多礼仪级别越高。袋型按照礼仪级别由高到低大致分为双开线口袋、双开线夹袋盖口袋和贴袋、斜口袋、小钱袋等。局部的衬里装饰设计则更多运用于休闲西服系列等，其礼仪级别较低。装饰性元素的细节在西服套装中需谨慎使用。

就西服套装的款式指导性方案而言，平驳领单排扣为其标志性特征，在款式变换中一般予以保留，改变较多的是单排扣驳点的高低、口袋、袖扣的个数、开衩形式及通过面料改变西服套装的时尚取向。

（2）西服套装定制中的配服指导方案

在西服套装定制中，配服是要一并考虑的，包括裤子、衬衫和马夹。

① 裤子

在与主服匹配度上，裤子包含5种类别，分别为黑灰条相间礼仪裤、双侧章礼仪西裤、单侧章礼仪西裤、翻脚西裤和常服西裤，它们都有特定的搭配倾向。在与西服上衣的搭配中，带有全天穿着性质的翻脚西裤为其最佳搭配。翻脚西裤的礼仪等级略低，但与西服套装为黄金组合，匹配度比标准西裤（无翻脚）更好。黑灰条相间条纹礼仪裤、双侧章礼仪西裤、单侧章礼仪西裤都为礼服裤，礼仪等级高且专属性强，因此，与黑色（藏青色）西服套装搭配则升级为准礼服。但礼服裤与普通西服套装搭配并不适合，属于禁忌。此外，休闲裤礼仪等级过低同样属于禁忌范畴，无法与西服套装的主服搭配（图5-9）。

由于受套装既定礼仪规格的限制，西裤的构成元素形成一整套组合规范，甚至有些元素成为禁忌，如贴袋、过多的缩褶等。西裤的侧袋有两种形式，即斜插袋和直插袋。后口袋有三种形式，即单嵌线型、双嵌线型和袋盖型，一般配套装的裤子采用单嵌线或双嵌线口袋，不用袋盖设计，如果划分级别的话，双嵌线最高，单嵌线居中，带袋盖型口袋最低。后口袋通常两边对称设计，左边的口袋设一粒扣，右边无扣。西裤前腰右侧一般设一小袋（或明或暗），它是为装怀表或钥匙而设的，也显示绅士服的传统风范。

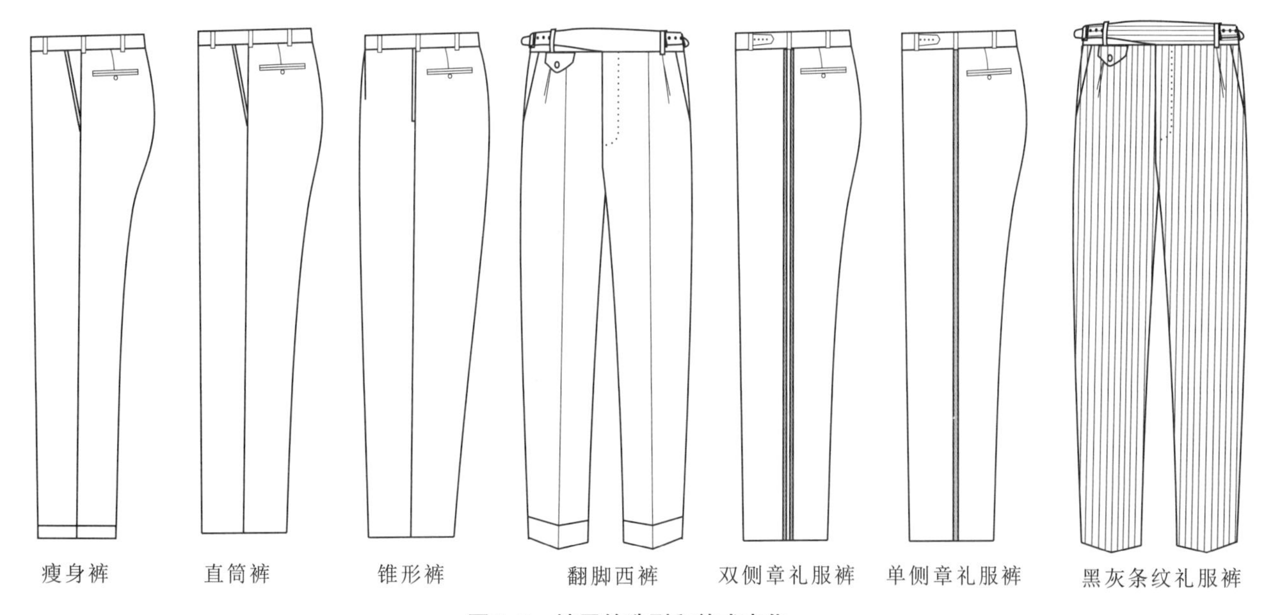

图5-9　裤子的造型和款式变化

当前流行窄腿九分裤，传统的裤长应盖住脚面的规则早已打破。同时，由于上下视觉平衡的关系，翻脚边有加宽的趋势。

② 衬衣

衬衣起源于原始简单的贯头衣——丘尼克，丘尼克在其发展中具备所有的立体思维和运动思考。因此，欧洲的内外衣技术的发展是相互借鉴的过程。

衬衫和西服上衣在结构上是完全不同的，衬衫的衣领和袖口暴露在西服外，一是起到衬托外衣的作用，二是避免外衣直接与皮肤接触，这样组合穿着既舒适又可以对外衣加以保护（因为西服不能经常水洗）。为此，衬衫和西服上衣组合呈现胸到颈之间的V形外观。当然，根据外衣驳领的深浅，V形外观有大有小，一般三粒扣套装或三件套西服组合的V形较小，两粒扣或两件套西服组合的V形较大。显然，前者为保守的传统风格，后者为开放的现代风格。无论哪种风格，衬衣领从后中观察应露出西服领2cm左右，衬衫袖口要露出西服袖3cm左右。正因为有衬衣领从前胸和袖口露出，才使整体搭配具层次感和平衡感。

搭配不同的西服，衬衣在款式、色彩上均有规则可循。当然，在不触犯禁忌的前提下，美是进行选择的首要原则。

衬衣和上衣一样，可以根据不同的领型、门襟、袖口造型、袋型进行组合，在规范的廓形下创造出多种造型（图5-10）。

图5-10 衬衣的造型和款式变化

衬衣有晨礼服衬衣、燕尾服衬衣、塔士多礼服衬衣、花式礼服衬衣、普通衬衣和外穿衬衣的区别，它们亦有特定的搭配倾向，使用前要考察它们的主服搭配规则。

③ 马夹

严格意义上讲，不带马夹的套装就不能称其为西服套装。因为历史上的西服套装是三件式组合的西服，两件套（不包括马夹）的流行是男性社会崇尚简约化的结果。

马夹的最初目的是为了保暖，当它成为男装礼服中不可缺少的重要组成部分时，就产生了对它“整旧如新”的愿望，“保暖”退居次要地位。礼服是不能暴露腰带的，马夹掩盖腰带便是它的主要作用。西服套装级别的高低取决于马夹的存在与否，在套装中得体地使用马夹，会给男士们塑造成功角色提供微妙且有分量的砝码。这是因为马夹总是跟考究、高贵、绅士等贵族气质相关。

相比于裤子和衬衫，基于不同社交倾向的马夹种类最多，包括晨礼服马夹系列、燕尾服马夹系列、董事套装马夹系列、塔士多马夹系列和休闲马夹系列等（图5-11）。此外，还有专为塔士多礼服搭配的卡玛绉饰带，它将马夹简化成一种系在腰间的饰带，成为与夜间礼服搭配时更轻便的马夹替代物。马夹在与西服套装搭配时，相同颜色和材质为划定马夹匹配度的首要指标。

图5-11 马夹的款式变化

（3）西服套装定制中的配饰指导方案

西服低调内敛，含蓄中带有深刻的历史感与高贵，配饰对比起着至关重要的作用。男装的配饰种类繁多，在颜色的绚丽和纹样的丰富程度上显出了更多的包容性。配饰的多样性也迎合了年轻绅士们彰显时尚个性的心理需求。

全类型服装的配饰大体分为6大类：领带、领结、帽子（图5-12）、装饰巾、袜子和鞋（图5-13）。

① 领带

领带主要用于日间礼服和全天候着装中，按礼仪级别从高到低为阿斯克领巾、灰色领带、黑色领带（告别仪式）、几何条纹领带、规则花式领带和不规则花式领带。在领带纹样的定制中，花纹越含蓄内敛，礼仪级别就越高。与西服套装搭配时，正式中略显休闲的条纹领带属于黄金搭配，晨礼服惯用的灰色领带礼仪等级最高但匹配度并不是最佳。属于休闲性质的规则花纹或不规则花纹领带与西服套装搭配，礼仪等级降低。此外，晨礼服传统的阿斯克领巾，因其礼仪等级过高，专属性太强，与西服套装搭配则礼仪匹配度下降。

② 领结

领结，细分为白色净色领结、白色花式领结、黑色方形领结和黑色尖头领结。因领结通常与晚间礼服搭配，在礼仪等级和时间专属性上与西服套装不匹配，属于禁忌范畴。但在升级版西服套装中可适当使用。但在现今时尚领域，领结的应用范围已突破传统禁忌。

③ 帽子

帽子在社交场合中更多是象征意义大于实际意义的附属品。根据礼仪级别，帽子的选择可以分为大礼帽、圆顶帽、软呢帽、巴拿马草帽（夏季）、鸭舌帽和棒球帽。全天候带有休闲韵味的软呢帽是西服套装的最佳搭配；鸭舌帽略为休闲，礼仪匹配度下降；巴拿马草帽虽不为禁忌，但其夏季专属性使礼仪匹配度较低。大礼帽和圆顶帽礼仪等级过高，分别为第一礼服（燕尾服、晨礼服）和正式礼服（塔士多、黑色套装）的专配，不适合搭配西服套装。棒球帽在正装场合也不适合搭配西服套装。

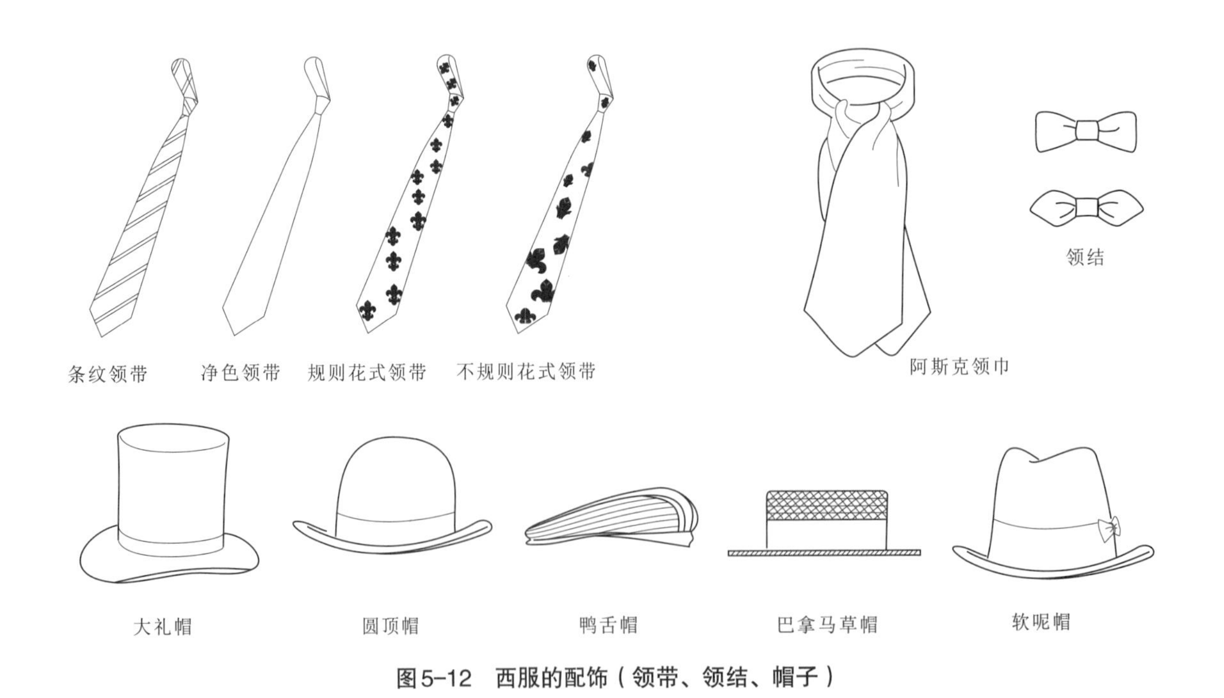

图5-12　西服的配饰（领带、领结、帽子）

④ 装饰巾

装饰巾表达的是绅士务实主义的美学，按其在胸袋中的折叠方式可以分为：平行巾、三角巾、两山巾、三山巾、圆形巾和自然巾。这几种折叠方式没有特定场合和特殊意义的规范，可以按个人喜好进行自由选择。装饰巾按其花色可分为四种：白色装饰巾、净色装饰巾、条纹装饰巾和花式装饰巾。其纹样的礼仪级别顺序类似领带纹样，白色礼仪级别最高，纹样越低调含蓄礼仪级别越高。

⑤ 袜子

袜子是最易被忽略的，也是最能反映男士着装修养的配饰。袜子的礼仪级别从高到低分别为黑色袜子、深色袜子、浅色袜子、花式袜子和白色袜子。不同于装饰巾的颜色礼仪级别，在袜子中以黑色袜子为最高礼仪级别，白色袜子为最低礼仪级别。在高级定制中，白色袜子是要敬而远之的，除非客户对服装有极其另类的设计要求，一般不建议设计师在定制中采用白色袜子。

⑥ 鞋子

鞋子分为5个种类，分别为黑色漆皮鞋、黑色牛津鞋、花式皮鞋、休闲鞋和旅游鞋。因西服套装为西服中的礼服，所以在礼仪类别划分上不属于休闲类着装，其最匹配的鞋饰同日间礼服一致，即黑色牛津鞋，休闲皮鞋虽不为禁忌但其休闲的特性使其匹配度为“适当”，一般不建议选用。黑色漆皮鞋为夜间礼服的标准搭配，与礼仪等级过低的旅游鞋同属禁忌。棕色花式皮鞋在时间和场合上均可代替黑皮鞋和休闲皮鞋。

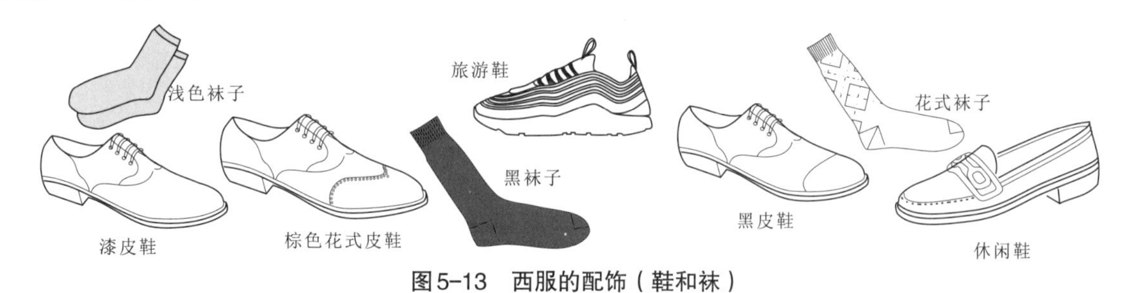

图5-13 西服的配饰（鞋和袜）

（4）西服套装定制中的面料方案

在整个定制过程中选定主服、配服的基本款式后，为了让顾客在服装质感上有直观感受，提供真实的面料参考是非常重要的环节。面料样版由面料商提供，同时标注编码以便于定制过程准确无误，并成为顾客档案的重要信息。从种类介绍到主服款式的选定，配饰的搭配到最后面料确定的整个过程完整连贯，这是为顾客提供“定制高雅生活方式”的服务过程，并要强调定制者和被定制者共同来完成。

面料方案包含主服和配服两部分，西服套装必须提供上衣、裤子、马夹三体一套的同一种面料参考。根据需要也可以选择两件套。

西服套装的面料参考分为两个版本：第一个版本为礼仪等级略高的秋冬季深色系厚型面料，条纹面料为西服套装经典面料，有深色精纺面料、深色暗条纹面料、亮色细条纹面料和明条纹面料。第二个版本为礼仪等级略低的春夏季薄型面料，有浅色条纹面料和细格子面料，这两个类别的面料都含有休闲的属性。由此可见，改变服装的面料是变换服装风格的另一有效途径，当然这需要专业人士提供更多有关灵活运用男装规则的建议和资讯。

图5-14为西服套装升级为日间礼服时与配服的搭配。

图5-15为西服套装升级为夜间礼服时与配服的搭配。

西服套装日间礼服组合（升级版）

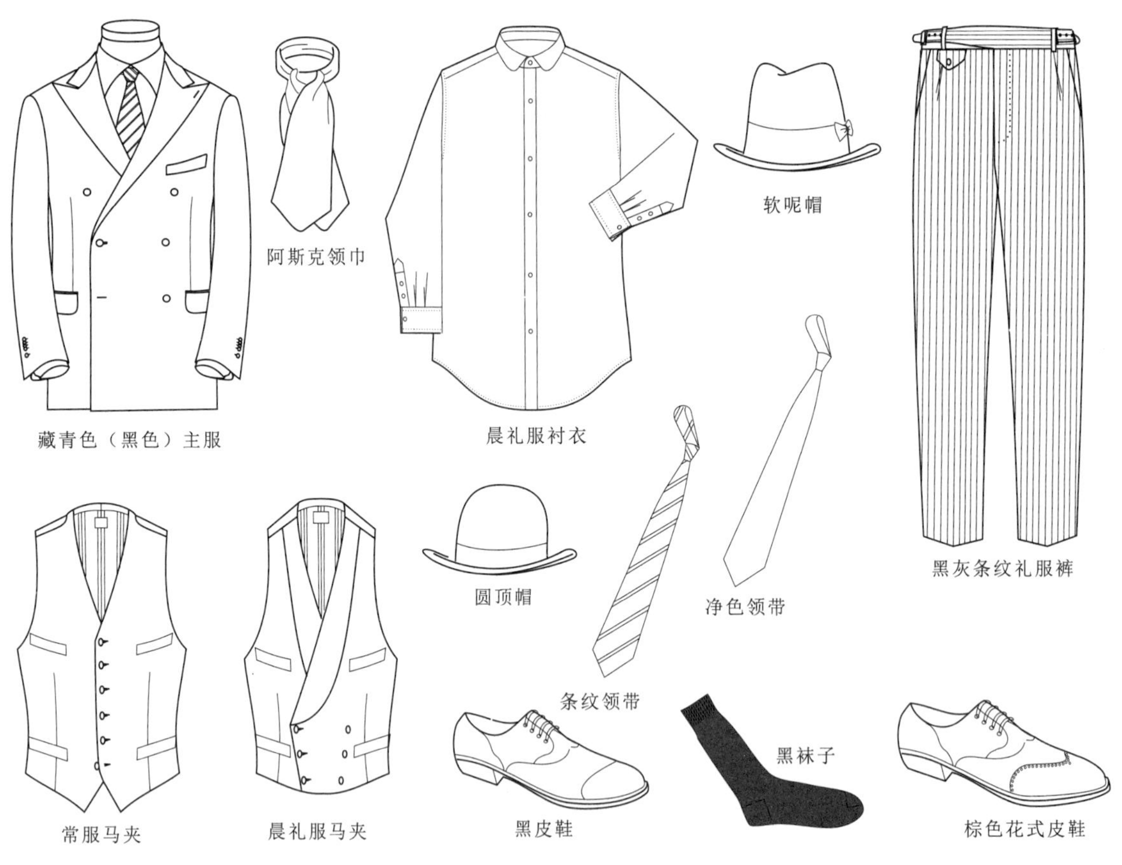

图5-14　西服套装升级为日间礼服时与配服的搭配

西服套装夜间礼服组合（升级版）

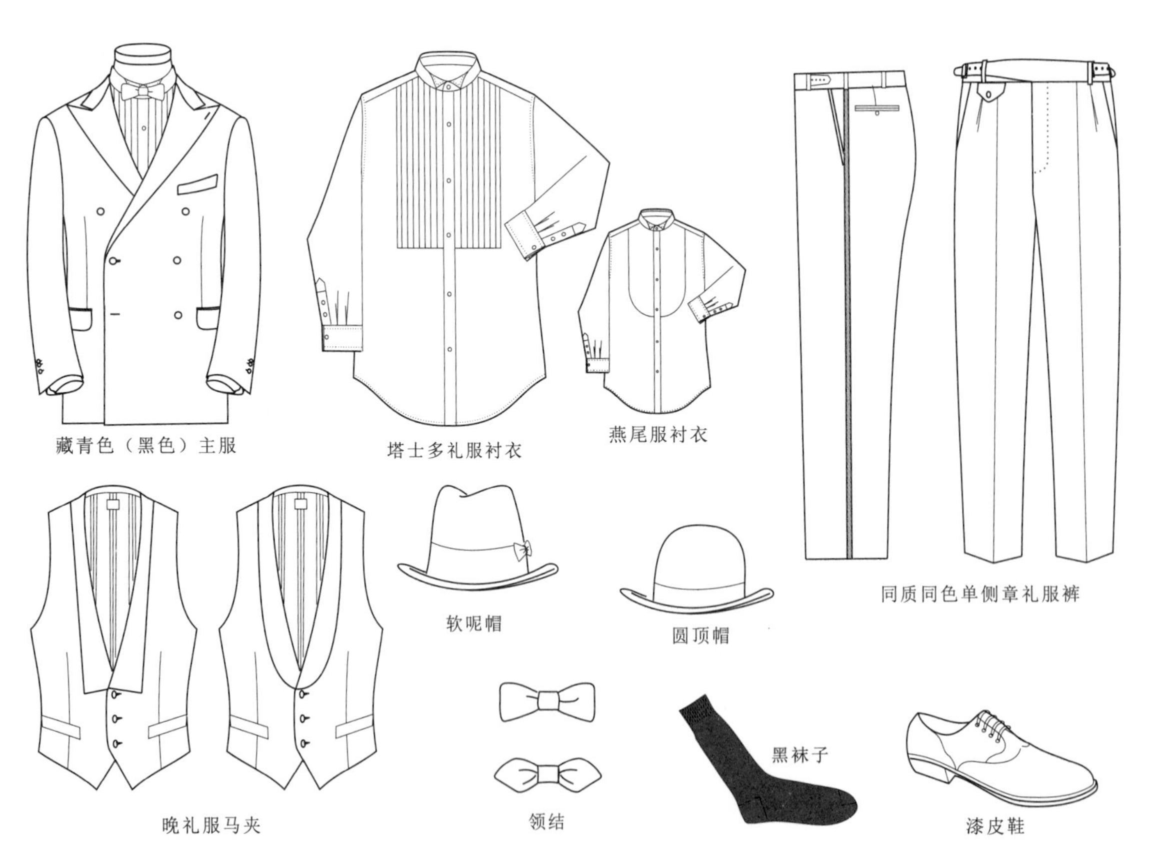

图5-15　西服套装升级为夜间礼服时与配服的搭配

2.布雷泽西服的定制方案

不同于西服套装必须保持上下完全一致的原则，布雷泽西服自产生以来即是上深下浅的搭配，金属纽扣也是布雷泽西服的标志性特征。根据国际着装惯例，布雷泽西服能通过其配服、配饰的灵活搭配，形成上至礼服下到娱乐休闲服适用于多种场合的产品。它已成为与西服套装地位等同，且不能被替代的个性职业化西服。布雷泽作为职业西服的“标准语”，其触角也已延伸到职业女装领域，对整个现代时装界形成了全方位且深远的影响（图5-16）。

布雷泽上衣的标准面料为藏蓝色法兰绒，与卡其色裤子搭配形成国际通用格式，有休闲品格的属性；与灰色西裤搭配表明其已经可以和西服套装比肩；与细条格子西裤搭配使其具有传统的英伦风格。总之，上深下浅的搭配模式是布雷泽西服基于国际着装惯例的原则。不仅要保持优雅，还要恪守细节的原则，这是定制布雷泽西服必做的功课。主服细节上的明显特征是左前胸贴口袋（或船型挖袋），腰下有袋盖的明贴袋是布雷泽西服向休闲西服过渡的重要标记，明线为其工艺的基本特征；夹袋盖贴袋为布雷泽西服两侧下摆处的标准口袋形制，又称复合型贴口袋，这是布雷泽西服的标志性元素；金属扣，增加了布雷泽西服特有的韵味；徽章，是布雷泽西服表达团队特有的社团性的标

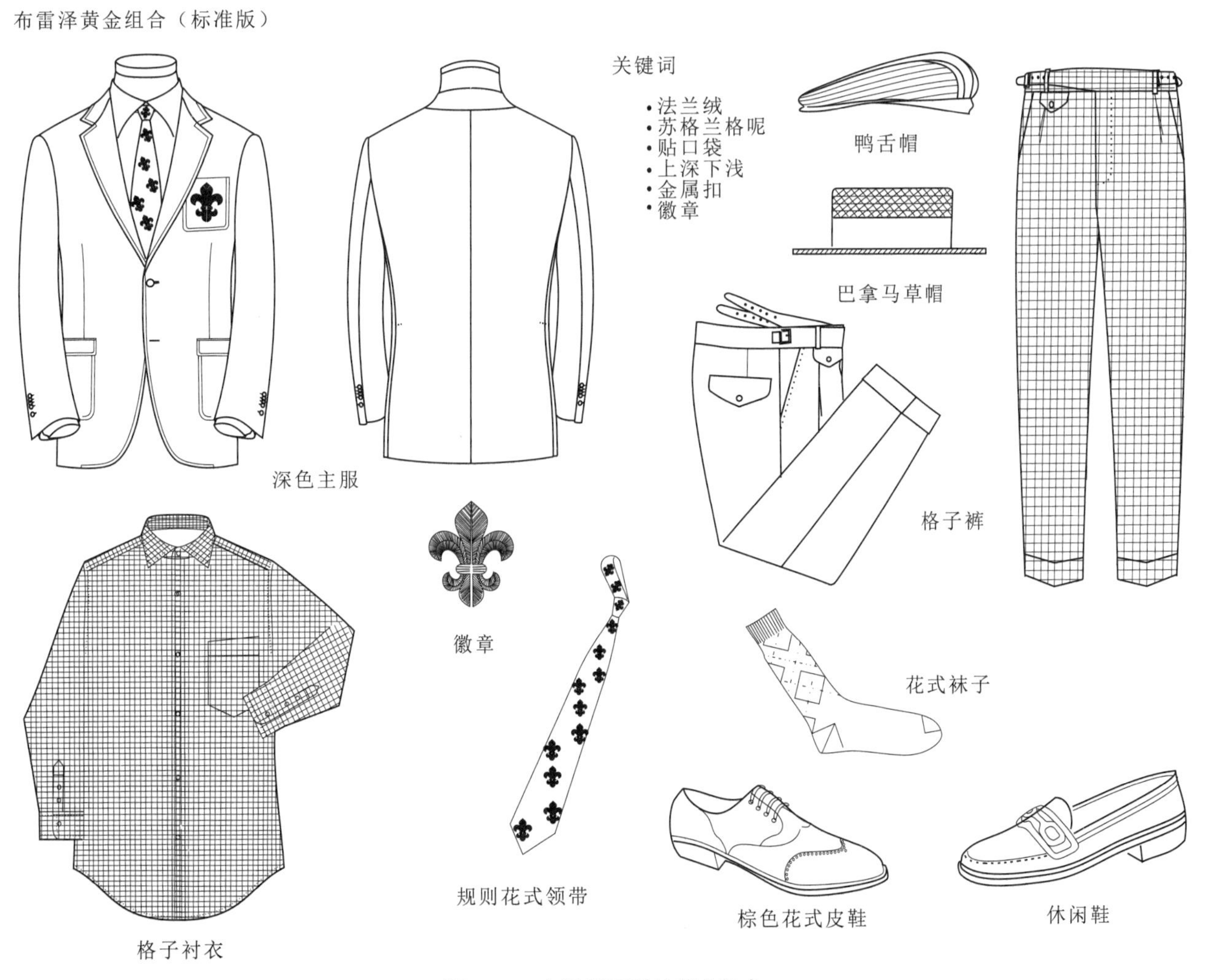

图5-16　布雷泽西服的黄金组合

识，其设计和配置都很考究，是和布雷泽西服一并考虑的定制产品。由此可见，较西服套装而言布雷泽具有更丰富的搭配选择与讲究的细节设计，其特点是休闲与优雅并存。

布雷泽西服的主服及配服的黄金组合为单排二粒或三粒扣平驳领贴口袋西服上衣配苏格兰格子西裤或灰色西裤。配服是格子衬衣，配饰为其社团性所特有的标识物——徽章和金属纽扣，社团领带、花式袜、休闲皮鞋或花式皮鞋，这些为布雷泽西服最具本色的搭配选择。

（1）布雷泽西服定制中的上衣（主服）款式指导方案

布雷泽西服的主要款式定制变化主要集中在两种标准格式上：单门襟三粒扣和水手版的双门襟四粒扣。水手版的双排扣和戗驳领不轻易改变，但驳点高低、口袋形制和袖扣个数可以根据顾客的个人喜好进行调整。建议袖扣选择3~5粒。单排扣平驳领的布雷泽西服可选择两粒或三粒门襟扣。金属纽扣是布雷泽西服最显著的特征，不能被更改或替换。夏季常用贝壳扣与夏季面料相配。

由于布雷泽西服处于礼服到休闲服的过渡之间，通过元素的重组上可提升至礼服，下可降至休闲服。这种礼仪等级上宽泛的兼容度使得布雷泽西服在诸多变化的场合里魅力无穷且游刃有余（图5-17）。

图5-17　布雷泽西服的主服款式变化

（2）布雷泽西服定制中的配服指导方案

在布雷泽西服定制中，配服可以一并考虑，包括裤子、衬衫和马夹，给客人全方位的礼仪级别搭配指导。图5-18为布雷泽西服升级为夜间礼服时与配服的搭配。

① 裤子

全天候的裤子包括休闲裤、翻脚西裤和常服西裤。休闲裤适合休闲搭配，翻脚西裤是布雷泽西服的最佳搭配，而常服西裤对于布雷泽西服而言礼仪等级较高匹配度下降，但可以理解为布雷泽西服的正装版组合。布雷泽西服虽然可以通过改变搭配，与标准礼服平起平坐，但仍不能作为礼服最经典和标准的方案，只能理解为有休闲风格倾向的礼服。作为礼服穿用时的搭配技巧：若时间段为日间，则搭配黑灰条相间条纹裤；若时间段为夜间，则搭配单侧章裤或双侧章裤，单侧章裤礼仪匹配度略高，双侧章裤因其本身礼仪等级过高使得匹配度下降。

② 衬衣

普通衬衣和外穿衬衣都适合全天候穿着，普通衬衣是最佳选择。外穿衬衣属于单件使用的衬衫，一般不建议作为与布雷泽西服正装搭配的衬衣。礼仪等级升级时，会产生在日间和夜间穿着的区别，日间时段搭配晨礼服衬衣，晚间时段搭配塔士多和燕尾服衬衣。值得注意的是在布雷泽西服的衬衫类别里T恤并不是禁忌，只是作为礼仪匹配度较低的搭配单品，但作为布雷泽西服配服里的特殊类别，T恤的加入使得布雷泽西服成为了地道的休闲风尚，其实这才是它历史本真的面貌，因此在社交界被视为“优雅休闲”的典范。

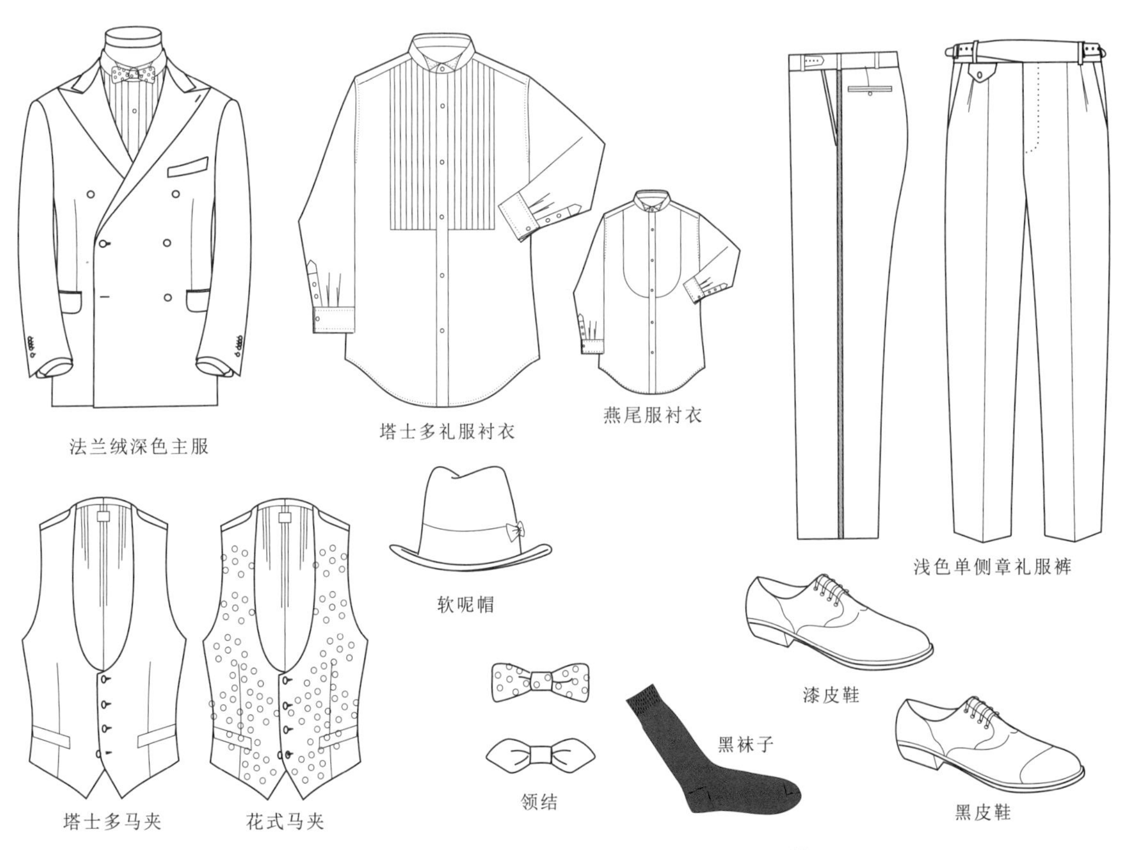

图5-18　布雷泽西服升级为夜间礼服时与配服的搭配

③ 马夹

马夹在布雷泽西服的搭配中并非必不可少，但一旦选择使用，也有特定的搭配规则。全天候调和马夹为布雷泽西服的最佳搭配，常服马夹的休闲趣味性略低一些，正式礼服马夹也可选择。在全天候时段里，礼仪匹配度较低的马夹不建议选用。然而，在升级版组合中马夹便成为必需品，按照日间和夜间礼服的搭配要求可选择不同的马夹运用于不同的日间和晚间正式场合。需要提醒年轻绅士们的是，根据布雷泽的休闲特质，马夹礼仪等级越高其匹配度反而越低。

（3）布雷泽西服定制中的配饰指导方案

依据休闲搭配的准则，俱乐部领带和条纹领带为布雷泽西服的最佳领饰。日间礼仪等级最高的阿斯克领巾与布雷泽西服搭配为标准的日间升级版。图5-19为布雷泽西服升级为日间礼服时与配服的搭配。

在领结的选择中也有禁忌，领结种类有高低的区分，礼仪等级相对低的花式领结与布雷泽西服搭配，礼仪匹配度有上升趋势，且适用于晚间的非正式聚会。

帽子与布雷泽西服搭配时，最佳搭配为休闲帽饰，其中首选鸭舌帽，其次为软呢帽，夏季用巴拿马草帽，最低组合为棒球帽。

装饰巾的搭配与西服套装有所不同的是，一直处于礼仪等级最低的花式装饰巾，因其蕴含的休闲韵味，成为布雷泽西服的最佳搭配，其余依次为条纹、净色和白色装饰巾。

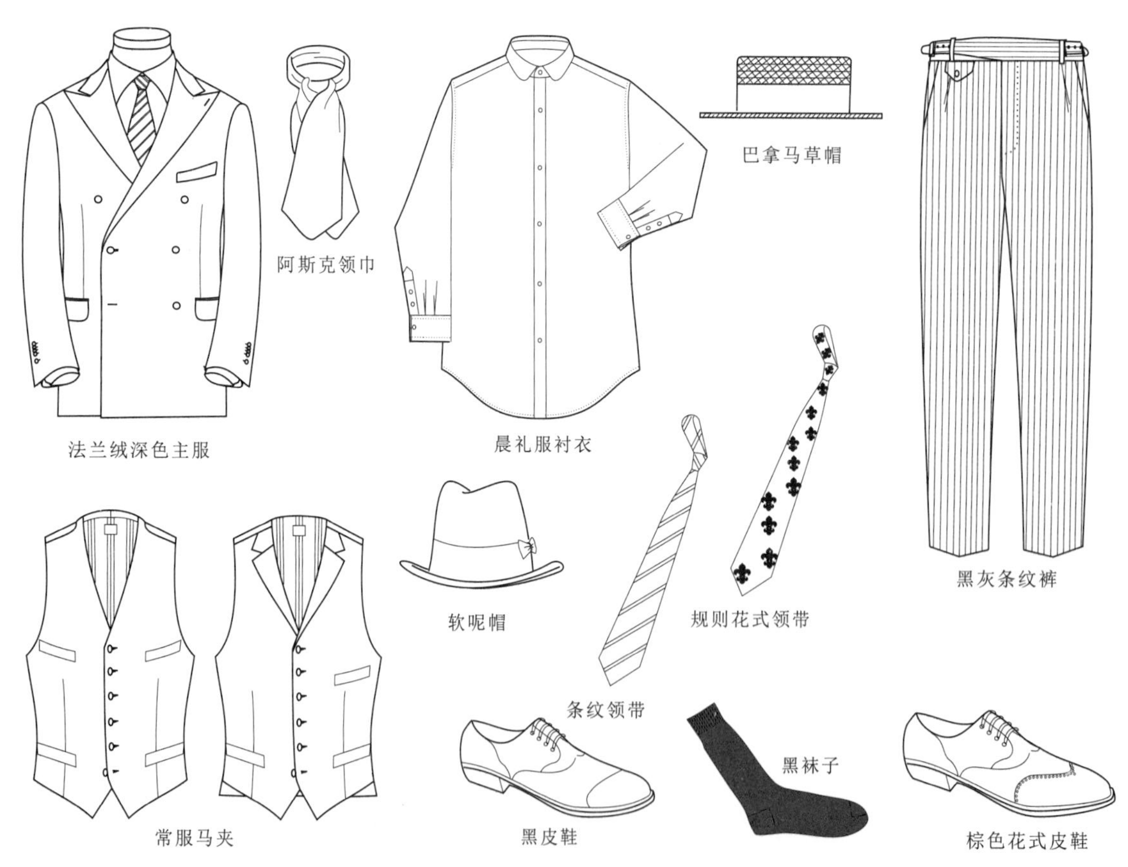

图5-19　布雷泽西服升级为日间礼服时与配服的搭配

对于布雷泽西服而言，休闲韵味十足的花式袜子是其最佳搭配。其次为深色袜子、浅色袜子。而与西服匹配度最高的黑色袜子与布雷泽西服搭配则可以视为布雷泽西服的礼服搭配方案。

当然，现在流行的船底袜则趋向休闲韵味，虽然会露出脚裸，相比白色袜子其礼仪等级仍高一等。

在鞋的搭配中，由于布雷泽西服在时间上的灵活性与兼容性，休闲鞋、黑色牛津鞋和黑色漆皮鞋可根据时间上的不同属性分别运用于全天候、日间和夜间相对正式的场合。但其最佳搭配仍为无时间限制的全天候休闲鞋、棕色花式皮鞋。

降级版的布雷泽休闲时尚组合为搭配格子衬衣、牛仔裤、花式袜子、休闲鞋或旅游鞋，这是优雅休闲的组合。图5-20为布雷泽西服降级为休闲服时与配服的搭配。

（4）布雷泽西服定制中的面料方案

布雷泽西服上衣面料包括藏蓝色法兰绒、各种休闲风格的深格或条纹面料等。在选用休闲面料时应该遵守布雷泽西服上深下浅的原则，并且根据布雷泽西服“优雅休闲”的品格趣味，选择纹理含蓄的经典面料。

布雷泽西服的裤子面料包括轻薄的精纺面料和厚重的粗纺面料。其中轻薄面料又分为浅色棉麻质面料和色织面料。厚重面料包含国际版布雷泽西服所特有的卡其色棉华达呢和灯芯绒面料，以及更为厚重的格纹面料等。

若顾客已经定制过西服套装，还想在衣橱里增添更显绅士韵味的服饰种类，或者在出席场合中希望通过搭配变换以满足更加宽泛的职场表现力，那么形制考究、语言丰富、英伦范十足且更具备时尚元素的布雷泽西服则可以大力推荐。

图5-20　布雷泽西服降级为休闲服时与配服的搭配

3.夹克西服的定制方案

夹克西服，就是我们理解的休闲西服，它与西服套装的无条件搭配、布雷泽西服的有条件搭配的最大不同就是自由搭配。所谓自由搭配就是在搭配上不再局限于西服套装上下同质同色的组合或者布雷泽西服上深下浅的组合，而是可以上深下浅或上浅下深且材质亦不相同的自由组合。在社交界休闲西服有“调和套装”的说法，“混搭”的时装概念也由此而来。

在今天提倡舒适和追求功能化着装至上的服装潮流里，调和西服也扮演着越来越重要的角色，在这个职业更多元化、精神世界更丰富的现代社会里，将循规蹈矩变成我行我素，其实质是实现了时尚民主化下的设计丰富性，更贴近现代人的价值观和生活方式。而处于现代快节奏社会里的人们对回归大自然的渴求和对运动休闲的日益推崇，则为休闲西服提供了一个越发广阔的发展空间，推动着它成为绅士服的朝阳产品，使其在绅士服中大有取代西服套装之势。图5-21为休闲西服的自由组合。

由于休闲西服的礼仪等级在西服中最低，组合的自由变化极大，黄金组合的包容性也进一步扩展。休闲西服的黄金组合模块是根据国际着装惯例搭配准则提供的典型的标准组合，也就是说这种黄金组合不是唯一的标准，只是一个范本。

休闲西服在搭配上的灵活性是所有西服类别里最高的，这也就决定了它所能适合的场合礼仪要求最低，主要用在非正式场合和休闲场合。

休闲西服黄金组合（标准版）

关键词
- 贴口袋
- 苏格兰格呢
- 皮革纽扣

粗纺格子主服
休闲裤
企领衬衣
粗纺格子马夹
条纹领带
花式袜子
鸭舌帽
棕色花式皮鞋
休闲鞋

图5-21　休闲西服的自由组合

（1）夹克西服定制中的上衣（主服）款式指导方案

由于休闲西服的变化最为自由灵活，所以其可接受的变化范围也最为宽泛。从面料的颜色和材质、整体造型上的修身或宽松，到肩部的线条设计、三个贴口袋的造型、驳点的高低以及衣服领口或局部的装饰因素，都可以根据个人爱好进行设计。在改变款式时需要注意的是，尽量保留门襟的单排扣与平驳领的造型，因为这是休闲西服最为显著的特征。

（2）夹克西服定制中的配服指导方案

休闲裤同为布雷泽西服和休闲西服的最佳搭配。与上衣同质同色的常服西裤和翻脚西裤可视为休闲西服的正装版。图5-22为休闲西服的升级组合。

在衬衫中，格子衬衫为夹克西服的最佳搭配，与其经典的格子面料相呼应，强调格子图案所显示的休闲风格。

毛衣和马夹都可作为配服。休闲西服与休闲特质的调和马夹搭配属于黄金组合，与常服马夹搭配，可作为夹克西服的正装版使用。

（3）夹克西服定制中的配饰指导方案

配饰与面料的丰富性是绅士们能在休闲西服定制中大肆作秀的条件。其丰富性使得绅士们能够走入一个更为自由的服装王国，而能否了解这些规则成为现代成功人士着装的重要评判指标，尤其表现在细节上。

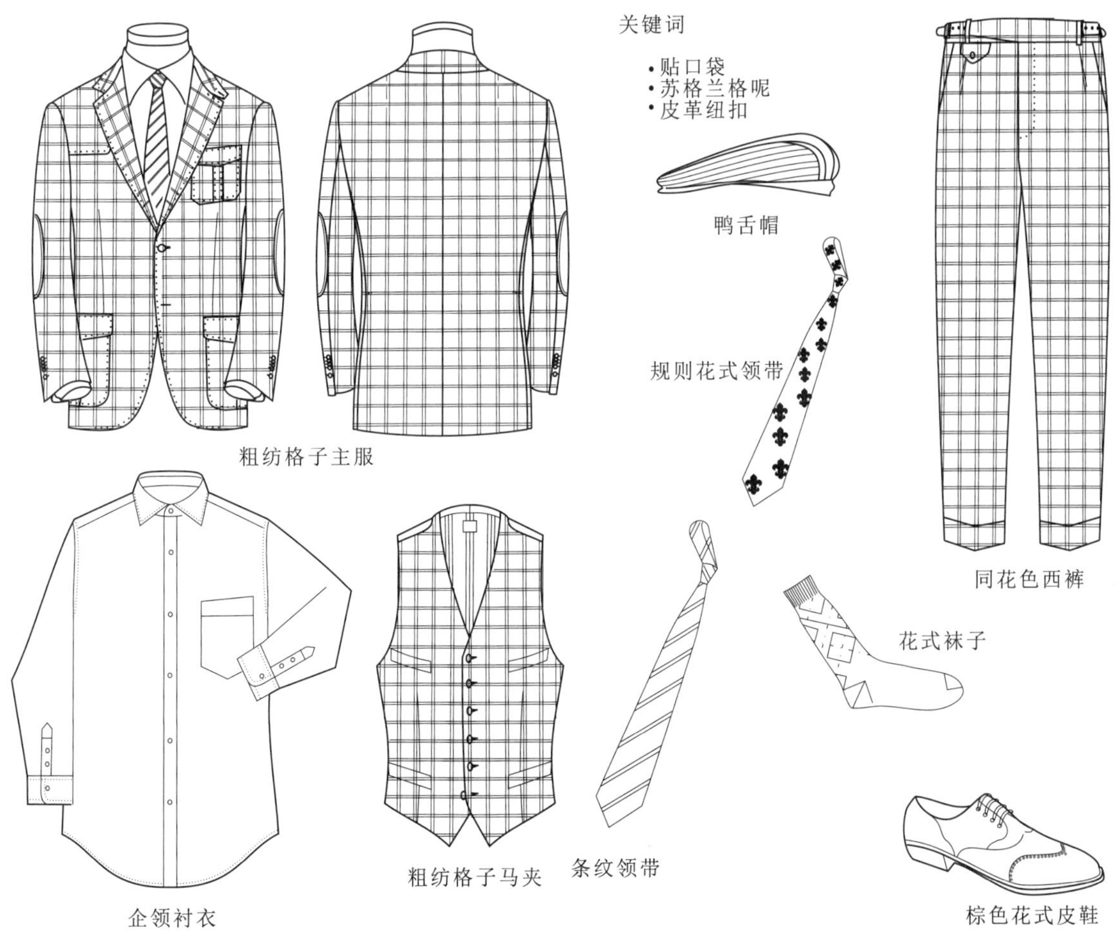

图5-22 休闲西服的升级组合

在领带的选取中，在强调休闲韵味时可以不搭配领带。在配搭领带的情况中，不规则花式领带为其最佳搭配，其次是俱乐部领带。净色领带过于正式，较少推荐。由于休闲西服和布雷泽西服礼仪等级毗邻，所以帽子和袜子的搭配与布雷泽西服一致。在装饰巾的搭配中，最佳选择同样与布雷泽西服一样，为花式装饰巾。

鞋的最佳搭配为休闲鞋。旅游鞋与强调休闲运动风格的夹克西服搭配能构成完全休闲的组合。棕色花色皮鞋可以说是全天候调和西服的万能鞋，与休闲西服组合，可看作正装版。图5-23为休闲西服的降级组合。

（4）夹克西服定制中的面料方案

在夹克西服面料的参考中，其可选择性最为丰富，而这种自由选择却需要始终坚守着一条“潜规则”，即上下差异化原则。这种坚守除了体现在面料的颜色和花式上，还延伸到面料的质感上。例如，有触觉感的肌理面料是产生夹克西服质感的关键，也就形成了有纹理夹克西服搭配的原则。通常情况下若休闲上衣是纹理面料(有肌理手感)，裤子则采用小纹理面料（手感平滑），反之也是可以的。若采用相同纹理，则需要在花色上有所区别，这样“质感”才能有效地显现出来。

夹克西服上衣的面料参考分为两个版本，一个为夏季的轻薄面料，一个为冬季的厚型面料。其中轻薄面料包括典型的浅棕色灯芯绒和各种薄型棉麻织物以及调和西服经典的格纹薄型面料。厚型面料包括经典的苏格兰格纹面料以及其他具有典型纹样的厚型毛纺织物。

裤子面料遵循夹克西服颜色搭配上深下浅或上浅下深的多样性规则，根据上衣颜色、材质的不同，裤子的面料需要进行相应的选择与配搭。

起源于狩猎运动功能的夹克西服，对运动休闲的风格属性有更广泛的表达。因为在历史上它就是作为高尔夫球、渔猎、射击、骑马、郊游、打网球等运动的着装，它作为传播生活方式的载体，更强调一种回归自然的精神释放，承载着社会属性的本源回归。在西服三大类型中，夹克西服是对休闲最

图5-23 休闲西服的降级组合

纯粹的演绎者，营造出一种放下严肃紧张工作后，心灵坦诚相见的松弛氛围，夹克西服已是上层白领们周末聚会、休闲外出和运动仪式的最佳着装推荐。

第四节　量体与设计

高级定制西服的人体测量并不单纯是测量人体的三围尺寸，而是一项美学与人体工学知识相结合的复合型技术，是为每一个不同体型的顾客进行测量并对测量数据进行技术处理的创造性工作。

高级定制西服人体测量涵盖三大内容：

① 通过观察、测量和拍照记录，对顾客的体型进行整体形态和局部特征分析；

② 运用测量工具测得顾客人体围度尺寸和定制服装长度尺寸，以及能反映顾客体型特征的局部尺寸，并对尺寸进行分析和处理；

③ 通过测体信息作定性和定量分析以给出定制服装的初步设计方案。

一、部位与计测点

1.部位与计测点

高级定制的人体测量通常是在顾客自然放松的静止状态下进行，包括站姿和坐姿。测量内容包括三个部分：①测量基础部位的一维数据；②测量体现个体特征的三维区域造型尺寸；③人体三围特征的二维截面形态分析和描述。

顾客性别不同，服装款式不同，测量部位也有所不同。

由于人体形态复杂，为了得到准确的测量数据，需要找到正确的人体测量基准点。一般选择相对固定、便于操作、不会发生较大变化的部位作为测量基准点，比如骨骼端点、凸出点，躯干与肢体交接部位等。

头顶点。直立时头部最高点，位于人体中心线最上方，是测量身高的基准点。

颈窝点（FNP）。连接左右锁骨的直线与正中矢状面的交点，是测量颈根围的基准点。

颈侧点（SNP）。也称侧颈点，从侧面观察位于颈部中点稍微偏后的位置，是测量腰长、胸高的基准点。

颈椎点（BNP）。也称后颈点，位于颈后第七颈椎骨凸点，是测量背长和后衣长的基准点。

前宽点（FW）。也称前腋点，手臂自然下垂时，臂根与胸部形成纵向褶皱的起始点，是测量前宽的基准点。

背宽点（BW）。也称后腋点，手臂自然下垂时，臂根与背部形成纵向褶皱的起始点，是测量背宽的基准点，且与前腋点、肩点构成袖窿围度的基本参数。

肩点（SP）。位于肩与手臂的转折点，肩胛骨上部最向外的突出点。是测量肩宽和袖长的基准点。

胸点（BP）。胸部最高点，又叫胸高点，是男女装构成中较为重要的基准点之一。

肘点。肘关节处，手臂弯曲时，该点明显凸出，是测量臂长的基准点。

腕骨点。手腕部的凸点处，分前、后手腕点，分别是测量服装袖口大小、臂长的基准点。

胯点。胯关节处，股骨大转子最高的一点。

髌骨中点。膝盖骨中央，是中裆线的参考基准点。

外踝点。脚踝外侧踝关节凸出点，是测量裤长的基准点。

图5-24为人体测量的基本点。

2.测量要求

站姿测量时，被测者需处于放松状态，保持直立，双眼平视前方，手臂自然下垂，手掌伸直，掌心朝向身体一侧，后脚跟并拢，脚尖自然分开。

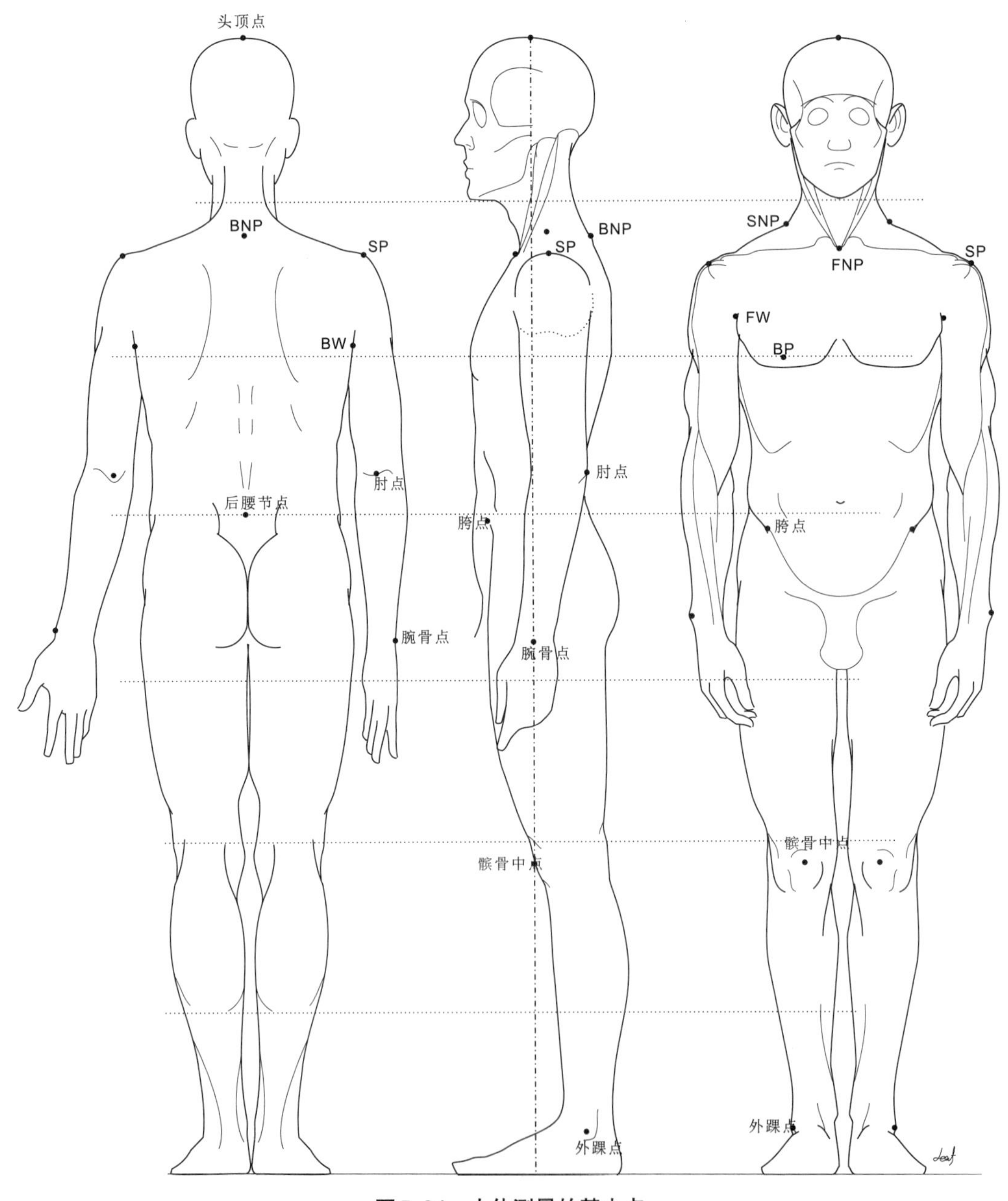

图5-24 人体测量的基本点

坐姿测量时，被测者应挺胸坐在椅子上，双眼平视前方，大腿与地面平行，膝盖弯曲使大腿与小腿趋于直角，双手放于大腿上，双脚平放于地面。

提示：在实际操作中，可根据测量目的，选择合适的着装方式，但最重要的一点是让顾客满意，不能对顾客的着装提出过多要求。因此，量体数据表格中除了备注顾客的定制要求和某些特殊部位的尺寸外，还需要描述顾客量体时所穿的服装，以便后期制版时参考。

3.人体测量操作

一般测量尺寸可分为整体基础数据、局部特征数据、设计数据三大部分。整体基础数据（图5-25~图5-27）是指制版中基本的、固定的、常用部位的尺寸。局部特征数据是指根据顾客的体型需要额外测量的尺寸。设计数据是指部分定制款式专用的尺寸。

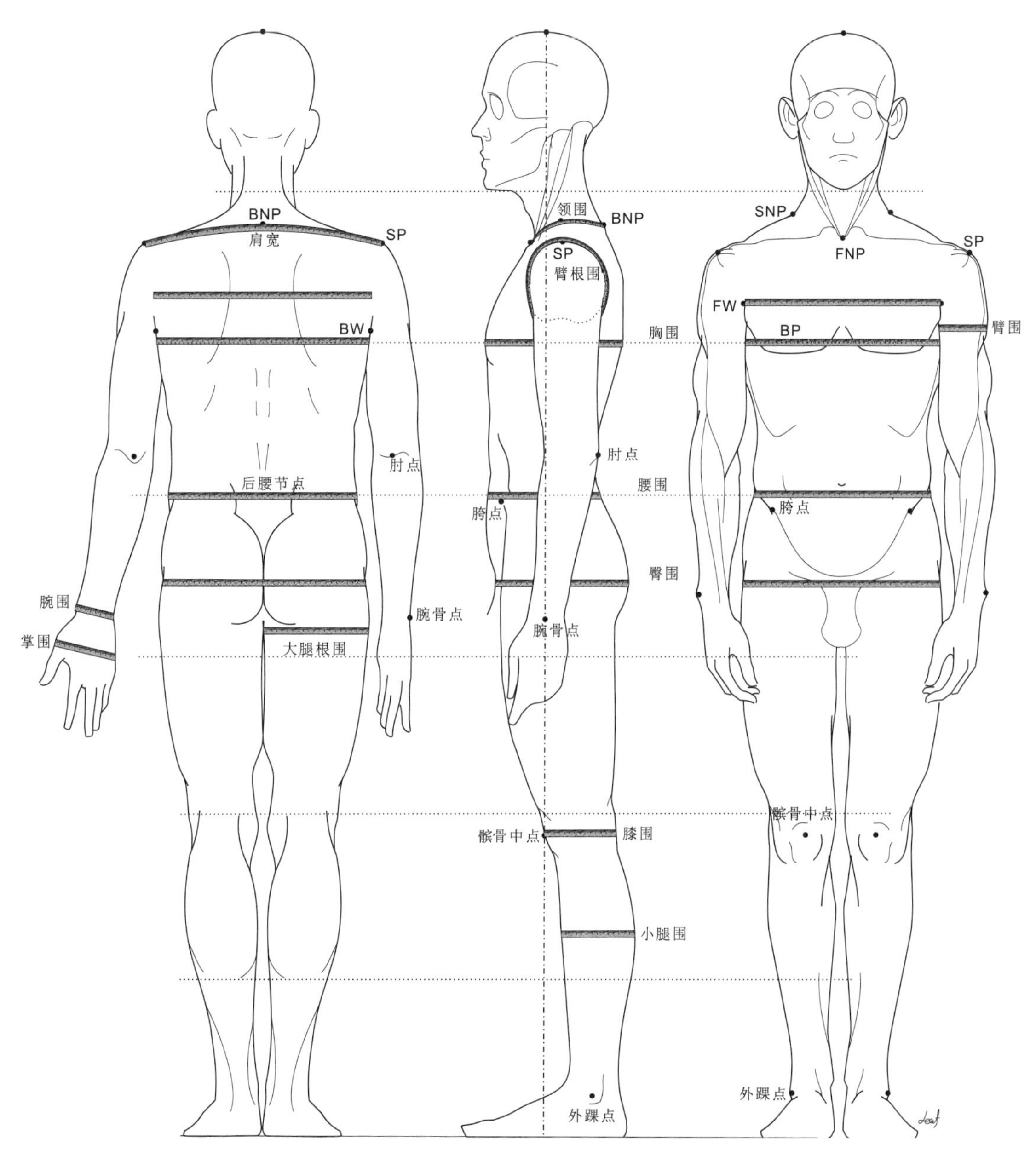

图5-25　人体测量的围度和肩宽

（1）围度和宽度测量

胸围：将软尺宽度上沿贴近臂根处，手臂自然放松，过胸部最丰满处水平围量一周。所测得的胸围尺寸通常在制版时需加松量。

腰围：将软尺过腹部最细部，水平围量一周。

臀围：对于下装而言，臀围是裤子制版的基础尺寸。对于上装而言，臀围尺寸关系到上装下摆的松量与造型。测量时，将软尺过臀部最丰满处水平围量一周。在制版时，需要在所测得的臀围尺寸上增加松量。

肩宽：从左肩点经过后颈椎点量至右肩点的长度。

后宽：胸围线与肩点的中间位置，沿后背测量左、右两腋点之间的距离。

前宽：胸围线与肩点的中间位置，沿前胸测量左、右两腋点之间的距离。

臂围：沿上臂最粗处水平测量一周，对应制版中的袖肥尺寸，最小袖肥应是臂围加4~5cm的松量。

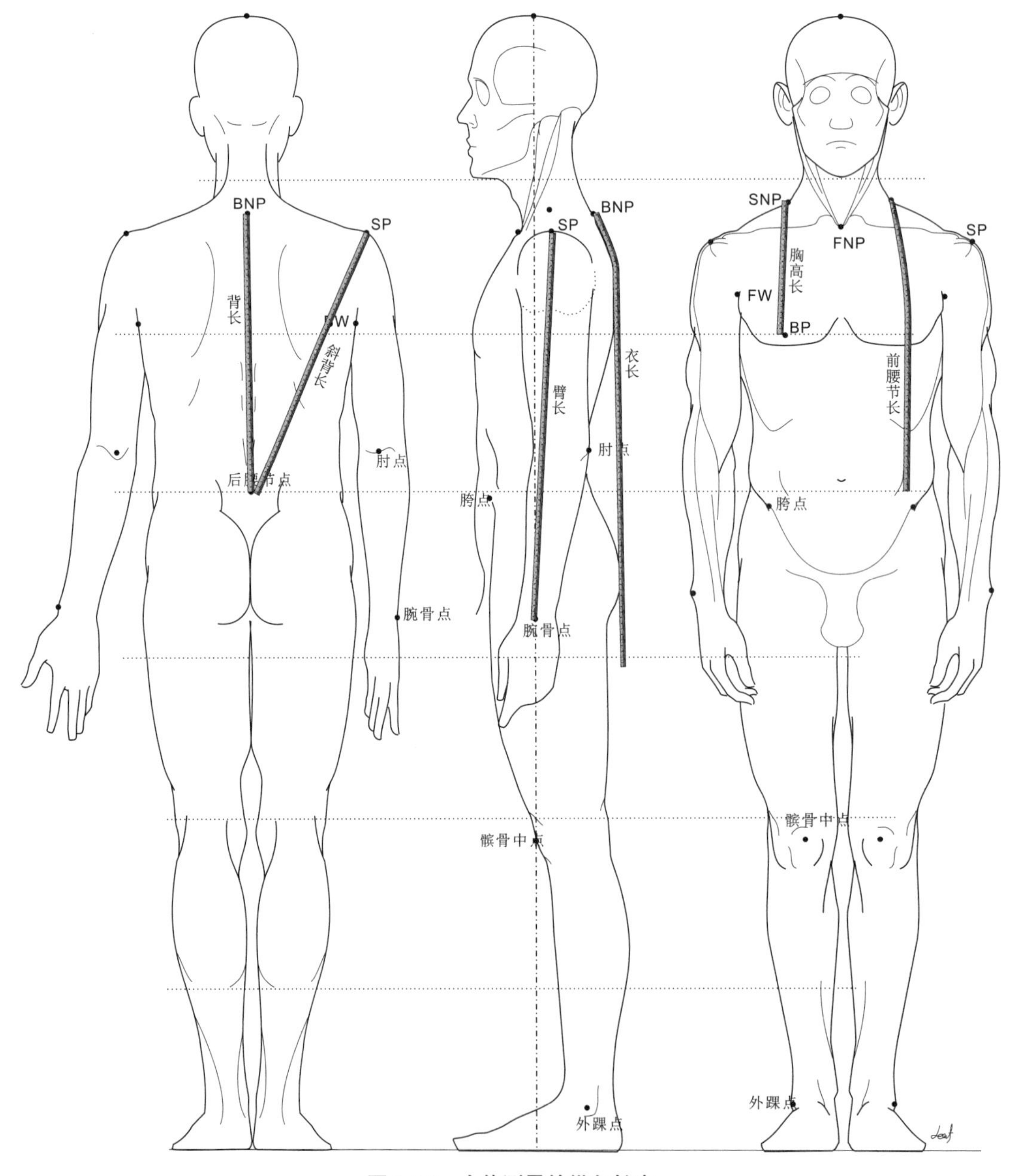

图5-26　人体测量的纵向长度

臂根围：从臂根向上经前腋点、前宽点、肩点、后宽点、后腋点测量一周。此数据作为袖窿曲线长度的参考。

除此之外，其他围度尺寸还有领围、腕围、掌围、大腿根围、膝围、小腿围、脚口围、下裆窿门等。

（2）纵向长度测量

前腰长：从颈侧点（SNP）经过胸点（BP）量至腰围线（WL）的长度。

后腰长：从颈侧点（SNP）经过肩胛骨量至腰围线（WL）的长度。

背长：从后颈椎点（BNP）量至腰围线（WL）的长度。

斜背长：自肩点（SP）经肩胛骨点至后腰节点长。

臂长：从肩点（SP）量至手腕点的长度。

衣长：根据上下身比例和设计而定。

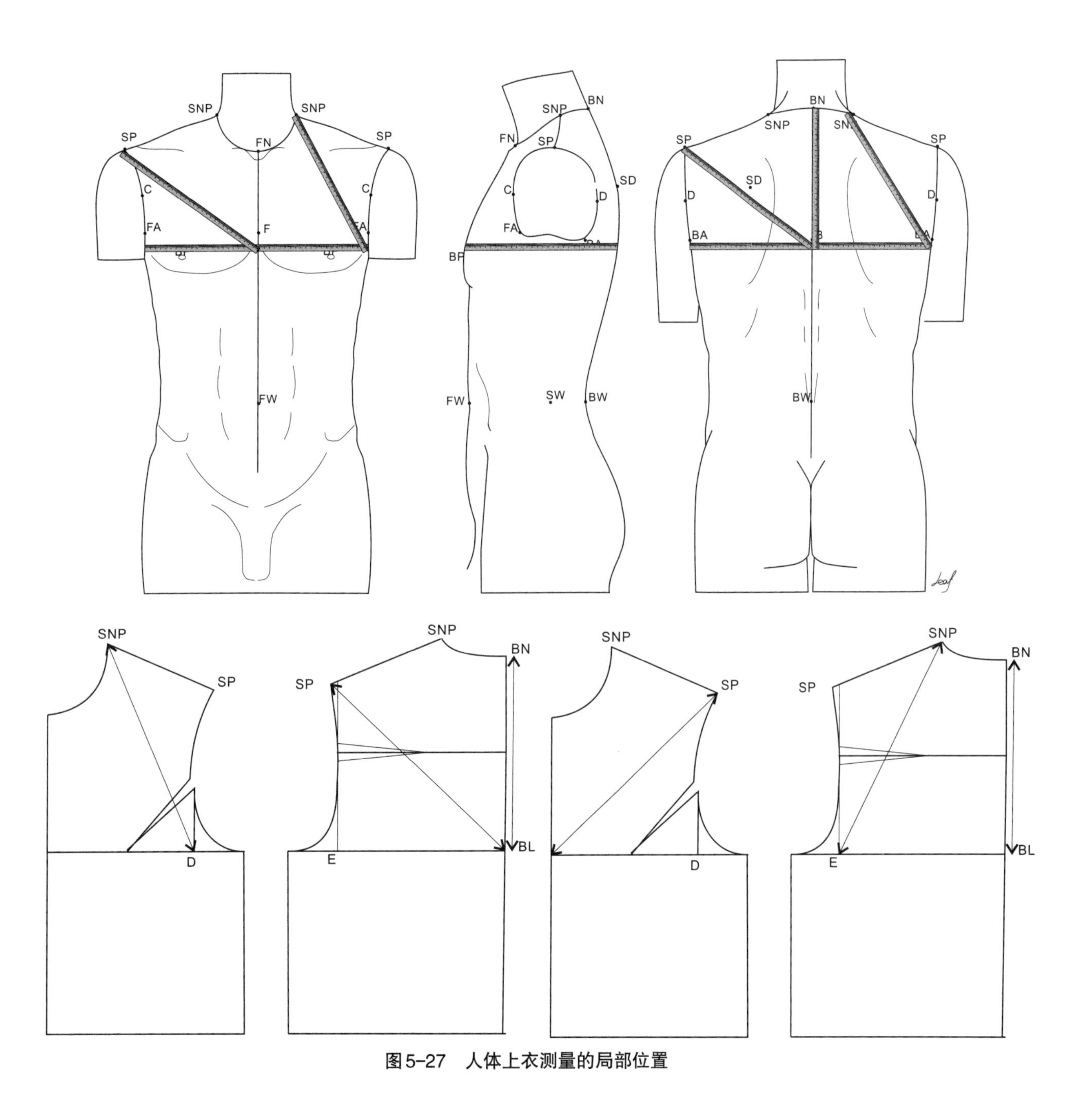

图5-27　人体上衣测量的局部位置

除此之外，纵向长度针对下装的还有股上长、股下长、裆长、膝长等。

这些数据作为最为基本的依据，为纸样设计提供前提条件。

（3）局部尺寸测量

除了一些基本围度、长度之外，还需一些局部尺寸，如紧挨后腋点水平一周作基线，可测得最小窿深（BN—BL）、SNP至D点、肩点SP至前中、肩点SP过肩胛骨至后胸围中点、SNP过肩胛骨至E点距离等。

二、体表的功能分布

人体体表被一整块的皮肤所覆盖，没有特别的划分，但是对于服装设计来说，体表可分为4种功能区：贴合区、自由区、运动功能区、设计区（图5-28）。

人体上半身、上肢、下半身形状虽然不同，但三者的功能分布有相同性。特别是在制作纸样时，把握它们的功能分布是非常有必要的。

1.上半身的4种功能区

（1）上半身贴合区

上半身贴合区是指以领围线、肩线为基础，前面胸部、锁骨前弯部、上臂骨头部、从后面肩胛骨到棘突起的隆起部分等，大致是图5-28中网眼部分的范围。

对于衣服的穿着感、合体性、悬垂效果来说，形成衣服的支撑点、支持带的贴合区具有重要意义，可以说贴合区是衣服造型的重要部位。

上半身贴合区大致是从肩部周围复杂的曲面到衣服离开身体的部位为止。上半身服装基本上是由这个范围来支撑的。

（2）上半身运动功能区

上半身运动功能区是在贴合区到腋下自由区之间，其中包括为适应上肢运动着重考虑的前后腋部。也就是涉及服装的前宽、背宽、袖窿和袖山深浅的运动功能范围。

（3）上半身自由区

上半身自由区是腋下水平带状的范围。在纸样设计中，基本上与胸围放松量一起来设定袖窿的深度。同时，再从功能性角度作袖窿深度的调整。考虑各方面的因素，腋底处有可调范围的自由区较为合理。也就是说，在这个范围内，可自由地设计和移动袖窿线。

（4）上半身设计区

上半身设计区是指自由区到地面产生设计效果的区域，是主要的表现区。

实际上在纸样中，上衣、袖长、袖宽等，都必须仔细地加以考虑。但从整体视觉来看，这个区可设计成各种各样的外形轮廓。

2.下半身的4种功能区

（1）下半身贴合区

下半身贴合区是以腰围线为支撑带，包括前面下腹部、侧面上前髂骨棘部、后臀部的范围，即图

5-28中下半身网眼部分。这部分是裤子、裙子在腰部的贴合区，是支持区部分，它要求合体。

（2）下半身运动功能区

下半身运动功能区是在贴合区到臀底自由区之间。其中包括适应下肢前屈运动的臀沟部。因此在裤子中，就是包覆大腿根部的筒状空隙量和裤后片臀部附近的倾斜程度、上裆弧线形状，调整提高运

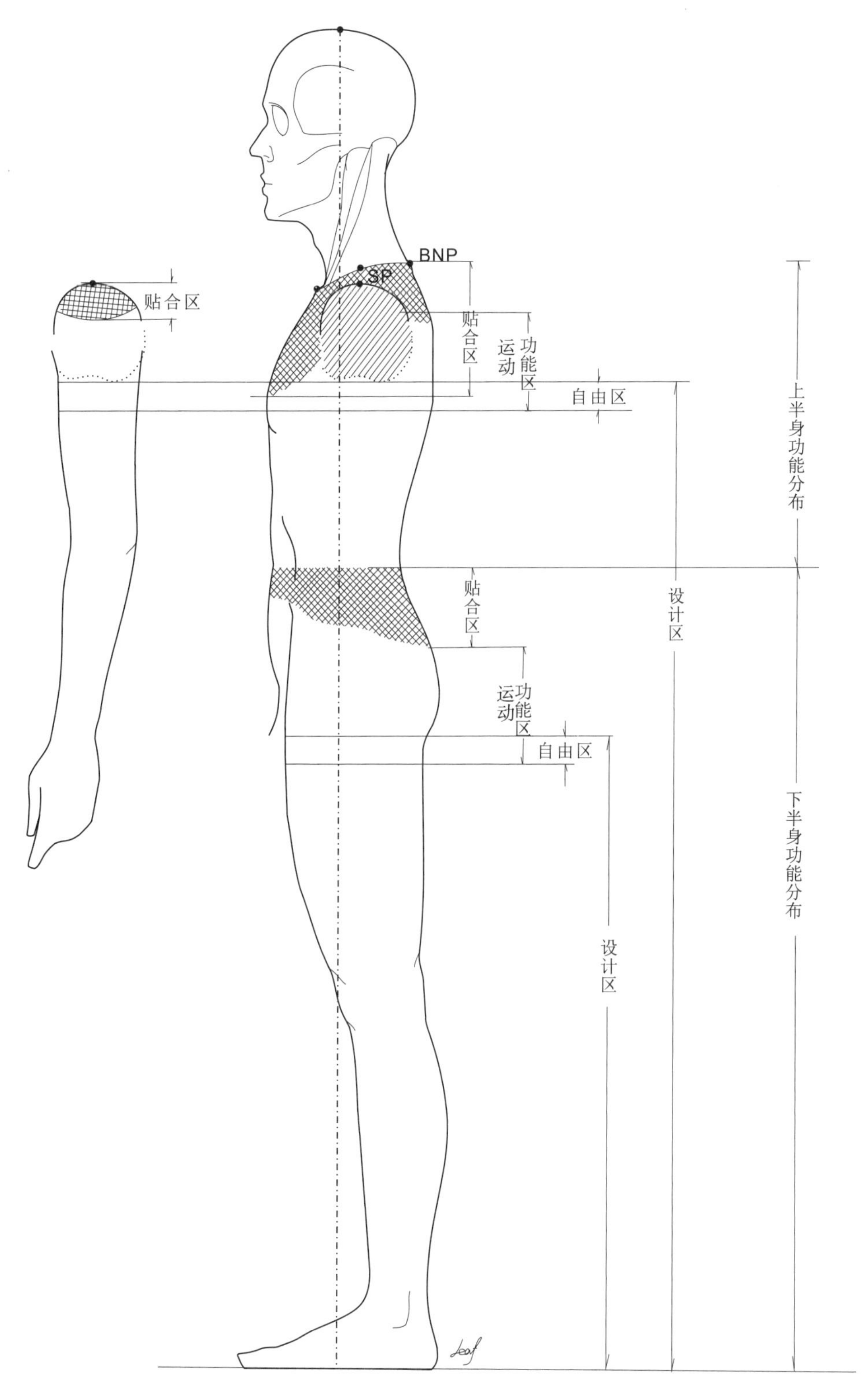

图5-28　人体体表的功能分布

动舒适性的范围。

（3）下半身自由区

下半身自由区是臀沟下面的带状部分（纸样上，上半身腋下自由区为5~6cm，下半身臀沟下自由区为2~3cm）。主要是对后臀沟、前后横裆连接、臀底放松量能自由调整的区域。

（4）下半身设计区

下半身设计区从这个范围所具有的意义讲，与上半身设计区一样，是臀沟至地面的范围，是裙子或裤子的长度、宽度等形态上美的主要表现区。

此外上肢体表上的功能分布与上半身完全一样。

第五节　试样

试样可分为试毛样和试光样。毛样只是完成了衣片立面造型和衣片结构线手工缝合的坯样产品，光样是对毛样进一步完善后，完成了前片的口袋和翻止口等制作工序的产品，并且衣片上已经缝合了里布等。两者的共性是都要约请顾客进店或提供上门服务当面试样。两者的不同之处在于，试毛样时，可以根据需要调整衣片的止口、口袋及各衣片长宽分配量；而试光样时，前衣长、止口量、口袋位等均已确定，只有其他部位可作适量调整。裤子试毛样时，可以调整所有含有放量的边缝；试光样时，只能调整后片的围度和长度（图5-29）。

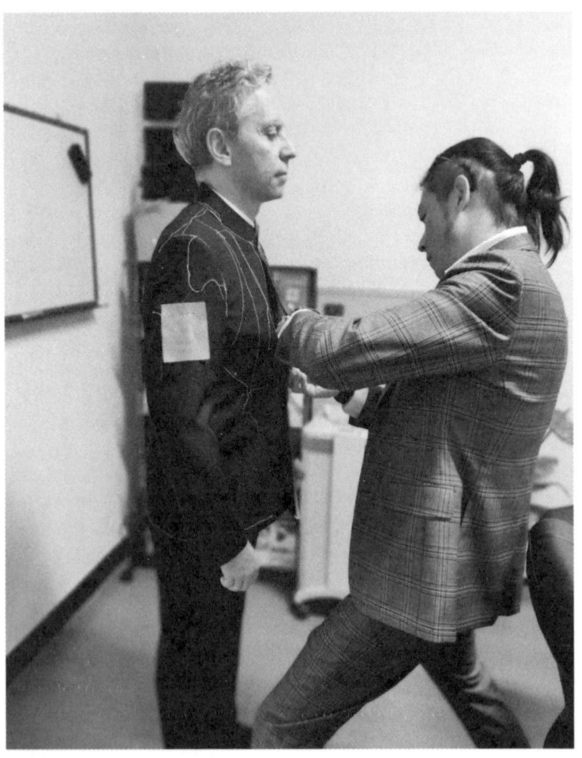

图5-29　蔻石定制costela品牌北京官舍店的试样场景（COSMOTAILOR瑰世高级定制供图）

一、试样准备

毛样试样前，试样师需要提前准备好毛样试穿环节所需的材料和工具，包括用于记录定制业务相关信息的文件、笔、手机，以及珠针、划粉、软尺、剪刀等。试样后，需将毛样衣服和试样信息一起交给制版师，制版师需对影响试衣效果的样版整体结构提出修改意见，并规范填写试样单，然后调整样版及修正衣片。

试穿前最好与顾客交流定制上衣的穿着搭配方式。试穿时，由试样师用双手提起上衣，顾客将双手同时伸入袖子。

试样师需要协助顾客整理毛样上衣，并整理好内搭衬衫的领子和袖子，观察毛样试穿后的平衡度。

二、试样操作

手工高级定制服装毛样试穿时要注意的是，试样师首先要观察毛样的衣身和袖身平衡。依据人体站姿状态，以及胸围、腰围、臂围的横向状态，观察服装穿在顾客身上的平衡度。衣身和袖身平衡度通常分为三个等级：一级为平衡度较好，前后不起吊，无斜褶；三级为平衡度较差；二级介于两者之间。试样师需以衣身平衡和衣袖平衡为判断标准,观察毛样与顾客体型之间的匹配效果，记录试样相关信息和问题解决办法。

1. 整体判断

观察顾客的体型与衣服之间的匹配度：肩、胸、腰的松量合适程度，衣、袖长短与体型的匹配度，驳头大小、高低与体型的匹配度；风格是否吻合顾客气质；前后衣身、袖身的平衡程度。

2. 局部判断

局部判断主要看以下几个要点：

① 前身有无起吊；

② 驳头大小、串口位置、翻折点是否需调整；

③ 前宽大小是否合适；

④ 后中是否起吊，衣长是否需调整；

⑤ 后宽是否具有足够的运动功能，肩部有无松弛现象；

⑥ 三围松量是否合适；

⑦ 袖长是否合适，袖肥状态如何，袖型是否达到要求，袖山后身是否有斜褶。

经过毛样试衣环节后，对于毛样的修改，试样师和制版师会有一个工序交接。试样师要给出一份试样信息记录单，并在毛样上用珠针或划粉等做好局部修正的标记。制版师要仔细阅读试样信息记录单，理解修改意见，有时还需要和试样师共同商讨一些细节，修改样版，最后修正衣片。

在完成样版与衣片的修正后，开始局部精工艺制作完成光样。制作时，可以通过缝制技巧完善服装造型以提升穿着效果。完成光样制作后，再次约顾客进行试样。如光样试穿仍有较多问题，或毛样问题仍未解决，则要再次修正，并约顾客再次试穿光样，直至满意为止。

第六节　评估修正

对于男装的高级定制，其流程设置为2~3次的试衣，即评估和修正的过程，评估是找出问题，修正是解决问题。具体的评估从是否与时代审美、人体结构、运动机能三个方面相吻合入手：

① 设计是否与着装目的相吻合，纸样是否与个人体型相匹配；

② 是否与着装目的对应的活动范围相符合，是否有不舒服的压迫感；

③ 是否能使着装者的个性显得更完美、更突出，同时与时尚流行相匹配；

④ 配饰、鞋、发型、妆容等应该如何搭配才能符合着装目的，并且使其更加完美。

总之，为了使服装达到完美的效果，检验着装者与服装是否融为一体，以及评估服装的实用及美观度是非常重要的环节。

一、评估

评估也称为评价，只有在不断的评估当中才能提高技术水准和艺术眼光，眼界决定“手”（技术）的高低。另外，从定制店的管理角度，也需要有对客户满意度的反馈机制。客户的满意度除了对服务、环境、品牌文化的评价之外，最为关键的是对服装本身的满意度评价。

顾客的满意度促进定制品牌品质的提升，使其在管理理念、产品结构、产品档次、营销渠道、服务品质等方面有一定幅度的提高，提升品牌的整体形象，提高品牌美誉度，以谋求更大的产品附加值。而自我评估则是自我完善的过程。

1. 技术评估

技术评估的关键是对人体结构的理解和把握，这绝不是一套样版和一套工艺所能解决的，要以人体为准则来决定样版的构成要素，掌握版型技术要领而非尺寸数值。具体地讲就是人体的立体状态如何转化为平面样版，平面样版又如何通过面料和工艺手段转化为吻合顾客人体的立体状态的过程。在此过程中，人体的立体状态自始至终要贯穿于整个思维中。

2. 艺术评估

服装是艺术和技术的结合，但服装的艺术成分绝不能夸张为纯艺术，而是在实用美术的范畴内。对于一件定制西服的艺术评估，包括以下几点：

① 与顾客个性是否吻合；

② 与时代审美、时尚流行是否匹配；

③ 与出入场合的礼仪规则是否吻合；

④ 在品类、造型和色彩上的匹配程度，以及与配服、配饰的匹配程度。

因此又回到第一章所述的要点，即与定制西服评估关联的学科有：消费学、服装心理学、服装社会学、材料学、色彩学和时尚趋势等，这些学科所隐含的相关知识都是定制从业者需掌握的能力和素养。

3.评估案例

此处的评估案例仅针对上衣本身，无法涉及顾客气质、流行、场合和搭配，但优秀的作品仍能自带场景，可以引导顾客提升品位，推广定制文化，引领生活方式。

案例一：大格子拿波里袖西服（图5-30）

这件格子西服可以从两个角度去分析：一个是型，一个是意。

型：打破了常规西服轮廓，没有方正的严肃感，无垫肩的斜肩型更加自然和亲近。软衬无垫肩的工艺，想表达的主题就是人衣合一的轻松感。高串口线、自然肩、拿波里瀑布袖，所有线条流畅、自然、圆润，驳头直线、门襟立体曲线到前摆大弧曲线都自然柔和。

意：斜肩和宽驳头、门襟立体曲线和前摆大弧自然柔和，还有一对圆润的袖子所带来的亲近感，没有职业外套拒人于千里的距离感。因此一件衣服本身自带场景，关键是拥有者如何理解和驾驭。搭配与上衣当中黄色格纹相配的黄色小格衬衣和水洗牛仔裤，则显时尚随性气质。

图5-30　COSMOTAILOR瑰世高级定制供图

案例二：意式西服（图5-31）

原汁原味的意式风格正装西服，它的特点就是圆润。高串口线提升视觉焦点、圆润肩型配圆装袖、高腰线提升上下比例、船形胸袋强调胸的圆润、圆润且呈现S形外观的袖子等赋予了这块面料生命力。随处可见的S形曲线是此件衣服的灵魂，也是当下男装追求细节之美的最好表现。

肩的饱满性强调肩胛骨的平衡、侧肩的美观及减少袖窿的归拢量。其后中缝归拔处理相当到位，腰中松弛，后背中缝归拢明显，张弛有度，整个后背是松弛状态下的合体，动态下呈现张力。

虽是正装但不威严，在职场中保持亲近感应是其最大的诉求。

图5-31　COSMOTAILOR瑰世高级定制供图

案例三：英式西服（图5-32）

原汁原味的英伦风格西服，它的特点就是威严有力，它最讲究肩型的严肃性，宽肩、饱满袖山，强调的是端肩饱满性，特别是后肩的厚实感，这件西服就能看出后肩多加了1~2层的填补。

英伦风格还强调收腰。这件衣服的后中缝归拔处理相当到位，不起不吊，腰中松弛，后背中缝归拢明显，张弛

图5-32　COSMOTAILOR瑰世高级定制供图

有度，整个后背是松弛状态下的合体，动态下呈现张力。

案例四：胖体西服（图5-33）

此件胖体西服有灵气，饱满有节奏，实属不易。假胸的饱满接腋下的贴合，来到中腰凹弧处接胯部的凸弧，整个胸腰胯的线条把一个“桶状”身材修饰成型男身材。小于胸围比例的袖型配置，加上袖山头的几个过量凹陷，使得偏瘦的袖型也有放松空间量。脱下西服后的本人与图片中的人相比一定是判若两人。这就超越了一人一版的定制概念，定制的真正概念不是三围加多少，而是用强弱关系的节奏去修饰体型，即为审美和重塑。

假如这件西服能设计成一粒扣，露出胸前衬衣的三角形，身材将更细长，视觉上会更趋瘦小。

二、修正

图5-33　COSMOTAILOR瑰世高级定制供图

本篇侧重讨论的是特体样版的修正技术，是相对于标准体而言，在人体局部具体尺寸上有差异的修正办法。主要修正手段是对特体样版进行切开拉展和叠收的技术要领。

1. 前倾体的样版修正

前倾体型也称弓体或前屈体型，一般表现为含胸、弓背。上半身向前弯曲而无厚度，纵轴前倾。因此，其前身长度较标准体型短，后身长度较标准体型长。与标准体型相比，颈部前倾，侧颈点前移，手臂也前倾。图5-34中实线为标准体及对应的版型，虚线为前倾体及对应的样版修正。

图5-34中样版修正部分以虚线表示，而修正的原理则体现在原型修正中。由于前倾含胸，胸部不厚实，所以前腰节长度变短。为此在胸围线以上，沿D线及省位将样版前胸叠收，减少长度和胸凸量。同时，沿BAC线将宽度叠收至B'A'C'。而后身则相反，沿水平G线切开上抬拉展，SNP抬高（对应前移），后腰节长度增长。同时，沿肩省位置和EF线切开拉展，增加背宽和肩省量[1]。

上述对原型的修正在样版中的前片和后身得到体现，如前片修正包括减少前长、前宽、前胸宽、胸省量，而后身则加大了后长和肩省量。

样版侧片和袖身则体现人体的侧面性，随着人体的倾斜而倾斜。另外，因前袖窿曲线的减少则相

1 专利申请号：202210932929.2

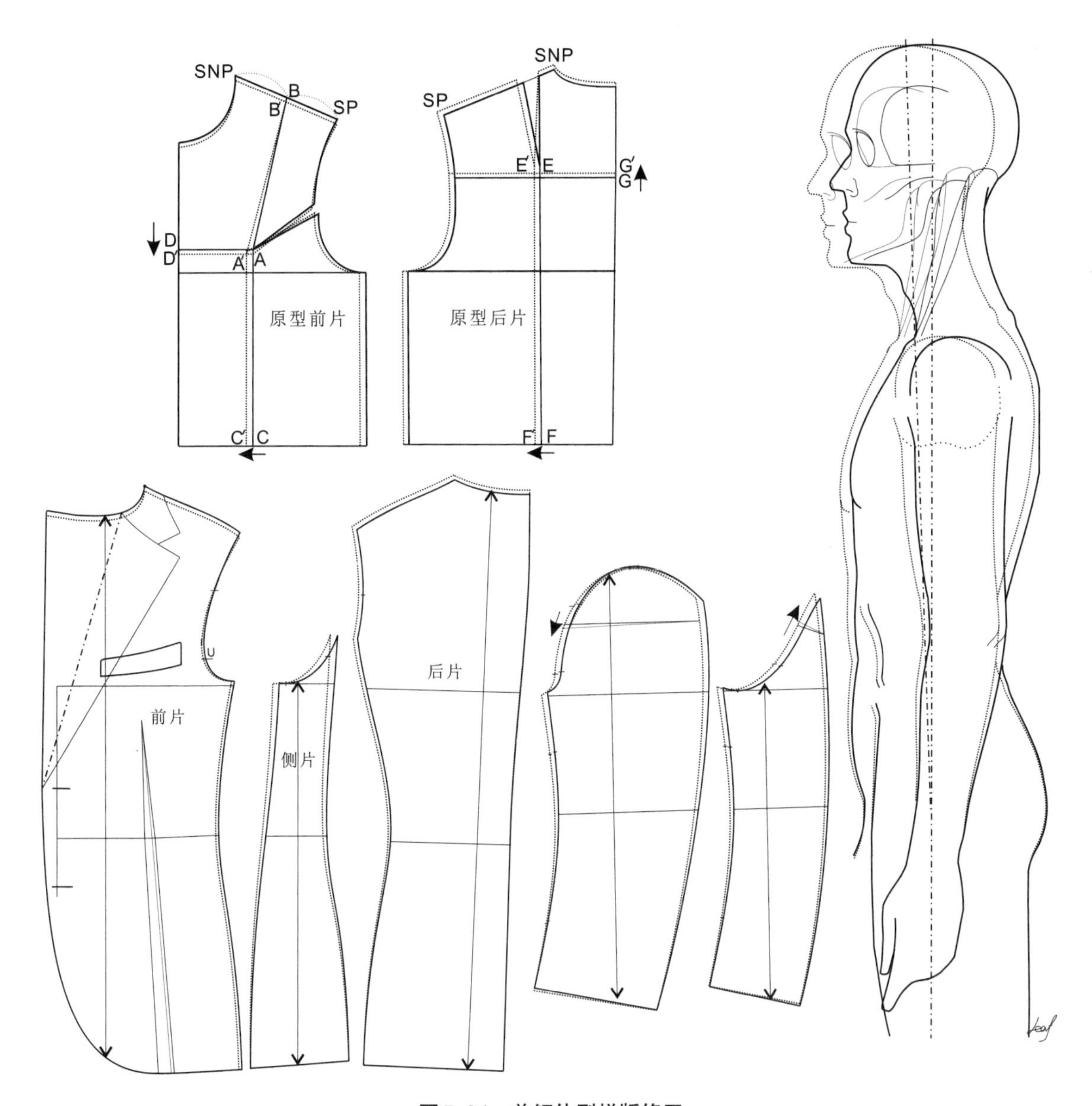

图5-34 前倾体型样版修正

对应的前袖山应叠收对应量，而后袖窿曲线的增长则相对应的后袖山应拉展对应量。

在前倾体的基本体型上，还有更多前倾变化，比如轻度的前倾体、前倾后凸体、严重前倾体、老年人的前倾体、凸臀前倾体、凸腹前倾体等，其修正的基本原理都和前倾基本型一致，只是因程度不同，叠收或展开的量不同、倾斜的量不同。

2. 后倾体的样版修正

后倾体型也叫仰体，一般表现为挺胸、收背。上半身前挺而后仰，纵轴向后倾斜。因此，其前身长度较标准体型长，后身长度较标准体型短。同时，颈部后倾，侧颈点后移，手臂偏后。图5-35中实线为标准体及对应的版型，虚线为后倾体及对应的样版修正[1]。

---

1 专利申请号：202210934112.9

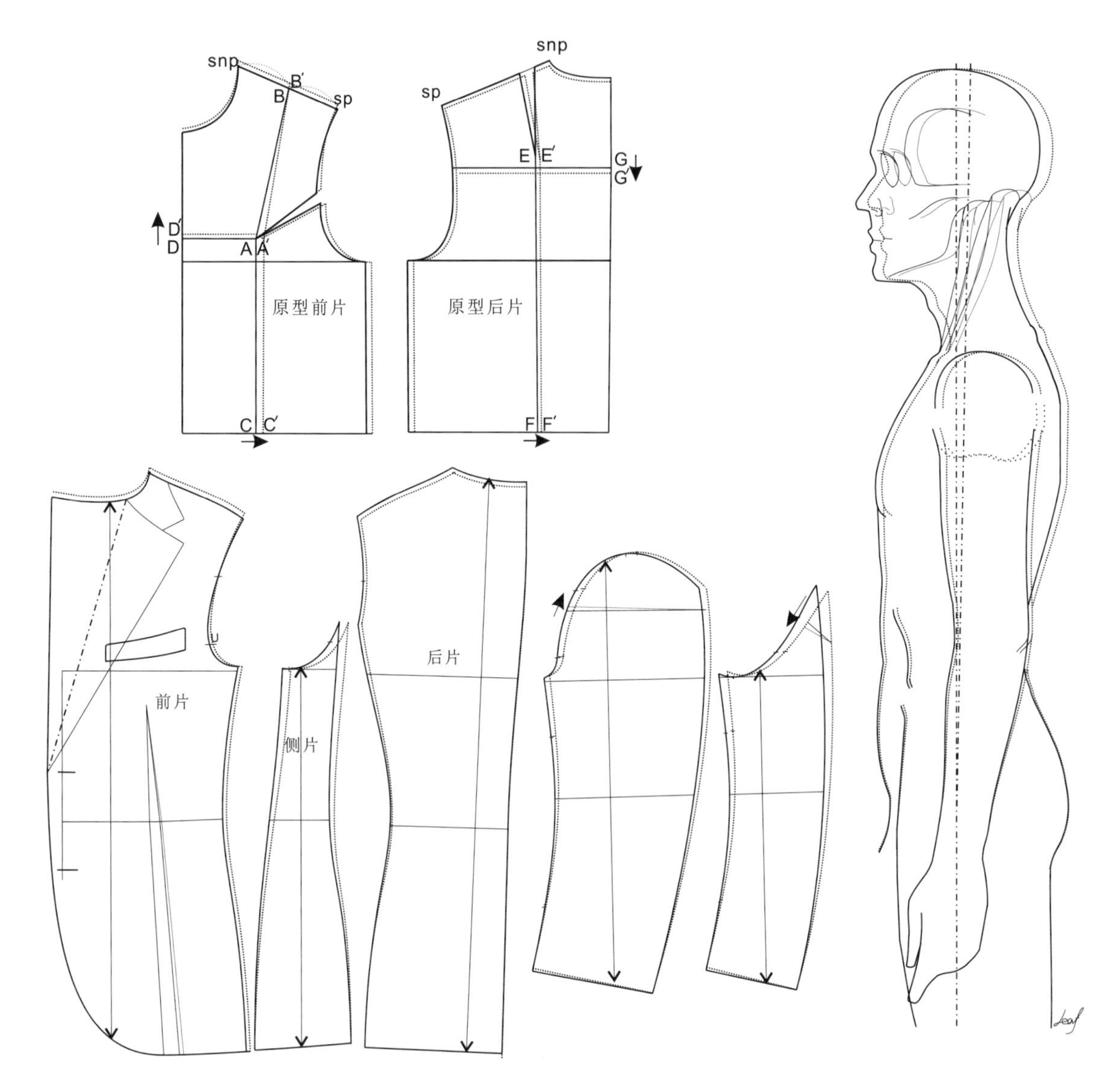

图5-35 后倾体型样版修正

图5-35中样版修正后以虚线表示，而修正的原理则体现在原型修正中。由于挺胸收背，胸部厚实，所以前腰节长度变长。为此在胸围线以上，沿D线及省位将样版拉展，增加长度和胸凸量。同时，沿BAC线将宽度拉展至B'A'C'。而后身则相反，沿水平G线切开向下叠收，SNP降低（对应后移），后腰节长度减短。同时，沿肩省位置和EF线切开拉展叠收，减少背宽和肩省量。

上述对原型的修正在样版中的前片和后身得到体现，如前片修正包括增加前长、前宽、前胸宽、省量，而后身则减少了后长和肩省量。

样版侧片和袖身则体现人体的侧面性，随着人体的倾斜而倾斜。另外，因前袖窿曲线的增加则相对应的前袖山应拉展对应量，而后袖窿曲线的减少则相对应的后袖山应叠收对应量。

3. 端肩体型样版修正

端肩体肩幅狭窄，颈部细，体瘦。背脊线弯曲，袖窿浅，肩胛骨位于后背上部。与标准体型相比，颈部挺直，纵轴近乎呈直线状态。手臂在肩头直接下垂。图5-36中实线为标准体及对应的版型，虚线为端肩体型及对应的样版修正。

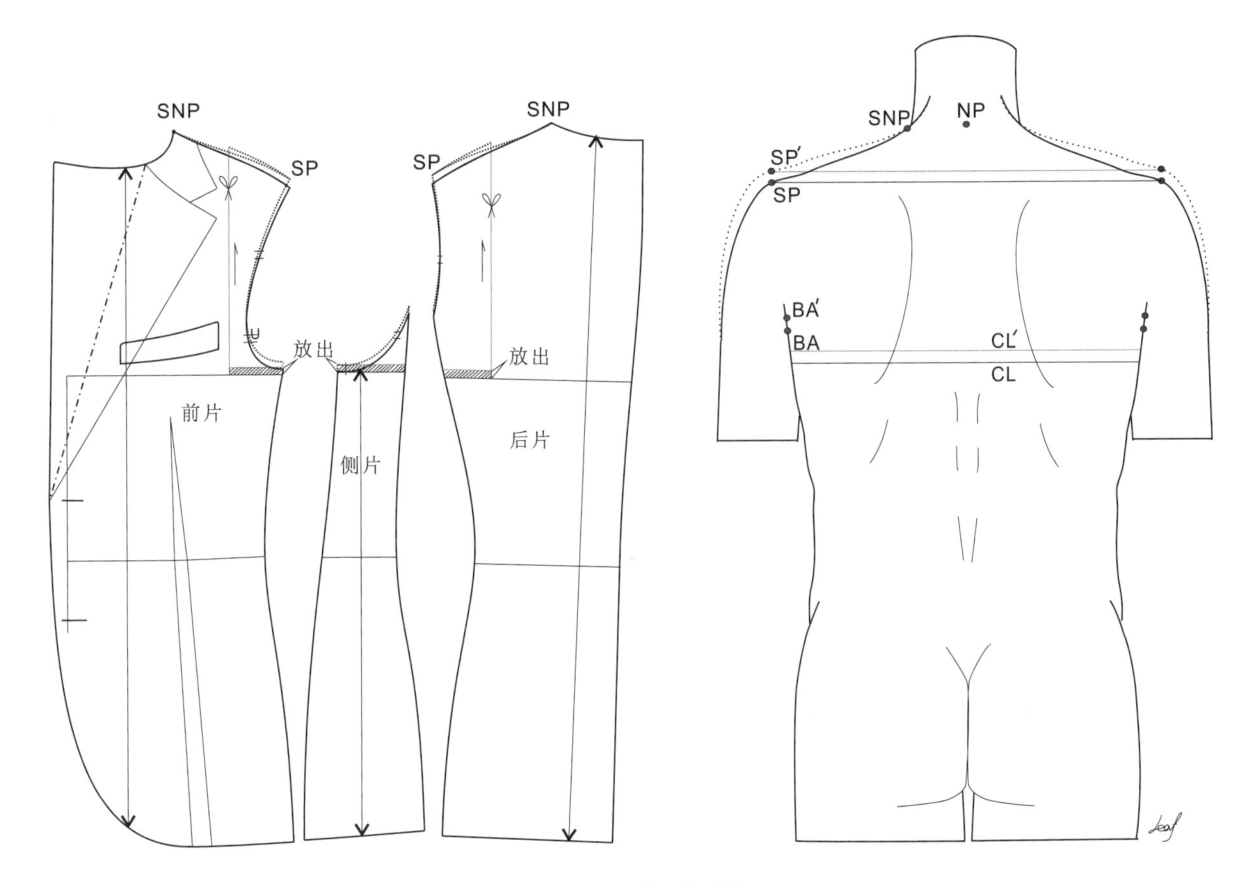

图5-36　端肩体型样版修正

从前胸和后背，自肩线的中部垂直向下剪开样版。按端肩的肩线，将肩头一侧样版上升，使之成为端肩。然后连接颈侧点SNP和肩点SP。领窝线则处于相对低的位置，由此可以防止领子浮起，使肩部符合人体的要求。

如果是袖窿浅的端肩体型，肩线接近水平线，袖窿浅而肩部上升。如果扩大袖窿深度和围度，则会损害袖子应有功能，使上衣失去协调效果。袖窿浅的端肩体，袖窿小些，则手臂运动方便，穿着方便舒适。袖窿浅的端肩体，除了将肩点和窿底一起抬升之外，还要额外抬升窿底一定量。如肩点抬高0.7cm，而窿底可抬高1cm。同时，相应减少袖山高和袖肥。

而溜肩体型则是端肩体型的逆向处理。

4. 凸肚体的样版修正

凸肚体型种类繁多，有胃部凸出的、腹部窿起的、后倾而凸肚的、弓背凸肚的、挺腹凸臀的等。在此仅举正常体型中腹部突出的例子。图5-33中实线为标准体及对应的版型，虚线为凸肚体型及对应的样版修正。

腹部凸起表现为腹围增大并向前隆起。从正面看，腹部左右增量并不明显，而从侧面看，则隆起明显。所以腹围增大主要是因其隆起，侧面性体型改变更为明显。也正因为如此，人体的侧面性变化相应改变的是服装的侧面性，所以凸体样版修正主要体现在侧片上。

图5-37是样版修正过程：先找到腹部再凸区域，画水平线AD，然后切开拉展，作为凸体的长度增量。其中A区域在胸部下方，是腹部最凸区域，O点为三开身的分割点，再沿OAB切开拉展，拉展量满足腹围增量。

在AB处保留腹省，重新找一条三开身分割线O'D'B'，将拉展量位移至新分割线O'D'B'。如图5-37C将腹围增量大部分配给侧片，小部分配给前片。从图中O与O'的关系也可看出腹胸之间的差量。图5-38是凸肚体的西服样版修正，很好地说明了人体侧面性和服装侧面性的对应关系。

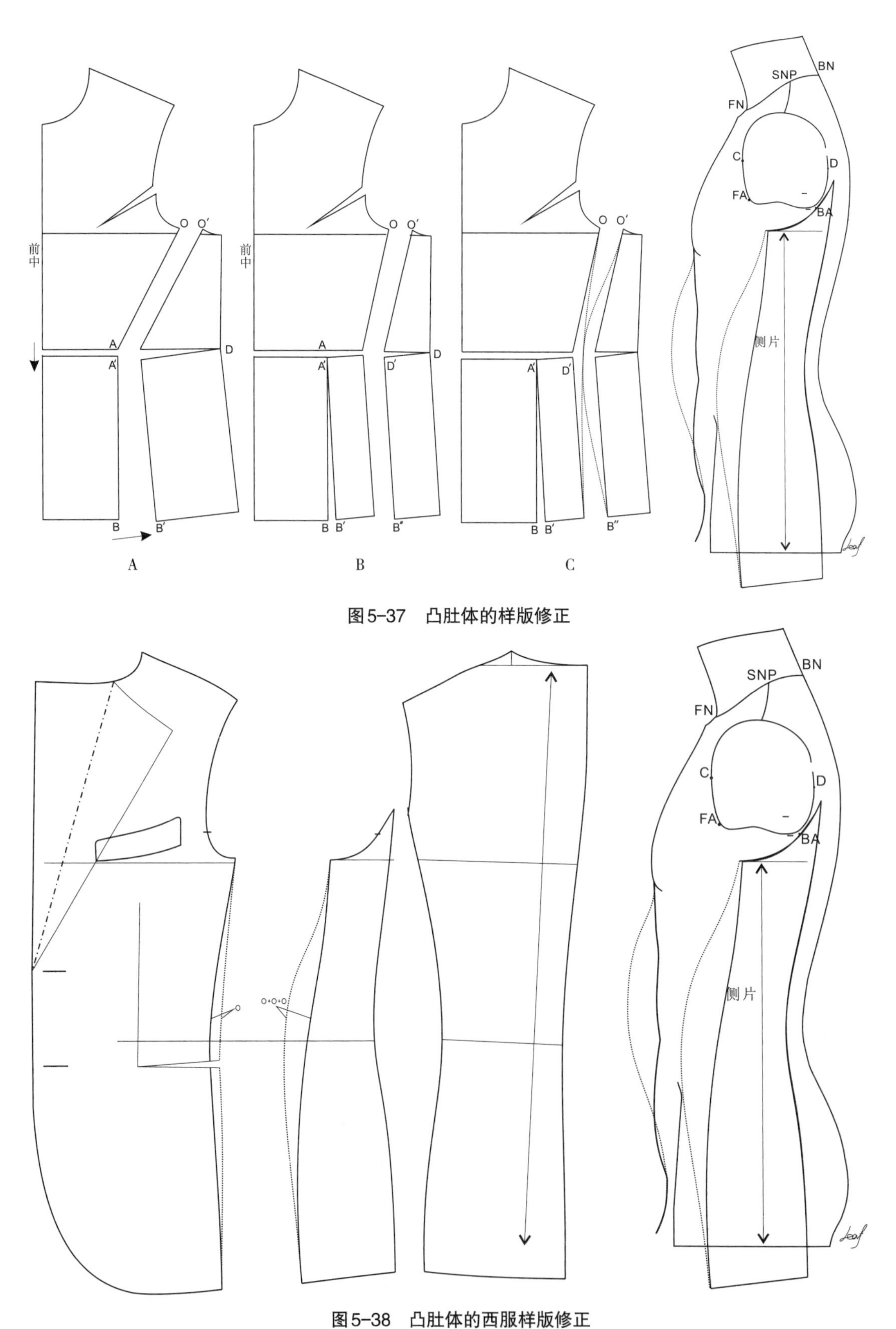

图5-37　凸肚体的样版修正

图5-38　凸肚体的西服样版修正

同时，三个腹部省量将很好地塑造腹部隆起，这个方法解决了凸体的定性、凸的位置和定量、凸量区域，因此与以往将腹部增量加在前中有质的区别。[1]

凸肚体又往往伴随后倾、弓背，因此除了处理腹部还要相应处理前胸叠收与后背拉展，并旋转袖子和侧片。还有更多凸肚体型，不再作一一分析。

5. 弓背体的样版修正

弓背体是肩胛骨凸起的夸张者，因此样版修正的基本思路应与如何处理肩胛骨一致。但严重的弓背还伴随着脊椎的变形，即脊椎弯曲。例如猫背体型，也叫驼背。背部脊椎极度隆起、弯曲，颈部前倾。又如龟背体型，医学上称龟背症体型。肩胛骨异常隆起，脊椎极度弯曲，后背就像龟甲一样隆起。由于弓背体脊椎严重弯曲，后背极为厚实，所以在标准体型的样版上，后颈点BNP至胸围线间的纵距显得不足，背宽横距也不足。因此在制作样版时，需要采取放量或者叠收的修正方法。

弓背体采寸（量体）时，测量背长、后宽、后颈点BNP至袖窿深水平线长度、肩点SP过肩胛骨到窿深水平线后中长度、颈侧SNP点经肩胛骨至E点长度，除此之外，还有颈侧SNP点至BW长度和肩点SP至BW长度（图5-39）。取得尺寸后，根据不同体型进行不同的处理。

弓背体的版型修正，首先在肩胛骨区域水平方向切开，上下拉展以满足纵向长度。然后从肩线经肩胛骨纵向切开，再分体型处理：①驼背体向后中放出，满足脊椎变型量；②龟背体向左右同时放出，满足肩胛骨异常隆起，并在后中、袖窿、腋下分别归拢以塑造肩胛骨造型（图5-40）。

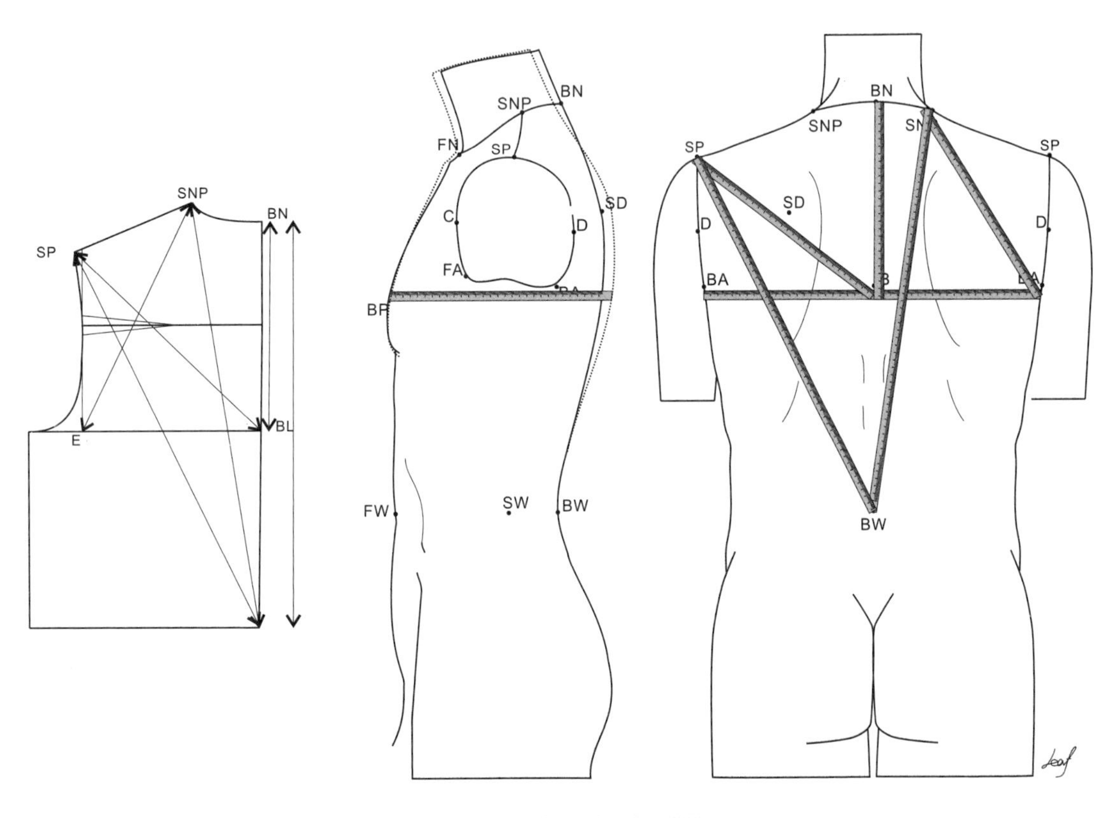

图5-39 弓背体的局部测量

1 专利申请号：ZL202210179029.5

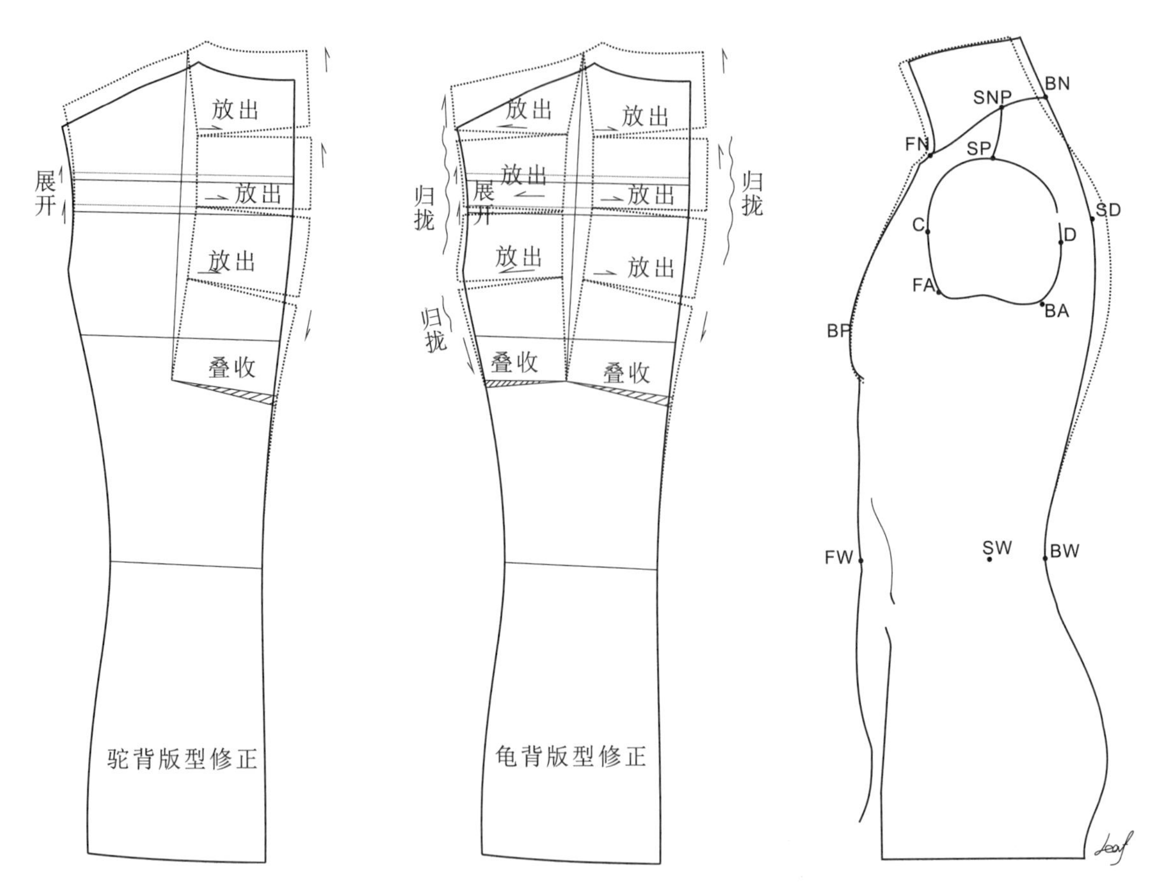

图5-40 弓背体的样版修正

特体体型的样版修正的目标，一是吻合人体变形后的结构，使服装在重力作用下能够“不起不吊”、无横褶、斜褶等外观瑕疵；二是修饰人体，使穿着者在外观上尽量接近于正常人体，达到美观效果；三是在样版修正吻合变形结构的同时，能最大限度地提供舒适性和运动机能。

修正看似困难，其实在理解特体样版造型结构之后也易解决，关键还在于对人体的理解，对制版三原则（时代审美、人体结构、运动机能）了然于心。

总之，西服定制技术是以人为核心，以缝制技术为手段，以人与服装之间的相互关系为切入点，呈现人体结构、人体工效、纺织材质、时尚和历史风格、服饰心理、审美趣味和生活方式等一系列要素的综合体。

附　录

扫以下二维码看附录内容。

参考文献

［1］吴国英，许才国.传世技艺：服装手工高级定制技艺研究1—制板技术卷［M］.上海：东华大学出版社，2021.

［2］中泽愈.人体与服装：人体结构·美的要素·纸样［M］.北京：中国纺织出版社，2000.

［3］张文斌.服装结构设计·男装篇［M］.北京：中国纺织出版社，2017.

［4］三吉满智子.服装造型学理论篇［M］.北京：中国纺织出版社，2006.

［5］井口喜正.日本经典男西服实用技术：制板·工艺［M］.北京：中国纺织出版社，2016.

［6］刘瑞璞，陈果.绅士着装圣经-西装［M］.北京：中国纺织出版社，2015.

［7］周邦桢.服装熨烫原理及技术［M］.北京：中国纺织出版社，1999.

［8］N.J.史蒂文森.西方服装设计简史［M］.上海：东华大学出版社，2018.

［9］区青.英国时尚先锋［M］.北京：中国纺织出版社，2014.

［10］克莱夫.哈利特，阿曼达.约翰斯顿.高级服装设计与面料［M］.上海：东华大学出版社，2016.

［11］亚当·盖奇，［新西兰］维基·卡拉米娜.时尚的艺术与批评［M］.重庆：重庆大学出版社，2019.

［12］王树林.西服工业化量体定制技术编著［M］.北京：中国纺织出版社，2007.

［13］吴经熊.服装袖型设计的原理与技巧［M］.上海：上海科学技术出版社，2009.

［14］约翰.霍普金斯.时装设计元素.男装［M］.北京：中国纺织出版社，2019.

后　记

笔者经过近二十年的品牌服装设计开发和营运工作，有意将自己的专业积累进行一次总结，将自己的一些体会和经验作一次理论上的提升。因此，自2018年4月进入江西服装学院工作起，我就开始着手构思撰写本书，只是由于其间穿插了诸多其他事务，导致书迟迟未能完稿。经过漫长的五年时间，这本书终于脱稿完成，一种小小的成就感油然而生。

如果说我今天还算取得一点成绩的话，背后离不开父母、家人的一路陪伴和支持，以及授业老师、领导和朋友的悉心关怀。

首先感谢我的父母给予我人生道路上的充分自由和无条件支持；而给予我充分自由的背后，是他们承担的巨大的试错成本，感激而内疚！一并感谢兄弟姐妹和其他家人的支持。

感谢北京服装学院郑嵘教授、杨源教授的传道授业。

感谢导师刘晓刚教授的无私帮助和提携。

感谢东华大学张文斌教授的指点和提携。

感谢这五年来，江服领导、同事的诸多帮助。

感谢丁雷琴老师在视频录制、剪辑方面所付出的辛勤劳动。

感谢东华大学出版社编辑们的辛勤付出，感谢一路走来帮助关心我的朋友们，谢谢！

叶洪光

于江西服装学院